行星的自然卫星轨道动力学

The Dynamics of Natural Satellites
of the Planets

［俄］尼古拉·埃梅利亚诺夫（Nikolay Emelyanov）著

喻学明　何雨帆　黄静琪　董亚科　译

中国宇航出版社

·北京·

The Dynamics of Natural Satellites of the Planets.
Nikolay Emelyanov
ISBN: 9780128227046. (English edition).
Copyright © 2021 Elsevier Inc. All rights reserved.
Authorized Chinese translation published by China Astronautic Publishing House Co., Ltd.
《行星的自然卫星轨道动力学》
（喻学明，何雨帆，黄静琪，董亚科 译）
ISBN：978 - 7 - 5159 - 2450 - 2（Chinese edition）

版权所有　侵权必究

图书在版编目（CIP）数据

行星的自然卫星轨道动力学 /（俄罗斯）尼古拉·埃梅利亚诺夫著 ; 喻学明等译. -- 北京 ： 中国宇航出版社，2024. 10. -- ISBN 978-7-5159-2450-2

Ⅰ．V412.4

中国国家版本馆CIP数据核字第2024BT6709号

责任编辑	朱琳琳	封面设计	王晓武

出版发行　中国宇航出版社

社　址	北京市阜成路 8 号	邮　编	100830
	（010）68768548		
网　址	www.caphbook.com		
经　销	新华书店		
发行部	（010）68767386	（010）68371900	
	（010）68767382	（010）88100613（传真）	
零售店	读者服务部	（010）68371105	
承　印	北京厚诚则铭印刷科技有限公司		

版　次	2024 年 10 月第 1 版
	2024 年 10 月第 1 次印刷
规　格	787×1092
开　本	1/16
印　张	22
字　数	535 千字
书　号	ISBN 978 - 7 - 5159 - 2450 - 2
定　价	178.00 元

本书如有印装质量问题，可与发行部联系调换

译者序

对未知领域的不断探索是人类社会发展的不竭动力，当人类探索的脚步延伸到行星及其卫星时，我们迫切需要了解和掌握这些行星卫星的运行规律和物理参数。当前，我国处于由航天大国向航天强国迈进的关键阶段。未来要开展行星际探索，就必须掌握行星卫星的运行规律及其详细的物理参数。

本书旨在向广大读者介绍行星卫星的研究历史、研究方法、运动模型等内容，从而帮助读者系统地掌握天体力学的发展历史、观测方法、计算模型等。本书给出了求解天体运动方程的计算过程，详细地描述了天体测量方法、时间尺度和坐标系统，以及卫星物理参数的估计方法等，以便读者全面系统地掌握行星卫星轨道及其演化和物理参数估计。全书内容共十二章，具体安排如下：

第1章为卫星动力学研究的目标、问题和方法。介绍了天体力学和天体测量的基本概念，以及根据测量结果研究行星和卫星动力学的一般方法。

第2章为行星的卫星。介绍了行星卫星的物理参数和轨道参数及其获取方法。主要介绍了行星卫星的分类和命名法，冥王星的卫星卡戎的发现过程，太阳系主要行星以及行星卫星的物理参数和轨道参数等。

第3章为运动方程和分析理论。首先，介绍了基本运动方程和坐标系的定义。其次，介绍了开普勒运动模型，包括开普勒运动的坐标、速度计算以及包含拉格朗日元素的开普勒运动公式。再次，介绍了非球形行星的引力函数，行星卫星的运动模型和分析理论。最后，介绍了轨道扰动因素和潮汐对卫星轨道运动的影响。

第4章为用数值积分方法构建卫星运动模型。主要介绍了龙格-库塔法、数值积分法、埃弗哈特法、别利科夫法以及截断切比雪夫级数法求解天体运动问题。

第5章为行星卫星的观测。主要介绍了对行星及其卫星的观测方法、观测过程中角度值的测定、卫星之间角距和位置角的计算、地面观测方法以及观测的时间尺度和坐标系等内容。

第6章为建立基于观测的天体运动模型。首先介绍了基于最小二乘法的天体运动参数微分改进方法和其他主要的滤波算法，随后介绍了测量量的计算及测量量对待估量的偏导数，最后介绍了残差的统计特征和剔除较差观测数据方法等内容。

第7章为通过对行星卫星相互掩星或日食的观测来获得天体测量数据。主要介绍了获取天体测量数据的方法、相互掩星和日食的简化模型、光度模型以及如何提高天文测量结果准确性等内容。

第 8 章为行星卫星星历表的精度估计。内容主要包括：决定星历表精度的因素；基于蒙特卡罗方法、bootstrap 算法、运动参数变异法估计星历的精度；主要行星远距离卫星星历的精度。

第 9 章为行星卫星的自转。主要介绍了行星卫星旋转的一般特性、行星和卫星旋转的基本概念、火卫一的自转理论、混沌旋转等内容。

第 10 章为行星卫星轨道的演变。主要介绍了各种因素对行星卫星轨道演化的影响、受行星扁率影响和太阳引力作用下行星卫星轨道的演变以及行星远距离卫星的轨道演变等内容。

第 11 章为行星卫星的物理参数。介绍了使用地面光度法测定木卫一上的火山，行星远距离卫星物理参数的估计方法和通过观测其他天体来计算木星的远距离卫星 Himalia 的质量。

第 12 章为行星卫星运动的最新模型和信息资源。主要介绍了行星卫星运动理论和星历的版本变化，访问行星卫星数据库、运动模型和星历的方式，MULTI - SAT 和 JPL 星历服务器中的理论和模型以及基础天文学标准等内容。

译者对原著内容进行了深刻理解，在翻译中尽量保留原著作者的思想，给读者还原出原著的魅力。

在本书的翻译与校稿中，西安卫星测控中心的叶楠、王帆、董毅、任凯强参与了本书部分章节的翻译，杨蕾对所有图表进行了编辑。张重阳、张天娇、韩月、虎峰参与了本书内容的校对工作，在此表示衷心的感谢。同时，感谢西安卫星测控中心宇航动力学国家重点实验室对本书出版的大力支持。

译　者

2023 年 8 月

前　言

　　一个理论只有不仅仅是理论家想象中的抽象概念，而是恰当地服务于自然工程实践时，它才有意义。

　　行星卫星动力学是天体力学中一个非常有趣的领域。乍一看，不需要观测就可以研究卫星的动力学。研究人员可以想出一个接近现实或一般抽象的卫星模型，在上面尝试新的方法。行星卫星动力学还有另一个作用：解释为什么观测到的天体运动与理论运动完全一样。对自然界已知事实的新解释或对以前无法理解的现象的解释是一项重大的科学成就。当然，这需要我们提高自己的专业技能。然而，在这些问题上，研究者应该停下来问自己这样一个问题：我们是否获得了关于我们周围自然的新信息？当然，在某个阶段对事物的科学概括可以让我们对自然的认识产生质的飞跃。然而，积累知识的过程非常耗时，有时甚至令人筋疲力尽。在行星卫星的动力学中，编制极其烦琐的计算机程序和实施枯燥的计算贯穿于对观测信息处理的整个过程。哪些研究员会去做这些事？要么是理解这一过程的严酷性的研究人员，要么是有自己特殊科学和技术偏好的人。为了帮助这些研究人员，我们写下了这本书。

　　正如天文学的许多其他分支一样，在行星卫星动力学中，真理的标准就是遵守观测结果。理论学家们明白，观测数据越多，对一个理论的影响就越大。

　　无论是在日常生活中还是在科学研究中，我们经常在寻找"服务平台"。如今，这个"服务平台"就是互联网。本书提供了行星卫星的参考信息，并附有可靠来源的链接。

　　当研究对象和研究方法都限定在特定的框架内时，科学工作往往是成功的。在这个和谐的过程中，当需要超越熟悉的方法或信息时，有时会出现令人不满意的情况。在这种情况下，本书可能会有所帮助。

　　最后，本书有助于让"天体力学"这个词听起来不那么过时。实际上，天体力学并不局限于三体问题和利用三次观测数据确定轨道。如今，天体力学是天文学中最实用、最现代的领域。它不仅满足了我们对大自然的好奇心，而且有助于人类解决面临的两个长期问题：扩大栖息地和抵御自然界的危险力量。

　　本书大部分内容是基于作者的科学成果和出版物。对于那些作者本人没有直接参与的内容，引用了其他专家的研究成果。本书中的参考书目都是广泛使用的参考资料，本书的每章都有单独的列表。有些链接可能会在不同的章节中重复。

　　本书的部分科学研究工作是由作者与法国巴黎电子计算研究所的同事合作完成的。一方面，确保了本书具有良好的专业知识，另一方面，确保了作者所取得的结果的正确性。

作者的整个科学生涯都是在莫斯科国立大学斯腾伯格天文研究所度过的，本书就是在那里编写完成的。

感谢 G. I. Shirmin 副教授对这本书的编辑和校对。

目　录

第1章 卫星动力学研究的目标、问题和方法

1.1 介绍

　　浩瀚的宇宙向四面八方延伸，这一认识一直困扰着人类，使人类产生了两个期望。一个是在无边无际的空间和多样的世界中了解自己所处的位置。对于这个问题，人们常常会因为找不到答案而感到焦虑。另一个则是期望从宇宙中获利以满足日益增长的需求。当人们发现大自然的力量会对生存构成威胁时，会更加忧虑。人类总会对未知的事物充满恐惧，如果有人能解释这些未知的现象，即使是用晦涩的词语，也能让人感到心安，因为这说明至少有人了解这个自然现象。我们应该感谢那些解开人类困惑的科学家们，是他们把我们从对太空和命运的未知恐惧中拯救了出来。

　　自古以来，人们就一直在思考天体对地球生命的影响。不管是科学家还是非科学家，都试图将天象与人类的命运联系起来。然而，在绝大多数时候，得到的都是非常不可靠的结果。至于天体本身的命运，天文学家和数学家早就计算出了稳定的运行结果。行星轨道的大小、形状和自转轴的斜率，自宇宙起源起就没有太大变化。

　　自然科学家和哲学家已经得出结论，宇宙意识存在的主要原因是认知的作用，在理性认知的引领下，人类不断地探索和解释宇宙中未知的现象。

　　在认识宇宙的各个阶段，我们已经有了基础模型。新的、更精确的观测可能会暴露出模型与现实情况不相符，这时可以通过更新的天体运动状态参数来优化模型。但有时候，必须改进理论、模型构建技术或计算方法。在这个过程中会发现新的、无法解释的现象。在某些阶段，有可能会迸发出认识宇宙所急需的灵感，但这都建立在大量科学研究工作的基础上。研究天体的运动模型是很有价值的工作，它使我们在任何时候都能预测出天体的位置。

　　当理论不只是一个停留在理论学家想象中的抽象概念，还具备一个完善的程序方法时才有意义。这方面最主要的工具之一是天体力学，天体力学给了我们最完整、最准确的行星卫星动力学知识。

1.2 天体力学——研究行星卫星动力学的基础

　　天体力学是研究天体在自然力作用下运动的科学分支。天体力学的核心是物质运动的力学形式。

　　研究对象是各种物质形态，从最小的宇宙尘埃颗粒到巨大的系统，如星团、星系和星

系群。

天体力学的研究目的是发现天体运动的规律。

对于所有的自然科学来说，天体力学起着基础的作用。没有天体力学，对宇宙的研究和探索是很难想象的。天体力学对地球生命的意义在于获得有关天体运动和宇宙的知识，以更好地满足人类的需要，保护人类免受自然力量的侵害。对地球人造卫星运动理论的研究，使得人类能够使用航天器进行通信和探索地球资源。通过小行星、彗星和流星的运动理论能够评估这些天体进入大气层并落到地球表面的危险性。对太阳系天体运动的研究使得构建一个基本参考系（基于天体力学和天体测量学，以天文年鉴和基本恒星历表形式实现的惯性系统模型）成为可能。

在天体力学的发展过程中，形成了许多有效的数学、物理和计算数学方法，并得到了进一步发展，比如描述各种自然现象和人为过程的微分方程数值积分方法。这些数值方法起源于天体力学，并在科学技术中得到广泛应用。17—18 世纪，随着天体力学方法不断用来解决天文问题，基本上所有的理论物理学都开始使用这些方法了。20 世纪出现的常微分方程组理论占据了主导地位，事实上，现代天体力学使用了一整套现代应用数学工具来模拟空间物体的运动。

1.3　研究行星卫星动力学的目标

研究太阳系天体动力学的主要目的是确定行星及其卫星的运动参数。这个目标与人类长期面临的挑战有关，即扩大和探索我们的栖息地。大行星的卫星最适合作为无人或载人登陆的目标。太阳系天体的结构和动力学研究是天文学的一个重要组成部分，本书采用了天体力学和天体测量学的方法。行星际航行是太阳系天体动力学的一个新问题，在 20 世纪下半叶引起了科学家的兴趣。

研究天体动力学的一般方法包括建立行星、小行星和行星卫星的运动模型和星历表。运动模型是基于自然界的一般规律、天体物理参数以及观测结果而构建的，在这项研究中使用了先进的数学方法和计算技术。星历表是这项研究的最终结果，它汇集了关于太阳系天体动力学的全部知识。

星历表用于确定天体的物理参数、研究太阳系的起源及演化、准备和实施星球探索任务，并可以帮助人类发现新的天体。在 19 世纪中叶，厄本·勒维耶曾使用星历表预测出海王星的存在，现在人类仍然在用这种方式来发现新的行星和卫星。因此，可以得出结论，星历表也是一种研究工具，因为它包含了所有关于行星和卫星运动的现有数据。

此外，天体力学的研究结果都或多或少地影响着许多其他科学领域和人类实践。

1.4　天体力学和天体测量学的基本概念

本节介绍天体力学和天体测量学的基本概念，后续的介绍中会使用到这些概念。

我们研究的对象是太阳系的行星和卫星。因此，我们用天体动力学模型进行计算。这些模型在自然界中并不存在，但在某种程度上与真实天体的运动差别不大。一个典型例子就是把天体看作一个质点或具有三轴椭球构型的绝对均匀固体。

运动规律。天体运动的直接表现是它们相对位置的变化，这是由相对距离决定的。通常用一段时间内天体相对距离的变化规律来描述一个天体系统的运动，数学上，用时间的函数来描述天体的运动规律。

为了方便表示天体的运动，我们使用参考系的概念：坐标系和时间尺度。坐标系的概念与真实的天体有一定关联，例如，地球上的格林尼治子午线和银河系外的脉冲源。时间尺度的概念与真实的物理过程有关，例如，地球的自转或原子的电磁辐射。

相互作用规律。研究天体运动的基础是物理学定律，这些定律是根据观测严格建立的，它们描述了天体相互作用或天体运动的环境对天体的影响。天体相互作用规律的数学表达形式用常微分方程表示，天体之间的距离或天体坐标满足这些方程。

力学模型。在天体力学中，使用了动力学模型的概念。该模型用天体的构成和特性，以及作用在各个天体上的力来描述。动力学模型可以用来近似地描述天体的运动，也可以作为研究描述天体运动更精确方法的基础。

天体力学的任务是建立和研究各种力学模型，也就是研究和描述真实的天体运动。力学模型通常是对真实天体系统运动的近似，模型中天体的属性可能与现实不符。作用力的规律可以用一种特殊的方式来表示。比如，将天体运动等效成质点运动或将运动近似为不满足牛顿第三定理的限制性三体问题。

观测与测量值。对天体的认识来源于观测。在观测中，我们不能仅满足于陈述空间中存在天体的事实。在天文观测中，使用各种仪器进行天体测量。与抽象的坐标不同，测量值是真实的，利用测量设备产生。天文学家要处理各种各样的仪器测量值。例如，望远镜轴相对于垂线和子午面的旋转角度、照片上天体图像之间的距离、激光测距仪的闪光点和天体反射固定光脉冲的时间间隔、半导体探测器单个像素的背景强度，以及两个射电望远镜接收同一射电源信号的差异等。

测量的准确性。仪器通常有测量误差。值得注意的是，测量过程的未知性使我们只能建立关于测量误差的假设。单个测量误差的大小是难以得到的。通常我们假设误差是随机的，并考虑误差的各种统计特性。大多数情况下，我们使用最多的是均方根误差的概念。依据测量仪器的结构特性有时可以大致确定测量的精度，但通常情况下，我们讨论的是观测值的精度。

时间。测量值随时间的变化是由天体运动引起的。测量是在某个时间点上进行的，这个时间点根据天文台时钟计算。在天体力学中，具体时间也是一种可测量的值。

时间是一个抽象的概念，需要使用一些仪器来测量，但是，任何设备都有其自身的测量误差。首先，时间是通过地球的自转角来衡量的。这样的时间被称为世界时（UT）。月球运动模型和观测结果之间的差异表明了地球自转并不是完全匀速的，描述月球运动模型所采用的时间自变量也可以作为标准。通过对月球的观测所得到的时间称为历书时

（ET）。然而，月球观测的准确性仍然有限。为了寻找更精确的计时器，原子钟出现了，它是目前最精确的时间计量设备。世界上最精确的几个原子钟，通过一定算法平均而得的时间，称为国际原子时（TAI）。

天文测量的准确性已经达到了较高的水平，以至于经典牛顿力学在描述天体运动方面的不足显而易见。在更精确的广义相对论中，空间中任何两点的时间流逝都是不同的。为了关联不同的时间尺度，必须考虑天体的运动和它们的质量。

运动参数。 当我们研究行星和卫星、恒星和星系时，不妨大胆地假设天体的某些固有参数及其运动始终保持不变，包括天体的质量、大小和形状、轨道参数和许多其他量。这些参数不能使用现有仪器直接测量。然而，它们的意义真正体现在了观察到的天体运动中。我们把这些量称为天体的运动参数。

坐标系统。 测量量并不能直观地表示天体系统的参数，更不适合用来表达一般的运动定律。描述天体空间方位的一种便捷方法是使用坐标系。当谈论恒星在某个坐标系中的位置或天体的方位时，指的是空间中抽象的坐标轴和假想线。利用坐标系是为了清楚地了解天体运动的规律和性质。

坐标系的选择要考虑到描述和研究特定天体运动的方便性。原点和坐标轴要么与天体的细节相关联，例如地球的格林尼治子午线；要么与它的动态特性相关联，例如与天体的惯性主轴或运动特性相关联，比如自转轴或自身在某个时间点的位置，或者我们可以以另一种特定的方式选择坐标系。

大多数情况下，使用直角坐标系或笛卡儿坐标系，其原点由 O 表示，坐标轴由 x、y 和 z 表示。球坐标系通常使用 r 表示中心距离，φ 表示纬度，λ 表示经度。

我们将原点位于观测点的坐标系称为地平坐标系，并将地平坐标系的轴与垂线和当地子午线相关联。当坐标系的原点位于地球的质心时，说明是地心坐标系。

天体的运动规律描述的是时间和运动参数在天体坐标系内的依赖关系，可以有多种形式。常使用解析函数来描述时间和位置关系，在某些情况下，以隐式形式给出，然后通过逐次逼近的方式计算得到位置。运动定律也可以采用星历表的形式描述，星历表中给出了一些固定时间点的天体坐标值，时间通常是恒定步长。使用这样一个运动定律星历表，天体坐标值与运动参数的关联关系就消失了。在这种情况下，很难分析出运动的性质，并且对天体的研究也被限制在星历表的计算时间间隔内。

天体的坐标是抽象的概念，它们不能用任何仪器测量。坐标系使用公式和算法进行建模，是构建天体运动模型的一个组成部分。

天体运动模型。 我们不知道天体是如何排列的，也不知道它们是按照什么规律运动的。因此，我们必须对运动模型进行研究，提出一个大胆的假设，即模型与实际的差异不大。

在一般情况下，我们所说的天体运动模型是一种确定的形式，它使得我们在已知运动参数的情况下能够确定任何时间的测量值。

天体运动模型可以有许多不同的表达形式。可以是手动写在纸上或作为印刷材料出版的数学公式，也可以是打印出来的坐标星历表。目前，公式和数值表格都存储在计算机中。在计算机时代，公式被转换为计算算法，而星历表则用在解决某些特定问题的计算程序中。即使在强大的计算技术时代，也需要提前几年时间来计算主要天体的坐标，并以天文年鉴的形式保存在世界的几个研究中心。

我们对天体运动定律的认识从何而来？在古代，它们几乎是通过简单的观测凭经验确定的。现在，则是在求解天体运动微分方程的过程中发现了运动定律。这些方程是根据严格的、确立已久的物理定律构建的，这些定律描述了天体的相互作用或运行环境所产生的影响，是力学模型的一部分。模型中考虑的每个影响因素都是明确且固定的。天体运动定律的构造及其结果，即运动定律本身，称为运动理论，这就是天体力学要解决的问题。

在绝大多数的天体力学问题中，不可能获得运动方程的精确解。我们致力于得到精确方程的近似解，或近似方程的精确解。微分方程的解析解和数值方法都存在误差，但这个误差利用数学方法可以被估算出来。

天体运动模型的准确性。天体运动模型的基础数据是运动参数，这些参数是已知的，但存在一定误差，这会影响天体坐标和其测量值的预报精度。此外，还要讨论测量模型精度，这意味着计算测量值时存在误差。在这种情况下，我们需要分离预报误差的两个来源：所得到的运动方程解的接近性和运动参数的不准确性。运动方程解的误差也被称为计算误差或方法误差。当我们讨论天体运动理论的不精确性时，有必要指明是否假设运动参数是绝对准确的。

研究方法。天体力学与其他天文学科的区别仅在于研究方法，包括解析法、数值法和定性法。

解析法能得到一套解析关系，让我们能够计算出天体在给定时间点的近似位置和速度，而省略其在中间时间点的数值。解析法的特点是计算非常复杂且计算量庞大。此外，解析法很难在非常大的时间间隔内评估天体的运动特性，而且并非适用于所有天体。

数值法不存在解析法的局限性，数值法适用于计算在一定精度下的任何天体及其系统。随着计算机在科学研究中的使用，以前认为数值法过于费力的问题已经不再是障碍。但它们也有自己的缺点，那就是随着积分区间的增加，误差会不断累积，且难以严格估计误差的增长。另一个缺点是数值法以数值形式呈现结果，并且不可避免地要计算中间阶段，尽管研究的目标往往是积分后的状态。

天体力学的定性法使判断天体运动的特性成为可能，而无须完全积分（解析或数值）微分方程。解析法、数值法和定性法被广泛应用于现代天体力学当中，解析法的优美和高效率与数值法的简单和普适性成功地结合在一起，而所有这些又与定性法所揭示的宇宙学内涵相辅相成。

1.5　根据观测结果研究行星和卫星动力学的一般方法

研究行星和卫星动力学的一般方法是利用观测结果构建运动模型，这些模型是认识自然所必需的。

图 1-1 显示了根据观测研究太阳系天体动力学的方法。在研究的任何阶段，我们都要明确所研究的天体系统的组成。目前已经确立的天体相互作用规律（万有引力、介质的阻力）能够用运动微分方程表达。使用解析法，可以找到运动方程的通解，再将任意常数（运动参数）的值代入这个通解后，我们就可以得到天体系统的运动模型。在已知初始条件（运动参数）下用数值积分的方法求解运动方程时，我们也会得到天体系统的运动模型。一些运动参数的初始值能够从以前的研究中获得。为了构建运动模型，还需要有运动方程的物理参数值（例如，天体的质量）。

研究天体动力学的主要工作之一是根据观测改进运动模型。观测给我们提供了测量量的值，称为观测值。此外，我们有一个用于预先计算测量值的运动模型，可以精确地计算出观测时刻的测量值，称为计算值。对同一观测来说，观测值和计算值是不相等的。我们在图 1-1 中用 "O-C"（O 代表观测值、C 代表计算值）来表示两者的差异。这种差异是自然存在的，因为它既包含观测误差又包含天体运动模型的误差。但在一些情况下，"O-C" 的值会超出模型误差和观测误差。新的更精确的观测会揭示出模型与实际的差异，出现这种问题最简单、最有可能的原因就是天体运动参数值不准确。这时可以利用观测改进运动参数（如图 1-1 的 "参数改进方法"）。大多数情况下，都可以通过改进参数，使理论模型的计算值和观测值更一致，"O-C" 的值落在模型误差和观测误差的范围内。

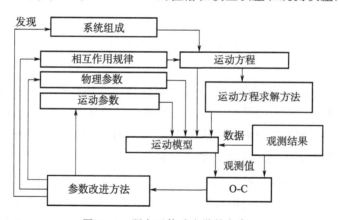

图 1-1　研究天体动力学的方案

存在一些理论计算值难以与观测值相一致的情况——即使改进运动参数，"O-C" 仍然很大。这时必须改进运动方程的求解方法和计算方法。这是天体力学中最费力的部分，需要重新研究影响每个天体运动的因素，推导出新的、更精确的理论公式，结果则是公式变得越来越长、越来越复杂。此外，使用更精确的计算方法意味着所需的计算时间会显著增加。

在少数情况下，无论研究人员如何努力改进运动参数和精细化运动模型，理论计算值和观测结果仍然严重不匹配。结果就是，通过总结概括、大胆假设和倾注智慧，新的发现就此诞生，以前未知的天体或已知天体相互作用的新规律会被发现。在这种情况下，我们对周围世界的认识得到了深化，自然规律得到了进一步的总结。

　　以上提出的解决方案是粗浅且有限的，它只是从一般意义上说明了科学研究是事实、猜想和错误的结合与积累。需要指出的是，天体动力学研究还有一个非常实用的作用，天体运动模型是跟踪来自外空间潜在危险的基础，也能直接用于支撑各类人造航天器的设计以及近地或行星际飞行。

1.6　必要观测的特殊属性

　　大多数真实和假想的天体运动都是某些天体环绕其他天体的运动。天体的自转或公转用角度来描述，角度的大小随时间单调增加。下面更详细地介绍如何通过观测确定这些过程。

　　天体的轨道公转角或自转角用经度来表示，即 λ。在大多数动力学模型中，经度的变化率 $\dot{\lambda}$ 近似为常数。

　　提高观测的精度会有新的发现，可以发现已知天体的新属性，或者发现新的行星或卫星。下面举例说明：

　　假设已经建立了一个较好的运动模型，并在此基础上计算出"O－C"，即经度的观测值和理论计算值之差。如果测量不准确，则存在观测误差，如图 1－2（a）所示，其中"白噪声"是唯一显著的。假设观测技术的进步提高了观测精度并且抑制了噪声，这时"O－C"如图 1－2（b）所示，而当观测变得更加精确时，"O－C"的正弦波变化就变得清晰可见［图 1－2（c）］。这种变化有助于人们去确定理论计算中没有考虑到的因素。

　　天体的轨道运动有一个特点，即经度随时间单调增加。如果不考虑影响经度变化的时间因素，可以得到一个类似于图 1－3（a）的图，从图中难以获得有价值的信息。如果将所研究天体的新老观测数据都加入进来，就会得到图 1－3（b）。这时，可以看出，经度"O－C"的残差变化是时间的二次函数。这种效应的产生可能是由天体机械能的不明耗散引起的，而这种耗散又可能归因于潮汐力。

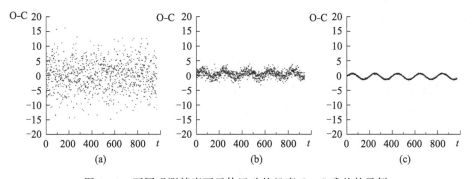

图 1－2　不同观测精度下天体运动的经度 O－C 残差的示例

　　显然，为了获得有价值的结果，观测的时间间隔也应该扩大。这样在某个阶段，就有可能发现新的现象。

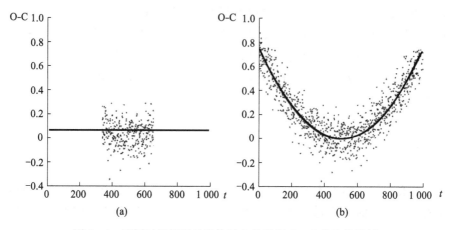

图 1-3　不同时间间隔的天体运动的经度 O-C 残差的示例

观测时间间隔与星历表精度有什么关系？图 1-4（a）显示了在 $t_1 \sim t_2$ 时间内观测得到的天体轨道经度值。"噪声"和线性变化是明显的。利用理论模型和观测数据，我们可以计算出 t_f 时刻可能的经度值。如果将观测数据（具有相同的精度）扩展到时间点 t_3，会得到更加精确的结果，如图 1-4（b）所示。

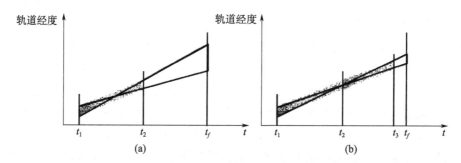

图 1-4　天体的星历表精度与观测时间间隔的关系

当然，在观测过程中无法直接测量经度，通过观察得到的只是轨道运动在图像平面上的投影。然而，可以推导出求解经度的近似公式。关于轨道运动的其他特征也可以得出类似的结论。

这里认为天体运动的经度随时间呈线性变化，运动参数 $\dot{\lambda}$（经度变化率）由观测得到，测量值是经度 λ 本身，这是所有行星天然卫星的特点。

在进行相同类型的观测时，经度的测量误差任何时候都相同，用 σ_λ 表示该误差。设在 t_1 时刻到 t_2 时刻进行经度测量，那么运动参数误差 $\sigma_{\dot{\lambda}}$ 可由以下关系得到

$$\sigma_{\dot{\lambda}} = \frac{\sigma_\lambda}{t_2 - t_1}$$

可以看出，得到的运动参数的精确性随着 $t_2 - t_1$ 的增加而提高。

运动参数的精确性在计算给定时刻的经度方面有什么作用？假设我们需要预报未来某时刻 t_f 的经度，即 $t_f > t_2$。

该计算误差由下式决定

$$\sigma_{\lambda(t_f)} = \frac{\sigma_\lambda}{t_2 - t_1}\left(t_f - \frac{t_1 + t_2}{2}\right)$$

该误差也随着测量间隔的增加而减小。

假设 t_2 时刻后继续观测，在 t_3 时刻（$t_3 > t_2$）进行最后一次观测。此时，t_f 时刻经度的预报误差为

$$\sigma_{\lambda(t_f)} = \frac{\sigma_\lambda}{t_3 - t_1}\left(t_f - \frac{t_1 + t_3}{2}\right) < \frac{\sigma_\lambda}{t_2 - t_1}\left(t_f - \frac{t_1 + t_2}{2}\right)$$

因此，经度的预报精度得到提升。

在较短的时间间隔内使用更精确的观测可以产生什么？假设在测量区间 t_1 到 t_2 之间的 t_1^*，t_2^* 时刻进行了两次经度测量，误差为 σ_λ^*。假设

$$\sigma_\lambda^* = 0.5\sigma_\lambda \ , \ t_2^* - t_1^* = 0.1(t_2 - t_1) \ , \ \frac{t_1^* + t_2^*}{2} = \frac{t_1 + t_2}{2}$$

也就是说，新的观测值比以前的观测值要精确 2 倍，而测量间隔缩短至原来的 1/10。

用更精确的观测进行经度预报，得到

$$\sigma_{\lambda(t_f)} = \frac{\sigma_\lambda^*}{t_2^* - t_1^*}\left(t_f - \frac{t_1^* + t_2^*}{2}\right) = 5\frac{\sigma_\lambda}{t_2 - t_1}\left(t_f - \frac{t_1 + t_2}{2}\right)$$

很明显，这个精度相比于之前不太准确的观测结果要差 5 倍。

根据上文所考虑的观测，对构建模型的一般性质进行了分析，得出以下结论：

1）为了构建天体运动模型，需要利用该天体从被发现至今世界范围内所有的观测数据。

2）对天体进行持续观测，即使观测精度不变也是有用的。

3）使用更精确的观测数据并不一定能改进模型。某种观测比其他观测是否更具有优势不仅取决于它的精度，还取决于观测的时间间隔。

4）任何新的观测结果，即使是更准确的观测结果，总是只能作为现有数据的补充。

与许多其他天体研究相比，这些结论构成了天体力学的一个特点，在其他天体研究中，新的、有价值的科学结果只基于最新的观测结果，这些观测结果准确地覆盖了过去的观测结果。而在天体力学中，更准确、更充分的天体运动模型建立在更完整的观测数据库上。

当然，还应该发展新的观测技术，用以提供关于天体运动的新数据。

第 2 章　行星的卫星

2.1　行星的卫星——太阳系的天体

将所研究的天体命名为"行星的卫星"（有时也称为"行星卫星"），它们伴随行星一起围绕太阳运动。大行星和小行星上都可能有卫星，有一些行星没有卫星。地球也有一个卫星，即月球。本书的研究中，只限于火星、木星、土星、天王星、海王星和冥王星的卫星。在这里不考虑月球，但它是值得被特别关注的，因为月球是离我们最近的天然地外天体，对它的观测具有非常高的精度。月球动力学特性与地球的形状和自转密切相关。为了描述月球运动，需要专门的方法和手段，这是一门专业的课题——月球动力学。除冥王星的卫星外，本书也不考虑矮行星和小行星的卫星。矮行星和小行星卫星的特殊性在于这些卫星距离小行星的表面非常近，以至于轨道确定精度非常低。对于大多数这样的卫星，只知道它的存在。

大行星和矮行星的卫星是太阳系中的特殊天体，十分具有研究价值。木星和土星的主要卫星在很久之前就被发现了，它们的动力学得到了很好的研究。从地球上观测这些卫星，大多数都有良好的条件。行星的卫星作为扩大人类栖息地最合适的天体，具有实际研究意义。与行星相比，航天器更容易在卫星上着陆，卫星表面的特性和引力是最适合探索的。卫星的另一个显著特性是它们的运动受制于行星的引力。因此，通过卫星的运动可以确定行星的质量和动力学参数。此外，卫星的运动对行星物质的粘度很敏感。

行星卫星运动的多样性和复杂性推动了天体力学方法的改进和严格验证，研究卫星的动力学需要最复杂、最精密的数学技术。作为与行星一起形成的天体，卫星留下了太阳系形成和复杂演化过程的证据。通过研究卫星的动力学，人们可以更容易理解这种过程。

长期以来，人们对地球之外的探索一直通过信使——航天器来探索。这些航天器在太阳系中穿梭，行星的天然卫星进入航天器相机和雷达的视野范围内，这成为除地面观测之外，另一种为我们提供大量研究数据的手段。

因此，我们可以得出结论，卫星的特性使我们有理由将行星卫星的动力学单独列为值得特别关注的科学领域，发展这门科学无疑是具有实际意义的。

2.2　行星卫星的分类和命名法

天体的分类是一项非常艰巨的任务，总有一些天体超出了任何类别的范畴。尽管如此，行星的卫星总体可以分为三类。

　　第一类是行星的主卫星。这类卫星的特点是，它们在行星赤道平面附近，运行于尺寸最大的近圆轨道。大行星的赤道与自身扁率有关，行星的非球形引力对其主卫星的运动影响较大。对于木星、土星和天王星，主卫星的轨道彼此相距不远。因此，卫星间的相互吸引也显著影响了它们的运动。主卫星的另一个特点是存在大量相对准确的观测数据，这些数据是在很长的时间间隔内积累的，因为这些卫星的观测条件是最有利的。主卫星的星等范围为 $4^m \sim 14^m$，行星星体的亮度不会干扰到卫星观测，因此，在所有卫星中，对主卫星的动力学研究最多。近代以来，解析理论用于构建主卫星的运动模型。当前，卫星运动方程的数值积分方法最适合于运动模型的构建和应用。

　　第二类是行星的近距离（或内部）卫星。它们比主卫星小得多，在主卫星的轨道内侧，在行星赤道面上做近圆轨道运动。近距离卫星非常靠近行星本体，因此在地面观测它们相当困难。从地球上观测行星卫星不是很清晰，行星的亮度掩盖了卫星的微弱亮度。航天器用于观测一些近距离的卫星，因此，从地球上也能观测到一部分近距离卫星了。

　　由于这些原因，近距离卫星轨道的已知参数并不十分准确。近距离卫星的动力学受行星的扁率和其引力场特征的影响最大。主卫星的运动也大大影响了它们的运动。在大多数情况下，近距离卫星的运动模型可以用椭圆运动来表示，在本书的相应章节中会应用到这种模型。

　　第三类是远距离（或外部）卫星。它们也是太阳系的小天体，比主卫星明显小很多。远距离卫星的轨道延伸到主卫星的轨道之外，轨道倾角和偏心率变化很大。它们的偏心率达到了 0.75，相对于行星轨道平面的倾角甚至可以超过 90°，被称为逆行卫星，即相对于行星的轨道运动，它们的轨道运动是反向的。对这些卫星来说，最重要的扰动因素是太阳引力，主卫星引力和行星扁率的作用则较弱。在没有强大的计算机的时候，人们试着进行远距离卫星平面运动的解析理论研究。其中的困难在于分析主要的扰动因素——太阳引力的影响。在扰动理论中，由于相应扰动参数还不够小，无法只考虑低阶扰动。为了保证理论模型的精度，还需要确定高阶扰动，这使得公式极其烦琐。随着数值积分方法快速求解运动微分方程能力的提高，解析方法依然只用于研究远距离卫星在长时间间隔内的轨道演化情况。

　　到目前为止，已经发现了木星的远距离卫星 71 颗、土星的远距离卫星 58 颗、天王星的远距离卫星 9 颗和海王星的远距离卫星 6 颗。

　　木星的远距离卫星可以分为两个子类。第一类的典型特点是轨道的半长轴在 $9 \times 10^6 \sim 1.3 \times 10^7$ km 内，进行顺行轨道运动。第二类较为普遍，其半长轴在 $1.6 \times 10^7 \sim 2.5 \times 10^7$ km 之间，进行逆行轨道运动。

　　需注意冥王星卫星的分类特点。由于在海王星轨道之外发现了许多小行星，它们的性质与冥王星相当，因此决定将冥王星归类为矮行星。该决定是在 2006 年第 26 届国际天文学联合会大会上做出的。现在冥王星被命名为冥王星 134340，是根据小行星的命名规则进行命名的，例如 2011 年发现的科伯罗司（Kerberos）命名为 S/2011 (134340) 1。在命名中给出发现年份不太完整，因此，将使用先前明确的符号 P1，P2，…作为名称分配给卫星。

在整体考量行星卫星时，卫星的数量是一个重要因素。随着时间的推移，越来越多的新卫星被发现，数字还会随之变化。图 2-1 显示了自 1610 年伽利略首次发现木星的卫星（木星的伽利略卫星）以来，已知行星卫星数量 N 随时间的变化。

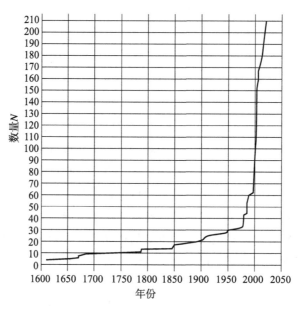

图 2-1　已知行星卫星的数量 N 随时间的增长

迄今为止，已经发现了火星、木星、土星、天王星、海王星和冥王星周围的 209 颗天然卫星。表 2-1 列出了每颗行星的三种类型的卫星数量。

目前已知的行星卫星是由卫星命名方法表示的。每颗卫星都被分配了一个编号和一个名称。卫星的编号和名称是由国际天文学联合会的一个特别委员会批准的。卫星的名称用拉丁字母命名，通常取自神话故事。虽然一些最近被发现的卫星还没有名称，但也会被赋予一个临时代号。

对于卫星的俄语名称，应使用专业语言学家用俄语记录的神话来选择。

表 2-1　每颗行星的三种类型的卫星数量

行星名称	近距离卫星	主卫星	远距离卫星	总数
火星	—	2	—	2
木星	4	4	71	79
土星	16	8	58	82
天王星	13	5	9	27
海王星	7	1	6	14
冥王星	—	1	4	5

为了识别卫星，命名方法中还包含了一个轨道半长轴的近似值，可以直接确定卫星属于哪一类。

本书附录 A 提供了行星天然卫星的命名方法。书中还给出了每颗卫星的发现情况：发现的年份和关于该发现的相关链接。参考资料清单是针对每个行星卫星单独编制的，行星卫星的俄语名称是根据俄语神话确定的，这项工作由莫斯科国立大学斯滕伯格天文研究所完成。

2.3　海王星及其卫星海卫一的发现

在一些国家，行星星历的计算是一项国家事务。在过去的几个世纪里，星历计算在法国进行的最为密集，从 1679 年起，法国就出版了一本名为《时代知识》（法语：Connaissance des Temps）的天文年鉴。1795 年，在巴黎成立了经度管理局研究所，其任务是计算星历。这个研究所的简要历史可以在论文（Emelyanov, 1997）中找到。行星星历表是由一些法国科学家相继创建的，法国创建星历的历史可以在书（Simon et al., 1997）中找到，当时行星星历被称为历表。在 19 世纪中期，亚历斯·布瓦尔从事行星星历的计算，木星、土星和天王星的星历表被称作是布瓦尔历表。

到 1845 年，布瓦尔历表所给出的天王星位置与观测结果之间的误差达到了 2'。应多米尼克·弗朗索瓦·让·阿拉果的要求，奥本·勒维耶开始研究这个问题。他计算了木星和土星引力对天王星运动的二阶摄动，并在布瓦尔历表中对天王星的经度进行了大约 40" 的修正。随后，他将自己的理论与观测结果进行比较，并改进了积分常数，将天王星经度理论值和观测值的差降至 20"，但这个误差仍然太大了。

随后，勒维耶开始寻找某个行星对天王星的扰动，这个行星大约位于黄道平面内，距离的近似值是天王星到太阳平均距离的 2 倍（根据提丢斯–波得定律）。将扰动行星质量设置为 0.000 107 个太阳质量、轨道半长轴为 36.153 9 AU（AU 指天文单位），能够将经度的理论值和观测值之差减小到 5.4"。他认为在 1847 年 1 月 1 日，扰动行星的日心经度应该等于 326°32"，距离是 33.06 AU。勒维耶在 1846 年 9 月 18 日向德国天文学家约翰·格弗里恩·伽勒报告了这颗行星的位置，后者在 1846 年 9 月 23 日发现了这颗行星，与勒维耶预测的位置有 52' 的偏差。

英国天文学家约翰·库奇·亚当斯与勒维耶同时解决了这个问题，但他的结果是在发现这颗行星之后发表的。亚当斯计算出的位置与伽勒的观测结果相差 2°27'。

基于以上对海王星的首次观测和杰罗姆·拉朗德（他在 1795 年认为这颗行星是一颗恒星）的历史观测数据，可以确定它的椭圆轨道根数。然后，通过对海王星的卫星海卫一的观测，可以计算出这颗行星的质量。海卫一是 1846 年由威廉·拉塞尔在发现这颗行星后不久发现的。最终的计算结果与勒维耶预测的质量有很大的不同。

费利克斯·蒂塞朗指出，由经度观测得到的周期与天王星和海王星相互剧烈扰动的时间间隔相吻合。他认为，勒维耶计算的扰动力方向接近真实，但其轨道偏心率和半长轴的取值带来的扰动太弱，不过由于部分扰动被海王星的大质量补偿了，这使得勒维耶和亚当斯能够正确地表示海王星的日心位置。

2.4　冥王星卫星卡戎的发现史

冥王星直到现在都是太阳系所有天体中研究最少的。它与地球的平均距离约为40 AU，也就是 6×10^9 km。

冥王星第一颗被发现的卫星名为卡戎，也称冥卫一，从 1978 年在美国海军天文台（USNO）拍摄的一张照片中发现（Smith et al. ，1978）。这颗卫星在行星的图像中以一个驼峰的形式出现，勉强可以辨认出来。冥王星和卡戎之间的最大角距离是 0.9″。

卡戎的轨道最先由克里斯蒂和哈林顿在 1978 年确定，而后通过进一步观测加以完善（Christy，Harrington，1980；Harrington，Christy，1980）。卡戎在 1965 年的老照片上也被发现了，通过这些照片获得了位置角。对于卡戎的轨道，轨道周期只由半长轴决定，这使得近似估计行星-卫星系统的质量成为可能。然而，通过摄影观测确定半长轴的准确性仍然不高。

这时，天文技术的进步推动了散斑干涉测量的出现。该方法会在第 5 章中描述。自1980 年以来，冥王星-卡戎系统的散斑干涉测量结果开始出现（Bonneau，Foy，1980）。处理该系统散斑干涉测量的例子，可以参考论文（Baier，Weigelt，1987），作者为了获得冥王星和卡戎的位置，处理了 87 000 张干涉图。

到 1985 年，已经积累了 19 次散斑干涉测量。从这些观测中确定卡戎轨道的代表性成果是由梭伦在 1985 年发表的（Tholen，1985），通过研究考虑观测权重的非线性最小二乘法确定了卡戎轨道。开普勒无扰动轨道被作为卡戎的运动模型。根据观测确定轨道的偏心率，得出的值为 0.008±0.032，误差是自身值的 4 倍，所以轨道被采纳为圆形轨道。结果表明，轨道半径为（19 360±300）km，轨道周期为（6.387 64±0.000 18）天。轨道周期和轨道半径的独立性使得确定冥王星-卡戎系统的总质量成为可能，结果等于（6.8±0.5）×10^{-9} 个太阳质量。事实证明，卡戎的轨道几乎垂直于地球赤道平面。由于卡戎的轨道周期正好与冥王星的自转周期重合，冥王星-卡戎系统可以被认为已经完成了它的潮汐演化（Farinella et al. ，1979；Reinsch，Pakull，1987）。这反过来也证明了根据观测结果得到的卡戎轨道是近圆形的（Tholen，1985）。利用散斑干涉测量不能准确地确定天体的大小，这可以从对此类观测技术的描述中推断出来。因此，冥王星-卡戎系统的密度问题在一段时间内仍然悬而未决。

那个时代一个罕见的天文事件是卡戎的轨道平面从太阳和冥王星的连线附近经过。这种现象以 124 年的周期（冥王星绕太阳公转周期的一半）重复出现。根据 1985 年散斑干涉测量所确定的轨道参数，从地球上观测，冥王星和卡戎应该周期性地相互遮挡。此外，可以从地球上观测到一个天体投射到另一个天体上的阴影。由此，它们的总亮度将降低。后来事实证明，亮度的降低可以达到 0.7 个数量级。此类事件在文献中被称为相互掩星和日食。

1985 年，在帕洛玛山和麦克唐纳德天文台进行观测，首次发现了由掩星和日食引起的冥王星亮度变化（Binzel et al. ，1985）。

冥王星-卡戎系统的高精度光度测量为确定系统的运动参数提供了全新的信息。邓巴和特德斯科（Dunbar，Tedesco，1986）给出了该现象的建模技术和相应公式的详细描述。文中假设冥王星和卡戎是球形的。

测量值，即总亮度，基本上取决于天体表面的物理特性。因此，每个天体的反射率都是确定的参数。在论文（Dunbar，Tedesco，1986）中，假设反射率在整个天体表面上是相同的。

图 2-2 显示了从地球上看到的冥王星、卡戎和它们阴影之间的相对位置。图中天体尺寸和阴影偏移与第一次对冥王星-卡戎系统互掩互食现象进行光度观测所获得的系统参数相对应（Tholen et al. ，1987a；1987b）。

阴影的边界是由相当复杂的方程表示的曲线。邓巴和特德斯科（Dunbar，Tedesco，1986）提出通过定积分计算的方法来确定物体的可见光照区域。对于近似计算，可以引入一个简化——将阴影的可见边界视为一个圆，圆的半径与投射阴影的天体半径相等。在这种情况下，可见光照区域可以使用简单的公式进行分析和计算，邓巴和特德斯科（Dunbar，Tedesco，1986）给出了这些公式。系统亮度计算误差不超过 0.005 星等。尽管公式很简单，但由于天体和阴影的相对位置有大量的组合，因此亮度的算法相当复杂。

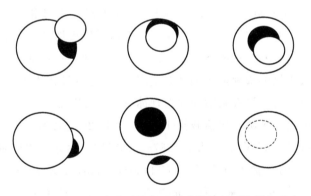

图 2-2　冥王星-卡戎系统中不同阶段的相互掩星和日食

在 1985 年和 1986 年，发生的日食是不完整的，即一个天体的星盘从未完全位于另一天体的星盘或其影子内。在这些条件下，能够准确计算的参数是行星和卫星的半径之和，对每个天体半径的计算精度要低得多。然而，要确定天体的密度，必须分别知道它们的半径，而不仅仅是总和。为了分别确定冥王星和卡戎的半径，要使用 1987 年和 1988 年发生的日全食的观测结果。1989 年和 1990 年的日食是不完整的，并在 1990 年完全结束。

在日食期间使用光度观测时，原则上不可能分别确定卡戎的半径和轨道半长轴。例如，如果我们同时将轨道半长轴和天体半径增加 N 倍，那么系统的光曲线不会改变。另一方面，要确定冥王星-卡戎系统的平均密度，只知道天体半径与轨道半长轴的比率就足够了。实际上，很容易得到系统平均密度 ρ 的公式：

$$\rho = \frac{3\pi}{GT^2}\left[\left(\frac{R_P}{a}\right)^3 + \left(\frac{R_C}{a}\right)^3\right]^{-1}$$

式中，G 是万有引力常数；T 是卡戎的轨道周期；a 是卡戎的轨道半长轴；R_P 和 R_C 分别是冥王星和卡戎的半径。与其他参数相比，周期 T 的精度更高，可由散斑干涉测量和相互掩星和日食期间的光度观测确定。

除了周期 T 之外，已知卫星轨道的半长轴，就可以确定系统的总质量。卫星轨道的半长轴可以通过散斑干涉测量得到。

自 1985 年以来，在夏威夷群岛的莫纳克亚天文台和美国得克萨斯州的麦克唐纳德天文台系统地进行了冥王星-卡戎系统中相互日食的光度观测。从日食的光度观测中确定冥王星-卡戎系统参数的首个最重要的结果是由梭伦等人获得的（Tholen et al.，1987a；1987b），他们使用了 1985 年和 1986 年的偏食观测。他们未公布观测结果，比较结果只以理论光曲线的形式给出，该光曲线是根据 1986 年六次日食的观测结果参数改进后得到的。轨道倾角的确定精度较低，因为光度测定倾角信息仅由阴影偏离提供，而阴影偏离本身非常小。经过历次日食后的参数改进，亮度测量值与理论值的残差平均值不超过 0.002 星等。在 1985 年和 1986 年的日食中，冥王星-卡戎系统亮度的最大下降幅度约为 0.25 星等。

梭伦等人（Tholen et al.，1987a；1987b）试图通过冥王星和卡戎的可见星盘部分来确定星体反射率变化，并得出结论：冥王星的赤道区域比极地区域稍暗。这一结果与 1983 年 8 月 16 日用红外天文卫星（IRAS）（Sykes et al.，1987）对冥王星辐射特性进行红外测量的结果一致。冥王星的极地应该有由固体甲烷制成的明亮冰盖，至少延伸到 ±45° 的纬度。对于卡戎，有人曾尝试在它的表面发现冰（Marcialis et al.，1987）。

利用所有日食的光度观测，包括截至 1987 年 6 月 26 日以来的日全食，冥王星-卡戎系统的参数再次被改进（Tholen et al.，1987a；1987b）。后来，梭伦对参数进行了进一步的完善，并对 1989 年的日食进行了预测（Tholen，Buie，1988）。在 1987 年 2 月，因日食导致冥王星-卡戎系统发生了最大程度的光度下降，降幅达到了 0.67 星等。表 2-2 为梭伦和布依（Tholen，Buie，1988）给出的系统参数。

表 2-2　冥王星-卡戎系统参数

参数	参数值	均方根误差
卡戎轨道半长轴/km	19 640	320
偏心率	0.000 09	0.000 38
相对地球赤道倾角(历元 1950.0)/(°)	98.3	1.3
卡戎轨道周期/天	6.387 230	0.000 021
冥王星半径/km	1 142	9
卡戎半径/km	596	17
冥王星几何反射率	0.43～0.60	—

续表

参数	参数值	均方根误差
卡戎几何反射率	0.375	0.018
冥王星-卡戎系统平均密度/(g/cm³)	2.065	0.047

莫斯科国立大学斯滕伯格天文研究所也开发了预报冥王星-卡戎系统的算法。埃梅利亚诺夫计算了 1989 年的日食星历表，以及 1990 年日食的光度观测条件（Emelyanov，1989；Emelyanov，Medvedev，1989）。

马尔霍兰和古斯塔夫森（Mulholland，Gustafson，1987）以及梭伦和哈伯德（Tholen，Hubbard，1988）研究了冥王星和卡戎相互日食期间的衍射现象。然而，这种现象对观测结果的影响问题尚未解决。

马西亚利斯（Marcialis，1988）介绍了基于冥王星反射模型的观测，该模型包括表面上的两个斑点。

综上，我们将根据该系统中最后一次相互掩星和日食之后获得的数据，给出这个系统的总体概念。

冥王星和卡戎是两个总质量为 $(6.8\pm0.5)\times10^{-9}$ 个太阳质量的球状天体，它们在距离 19 130 km，周期为 6.387 217 天的圆形轨道上围绕共同的质心运动。轨道平面几乎是垂直于地球赤道平面（历元 1950.0，相对赤道平面的倾角约为 98.3°）。在天体密度相等的假设下，卫星质量与行星质量之比为 0.152 6。两者都绕自转轴旋转，自转周期等于卡戎绕冥王星旋转的轨道周期。旋转轴垂直于卡戎轨道的平面。因此，冥王星和卡戎总是同一侧朝向对方。

关于两个天体和球体之间的差异，以及卫星轨道的偏心率问题尚未解决。卡戎开普勒轨道的扰动还未被研究。可以简要估计太阳引力引起的轨道升交点经度的长期变化，大约为 3×10^{-21} (°)/年。在冥王星表面有明亮的固体甲烷极冠，卡戎可能由冰组成，并具有均匀的亮度。

冥王星-卡戎系统有几种观测类型。第一种是散斑干涉测量，包括测量行星与卫星之间的角距离和位置角。第二种是在相互掩星和日食期间对系统总亮度的光度测量，持续大约 6 年，每 124 年重复一次。该类型的观测最近一个时期是从 1985 年到 1990 年。

哈勃太空望远镜（HST）也观测过冥王星-卡戎系统，并且在 1993 年获得了 6 幅图像（Tholen，Buie，1997）。根据这些观测，改进了轨道参数。与基于潮汐演化模型的假设相反，这次得到了一个出乎意料的大偏心率轨道，偏心率等于 $0.007\ 6\pm0.000\ 5$，半长轴等于 $(19\ 636\pm8)$ km，推断系统的引力常数等于 (981.5 ± 1.1) km³/s²。

奥尔金等人（Olkin et al.，2003）给出了 1998 年连续 4.4 天用哈勃太空望远镜观测冥王星-卡戎系统的相关报告。在 2002—2003 年期间，使用哈勃太空望远镜获得了 12 个新的冥王星与卡戎的相对位置关系（Buie et al.，2006）。

2005 年，发现了两颗新的冥王星卫星，即冥卫二尼克斯和冥卫三许德拉，并在 2011

年和 2012 年发现了另外两颗卫星，即冥卫四科伯罗司和冥卫五斯堤克斯，与卡戎相比，这些天体都非常小。

现代卫星轨道特性数据来源于地面观测和哈勃太空望远镜的空间观测（Brozovic et al.，2015）。这些数据记录在表 2-3 中，其中还包含冥王星的自转周期和引力常数。

表 2-3　冥王星及其卫星组成的系统的参数

天体	半长轴/km	偏心率	倾角/(°)	周期/天	Gm /(km³/s²)
冥王星				6.387 2	869.60±1.8
卡戎	19 596	0.000 05	0.0	6.387 2	105.88±1.0
斯堤克斯	42 413	0.000 01	0.0	20.161 7	0.000 0±0.000 1
尼克斯	48 690	0.000 00	0.0	24.854 8	0.003 0±0.002 7
科伯罗司	57 750	0.000 00	0.4	32.167 9	0.001 1±0.000 6
许德拉	64 721	0.005 54	0.3	38.202 1	0.003 2±0.002 8

注：Gm 是引力参数。卡戎的半长轴是指它绕冥王星旋转的轨道半长轴。对于其他 4 颗卫星的半长轴是围绕双星系统质心旋转的轨道半长轴，倾角是相对于卡戎轨道平面给出的。对于冥王星，给出的是自转周期，对于卫星，给出的是绕冥王星旋转的周期。

2006 年，通过向冥王星发射新视野号（New Horizons）自主探测器，对冥王星卫星系统的研究迈出了新的一步。2015 年年中，探测器到达冥王星附近，在不到 12 000 km 的距离内拍摄了许多行星的图像，包括卡戎和其他卫星的图像。绘制了行星和卫星的温度图，并在冥王星上发现了由氮和甲烷分子组成的稀薄大气层。

新视野号探测器已收集到大量数据，但处理这些数据还需要一些时间。斯特恩等人（Stern et al.，2015）给出了初步结果，包括冥王星和卡戎的地形图，描述了它们表面的物理特性，特别是冥王星的大气层。基于新视野号的数据，得到了冥王星和卡戎半径的最新值：分别为（1 187±4）km 和（606±3）km。尼克斯作为三轴椭球体，三轴半径分别为 54 km、41 km 和 36 km。许德拉的椭球体半径分别为 43 km 和 33 km。

详细介绍请参见斯特恩等人的论文（Stern et al.，2018），文中关注了冥王星及其卫星的物理特性，主要包括：地质和成分、大气、地下土壤、天体的大小和形状、表面的形态、成分和颜色，也特别关注冥王星系统的起源。

用于改进卫星轨道的新的观测数据尚未公布。对于天体力学方法的应用，双星冥王星-卡戎系统是太阳系中的一个特例。卡戎质量与冥王星质量之比最大为 0.121 7，卡戎半径与卡戎到冥王星距离之比最大为 0.030 9。冥王星和卡戎的自转同步，两者的自转又与卡戎绕冥王星的旋转同步。

2.5　有卫星的行星轨道参数和物理参数

在研究行星天然卫星动力学问题时，有必要计算大行星的引力对卫星运动的扰动影响。在某些情况下，还需要考虑行星的非球形。为此，知道必要的参数是很方便的。表 2-4 为西蒙和弗兰考（Simon，Francou，2016）给出的火星、木星、土星、天王星、海

王星和冥王星的轨道参数。对于火星，采用 VSOP2013 历表，对于其他行星，采用
TOP2013 历表。

表 2-5 列出了大行星的一些物理参数。引力常数是万有引力常数和天体质量的乘积。
天体运动方程中使用的是引力常数，它是根据观测结果确定的，比单独考虑的万有引力常
数更精确。

需要注意的是，行星引力常数的给定值可以包括卫星的质量。该行星和卫星的值被称
为系统的引力常数。另外，行星的引力常数是为行星设定的。

表 2-4　部分大行星的轨道参数

天体	半长轴/AU	轨道偏心率	相对黄道的倾角/(°)	轨道周期/年
火星	1.523 679 340 2	0.093 400 630	1.849 726 07	1.880 848 326 78
木星	5.202 603 202 5	0.048 497 982	1.303 280 59	11.861 983 221 6
土星	9.554 910 430 0	0.055 548 261	2.488 874 05	29.457 160 677 9
天王星	19.218 438 272 6	0.046 384 032	0.773 182 96	84.020 402 463 3
海王星	30.110 415 872 4	0.009 454 315	1.769 946 18	164.770 405 189
冥王星	39.544 617 14	0.249 050 26	17.142 081 3	247.997 694 064

注：倾角是相对于 J2000 历元的黄道来测量的，周期以 365.25 天的儒略年为单位。

行星引力场的参数对于建立卫星运动模型也是必要的。引力场模型由一系列引力球谐
函数的展开系数表示。具体的形式在第 3 章的相应章节中给出。大行星几乎都是轴对称
的，但也有赤道面对称的。基于这些原因，在展开式中仅考虑 J_2，J_4，J_6 项系数。这些
系数是根据对给定的行星赤道半径 R_e 及其引力常数的观测确定的。因此，有必要使用这
些参数的协议值。

注意，对于行星引力的展开函数，认为表征其动力学扁率的 J_2 项系数为正。

表 2-5 为福克纳等人（Folkner et al.，2014）给出的行星系统的引力常数。这些值
用于构建行星运动模型 DE431，所列数据包括卫星质量。

需要注意，在特定模型中使用的常数，必须是相互自洽的。特别是与行星引力常数相
关的参数，应取自同一文献（Folkner et al.，2014）：

天文单位为 149 597 870.700 km；

光速为 299 792.458 km/s；

太阳半径为 696 000.0 km；

太阳的引力参数是 132 712 440 041.939 400 km³/s²；

太阳的动力学扁率是 $J_2 = 2.110 608 853 272 684 0 \times 10^{-7}$。

在计算中，有时需要调整以上数值的有效位数。

表 2-5　部分大行星的物理参数

天体	R_m/km	R_e/km	R_p/km	Gm/(km³/s²)
火星	3 389.50	3 396.19	3 376.20	42 828.375 214
木星	69 911.0	71 492.0	66 854.0	126 712 764.80

续表

天体	R_m/km	R_e/km	R_p/km	Gm/(km³/s²)
土星	58 232.0	60 268.0	54 364.0	37 940 585.200
天王星	25 362.0	25 559.0	24 973.0	5 794 548.600
海王星	24 622.0	24 764.0	24 341.0	6 836 527.100 58
冥王星	—	—	—	977.00

注：平均半径 R_m、赤道半径 R_e 和极半径 R_p 来自文献（Archinal et al.，2018）。具有卫星的行星系统的引力参数 Gm 来自行星理论 DE431（Folkner et al.，2014）。

表 2 - 5 给出了行星平均半径、赤道半径和极半径。以上数值由国际天文学联合会（IAU）坐标与自转参数工作组——IAU WG CCRE 推荐，发表在该工作组的一份报告中（Archinal，2018）。表中没有给出冥王星的半径，数值见上文新视野号探测器的观测结果。

基于观测构建行星卫星运动模型时，还可获得行星的一些物理参数。下面介绍相关研究数据，这些参数值是自洽的。因此，应将 J_2，J_4，J_6 项系数与行星半径 R_e 值配套使用。这些参数值见表 2 - 6 和表 2 - 7，其中还给出了参数误差。该数据来源的参考文献如下：

木星的卫星——（Jacobson，2013）；

土星的卫星——（Jacobson et al.，2006）；

天王星的卫星——（Jacobson，2014）；

海王星的卫星——（Jacobson，2009）。

表 2 - 6　通过观测卫星得到的部分大行星的物理参数

（单位：km³/s²）

天体	行星引力常数	系统引力常数
木星	126 686 536.1±2.7	126 712 764.1±2.7
土星	37 931 208.0±1.0	37 940 585.0±1.0
天王星	5 793 951.3±4.4	5 794 556.4±4.3
海王星	6 835 100.0±10	6 836 527.0±10

表 2 - 7　通过观测卫星得到的部分大行星的引力场参数

天体	赤道半径 R_e/km	$J_2 \times 10^{-6}$	$J_4 \times 10^{-6}$	$J_6 \times 10^{-6}$
木星	71 492	14 695.62±0.29	−591.31±2.06	20.78±4.87
土星	60 330	16 290.71±0.27	−935.83±2.77	86.14±9.64
天王星	25 559	3 510.68±0.70	−34.17±1.30	—
海王星	25 225	3 408.43±4.50	−33.40±2.90	—

2.6　行星卫星的轨道参数

行星卫星的运动受多种因素的影响，运动方程可以通过数值积分方法或摄动理论方法求解。描述天体运动方便且直观的形式是开普勒轨道。与二体问题相比，在存在摄动的情况下，真正的运动是参数随时间变化的开普勒轨道运动，扰动越小，参数的变化越小。因此，卫星运动可以用平均开普勒轨道参数的方法表示。在不同的时间间隔上平均时，参数的平均值将变得不同。

要了解卫星在太空中的位置，我们主要关心的是半长轴、偏心率和轨道相对于某个固定平面倾角的平均值。通常选择一个不变的平面，使轨道相对于它的倾角变化最小。

对于近距离卫星，行星扁率的影响占主导地位。在扁率影响下，轨道平面以几乎恒定的倾角围绕行星的对称轴缓慢进动。轨道本身也在其平面内缓慢进动。非常小的短周期扰动叠加在这个运动上，会稍微改变运动的模式。

对于远距离的行星卫星，主要的扰动是太阳的引力。在这种情况下，轨道以恒定倾角沿行星公转轨道面发生进动。在远距离卫星运动建模时，还应考虑附近其他行星的引力。

卫星的相互吸引，以及各种因素的综合影响，显著改变了这种以进动开普勒轨道运动的简化模式。

对于远距离的行星卫星，来自太阳引力的扰动可能非常显著。这时，因为偏心率和倾角的变化范围较大，轨道根数的平均值很大程度上取决于平均计算的时间间隔。所以轨道半长轴、偏心率和倾角的平均值只能近似代表卫星的运动。

虽然这些参数是近似值，但也足以展示出运动模式和卫星绕行星运动的空间位置。已知的行星卫星较多，相关参数表格较多，具体详见附录 B。下面对这些表格进行简要说明。

对于大多数卫星，运动模型是通过微分方程的数值积分构建的。其中，最先进的是星历服务的形式。用于行星天然卫星的 MULTI - SAT 星历表服务器（Emelyanov, Arlot, 2008）就是其中之一，可以通过互联网访问，网址为 http://www.sai.msu.ru/neb/nss/html/multisat/index.html。该服务器可以计算给定时间间隔内开普勒瞬根的平均值。附录 B 中一些行星卫星的轨道参数表是使用 MULTI - SAT 服务器得到的。计算平均根数的时间间隔显示在表头中。

星历服务器默认使用最新的卫星运动模型，本书将在第 12 章的专门章节描述这些模型。

请注意，卫星轨道的瞬根是根据直角坐标位置和速度分量计算的。在计算中，使用了行星和卫星的引力常数值。在计算轨道相对行星赤道平面的倾角时，也会使用到决定赤道平面的角度。这些参数可能有不同版本的值，MULTI - SAT 服务器使用的是最可靠的版本。由于计算出的平均根数是近似值，因此提供的数据并未具体说明是在哪些指定参数值下计算的根数。

对于一些卫星，平均轨道参数来自相关文献，是根据一些基于观测的运动模型获得的。会在表格的标题中标注出，并给出数据来源。特别是对于木星的 59 颗远距离卫星，平均根数是在布罗佐维奇和雅各布森（Brozovic, Jacobson, 2017）的论文中获得的，作者通过运动方程的数值积分构建了卫星运动模型，并利用观测进行模型改进，得到了进动的椭圆轨道。文中平均根数的计算时间间隔是 1600—2600 年之间的 1000 年。

参 考 文 献

[1] Archinal, B. A. , Acton, C. H. , A'hearn, M. F. , Conrad, A. , Consolmagno, G. J. , Duxbury, T. , Hestroffer, D. , Hilton, J. L. , Kirk, R. L. , Klioner, S. A. , McCarthy, D. , Meech, K. , Oberst, J. , Ping, J. , Seidelmann, P. K. , Tholen, D. J. , Thomas, P. C. , Williams, I. P. , 2018. Report of the IAU working group on cartographic coordinates and rotational elements: 2015. Celestial Mechanics & Dynamical Astronomy 130, 22.

[2] Baier, G. , Weigelt, G. , 1987. Speckle interferometric observations of Pluto and its moon Charon on seven different nights. Astronomy & Astrophysics 174 (1 - 2), 295 - 298.

[3] Binzel, R. P. , Tholen, D. J. , Tedesco, E. F. , Buratti, B. J. , Nelson, R. M. , 1985. The detection of eclipses in the Pluto - Charon system. Science 228, 1193 - 1195.

[4] Bonneau, D. , Foy, R. , 1980. Speckle interferometry with the 3. 60 M CFH telescope. I - Resolution of the Pluto - Charon system. Astronomy & Astrophysics 92 (1 - 2), L1 - L4.

[5] Brozovic, M. , Showalter, M. R. , Jacobson, R. A, Buie, M. W. , 2015. The orbits and masses of satellites of Pluto. Icarus 246, 317 - 329.

[6] Brozovic, M. , Jacobson, R. A. , 2017. The orbits of Jupiter's irregular satellites. Astronomical Journal 153 (4), 147. 10 pp.

[7] Buie, M. W. , Grundy, W. M. , Young, E. F. , Young, L. A. , Stern, S. A. , 2006. Orbits and photometry of Pluto's satellites: Charon, S/2005 P1 and S/2005 P2. Astronomical Journal 132 (1), 290 - 298.

[8] Christy, J. W. , Harrington, R. S. , 1978. The satellite of Pluto. Astronomical Journal 83, 1005, 1007, 1008.

[9] Christy, J. W. , Harrington, R. S. , 1980. The discovery and orbit of Charon. Icarus 44, 38 - 40.

[10] Dunbar, R. S. , Tedesco, E. F. , 1986. Modeling Pluto - Charon mutual eclipse events. I - First - order models. Astronomical Journal 92, 1201 - 1209.

[11] Emelyanov, N. V. , 1989. Eclipses ephemeris in the Pluto - Charon system in 1989. Astronomical Circular (1535), 27 - 28. In Russian.

[12] Emelyanov, N. V. , Medvedev, V. G. , 1989. Mutual eclipse pre - calculation in the Pluto - Charon system. Preprint GAISH 10, pp. 1 - 14. In Russian.

[13] Emelyanov, N. V. , 1997. Two hundred years of bureau of longitudes. We and the Universe 3, 94 - 97. In Russian.

[14] Emelyanov, N. V. , Arlot, J. - E. , 2008. The natural satellites ephemerides facility MULTI - SAT. Astronomy & Astrophysics 487, 759 - 765.

[15] Farinella, P. , Paolicchi, P. , Ferrini, F. , 1979. Planet formation process as a phase transition. III - Mass distribution in the outer solar system. Moon and the Planets 21, 405 - 408.

[16] Folkner, W. M. , Williams, J. G. , Boggs, D. H. , Park, R. S. , Kuchynka, P. , 2014. The

Planetary and Lunar Ephemerides DE430 and DE431. The Interplanetary Network Progress Report, V. 42 – 196, Jet Propulsion Laboratory, California Institute of Technology, pp. 1 – 81.

[17]　Harrington, R. S., Christy, J. W., 1980. The satellite of Pluto. II. Astronomical Journal 85, 168 – 170.

[18]　Jacobson, R. A., Antreasian, P. G., Bordi, J. J., Criddle, K. E., Ionasescu, R., Jones, J. B., Mackenzie, R. A., Pelletier, F. J., Owen Jr., W. M., Roth, D. C., Stauch, J. R., 2006. The gravity field of the Saturnian system from satellite observations and spacecraft tracking data. Astronomical Journal 132 (6), 2520 – 2526.

[19]　Jacobson, R. A., 2009. The orbits of the Neptunian satellites and the orientation of the pole of Neptune. Astronomical Journal 137 (5), 4322 – 4329.

[20]　Jacobson, R. A., 2013. JUP310 Orbit Solution. Jet Propulsion Laboratory, California Institute of Technology.

[21]　Jacobson, R. A., 2014. The orbits of the Uranian satellites and rings, the gravity field of the Uranian system, and the orientation of the pole of Uranus. Astronomical Journal 148, 76 – 88.

[22]　Marcialis, R. L., Rieke, G. H., Lebofsky, L. A., 1987. The surface composition of Charon – tentative identification of water ice. Science 237, 1349 – 1351.

[23]　Marcialis, R. L., 1988. A two – spot albedo model for the surface of Pluto. Astronomical Journal 95, 941 – 947.

[24]　Mulholland, J. D., Gustafson, B. A. S., 1987. Pluto eclipses of and by Charon must be unequal. Astronomy & Astrophysics 171 (1 – 2), L5 – L7.

[25]　Olkin, C. B., Wasserman, L. H., Franz, O. G., 2003. The mass ratio of Charon to Pluto from Hubble Space Telescope astrometry with the fine guidance sensors. Icarus 164 (1), 254 – 259.

[26]　Reinsch, K., Pakull, M. W., 1987. Physical parameters of the Pluto – Charon system. Astronomy & Astrophysics 177 (1 – 2), L43 – L46.

[27]　Simon, J. – L., Chapront – Touzé, M., Morando, B., Thuillot, W., 1997. Introduction aux éphémérides astronomiques. Supplément explicatif à la connaissance des temps. BDL, Institute of Technology, Paris. 450 pp. In French.

[28]　Simon, J. L., Francou, G., 2016. Construction des théories planétaires analytiques de l'IMCCE. Notes scientifiques et techniques de l'Institut de mécanique céleste. S103.

[29]　Smith, J. C., Christy, J. W., Graham, J. A., 1978. IAU Circ 3241, 1.

[30]　Stern, S. A., Bagenal, F., Ennico, K., Gladstone, G. R., et al., 2015. The Pluto system: initial results from its exploration by new horizons. Science 350 (6258). id. aad1815.

[31]　Stern, S. A., Grundy, W. M., McKinnon Wm, B., Weaver, H. A., Young, L. A., 2018. The Pluto system after new horizons. Annual Review of Astronomy and Astrophysics 56, 357 – 392.

[32]　Sykes, M. V., Cutri, R. M., Lebofsky, L. A., Binzel, R. P., 1987. IRAS serendipitous survey observations of Pluto and Charon. Science 237, 1336 – 1340.

[33]　Tholen, D. J., 1985. The orbit of Pluto's satellite. Astronomical Journal 90, 2353 – 2359.

[34]　Tholen, D. J., Buie, M. W., Binzel, R. P., Frueh, M. L., 1987a. Improved orbital and physical parameters for the Pluto – Charon system. Science 237, 512 – 514.

[35]　Tholen, D. J., Buie, M. W., Swift, C. E., 1987b. Circumstances for Pluto – Charon mutual events

in 1988. Astronomical Journal 94，1681 – 1685.

[36] Tholen，D. J.，Buie，M. W.，1988. Circumstances for Pluto – Charon mutual events in 1989. Astronomical Journal 96，1977 – 1982.

[37] Tholen，D. J.，Hubbard，W. B.，1988. No effect of diffraction on Pluto – Charon mutual events. Astronomy & Astrophysics 204 (1 – 2)，L5 – L7.

[38] Tholen，D. J.，Buie，M. W.，1997. The orbit of Charon. Icarus 125 (2)，245 – 260.

第 3 章　运动方程和分析理论

3.1　运动方程和坐标系

　　卫星的运动用微分方程描述。运动方程中包含所有影响运动的力和效应的信息，方程的形式是动力学研究中非常重要的一项内容。一方面，方程需要非常高的准确性，如果对问题的描述不准确，所有后续工作将无法开展。另一方面，求解这些方程方法的适用性和简单性取决于方程的形式。

　　运动方程基于力学定律。首先，我们假设使用的力学工具是经典牛顿力学，这也许已经足够了。在研究的某个阶段，需要使用广义相对论，因为它更符合我们周围自然界的真实情况。在这个阶段，我们面临矛盾的需求，使用广义相对论方程会使方程求解极其复杂。另一方面，使用相对论应该有明确的理由，我们是否真的需要使用广义相对论？因此，确定使用广义相对论的条件非常重要。在实际的运动建模中，为了使模型尽可能地接近真实，选择力学模型的标准应该是模型精度与观测精度的对应关系。

　　在这里比较方程的准确性和观测的准确性并不合适。随着观测精度提高，需要比较运动微分方程解的精度，而不是方程本身。然而，评估解的精度通常是很困难的。此外，许多不包含在运动方程中的其他因素也影响了观测过程中测量值的建模。

　　广义相对论力学的使用问题可以通过天体力学中经常使用的方法来解决。也就是，我们并不直接使用广义相对论方程，而是在经典牛顿力学的框架内建立运动方程，但同时引入了某些作用在天体上的虚构摄动力，这样得到的解就接近广义相对论方程的解。即使是这样一种简化的方法，也应该仔细评估使用的必要性。在本章，我们仅讨论牛顿力学方程。

　　考虑带有卫星的行星系统，我们用顺序索引号 $i = 1, 2, 3, \cdots, N$ 对其卫星进行编号。N 颗卫星系统的运动受行星的引力、卫星间的相互引力、不包括在前 N 颗卫星中的其他卫星的引力，以及太阳和其他行星的引力。太阳、其他行星和卫星称为外部天体。我们假设行星本体具有有限的尺寸，其引力势场与质点势场不同。行星卫星的运动微分方程最初为第 $(N+1)$ 个质点的运动方程问题。坐标系的原点在哪个点上并不重要，方程的形式与此无关。可以假设卫星、太阳和其他行星围绕主行星运动，坐标系的原点位于主行星的中心。我们称这样的系统为行星中心系统。

　　卫星运动方程的构建需要考虑一个事实，即行星以及其他卫星不是质点，而是具有复杂的引力场。考虑在行星中心的非旋转坐标系中描述的 N 颗卫星的运动方程，其坐标为 $x_i, y_i, z_i (i = 1, 2, 3, \cdots, N)$。矢量形式的运动方程具有以下形式

$$\frac{\mathrm{d}^2 \boldsymbol{r}_i}{\mathrm{d}t^2} = -G(m_0 + m_i)\frac{\boldsymbol{r}_i}{|\boldsymbol{r}_i|^3} - \sum_{j=1}^{N}{}'Gm_j\left(\frac{\boldsymbol{\Delta}_{ij}}{|\boldsymbol{\Delta}_{ij}|^3} + \frac{\boldsymbol{r}_j}{|\boldsymbol{r}_j|^3}\right) -$$

$$\sum_{j=1}^{N'}Gm_j'\left(\frac{\boldsymbol{\Delta}_{ij}'}{|\boldsymbol{\Delta}_{ij}'|^3} + \frac{\boldsymbol{r}_j'}{|\boldsymbol{r}_j'|^3}\right) + \boldsymbol{F}(t,\boldsymbol{r}_i) \qquad (3-1)$$

式中，G 是万有引力常数；m_i 是卫星的质量；m_0 是行星的质量；m_j' 是外部天体（太阳、行星、卫星）的质量。在方程中，我们引入了符号：$\boldsymbol{r}_i = \{x_i,\ y_i,\ z_i\}$ 是编号为 i 的卫星半径矢量，$\boldsymbol{r}_j' = \{x_j,\ y_j,\ z_j\}$ 是编号为 j 的外部天体的半径矢量，$\boldsymbol{\Delta}_{ij} = \boldsymbol{r}_i - \boldsymbol{r}_j$ 和 $\boldsymbol{\Delta}_{ij}' = \boldsymbol{r}_i - \boldsymbol{r}_j'$，我们用 $\boldsymbol{F}(t,\ \boldsymbol{r}_i)$ 表示由于行星的非球形性而产生的加速度矢量。这个矢量取决于时间，因为行星及其引力场的运动是独立于卫星的。但是，如果指定卫星自转的话，这个项考虑了卫星本身的非球形性。在第一个求和中，初值 $j = i$ 的项被省略。

　　在卫星运动中考虑其他力，可以是非引力性质的力，例如，环境阻力、行星和卫星中的潮汐摩擦力，这样运动方程右侧的相应项也与卫星速度分量有关。

　　在运动方程中，矢量 $\boldsymbol{r}_i(i=1,\ 2,\ 3,\ \cdots,\ N)$ 作为必要的函数，并且矢量 $\boldsymbol{r}_j'$ 必须在任何给定时间点都能计算。太阳和其他行星的坐标由行星历表计算。除了前 N 个卫星之外，其他卫星的坐标可以根据以前的运动模型计算。

　　作用在卫星上的主要作用力是行星的引力。因此，它是这颗行星的卫星。行星的主要引力是位于质心的质点引力。这个主要作用由运动方程右侧的第一项定义。除质点引力外，忽略对卫星所有其他影响，我们得到了两个质点的运动方程。在这种情况下，原点与其中一个行星重合。为简化描述，该问题被称为二体问题。

　　除了相对坐标系中的运动方程，另一种形式是质心系的运动方程。只考虑行星和卫星的话，我们再次得到二体问题的运动方程。

　　二体问题微分方程的解是众所周知的。这是开普勒运动的模型和定律。我们将在下一节中考虑这样的模型。

　　对于二体问题的深入研究，我们推荐教材（Kholshevnikov，Titov，2007）。教材中呈现的是抽象理论。书中构建了计量轨道空间并描述了它们的拓扑特性。讲述了坐标的级数展开和轨道确定的问题。在本书的最后，我们提供了一个包含天体力学手册、指南和书籍链接的参考文献列表。

3.2　开普勒运动模型

3.2.1　开普勒运动的基本公式

　　作为二体问题的解，开普勒运动模型把天体看作独立于其他天体以及其他影响的质点。根据牛顿平方反比定律，天体在相互引力的影响下运动，这样的运动也称为无摄动运动。

　　当参考系的原点与其中一个天体的质心重合时，需要考虑二体问题中的相对运动；当原点与两个天体组合体的质心重合时，需要考虑质心的运动。

　　二体问题的运动轨道是在一个不变的平面内。轨道是椭圆、抛物线或双曲线的一种。

相对运动的中心天体或者质心运动中的两个天体的质心恰好是上述曲线的一个焦点。在二体问题中也存在直线轨道。

到参考系的原点距离最近的点称为近心点,距离最远的点（在椭圆运动的情况下）称为远心点。远心点可能位于无穷远处（双曲线和抛物线轨道）。将轨道的近心点与远心点连接起来的线称为拱线。

相对运动由一个六阶常微分方程组描述,其通解取决于 6 个独立的任意常数。

在任意非旋转直角坐标系 $Oxyz$ 中,考虑质量为 m_1 和 m_2 的二体问题的运动方程。坐标系的原点 O 或者位于第一个天体中,或者位于第二个天体中,或者位于二体系统的质心中。对于这三种情况,运动方程具有以下形式

$$\frac{\mathrm{d}^2 x}{\mathrm{d}t^2} = -\frac{\mu x}{r^3}, \quad \frac{\mathrm{d}^2 y}{\mathrm{d}t^2} = -\frac{\mu y}{r^3}, \quad \frac{\mathrm{d}^2 z}{\mathrm{d}t^2} = -\frac{\mu z}{r^3}$$

式中,$r = \sqrt{x^2 + y^2 + z^2}$;$\mu$ 为引力参数。

如果原点位于其中一个天体上,则方程描述了另一个天体的运动,引力参数 μ 由下面的等式给出

$$\mu = G(m_1 + m_2)$$

式中,G 是万有引力常数。如果原点位于系统的质心,那么方程描述了第一个天体的运动,其引力参数为

$$\mu = G \frac{m_2^3}{(m_1 + m_2)^2}$$

第二个天体相对于质心的运动方程具有相同的形式,但这种情况下的引力参数由下面的方程给出

$$\mu = G \frac{m_1^3}{(m_1 + m_2)^2}$$

运动方程有 7 个一阶积分,包含 7 个任意积分常数,其中 5 个是独立的。缺少的第 6 个独立任意常数是决定天体某一时刻在轨道上所处的位置的常数。

二体问题的运动轨道由开普勒轨道参数（根数）来描述。

我们知道天体的运动发生在不变平面上,考虑这样的坐标系 $O\xi\eta\zeta$,原点在 O 点,其 ξ 轴指向轨道的近心点,η 轴位于运动平面内并使得天体的半径矢量从 ξ 轴向 η 轴旋转。我们设置第三个轴 ζ 以使坐标系正确。坐标系 $O\xi\eta\zeta$ 称为轨道坐标系。

从 $O\xi\eta\zeta$ 轨道坐标系到 $Oxyz$ 坐标系的转换公式为

$$\begin{aligned} x &= P_x \cdot \xi + Q_x \cdot \eta + R_x \cdot \zeta \\ y &= P_y \cdot \xi + Q_y \cdot \eta + R_y \cdot \zeta \\ z &= P_z \cdot \xi + Q_z \cdot \eta + R_z \cdot \zeta \end{aligned} \tag{3-2}$$

式中,P_i,Q_i,R_i($i = x$,y,z)分别表示轨道平面内拱线的方向余弦,轨道平面内垂直于拱线的方向余弦,以及垂直于轨道平面的方向余弦。方向余弦通常用轨道坐标系 $O\xi\eta\zeta$ 相对于 $Oxyz$ 坐标系的三个旋转角来表示:

Ω ——轨道升交点的经度;

ω ——从轨道升交点到近心点的角距离；

i ——轨道平面到参考平面的倾角。

方向余弦的表达式为

$$P_x = \cos\omega \cdot \cos\Omega - \sin\omega \cdot \sin\Omega \cdot \cos i$$

$$P_y = \cos\omega \cdot \sin\Omega + \sin\omega \cdot \cos\Omega \cdot \cos i$$

$$P_z = \sin\omega \cdot \sin i$$

$$Q_x = -\sin\omega \cdot \cos\Omega - \cos\omega \cdot \sin\Omega \cdot \cos i$$

$$Q_y = -\sin\omega \cdot \sin\Omega + \cos\omega \cdot \cos\Omega \cdot \cos i$$

$$Q_z = \cos\omega \cdot \sin i$$

$$R_x = \sin\Omega \cdot \sin i$$

$$R_y = -\cos\Omega \cdot \sin i$$

$$R_z = \cos i$$

轨道在空间的指向如图 3-1 所示，图中显示了角度 i，ω 和 Ω。

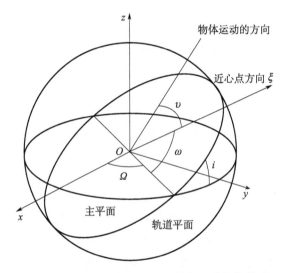

图 3-1　坐标系的几何形状和开普勒运动的轨道平面

轨道坐标系中的二体问题的运动轨迹由以下关系式描述

$$\mu \cdot r = c^2 - f \cdot \xi$$

式中，$r = \sqrt{\xi^2 + \eta^2}$ 是天体半径矢量的模；c 是面积积分常数；f 是拉普拉斯积分常数。

我们不考虑当面积积分常数 c 为 0 时，二体问题中退化为直线运动的情况。这里我们假设 $c > 0$，并考虑极坐标中的轨迹方程。

我们引入天体在轨道平面上的极坐标 r 和 ν。

$$\xi = r\cos\nu, \quad \eta = r\sin\nu$$

式中，开普勒运动中的角度 ν 称为真近点角，从近心点沿该点的正向开始算起。极坐标中轨道的焦点方程有如下形式

$$r = \frac{p}{1 + e\cos\nu}$$

式中，$p = c^2/\mu$；$e = f/\mu$。此外，p 被称为轨道的焦点参数；e 被称为轨道偏心率。

从二体问题的运动方程的第一个积分中可以看出，能量常数取决于以下参数

$$h = \frac{\mu^2}{c^2}(e^2 - 1)$$

极角 ν 随时间的变化由下列微分方程给出

$$\left(\frac{p}{1 + e\cos\nu}\right)^2 \frac{\mathrm{d}\nu}{\mathrm{d}t} = c$$

根据运动类型，这个方程的解有不同的表达形式。运动类型由偏心率 e 决定。因此，坐标对时间 t 的依赖性会有所不同，存在以下类型的轨道：

1）圆形轨道：$e = 0$，$h < 0$，$r = \mathrm{const}$。

2）椭圆轨道：$0 < e < 1$，$h < 0$。

3）抛物线轨道：$e = 1$，$h = 0$。

4）双曲线轨道：$e > 1$，$h > 0$。

由于我们研究的是行星卫星在有限轨道上的运动，所以我们只考虑二体问题中的圆形和椭圆形轨道。对于椭圆轨道，偏心率 $e < 1$；对于圆轨道，$e = 0$。

在圆周运动和椭圆运动中，要考虑轨道的半长轴 a。在这种情况下，焦点参数和能量积分通过半长轴表示如下

$$p = a(1 - e^2), \quad h = -\frac{\mu}{a}$$

从极坐标系中的焦点方程可以得出，天体到原点的最小距离为 $a(1 - e)$，最大距离为 $a(1 + e)$。

为了推导 r 和 ν 随时间变化的函数，我们引入辅助变量偏近点角 E。

$$r\sin\nu = a\sqrt{1 - e^2}\sin E, \quad r\cos\nu = a(\cos E - e)$$
$$r = a(1 - e\cos E)$$

E 与时间 t 的关系由以下公式描述

$$E - e\sin E = M$$
$$M = n(t - t_0) + M_0$$
$$n = \sqrt{\mu/a^3}$$

式中，t_0 是历元时间的初始时刻；μ 是任意积分常数；M 称为平近点角；n 称为平均运动；M_0 称为初始时刻的平近点角。

方程式 $E - e\sin E = M$ 是关于偏近点角 E 的方程，称为开普勒方程。通常采用逐次逼近法进行数值求解。近似解的最优构造方法如下。

当 M 变化了 2π 时，角度 E 和 ν 也变化 2π，与变化为 π 的情况类似。它们之间的区别在于，M 随时间是均匀变化的，而 E 和 ν 随角速度变化。只有在圆周运动（$e = 0$）的特殊情况下，3 个角度才会重合。

在实际计算开普勒运动的坐标中，有时会使用时间函数 $u = \nu + \omega$，称为天体的纬度辐角。实际上，u 是轨道平面内天体运动方向与轨道升交点方向之间的中心角。我们有时候也用 $\lambda = \nu + \omega + \Omega$，$\lambda$ 为轨道经度，它是在不同平面内的两个角度 u 和 Ω 的总和。我们还考虑角度 $\bar{\lambda} = M + \omega + \Omega$，$\bar{\lambda}$ 被称为平经度。天体的轨道周期 T 与平均运动 n 的关系为

$$T = \frac{2\pi}{n}$$

二体问题中椭圆轨道的初始元素决定了轨道平面内的运动，包含 3 个参数：

n——平均运动；

e——偏心率；

M_0——初始时刻的平近点角。

平均运动 n 和半长轴 a 的关系式为

$$n^2 a^3 = \mu$$

上式符合开普勒第三定律，具有重要的实际价值。如果在两个天体的相对运动中，平均运动 n 和半长轴 a 是根据观测结果独立确定的，那么我们可以直接得到两个天体的质量之和，即

$$m_1 + m_2 = \frac{\mu}{G}$$

我们可以将半长轴 a 作为轨道参数，而不是 n。然而，天体在轨道上的位置是由平近点角 M 决定的。因此，天体在其轨道上运行几圈后，平均运动 n 可以根据下面的关系式确定

$$n = \frac{M - M_0}{t - t_0}$$

上式比用半长轴 a 计算要精确。

作为开普勒轨道的参数，我们还考虑参数 $\bar{\omega} = \omega + \Omega$，$\bar{\omega}$ 称为近心点经度，以及参数 $\bar{\lambda}_0 = M_0 + \omega + \Omega$，$\bar{\lambda}_0$ 称为历元平经度。

我们有时不设置历元时刻的平近点角 M_0，而是设置轨道近心点通过的动态时间 t'，也即

$$n(t' - t_0) + M_0 = 0$$

下面我们介绍求解开普勒方程的最佳方法。在经典的逐次逼近法中，迭代过程根据以下步骤进行：

1）在第 0 次逼近中，假定 $E_0 = M$。

2）依次计算

$$E_{n+1} = M + e\sin E_n$$

式中，$n = 0, 1, \cdots$，同时满足 $|E_{n+1} - E_n| > \varepsilon$；$\varepsilon$ 是所需的计算精度。

丹比的逐次逼近法更为有效（Danby，1995），迭代按照以下方法进行：

1）在第 0 次逼近中，假定 $E_0 = M + 0.85e$。

2) 依次计算

$$E_{n+1} = E_n - \frac{(M + e \sin E_n - E_n)^2}{E_n - 2(M + e \sin E_n) + M + e \sin(M + e \sin E_n)}$$

式中，$n = 0$，1，$\cdots$，同时满足约束 $|E_{n+1} - E_n| > \varepsilon$。

3.2.2 椭圆轨道中的位置计算

在某些情况下，与其将坐标从轨道系转换到给定的坐标系 x，y，z，如式（3-2）所示，不如直接使用纬度辐角 $u = \nu + \omega$，用以下公式计算给定坐标系中的位置

$$x = r(\cos u \cos \Omega - \sin u \sin \Omega \cos i)$$
$$y = r(\cos u \sin \Omega + \sin u \cos \Omega \cos i)$$
$$z = r \sin u \sin i$$

3.2.3 椭圆轨道中的速度计算

在得到距离 r 和真近点角 ν 后，我们可以计算出速度模量 V，径向速度分量 V_r，以及横向速度分量 V_n

$$V^2 = \mu \left(\frac{2}{r} - \frac{1}{a} \right)$$

$$V_r = \sqrt{\frac{\mu}{p}} e \sin \nu$$

$$V_n = \sqrt{\frac{\mu}{p}} (1 + e \cos \nu)$$

接下来，我们可以通过下列公式求直角坐标的变化率

$$\dot{x} = \frac{x}{r} V_r + (- \sin u \cos \Omega - \cos u \sin \Omega \cos i) V_n$$

$$\dot{y} = \frac{y}{r} V_r + (- \sin u \sin \Omega + \cos u \cos \Omega \cos i) V_n$$

$$\dot{z} = \frac{z}{r} V_r + \cos u \sin i V_n$$

3.2.4 椭圆轨道中坐标和速度关于开普勒根数的偏导数计算

应用天体力学解决了从观测数据中改进天体运动参数的问题。将开普勒轨道根数作为描述天体运动的参数。轨道改进是通过使用最小二乘法的微分改进完成的。为了构建条件方程，需要计算位置和速度关于轨道根数的偏导数。我们在这里给出这些偏导数的公式，前提是位置和速度与根数和时间的关系是由椭圆开普勒运动公式决定的，这些公式按照计算所需的顺序排列。首先，计算辅助变量

$$c_1 = \sin i \sin \Omega, \quad c_2 = - \sin i \cos \Omega, \quad c_3 = \cos i$$

$$l_1 = \cos \omega \cos \Omega - \sin \omega \sin \Omega \cos i$$

$$l_2 = \cos\omega \sin\Omega + \sin\omega \cos\Omega \cos i$$

$$l_3 = \sin\omega \sin i$$

$$r = \sqrt{x^2 + y^2 + z^2}, \quad \cos\nu = \frac{l_1 x + l_2 y + l_3 z}{r}$$

$$\sin\nu = \frac{(c_2 l_3 - c_3 l_2)x + (c_3 l_1 - c_1 l_3)y + (c_1 l_2 - c_2 l_1)z}{r}$$

$$a_1 = \frac{1 + e\cos\nu}{1 - e^2}, \quad r_1 = a_1 \cos\nu - \frac{e}{1 - e^2}$$

$$r_2 = \frac{n a_1 \sin\nu (1 + e\cos\nu + e^2)}{(1 - e^2)^{3/2}}$$

$$p_1 = -\frac{\mu}{n r^3}, \quad q_1 = \frac{2}{3n}$$

$$p_2 = -a_1 \cos\nu, \quad q_2 = \left(a_1 + \frac{1}{1 - e^3}\right) \sin\nu$$

然后，得到所需的偏导数

$$\frac{\partial x}{\partial n} = \frac{\dot{x}}{n}(t - t_0) - q_1 x, \quad \frac{\partial y}{\partial n} = \frac{\dot{y}}{n}(t - t_0) - q_1 y, \quad \frac{\partial z}{\partial n} = \frac{\dot{z}}{n}(t - t_0) - q_1 z$$

$$\frac{\partial \dot{x}}{\partial n} = p_1 x (t - t_0) + \frac{1}{2}q_1 \dot{x}, \quad \frac{\partial \dot{y}}{\partial n} = p_1 y (t - t_0) + \frac{1}{2}q_1 \dot{y}$$

$$\frac{\partial \dot{z}}{\partial n} = p_1 z (t - t_0) + \frac{1}{2}q_1 \dot{z}$$

$$\frac{\partial x}{\partial i} = z \sin\Omega, \quad \frac{\partial y}{\partial i} = -z \cos\Omega, \quad \frac{\partial z}{\partial i} = y \cos\Omega - x \sin\Omega$$

$$\frac{\partial \dot{x}}{\partial i} = \dot{z} \sin\Omega, \quad \frac{\partial \dot{y}}{\partial i} = -\dot{z} \cos\Omega, \quad \frac{\partial \dot{z}}{\partial i} = \dot{y} \cos\Omega - \dot{x} \sin\Omega$$

$$\frac{\partial x}{\partial M} = \frac{\dot{x}}{n}, \quad \frac{\partial y}{\partial M} = \frac{\dot{y}}{n}, \quad \frac{\partial z}{\partial M} = \frac{\dot{z}}{n}$$

$$\frac{\partial \dot{x}}{\partial M} = p_1 x, \quad \frac{\partial \dot{y}}{\partial M} = p_1 y, \quad \frac{\partial \dot{z}}{\partial M} = p_1 z$$

$$\frac{\partial x}{\partial \omega} = c_2 z - c_3 y, \quad \frac{\partial y}{\partial \omega} = c_3 x - c_1 z, \quad \frac{\partial z}{\partial \omega} = c_1 y - c_2 x$$

$$\frac{\partial \dot{x}}{\partial \omega} = c_2 \dot{z} - c_3 \dot{y}, \quad \frac{\partial \dot{y}}{\partial \omega} = c_3 \dot{x} - c_1 \dot{z}, \quad \frac{\partial \dot{z}}{\partial \omega} = c_1 \dot{y} - c_2 \dot{x}$$

$$\frac{\partial x}{\partial e} = q_2 \frac{\partial x}{\partial \omega} + p_2 x, \quad \frac{\partial y}{\partial e} = q_2 \frac{\partial y}{\partial \omega} + p_2 y, \quad \frac{\partial z}{\partial e} = q_2 \frac{\partial z}{\partial \omega} + p_2 z$$

$$\frac{\partial \dot{x}}{\partial e} = q_2 \frac{\partial \dot{x}}{\partial \omega} + r_2 x + r_1 \dot{x}, \quad \frac{\partial \dot{y}}{\partial e} = q_2 \frac{\partial \dot{y}}{\partial \omega} + r_2 y + r_1 \dot{y}$$

$$\frac{\partial \dot{z}}{\partial e} = q_2 \frac{\partial \dot{z}}{\partial \omega} + r_2 z + r_1 \dot{z}$$

$$\frac{\partial x}{\partial \Omega} = -y, \quad \frac{\partial y}{\partial \Omega} = x, \quad \frac{\partial z}{\partial \Omega} = 0, \quad \frac{\partial \dot{x}}{\partial \Omega} = -\dot{y}, \quad \frac{\partial \dot{y}}{\partial \Omega} = \dot{x}, \quad \frac{\partial \dot{z}}{\partial \Omega} = 0$$

在推导这些公式时，假设轨道的独立参数是 6 根数 n，e，i，M_0，ω 和 Ω，它们的含义在上一节中已经进行了解释。此外，关于 M_0 的导数等于关于 M 的导数。

在实际研究中，经常考虑从观测数据中独立求解平均运动 n 和半长轴 a 的问题。这通常发生在引力中心质量未知，只能通过观测数据来确定的情况下。然后，需要得到位置和速度关于独立参数 n 和 a 的偏导数。在这些情况下，上述关于 n 的偏导数中，舍弃第二项，并根据以下等式计算关于 a 的偏导数

$$\frac{\partial x}{\partial a} = \frac{x}{a}, \quad \frac{\partial y}{\partial a} = \frac{y}{a}, \quad \frac{\partial z}{\partial a} = \frac{z}{a}, \frac{\partial \dot{x}}{\partial a} = -\frac{\dot{x}}{2a}, \quad \frac{\partial \dot{y}}{\partial a} = -\frac{\dot{y}}{2a}, \quad \frac{\partial \dot{z}}{\partial a} = -\frac{\dot{z}}{2a}$$

3.2.5　关于非奇异根数（拉格朗日根数）的开普勒运动方程

开普勒运动定律是最简单的天体运动定律。位置和速度分量随时间变化的表达式来源于二体问题运动方程的通解。通解也取决于 6 个独立的积分常数。独立积分常数的选择不是唯一的。在前面的章节中，具有明确几何意义的开普勒轨道根数为任意常数。

然而在许多实际问题中，把开普勒根数作为轨道参数会导致所需计算变量中有效位数的计算精度下降。在应用摄动理论时，会出现与开普勒根数摄动表达式中各项的贡献不平等的问题。最终会导致精度降低。当椭圆轨道非常接近圆轨道时，就会出现此类问题。当偏心率趋于零时，椭圆轨道退化为圆轨道。

当卫星轨道的倾角非常小时也会出现类似的情况。在这些情况下，从近心点到轨道升交点的角距离和升交点经度是通过观测数据来确定的，其准确度降低，而观测数据本身的精度不变。

为了克服开普勒轨道小偏心率和小倾角所带来的难题，在二体问题方程的通解中，引入拉格朗日根数作为独立的积分常数。利用下面这些公式能直接由拉格朗日根数计算出天体的直角坐标位置。

轨道根数与一个任意的非旋转直角坐标系 $Oxyz$ 关联起来，其原点要么位于两个天体的质心，要么与其中一个天体质心重合。

为引入拉格朗日根数，我们使用之前的开普勒轨道根数的符号：

n——平均运动，单位为 rad/时间；

e——偏心率，无量纲单位；

i——倾角（轨道平面与主平面 Oxy 之间的二面角），单位是 rad；

M_0——历元初始时刻的平近点角，单位是 rad；

ω——近心点与轨道升交点的角距离，单位是 rad；

Ω——轨道的升交点经度，单位是 rad；

t_0——初始时刻；

t——计算天体坐标的当前时刻。

在某些情况下，与 n 相关的轨道半长轴 a 被认为是轨道的初始参数，而不是 n

$$a^3 n^2 = \mu \tag{3-3}$$

式中，μ 是两个天体的引力参数。

在任何情况下，平近点角 M 的计算公式为

$$M = n(t - t_0) + M_0 \qquad (3-4)$$

我们假设，计算给定时刻的直角坐标时，开普勒轨道的 5 个根数 a，e，i，ω，Ω 和平近点角 M 是已知的。拉格朗日根数是 a、$\bar{\lambda}$、k、h、q、p 这 6 个量，除了半长轴 a，其他量由下列公式计算：

$$\bar{\lambda} = M + \omega + \Omega$$
$$k = e\cos(\omega + \Omega), \quad h = e\sin(\omega + \Omega) \qquad (3-5)$$
$$q = \sin\frac{i}{2}\cos\Omega, \quad p = \sin\frac{i}{2}\sin\Omega$$

如上所述，$\bar{\lambda}$ 称为平经度，是时间的线性函数。

如果给定了拉格朗日根数 a，$\bar{\lambda}$，k，h，q，p，那么直角坐标 x，y，z 和速度分量 $\dot{x}$，$\dot{y}$，$\dot{z}$ 可以用以下公式计算。

首先我们计算出

$$S = \sin\bar{\lambda}, \quad C = \cos\bar{\lambda}$$
$$k' = kC + hS, \quad h' = kS - hC \qquad (3-6)$$

接下来，假设在第 0 次近似中 $\nu = h'$，我们通过迭代来求解这些方程。

$$C_\nu = \cos\nu, \quad S_\nu = \sin\nu, \quad \nu = h'C_\nu + k'S_\nu \qquad (3-7)$$

计算辅助变量

$$\nu' = \frac{\nu}{1 + \sqrt{(1 - k^2 - h^2)}} \qquad (3-8)$$

$$S' = \frac{S_\nu - \nu'k' + h'}{1 - k'C_\nu + h'S_\nu}, \quad C' = \frac{C_\nu - \nu'h' - k'}{1 - k'C_\nu + h'S_\nu} \qquad (3-9)$$

$$S_\lambda = SC' + CS', \quad C_\lambda = CC' - SS' \qquad (3-10)$$

得到上述变量后，中心距离 r 和天体的直角坐标 x，y，z 可以通过下面的公式得到

$$r = \frac{a(1 - k^2 - h^2)}{1 + kC_\lambda + hS_\lambda} \qquad (3-11)$$

$$x = rC_\lambda(1 - 2p^2) + 2rS_\lambda pq$$
$$y = rS_\lambda(1 - 2q^2) + 2rC_\lambda pq \qquad (3-12)$$
$$z = 2r\sqrt{1 - p^2 - q^2}(qS_\lambda - pC_\lambda)$$

为了计算速度分量，还需要找到辅助变量

$$V_r = \sqrt{\frac{\mu}{a(1 - k^2 - h^2)}}(kS_\lambda - hC_\lambda) \qquad (3-13)$$

$$V_n = \sqrt{\frac{\mu}{a(1 - k^2 - h^2)}}(1 + kC_\lambda + hS_\lambda) \qquad (3-14)$$

$$R_x = 2C_\lambda pq - S_\lambda(1 - 2p^2)$$
$$R_y = C_\lambda(1 - 2q^2) - 2S_\lambda pq \qquad (3-15)$$
$$R_z = 2\sqrt{1 - p^2 - q^2}(qC_\lambda + pS_\lambda)$$

之后，使用下列关系式计算速度分量 $\dot{x}$，$\dot{y}$，$\dot{z}$

$$\dot{x} = \frac{x}{r} V_r + R_x V_n$$

$$\dot{y} = \frac{y}{r} V_r + R_y V_n \qquad (3-16)$$

$$\dot{z} = \frac{z}{r} V_r + R_z V_n$$

3.2.6　拉格朗日根数应用举例

我们在此举两个拉格朗日根数成功应用的案例。

第一个例子是拉格朗日根数构建的行星长期摄动理论。在摄动函数中，只保留了与行星经度无关的长期项。考虑到太阳系大行星的轨道偏心率和倾角很小，摄动函数的长期部分展开为偏心率和倾角的幂级数，并在展开式中保留至二阶。在这种情况下，认为行星轨道的半长轴是不变的。关于拉格朗日根数，可以使用带有常系数的线性齐次微分方程。这些方程的解可通过拉格朗日根数得到，形式为关于时间线性参数的三角函数之和，这使得描述行星轨道在大时间跨度内的演化以及发现行星相互摄动的有趣特性成为可能。苏博京（Subbotin，1968）的专著对拉格朗日方法有很好的描述。

第二个例子实际上是应用拉格朗日方法来构建天王星主要卫星运动的分析理论（Laskar，Jacobson，1987）。直到现在，这个理论仍是获取天王星主要卫星最精确星历的唯一方法。

3.3　非球形行星的引力函数

3.3.1　力函数展开

使用球谐函数形式的非球形行星引力函数展开式，可以将行星的非球形影响考虑在内。展开式的系数取决于与行星本体相关的坐标系。通常使用的坐标系与行星的主体和与赤道重合的主平面相关。行星的赤道与它的自转轴相关。假设自转轴在行星内部不变。大行星本体接近与绕对称轴旋转的轴对称天体。因此，我们选择了坐标系的主平面，在这个平面上进行引力函数的展开，使得第三个轴（z 轴）与行星的对称轴重合。

文献中行星引力的力函数有多种展开形式。下面是国际天文学联合会第七委员会推荐的公式

$$U(r,\varphi,\lambda') = \frac{Gm_0}{r} \Bigg[1 - \sum_{n=2}^{\infty} \left(\frac{r_0}{r}\right)^n J_n P_n(\sin\varphi) +$$

$$\sum_{n=2}^{\infty} \sum_{k=1}^{n} \left(\frac{r_0}{r}\right)^n P_n^{(k)}(\sin\varphi)(C_{nk}\cos k\lambda' + S_{nk}\sin k\lambda') \Bigg] \qquad (3-17)$$

式中，r，φ 和 λ' 分别是与行星相关的坐标系中某点的中心距离、纬度和经度；$P_n(\sin\varphi)$ 是勒让德多项式；$P_n^{(k)}(\sin\varphi)$ 是参数为 $\sin\varphi$ 的勒让德函数式。首先固定常数 r_0 的值，其最

接近行星赤道的半径。常数系数 J_n，C_{nk}，S_{nk} 决定行星的引力场，它们的值由各种类型的观测数据计算得到。系数为 J_n 的展开项称为带谐项。

在许多文献中，非球体引力的力函数展开式中，使用 $C_{n0} = -J_n$ 代替系数 J_n。后文将解释在标准公式（3-17）中，为什么按惯例在展开的带谐项之前取负号。

3.3.2　模型的引力和真实的引力

需要注意的是式（3-17）中展开项的重要特性。如果天体是严格轴对称的，并且坐标系的主平面垂直于对称轴，那么展开项中只有系数为 J_n 的带谐部分。此外，如果天体也有一个通过原点垂直于对称轴的对称平面，那么展开式中只有偶次带谐项。

众所周知，大行星的两极都是扁球形的。对于扁球体，$J_2 > 0$。这就是为什么在公式（3-17）中，负号应该写在展开式的带谐项之前。这样就不需要为大行星设置系数 J_2 为负值。

许多研究者使用不同的模型研究天体表面形状。天体的形状间接影响其引力场的非中心性，但是，引力场在很大程度上取决于天体内部质量的分布。一个从外面看是扁球形的天体会产生一个拉长的引力场。一种比较常见和方便的模型是均匀的三轴椭球模型。均质三轴椭球的力函数展开式包含无穷项，但展开式（3-17）中带有奇数 n 或奇数 k 的系数都等于 0，并且所有 S_{nk} 的系数也都等于零。

将力函数展开式的某些项的系数与均匀椭球体的尺寸联系起来的公式可能是有用的。我们来构建这个展开式，使天体相关的坐标系 $O\bar{x}\,\bar{y}\bar{z}$ 的轴与椭球体的轴平行，半轴分别为 a，b，c。那么前几项系数通过椭球的半轴表示如下

$$-J_2 = C_{20} = \frac{2c^2 - (a^2 + b^2)}{10r_0^2}, \quad C_{22} = \frac{a^2 - b^2}{20r_0^2}$$

$$-J_4 = C_{40} = 3\,\frac{3(a^4 + b^4) + 8c^4 + 2a^2b^2 - 8c^2(a^2 + b^2)}{280r_0^4}$$

$$C_{42} = \frac{(a^2 - b^2)(2c^2 - a^2 - b^2)}{280r_0^4}, \quad C_{44} = \frac{(a^2 - b^2)^2}{2\,240r_0^4}$$

文献（Kon-dratyev，2003；2007）发展了势能理论并且考虑了各种天体模型的引力势的展开。

现在考虑大行星的引力场。对于木星、土星、天王星和海王星来说，只有系数 J_2、J_4、J_6 的精度可接受。

在描述运动方程（3-1）时，坐标轴方向的选择并不唯一。通常，要把坐标轴的方向与 J2000 历元的地球赤道平面，也就是与国际天体参考系（ICRF）关联起来。但这种关系不能通过方程来实现。测量卫星坐标的系统与 ICRF 的绑定只能通过完善卫星的运动参数来完成，使得其模型运动与 ICRF 中计算的观测结果最接近。只有观测结果与 ICRF 中的结果具有一致性，并根据观测结果进一步修正卫星轨道，才能确保坐标系与 ICRF 的一致性。

一些大行星的引力函数的展开系数值在第 2 章第 2.5 节中给出。

在卫星的运动方程（3-1）中，出现了 $F(r_i)$ 项，其定义了由于行星的非球形性而产生的加速度矢量。这个函数的参数是坐标系 $Oxyz$ 中的卫星位置。然而，在力函数（3-17）的展开式中，位置在与天体特别是行星的赤道相关的坐标系统中出现。这个坐标系统中的直角坐标用 $\bar{x}$，$\bar{y}$，$\bar{z}$ 表示，与表达式（3-17）中坐标的关系是显而易见的。

$$\bar{x} = r\cos\varphi\cos\lambda', \quad \bar{y} = r\cos\varphi\sin\lambda', \quad \bar{z} = r\sin\varphi$$

为了计算运动方程（3-1）的右侧，将坐标系 $O\bar{x}\bar{y}\bar{z}$ 中的加速度分量 $F = \{F_{\bar{x}}, F_{\bar{y}}, F_{\bar{z}}\}$ 与天体固连，可以通过计算偏导数得到

$$F = \left\{ \frac{\partial}{\partial\bar{x}}\left(U - \frac{Gm_0}{r}\right), \quad \frac{\partial}{\partial\bar{y}}\left(U - \frac{Gm_0}{r}\right), \quad \frac{\partial}{\partial\bar{z}}\left(U - \frac{Gm_0}{r}\right) \right\}$$

然后，使用坐标转换矩阵将矢量 F 的分量转换到坐标系 $Oxyz$ 中。

$$\{F_x, F_y, F_z\}^{\mathrm{T}} = R_0 \{F_{\bar{x}}, F_{\bar{y}}, F_{\bar{z}}\}^{\mathrm{T}}$$

为了简洁起见，在记录坐标时我们省略表示卫星编号的索引号。矩阵 R_0 直接由行星极点的天球坐标 α_0，δ_0 和其自转角 W 确定，在坐标系 x，y，z 中表示。如果采用 ICRF 作为主坐标系，那么参数 α_0，δ_0，W 可以从国际天文学联合会的报告中获取（Archinal et al.，2018）。附录 F 也给出了这些参数值。

在行星是严格轴对称的特殊情况下，$\bar{x}$ 轴可以沿着行星赤道与平面 (x, y) 的交线指向。为了明确起见，使 $\bar{x}$ 轴指向平面 $(\bar{x}, \bar{y})$ 相对于平面 (x, y) 的升交点。在这种特定的情况下，矩阵 R_0 的形式如下

$$R_0 = \begin{pmatrix} -\sin\alpha_0 & -\cos\alpha_0\sin\delta_0 & \cos\alpha_0\cos\delta_0 \\ \cos\alpha_0 & -\sin\alpha_0\sin\delta_0 & \sin\alpha_0\cos\delta_0 \\ 0 & \cos\delta_0 & \sin\delta_0 \end{pmatrix} \tag{3-18}$$

由于木星、土星、天王星、海王星和其他一些行星几乎都是轴对称的，因此经常出现这样的疑问：行星的哪一极才是北极。为了避免混淆，国际天文学联合会与自转工作组将相对于太阳系不变平面的北侧的那一极定义为行星的北极（Archinal et al.，2018）。在 J2000 历元的 ISRF 中，太阳系的不变平面的极点（垂直于该平面）坐标是相等的：赤经 $\alpha_0 = 273.85°$，赤纬 $\delta_0 = 66.99°$。

表 3-1 给出了木星、土星、天王星和海王星的极点天球坐标。从这个表中可以看出，木星和土星的极点进动较明显。

表 3-1　部分大行星在 J2000 历元的 ISRF 中的极点坐标

行星	赤经 α_0/(°)	赤纬 δ_0/(°)
木星	268.056 595－0.006 499T	64.495 303＋0.002 413T
土星	40.589－0.036T	83.537－0.004T
天王星	257.311	－15.175
海王星	299.36	43.46

注：参数 T 是从 J2000 历元起算的儒略世纪内时间（每个世纪 36 525 天）。

因为天王星北极的赤纬是负的，天王星的北极指向天球的南半球。然而，这颗行星围

绕着北极以相反的方向旋转（从 y 轴到 x 轴），角速度矢量指向南极。我们在此给出行星赤道坐标系 $O\bar{x}\bar{y}\bar{z}$ 中的矢量 $\boldsymbol{F}$ 的分量表达式，仅考虑系数为 J_2 和 J_4 的带谐项。

$$F_{\bar{x}} = \frac{3}{2}Gm_0 J_2 \frac{r_0^2}{r^5}\left(5\frac{\bar{z}^2}{r^2}-1\right)\bar{x} + \frac{5}{8}Gm_0 J_4 \frac{r_0^4}{r^7}\left(63\frac{\bar{z}^4}{r^4}-42\frac{\bar{z}^2}{r^2}+3\right)\bar{x}$$

$$F_{\bar{y}} = \frac{3}{2}Gm_0 J_2 \frac{r_0^2}{r^5}\left(5\frac{\bar{z}^2}{r^2}-1\right)\bar{y} + \frac{5}{8}Gm_0 J_4 \frac{r_0^4}{r^7}\left(63\frac{\bar{z}^4}{r^4}-42\frac{\bar{z}^2}{r^2}+3\right)\bar{y}$$

$$F_{\bar{z}} = \frac{3}{2}Gm_0 J_2 \frac{r_0^2}{r^5}\left(5\frac{\bar{z}^2}{r^2}-3\right)\bar{z} + \frac{5}{8}Gm_0 J_4 \frac{r_0^4}{r^7}\left(63\frac{\bar{z}^4}{r^4}-70\frac{\bar{z}^2}{r^2}+15\right)\bar{z}$$

在计算方程的右侧时，给定的坐标是坐标系 $Oxyz$ 中的卫星坐标，必须将坐标 $\bar{x}$，$\bar{y}$，$\bar{z}$ 代入前面的公式。这些坐标可以用下面的坐标变换计算

$$\{\bar{x},\bar{y},\bar{z}\}^{\mathrm{T}} = \boldsymbol{R}_0^{-1}\{x,y,z\}$$

式中，矩阵 $\boldsymbol{R}_0$ 由关系式（3-18）确定。在这里，我们可以使用转置矩阵 $\boldsymbol{R}_0^{\mathrm{T}}$ 来代替 $\boldsymbol{R}_0^{-1}$，因为对于正交矩阵，有 $\boldsymbol{R}_0^{-1} = \boldsymbol{R}_0^{\mathrm{T}}$。

3.4　主卫星对行星远距离卫星运动影响的近似

我们在这里介绍一种方法，用于分析木星、土星、天王星和海王星等的主要卫星引力对这些行星的远距离卫星运动的影响。远距离卫星到行星的距离大大超过了主要卫星的近圆形轨道大小，主卫星几乎在行星赤道平面内运动。可以近似假设主要卫星的轨道是圆形的，并且位于行星的赤道平面内。行星周围主要卫星的公转周期比远距离卫星的公转周期要短得多。我们对主要卫星的运动随时间进行平均，同时考虑到它们对行星的远距离卫星的影响。然后我们用位于行星赤道平面上的无限薄的大质量圆环代替真正的主卫星。圆环的质量等于相应卫星的质量，半径等于其圆形轨道的半径。在天体力学中，这种环被称为高斯环。高斯（K. F. Gauss）是第一个在分析中引入它的人。知道了环的质量 m_c 和半径 r_c，我们可以很容易得到其引力的力函数 U_c，以球谐函数的形式展开为

$$U_c = \frac{Gm_c}{r}\left[1 - \sum_{n=2}^{\infty}\left(\frac{r_0}{r}\right)^n J_n^c P_n(\sin\varphi)\right]$$

其中，系数 $J_n^{(c)}$ 的计算公式为

$$J_n^{(c)} = -\frac{r_c^n}{r_0^n}P_n(0)$$

此外，对奇数的 n 值，可以证明 $P_n(0)=0$；对于偶数值 $n=2k$，其中 k 是整数，$P_{2k}(0)$ 由下面的公式计算

$$P_{2k}(0) = (-1)^k\frac{(2k!)}{2^{2k}(k!)^2}$$

埃梅利亚诺夫（Emelyanov，2005）使用了这种在远距离卫星的运动模型中用引力环代替主要卫星的方法；埃梅利亚诺夫和坎特（Emelyanov，Kanter，2005）的研究表明，根据现代地面观测的精度，这种替代是完全可以接受的。

3.5　构建行星卫星运动模型的方法

行星卫星的运动是由运动定律描述的，该定律将卫星坐标表示为时间的函数。我们可以通过多种方式得到这些函数。它们的表述方法是不同的。通常，函数被理解为包含加、乘、除、初等函数（对数、三角函数和特殊函数）等运算的解析表达式。然而，利用一些时刻的坐标数值，运动定律也能通过函数的表格形式描述。分析法给出了由各种参数值定义的一族解，这些参数值实际上包含在公式中。所有族运动模型都由相同的公式描述。运动参数是微分方程解析解的任意常数。可以通过多种方式选择任意积分常数，其中一个就是运动初始条件，即在某个初始时刻 t_0 的位置和速度分量。

我们可以按以下方式使用解析解：首先，设置运动参数，然后，定义任意时间点的集合，将其代入运动方程解的解析函数后，得到坐标和速度分量。在每个时刻，操作都是相同的。因此，计算时间与我们需要计算坐标的时刻成正比，而不取决于初始时刻和最终时刻之间的时间间隔。

求运动方程的解析解是一个非常复杂且耗时的过程。然而，有一个好处是，只需要做一次。由于不可能得到方程的精确解，除了少数简单的情况外，解析解总是近似的，其准确度取决于我们对解析解的探索程度。解析解越准确，其推导过程就越费力。这个缺点是由于可能产生大量公式的分析计算而造成的。

在这个问题上，计算机代数的方法很有帮助，却也并不是万能的。

运动微分方程的解析解是通过摄动理论方法获得的，这些方法非常多样。下面介绍其中的一些方法和用该方法构建的行星卫星运动模型。

一种不同的方法是方程的数值积分法。其主要过程如下：首先，确定在某一初始时刻卫星的坐标和速度分量。接下来，选择一个与初始时刻非常接近的时刻，通过近似方法计算出这个新时刻的坐标和速度。

有许多方法可以实现这一点。它们的主要特性是它们都是近似解，但给定的时间点越接近初始时间点，结果就越准确。在一个接近初始时间的新时间点上求得坐标和速度后，再把这个时间点当作初始时间点，继续寻找下一个时间点上的坐标和速度，重复这个过程。因此，我们在期望的时刻得到了想要知道的天体的位置和速度。但是，为此我们必须计算许多中间时间点的坐标和速度。

我们需要找到一个能直接求得所需时刻结果的方法。因此，运动微分方程数值积分的计算时间与步数成正比，步数越多，得到的精度就越高。可以通过减小步长，在一定程度上提高精度。然而，当步数大到一定程度时，算术运算中的舍入误差导致的误差累积开始超过在每一步获得解时误差的影响，就会导致出现新情况。

因此，通过一些优化步骤，我们会确定最终的精度。只有通过提高计算机中数字表达的精度，减少四舍五入的误差，才能提高这个最终精度。其余一些微不足道的改进可以通过改进计算方法来实现。

方程数值积分法的主要优点是，我们只需要知道微分方程右边部分的表达式。缺点是非常耗时，每当需要得到一个新的解时，必须启动整个数值积分过程。

到目前为止，研究者们已经提出了许多用于运动方程数值积分的方法。这些方法的主要特性将在第 4 章中进行讨论。

数值积分法的缺点之一是，我们需要以某种方式存储中间时刻的所有坐标值。这些时刻在数值积分过程中是固定的，通常有很多这样的时间点，如果我们需要找到某个与数值积分过程中的任何一个时刻都不重合的时间点的坐标，就必须想新的办法。在第 4 章的专门章节中将讨论数值积分的结果通常以何种方式存储以及如何使用它们。

迄今为止，为构建天体运动模型，研究者们已经提出了很多的方法。对所有这些方法进行综述工作量很大，本书只介绍其中的几个典型方法。

3.6　基于两个固定中心的广义问题解的扁球形行星卫星运动模型

大行星的特征是呈扁球形，这是最重要的非球形性因素。由于行星的外部为扁球形，它的引力场不同于质点的引力场。因此，引力函数（3 - 17）在主项 $\dfrac{Gm}{r}$ 之后的展开项主要是系数为 J_2 的二次带谐项。展开式被专门写为这样的形式，使得该系数对于太阳系的大行星来说是正的。

天体力学中，在求解卫星运动的微分方程时，人们已经进行了各种尝试来考虑二次带谐项。在许多论文中，考虑 J_2 的问题被称为"主要问题"。

长期以来，人们一直在思考质点在两个固定中心的引力场中的运动模型问题。很容易看出，两个静止中心的引力场在结构上与一个细长天体的引力场很接近。然而，所有大行星都是扁球形的。两个固定中心的引力函数形式为

$$W = \frac{Gm_1}{r_1} + \frac{Gm_2}{r_2}$$

式中，m_1 和 m_2 是两个中心的质量；r_1 和 r_2 是从质点到每个中心的距离。如果在直角坐标系 $Oxyz$ 中，z 轴沿着连接引力中心线的指向，则距离与坐标的关系具有以下形式

$$r_1 = \sqrt{x^2 + y^2 + (z - z_1)^2}, r_2 = \sqrt{x^2 + y^2 + (z - z_2)^2}$$

式中，z_1，z_2 是 z 轴上两个中心的坐标。

莱昂哈德·欧拉（Leonard Euler，1760；1764）首次研究了平面运动的情况并将其简化为正交问题。因此，两个固定中心的问题也称为欧拉问题。20 世纪初，加斯顿·达布（Gaston Darboux，1901）通过引入复共轭质量和它们之间的虚数距离，指出了在平面运动情况下推广欧拉问题的可能性。在这种情况下，引力的力函数总是取实值，问题的解也简化为正交解。达布仅推导了该推广情形的数学结果，并没有考虑其实际应用的可能性。

阿克肖诺夫等（Aksenov et al.，1961）及其后续的研究工作中研究了具有复共轭质量和虚数距离的两个固定中心引力场内的质点运动问题。他们将此模型称为两个固定中心的广义问题。

这个问题之所以引起人们的兴趣，是因为由两个固定中心组成的系统的引力场接近于扁行星的牛顿引力场。接下来我们将揭示这个结论，假设

$$m_1 = \frac{m}{2}(1 + \sqrt{-1}\sigma), \quad m_2 = \frac{m}{2}(1 - \sqrt{-1}\sigma)$$

$$r_1 = \sqrt{x^2 + y^2 + [z - c(\sigma + \sqrt{-1})]^2}$$

$$r_2 = \sqrt{x^2 + y^2 + [z - c(\sigma - \sqrt{-1})]^2}$$

式中，c 和 σ 是实际参数。在这个模型中，引力函数具有以下形式

$$W = \frac{Gm}{2}\left[\frac{1 + \sqrt{-1}\sigma}{r_1} + \frac{1 - \sqrt{-1}\sigma}{r_2}\right] \tag{3-19}$$

显然，作为两个复共轭量之和，力函数是一个实数值。我们将函数 W 展开为一系列球谐函数，展开式为

$$W = \frac{Gm}{r}\left[1 - \sum_{n=2}^{\infty}\left(\frac{r_0}{r}\right)^n J_n' P_n(\sin\varphi)\right] \tag{3-20}$$

式中，r_0 是人为引入的参数，系数 J_n' 由以下关系式决定

$$J_n' = -\frac{1}{2}\left(\frac{c}{r_0}\right)^n \left[(1 + \sqrt{-1}\sigma)(\sigma + \sqrt{-1})^n + (1 - \sqrt{-1}\sigma)(\sigma - \sqrt{-1})^n\right]$$

$$(n = 2, 3, \cdots)$$

具体而言，有

$$J_2' = \left(\frac{c}{r_0}\right)^2 (1 + \sigma^2)$$

$$J_3' = 2\left(\frac{c}{r_0}\right)^3 \sigma(1 + \sigma^2)$$

如果我们现在以 $U = W + R$ 的形式表示行星引力 U 的力函数，那么对于 R，我们得到其表达式为

$$R = -\frac{Gm}{r}\sum_{n=2}^{\infty}\left(\frac{r_0}{r}\right)^n (J_n - J_n') P_n(\sin\varphi) \tag{3-21}$$

现在，可以定义迄今未定义的参数 c 和 σ，得到

$$J_2' = J_2, J_3' = J_3$$

那么公式（3-21）中的求和项将从 $n = 4$ 开始，即不包含二次和三次带谐项。此外，对于地球、火星、木星、土星、天王星和海王星，事实证明，至少对于 $n = 4, 5, 6$，有 $|J_n'| < |J_n|$。

回顾上述内容，欧拉将两个固定中心问题简化为正交问题。该解也适用于力函数（3-19）。阿克肖诺夫利用了该结论（Aksenov, 1977），并在此基础上建立了扁行星卫星新的非开普勒中间轨道和人造地球卫星运动的分析理论。该理论已经成功应用了许多年，因为摄动函数 R 比使用开普勒中间轨道时小 1 000 倍。

大行星自然卫星运动的解析理论也可以在求解两个固定中心的广义问题的基础上建立。这需要充分考虑行星引力函数展开式的二次、三次带谐项以及其他摄动因素的一阶摄

动。当计算确定高阶摄动时，这种方法会导致相当烦琐的计算并且是无效的。

如果需要使用卫星的中间轨道，在求解两个固定中心广义问题的基础上，最好采用计算任意时刻卫星坐标和速度分量的公式（Aksenov et al.，1988），因为这些公式以便于编程计算的形式给出。此外，阿克肖诺夫等人还提供了 Fortran 语言程序。

3.7 基于摄动法的行星卫星运动分析理论

3.7.1 摄动理论的一般原理

行星卫星运动最简单的模型是开普勒运动，该模型通过精确求解二体问题的微分方程得到，进一步改进该模型就要考虑每个摄动因素的影响。为此，运动方程增加了相应的摄动项。这样，已经不可能找到方程的精确解析解。

微分方程的数值积分总是有各种各样的方法，本书中专门有一节介绍这些方法。另一种是用摄动理论方法构造一个近似的理论解。

摄动理论在许多科学领域有着广泛应用，基本思想都是一样的，只是方法的形式和公式的形式不同。在这里我们介绍一种最常用于天体力学的摄动理论方法。

为了简单明了地表达主要思想，我们只考虑质点的运动，由下面微分方程的数学模型来描述

$$\frac{\mathrm{d}^2 x}{\mathrm{d} t^2} = \frac{\partial U}{\partial x}, \quad \frac{\mathrm{d}^2 y}{\mathrm{d} t^2} = \frac{\partial U}{\partial y}, \quad \frac{\mathrm{d}^2 z}{\mathrm{d} t^2} = \frac{\partial U}{\partial z} \tag{3-22}$$

式中，x，y，z 是直角坐标系中质点的坐标；t 是时间；U 是力函数。通常在实际问题中，力函数的形式导致不可能求得运动方程的精确解析解。

摄动理论的主要思想如下所述，我们将力函数分为两部分

$$U = V + R$$

V 和 R 满足如下条件：

1）将力函数 U 的运动方程组替换为函数 V 后，可以找到其精确的解析解。

2）至少在所考虑的运动区域内，不等式 $|R| \ll |V|$ 成立。

当然，并不是在任何问题中都能进行这样的划分，至少满足第一个条件才能通过摄动理论方法求解初始方程（3-22）的解。然而，第二个条件也能满足对实际应用更有意义。

方程式

$$\frac{\mathrm{d}^2 x}{\mathrm{d} t^2} = \frac{\partial V}{\partial x}, \quad \frac{\mathrm{d}^2 y}{\mathrm{d} t^2} = \frac{\partial V}{\partial y}, \quad \frac{\mathrm{d}^2 z}{\mathrm{d} t^2} = \frac{\partial V}{\partial z} \tag{3-23}$$

称为无摄运动方程，原方程（3-22）称为摄动运动方程，R 为摄动函数。原始方程（3-22）可以写成 6 个一阶方程组的形式。

$$\frac{\mathrm{d} x}{\mathrm{d} t} = \dot{x}, \quad \frac{\mathrm{d} y}{\mathrm{d} t} = \dot{y}, \quad \frac{\mathrm{d} z}{\mathrm{d} t} = \dot{z}$$

$$\frac{\mathrm{d} \dot{x}}{\mathrm{d} t} = \frac{\partial (V + R)}{\partial x}, \quad \frac{\mathrm{d} \dot{y}}{\mathrm{d} t} = \frac{\partial (V + R)}{\partial y}, \quad \frac{\mathrm{d} \dot{z}}{\mathrm{d} t} = \frac{\partial (V + R)}{\partial z} \tag{3-24}$$

式中，变量 x，y，z，$\dot{x}$，$\dot{y}$，$\dot{z}$ 为所求解函数。

无摄动方程组的通解具有以下形式

$$
\begin{aligned}
x &= x(t,c_1,c_2,c_3,c_4,c_5,c_6) \\
y &= y(t,c_1,c_2,c_3,c_4,c_5,c_6) \\
z &= z(t,c_1,c_2,c_3,c_4,c_5,c_6) \\
\dot{x} &= \dot{x}(t,c_1,c_2,c_3,c_4,c_5,c_6) \\
\dot{y} &= \dot{y}(t,c_1,c_2,c_3,c_4,c_5,c_6) \\
\dot{z} &= \dot{z}(t,c_1,c_2,c_3,c_4,c_5,c_6)
\end{aligned}
\tag{3-25}
$$

式中，c_1，c_2，c_3，c_4，c_5，c_6 是任意积分常数。

在摄动理论方法中，摄动运动方程（3-24）中的变量 x，y，z，$\dot{x}$，$\dot{y}$，$\dot{z}$ 是 c_1，c_2，c_3，c_4，c_5，c_6 的时间函数。我们用所需的函数替换因变量，作为变换的结果，得到关于新变量 $c_i(t)(i=1,2,\cdots,6)$ 摄动运动的微分方程，其形式为

$$
\frac{\mathrm{d}c_i}{\mathrm{d}t}=C_i(t,c_1,c_2,c_3,c_4,c_5,c_6)(i=1,2,\cdots,6)
\tag{3-26}
$$

像方程（3-22）一样，上述方程的精确解析解无法得到，但它们有一个明显的优势，令方程（3-24）中 R 等于 0 后，将变成方程（3-23），在相应的解（3-25）中，参数 c_1，c_2，c_3，c_4，c_5，c_6 将变为常数。因此，在转换后的方程（3-26）中，等式右边变成了 0。对于非零的 R，应用摄动理论的第二个条件 $|R|\ll|V|$，方程（3-26）的右边包含某些小参数的因子，这使得人们可以通过小参数法找到摄动运动方程的近似解。小参数法的成功应用主要取决于小参数的值，也就是取决于 $|R|/|V|$ 的比例。因此，在将力函数 U 划分为 V 和 R 两项时，我们自然想到，在应用摄动理论方法时，在满足第一个条件的情况下，减小 $|R|$ 的值。

在天体力学的各种问题中，当应用摄动理论的方法时，运动方程的形式可能不同，但其基本原理一般是相同的。

3.7.2　使用摄动理论方法分析真实天体的运动

一般情况下，当考虑任意数量的天体运动时，满足应用摄动理论的条件并不明显。然而，大多数真实天体的大小比例、它们之间的距离以及运动特性都有一定的层次性。太阳系内的行星和几乎它们所有卫星的运动参数都满足用摄动理论方法求解运动方程的条件。这里，我们引出几个具体案例，来说明太阳系天体运动理论的一些基本问题。

首先，我们对太阳、行星和卫星系统进行简化，假设这些天体都是质点。简化后可应用 $n+1$ 个质点的运动力学模型，其中包括太阳、行星和它们的卫星。我们将坐标原点置于其中一个质点上，并通过相对运动方程描述系统 $n+1$ 个质点的运动。

$$
\frac{\mathrm{d}^2 x_i}{\mathrm{d}t^2}=\frac{\partial(V_i+R_i)}{\partial x_i},\quad \frac{\mathrm{d}^2 y_i}{\mathrm{d}t^2}=\frac{\partial(V_i+R_i)}{\partial y_i},\quad \frac{\mathrm{d}^2 z_i}{\mathrm{d}t^2}=\frac{\partial(V_i+R_i)}{\partial z_i}
\tag{3-27}
$$

其中

$$V_i = \frac{G(m_0 + m_i)}{r_i}, R_i = G\sum_{j=1}^{n}{}' m_j\left(\frac{1}{\Delta_{ij}} - \frac{x_i x_j + y_i y_j + z_i z_j}{r_j^3}\right)$$

$$\Delta_{ij} = \sqrt{(x_j - x_i)^2 + (y_j - y_i)^2 + (z_j - z_i)^2}, r_i = \sqrt{x_i^2 + y_i^2 + z_i^2}$$

$$r_j = \sqrt{x_j^2 + y_j^2 + z_j^2}$$

式中，G 是万有引力常数；x_i，y_i，z_i，$m_i (i = 1, 2, \cdots, n)$ 分别是天体的直角坐标和质量；m_0 是中心天体的质量。下面，我们考虑一些实际问题。

（1）行星问题

我们研究 n 个行星在太阳引力和它们之间的相互引力作用下的运动。忽视其他天体的微小影响，在相对运动方程中，中心天体是太阳。在这种情况下，对于 $R_i = 0 (i = 1, 2, \cdots, n)$ 的无摄动运动方程，通解是已知的，因为方程组分解为 n 个独立的二体运动方程组，每一个方程组的通解是已知的。因此，应用摄动理论方法的第一个条件得到了满足。现在，我们验证第二个条件是否满足。根据相对运动方程的关系式，R_i/V_i 的计算如下

$$\frac{R_i}{V_i} = \sum_{j=1}^{n}{}' \frac{m_j}{m_0 + m_i}\left[\frac{r_i}{\Delta_{ij}} - \frac{r_i(x_i x_j + y_i y_j + z_i z_j)}{r_j^3}\right] \tag{3-28}$$

其中，$i = 1, 2, \cdots, n$。

九大行星的轨道参数使得行星既不会靠近太阳，也不会相互靠近。因此，x_i，y_i，z_i，Δ_{ij}，r_i 可以认为是大致相同的数量级。另一方面，方程式（3-28）中有因子

$$\frac{m_j}{m_0 + m_i}$$

由于行星质量与太阳质量相比很小，所以它们是小参数。行星的质量与太阳的质量相比很小，因此在行星问题中应用小扰动理论方法的第二个条件得到了满足。当求解行星问题中的摄动运动方程（3-26）时，小参数为

$$\varepsilon_j = \frac{m_j}{m_0} (j = 1, 2, \cdots, n)$$

（2）卫星问题

考虑行星引力、太阳和卫星相互引力影响下的行星卫星系统的运动，忽略其他距离太远的行星的引力作用。因为太阳质量很大，尽管距离很遥远，但其引力不能忽视。在相对运动方程中，中心天体是行星。因此，我们将坐标原点与这个行星联系起来。太阳被认为是第 1 号天体（$i = 1$）。我们不考虑 $i = 1$ 的方程，因为它决定了行星和太阳的相对运动。

在这个问题中，因为方程组可以分解为两个天体的独立运动方程系统，$R_i = 0 (i = 1, 2, 3, \cdots, n)$ 的无摄动运动方程组的通解可视为已知，因此，满足了小扰动理论方法应用的第一个条件，现在验证第二个条件是否满足。考虑表达式

$$\frac{R_i}{V_i} = \sum_{j=1}^{n}{}' \frac{m_j}{m_0 + m_i}\left[\frac{r_i}{\Delta_{ij}} - \frac{r_i(x_i x_j + y_i y_j + z_i z_j)}{r_j^3}\right] \tag{3-29}$$

式中，$i = 2, 3, \cdots, n$。由于卫星的质量 m_j 与行星的质量 m_0 相比很小，$j = 2, 3, \cdots, n$ 时的项与行星问题中一样小。$j = 1$ 的项（太阳引力的影响）需要特别考虑。我们用 $(R_i)_1$

来表示这个项的值 R_i，用 $\left(\dfrac{R_i}{v_i}\right)_1$ 表示 $\dfrac{R_i}{v_i}$ 。

我们利用下列关系式

$$x_i x_1 + y_i y_1 + z_i z_1 = r_i r_1 \cos H_{1i}, \quad \Delta_{i1}^2 = r_i^2 + r_1^2 - 2 r_i r_1 \cos H_{1i}$$

式中，r_i 是卫星的行星中心距离；r_1 是行星的日心距离；H_{1i} 是行星中心与卫星和太阳连线之间的夹角。很明显，虽然卫星仍然是行星的卫星，r_i/r_1 的比率很小。展开 $\dfrac{1}{\Delta_{i1}}$ ，然后以小参数 r_i/r_1 的幂级数将 $(R_i)_1$ 展开，得到如下公式

$$(R_i)_1 = G m_1 \frac{1}{r_1} \left[1 + \left(\frac{r_i}{r_1}\right)^2 \left(\frac{3}{2} \cos^2 H_{1i} - \frac{1}{2}\right) + \cdots \right]$$

其中，未写出的项是比 $\left(\dfrac{r_i}{r_1}\right)^2$ 更高阶的小量。

摄动函数 R_i 用关于 x_i，y_i，z_i 偏导数的符号引入运动方程。第一项的导数为零，因此可以省略，只保留展开式中最重要的项，得到

$$(R_i)_1 = G m_1 \frac{r_i^2}{r_1^3} \left(\frac{3}{2} \cos^2 H_{1i} - \frac{1}{2}\right)$$

然后，与行星 m_0 的质量相比，忽略卫星的质量 m_i。$\dfrac{R_i}{V_i}$ 中的项，由于太阳的引力，可以写为

$$\left(\frac{R_i}{V_i}\right)_1 = \frac{m_1}{m_0} \frac{r_i^3}{r_1^3} \left(\frac{3}{2} \cos^2 H_{1i} - \frac{1}{2}\right)$$

尽管太阳的质量 m_1 比行星的质量 m_0 大很多倍，由于卫星到行星的距离 r_i 与行星到太阳的距离 r_1 相比来说很小，因此行星卫星的 $\left(\dfrac{R_i}{V_i}\right)_1$ 比值很小。因此，与行星的质量 m_0 相比，卫星的质量 m_2，m_3，$\cdots$，m_n 较小，以及与行星到太阳的距离相比，卫星到行星的距离很小，这两点使得在卫星问题中应用小扰动理论方法的第二个条件得到满足。在求解卫星问题中的摄动运动方程（3-26）时，使用了以下小参数

$$\varepsilon_j' = \frac{m_1}{m_0} \frac{r_j^3}{r_1^3} (j = 2, 3, \cdots, n)$$

其中，距离 $r_j (j = 2, 3, \cdots, n)$ 随时间变化。为了使参数变为真正的常量，用开普勒轨道半长轴替换变化的距离，用作运动模型的第 0 个近似值。也可以使用平均开普勒运动。那么小参数为

$$\varepsilon_j' = \frac{m_1}{m_0} \frac{a_j^3}{a_1^3} = \frac{n_1^2}{n_j^2} (j = 2, 3, \cdots, n)$$

式中，a_1，a_j 是半长轴；n_1，n_j 是平均运动。

（3）非球形行星的卫星运动问题

现在让我们考虑一个二体问题的运动例子，其中将一个天体（卫星）看作质点，而另一个天体（行星）产生的引力场不同于质点的引力场，或者具有球形密度分布的球体。在

这种情况下，卫星的运动方程可以写成

$$\frac{\mathrm{d}^2 x}{\mathrm{d}t^2} = \frac{\partial(V+R)}{\partial x}, \quad \frac{\mathrm{d}^2 y}{\mathrm{d}t^2} = \frac{\partial(V+R)}{\partial y}, \quad \frac{\mathrm{d}^2 z}{\mathrm{d}t^2} = \frac{\partial(V+R)}{\partial z} \tag{3-30}$$

其中

$$V = \frac{Gm}{r}, \quad R = \frac{Gm}{r} J X(x,y,z)$$

式中，x，y，z 是卫星的行星中心直角坐标；m 是行星的质量；G 是万有引力常数；$r = \sqrt{x^2 + y^2 + z^2}$；$J$ 是常数参数；$X(x,y,z)$ 是某些已知的函数。可以对最后两个值进行排序，以便在卫星运动区域中函数 $X(x,y,z)$ 的取值与统一值有所区别。在这种情况下，参数 J 描述了行星和具有同心密度分布的球之间的差异。已知地球、其他行星和行星的许多自然卫星的引力场与质点的引力场区别很小。因此，在这种情况下也满足了小扰动理论方法的适用条件，J 是一个特征小参数。

大行星及其主要卫星的形状都接近于扁球形轴对称天体。因此，系数 J 可取为行星引力的力函数的一系列球谐函数展开的二次带谐项的系数。

（4）摄动理论的其他应用

上面讨论的天体类型只是摄动理论在天体力学中大量应用的几个例子。在此我们仅描述运动方程特解是无摄动运动的一组问题，摄动运动发生在这个特解附近。此类问题中的小参数表征了摄动和无摄动运动中坐标的差异，并且应用摄动理论的一个附加条件是在研究的时间区间内，这些坐标差异很小。

在考虑天体力学问题中的各种小参数时，应该挑选出能体现出摄动函数小量特点的参数。为了能求解形如式（3-26）的摄动微分方程，摄动函数也可以用其他小参数的幂次项来展开。

我们还注意到作用在天体上的力不具有函数形式的情况。这种力的一个例子是考虑行星和卫星粘弹性体的潮汐形变引起的力。在这种情况下，直角坐标下的初始运动方程写为

$$\frac{\mathrm{d}^2 x}{\mathrm{d}t^2} = V_x + R_x, \quad \frac{\mathrm{d}^2 y}{\mathrm{d}t^2} = V_y + R_y, \quad \frac{\mathrm{d}^2 z}{\mathrm{d}t^2} = V_z + R_z \tag{3-31}$$

其中，必须选择合适的 V_x，V_y，V_z 项，使得忽略 R_x，R_y，R_z 时，有可能找到运动方程的通解。最后这些项称为摄动加速度的分量。为了能够应用小扰动理论，R_x，R_y，R_z 与主要加速度的分量 V_x，V_y，V_z 相比，必须要小。

3.7.3　中间轨道根数的方程式

前面已描述了摄动理论中天体摄动运动方程的一般形式。为了使表述连续，我们再次从直角坐标系中的运动方程开始说起。为了便于理解小扰动理论的一般原理，我们仅讨论天体在具有具体力函数的力作用下的运动情况。

直角坐标下的初始运动方程具有一般形式

$$\frac{\mathrm{d}^2 x}{\mathrm{d}t^2} = \frac{\partial V}{\partial x} + \frac{\partial R}{\partial x}, \quad \frac{\mathrm{d}^2 y}{\mathrm{d}t^2} = \frac{\partial V}{\partial y} + \frac{\partial R}{\partial y}, \quad \frac{\mathrm{d}^2 z}{\mathrm{d}t^2} = \frac{\partial V}{\partial z} + \frac{\partial R}{\partial z} \tag{3-32}$$

式中，V 和 R 是坐标 x，y，z 和时间 t 的函数。根据摄动理论，选择的 V 项是使得有可能找到无摄动的运动方程的通解。

$$\frac{\mathrm{d}^2 x}{\mathrm{d}t^2} = \frac{\partial V}{\partial x}, \quad \frac{\mathrm{d}^2 y}{\mathrm{d}t^2} = \frac{\partial V}{\partial y}, \quad \frac{\mathrm{d}^2 z}{\mathrm{d}t^2} = \frac{\partial V}{\partial z} \tag{3-33}$$

其中，R 称为摄动函数。为了便于描述，我们在此再次列举小扰动理论中的一些关系。

假设找到了方程（3-33）的解，解的形式如下

$$
\begin{aligned}
x &= x(t, c_1, c_2, c_3, c_4, c_5, c_6) \\
y &= y(t, c_1, c_2, c_3, c_4, c_5, c_6) \\
z &= z(t, c_1, c_2, c_3, c_4, c_5, c_6) \\
\dot{x} &= \dot{x}(t, c_1, c_2, c_3, c_4, c_5, c_6) \\
\dot{y} &= \dot{y}(t, c_1, c_2, c_3, c_4, c_5, c_6) \\
\dot{z} &= \dot{z}(t, c_1, c_2, c_3, c_4, c_5, c_6)
\end{aligned}
\tag{3-34}
$$

式中，c_1，c_2，c_3，c_4，c_5，c_6 是任意的积分常数。

这样就完成了对公式（3-33）的辅助变化。这里给出比率式（3-34）就足够了。此外，这些关系被认为是将摄动运动的坐标和速度分量与一些新的未知时间函数 c_1，c_2，c_3，c_4，c_5，c_6 联系起来的变换公式。关系式（3-34）用于将方程式（3-32）中的变量 x，y，z，$\dot{x}$，$\dot{y}$，$\dot{z}$ 替换为变量 c_1，c_2，c_3，c_4，c_5，c_6。因此，得到了新的摄动运动方程。

$$\frac{\mathrm{d}c_i}{\mathrm{d}t^2} = C_i(t, c_1, c_2, c_3, c_4, c_5, c_6) \quad (i = 1, 2, 3, 4, 5, 6) \tag{3-35}$$

其优点是，如果原方程（3-32）中的 R 为 0，则这些方程的右边均为 0，这使得我们可以用小参数法来求解它们。

方程（3-34）确定了运动规律，如果认为 c_1，c_2，c_3，c_4，c_5，c_6 是给定的常数，则其可以称为中间轨道，这些公式被称为中间轨道公式，公式（3-35）被称为中间轨道根数的方程式。

后续更进一步操作的成功取决于如何选择任意常数 c_1，c_2，c_3，c_4，c_5，c_6。我们可以用无数方式选择它们，在过去 3 个世纪的实践中，许多选择被成功应用，这里仅给出获得大量应用的其中一个。

我们选择质点二体问题的力函数作为无摄运动 V 的力函数，这种选择是由于太阳系天体运动的层次性。每个行星都在太阳引力作用下运动，而其他行星的影响则相对较弱。卫星称作某颗行星的卫星，是因为它主要在该行星引力的影响下运动，其他卫星甚至是太阳只是稍微扰动了这颗卫星运动。因此，基于该考虑，有

$$V = \frac{\mu}{r} \tag{3-36}$$

式中，μ 是一个常数；而 r 是两个天体之间的距离。大多数情况下，原点位于其中一个天体，我们用数字 0 表示。$\mu = G(m_0 + m_1)$，其中 G 是万有引力常数，$m_0 + m_1$ 是天体的质

量之和。在原点位于两个天体质心的情况下，有

$$\mu = G\frac{m_0^3}{(m_0+m_1)^2}$$

二体问题的解描述的运动被称为开普勒运动，它是根据开普勒定律运行的。由于我们考虑了具有一定层次结构的太阳系天体运动，因此仅讨论椭圆轨道运动。开普勒运动的常数即为开普勒轨道根数，下面列出了开普勒根数，以及与它们相关的时刻。

n ——平均运动，单位为 rad/时间；

e ——偏心率，无量纲单位；

i ——倾角（轨道平面和主平面 Oxy 之间的夹角），单位为 rad；

M_0 ——初始历元的平近点角（平近点角 M 在初始时刻的值），单位为 rad；

ω ——近心点与轨道升交点的角距离，单位为 rad。

Ω ——轨道升交点的经度，单位为 rad；

t_0 ——初始时刻，轨道根数的历元；

t ——计算天体坐标的当前时刻。

除了平均运动 n 之外，我们根据开普勒第三定律，将与 n 相关的轨道半长轴作为轨道根数，公式如下

$$n=\sqrt{\frac{\mu}{a^3}}$$

方程（3-32）中的变量变换是根据开普勒运动公式完成的，这些公式在前面已经进行过描述。摄动函数 R 关于坐标的偏导数表示为开普勒根数的偏导数。文献（Duboshin，1975）中详细描述了这种变量的过程。这个过程被称为"主要操作"。

如果将 a，e，i，M，ω，Ω 作为新的求解函数，则应用摄动理论会变得更简单。用 M 代替 M_0，在开普勒运动中它是时间的已知线性函数

$$M=M_0+n(t-t_0)$$

为简单编写中间轨道的根数方程，我们使用更简单的符号

$$\alpha_1=a,\quad \alpha_2=e,\quad \alpha_3=i,\quad \beta_1=M,\quad \beta_2=\omega,\quad \beta_3=\Omega \qquad (3-37)$$

作为变量变换的结果，天体的摄动运动方程可以写成以下通用形式

$$\frac{\mathrm{d}\alpha_i}{\mathrm{d}t^2}=\sum_{j=1}^{3}a_{ij}\frac{\partial R}{\partial \beta_j}$$

$$\frac{\mathrm{d}\beta_i}{\mathrm{d}t^2}=n_i-\sum_{j=1}^{3}a_{ij}\frac{\partial R}{\partial \alpha_j}$$

$$(i=1,2,3)$$

(3-38)

式中，n_i 和 a_{ij} 的函数只取决于元素 α_1，α_2，α_3 和常数 μ。在开普勒中间轨道情形中，n_1，n_2 以及公式（3-38）中 9 个函数的某些 a_{ij} 都等于零。然而，这样并没有简化方程的解。把方程（3-38）写成这样的一般形式，可以使其应用于一些非开普勒中间轨道。求解这些方程的方法将在下面几节讨论。

在公式（3-38）中，摄动函数 R 用与公式（3-32）中相同的字母表示。然而，这里

它是元素 $\alpha_1,\alpha_2,\alpha_3,\beta_1,\beta_2,\beta_3$ 和时间 t 的函数。

利用元素 (3-37) 的情况下，我们考虑中间轨道根数方程的显式形式

$$\frac{\mathrm{d}a}{\mathrm{d}t}=\frac{2}{na}\frac{\partial R}{\partial M}$$

$$\frac{\mathrm{d}e}{\mathrm{d}t}=\frac{1-e^2}{ena^2}\frac{\partial R}{\partial M}-\frac{\sqrt{1-e^2}}{ena^2}\frac{\partial R}{\partial\omega} \tag{3-39}$$

$$\frac{\mathrm{d}i}{\mathrm{d}t}=\frac{\cos i}{na^2\sqrt{1-e^2}\sin i}\frac{\partial R}{\partial\omega}-\frac{1}{na^2\sqrt{1-e^2}\sin i}\frac{\partial R}{\partial\Omega}$$

$$\frac{\mathrm{d}M}{\mathrm{d}t}=n-\frac{2}{na}\frac{\partial R}{\partial a}-\frac{1-e^2}{ena^2}\frac{\partial R}{\partial e}$$

$$\frac{\mathrm{d}\omega}{\mathrm{d}t}=\frac{\sqrt{1-e^2}}{ena^2}\frac{\partial R}{\partial e}-\frac{\cos i}{na^2\sqrt{1-e^2}\sin i}\frac{\partial R}{\partial i} \tag{3-40}$$

$$\frac{\mathrm{d}\Omega}{\mathrm{d}t}=\frac{1}{na^2\sqrt{1-e^2}\sin i}\frac{\partial R}{\partial i}$$

方程右边的因子可以由如下关系式替换

$$\frac{1}{na^2}=\frac{na}{\mu},\qquad\frac{1}{na}=\frac{na^2}{\mu} \tag{3-41}$$

在应用天体力学中，也使用其他形式的开普勒中间轨道根数，其中有两点需要特别注意。许多行星的天然卫星的轨道几乎是圆形的，并且靠近行星赤道平面。在这种情况下卫星在轨道上的位置主要由平均经度 λ 决定，而轨道的方向则由近心点经度 ϖ 决定。这些量与 M,ω,Ω 存在如下关系

$$\lambda=M+\omega+\Omega,\quad\varpi=\omega+\Omega \tag{3-42}$$

对于逆行轨道，不使用 ω 与 Ω 的和，而使用它们的差值。这些方程是针对函数 λ,ϖ 和 Ω 的。中间轨道根数是 ϖ 和 Ω，λ_0 是历元时刻 t_0 的平均经度。在这种情况下，我们需要求解的不是公式 (3-39) 和公式 (3-40)，而是如下公式

$$\frac{\mathrm{d}a}{\mathrm{d}t}=\frac{2}{na}\frac{\partial R}{\partial\lambda}$$

$$\frac{\mathrm{d}e}{\mathrm{d}t}=-\frac{e\sqrt{1-e^2}}{na^2(1+\sqrt{1-e^2})}\frac{\partial R}{\partial\lambda}-\frac{\sqrt{1-e^2}}{ena^2}\frac{\partial R}{\partial\varpi} \tag{3-43}$$

$$\frac{\mathrm{d}i}{\mathrm{d}t}=-\frac{\tan\frac{i}{2}}{na^2\sqrt{1-e^2}}\left(\frac{\partial R}{\partial\varpi}+\frac{\partial R}{\partial\lambda}\right)-\frac{1}{na^2\sqrt{1-e^2}\sin i}\frac{\partial R}{\partial\Omega}$$

$$\frac{\mathrm{d}\lambda}{\mathrm{d}t} = n - \frac{2}{na}\frac{\partial R}{\partial a} + e\,\frac{\sqrt{1-e^2}}{na^2(1+\sqrt{1-e^2})}\frac{\partial R}{\partial e} + \frac{\tan\dfrac{i}{2}}{na^2\sqrt{1-e^2}}\frac{\partial R}{\partial i}$$

$$\frac{\mathrm{d}\varpi}{\mathrm{d}t} = \frac{\sqrt{1-e^2}}{ena^2}\frac{\partial R}{\partial e} + \frac{\tan\dfrac{i}{2}}{na^2\sqrt{1-e^2}}\frac{\partial R}{\partial i} \tag{3-44}$$

$$\frac{\mathrm{d}\Omega}{\mathrm{d}t} = \frac{1}{na^2\sqrt{1-e^2}\sin i}\frac{\partial R}{\partial i}$$

i 和 Ω 的方程右边在 $i=0$ 处有奇点，e 和 ω 的方程右边在 $e=0$ 处有奇点，这些情况在解方程时需要特别注意。

在许多俄罗斯出版物和教材中，用字母 π 代替 ϖ 来表示近心点的经度。下面介绍中间轨道根数的一种形式，使用这种形式的根数，当轨道的偏心率和倾角都等于 0 时方程没有奇点。这些根数是由拉格朗日研究行星的长期摄动时发明的，因此它们被称为拉格朗日根数。a 和 λ 的方程没有奇点，其余的根数都需要被替换。通常拉格朗日根数在文献中用 h，k，p，q 来表示，它们与经典根数的关系是

$$h = e\sin\varpi, \quad k = e\cos\varpi \tag{3-45}$$

$$p = \tan i\sin\Omega, \quad q = \tan i\cos\Omega \tag{3-46}$$

做变量替换后，拉格朗日根数的方程具有以下形式

$$\frac{\mathrm{d}h}{\mathrm{d}t} = \frac{\sqrt{1-e^2}}{na^2}\left(\frac{\partial R}{\partial k} - \frac{h}{1+\sqrt{1-e^2}}\frac{\partial R}{\partial\lambda}\right) + \frac{k\tan\dfrac{i}{2}}{na^2\sqrt{1-e^2}}\frac{\partial R}{\partial i}$$

$$\frac{\mathrm{d}k}{\mathrm{d}t} = \frac{\sqrt{1-e^2}}{na^2}\left(-\frac{\partial R}{\partial h} - \frac{k}{1+\sqrt{1-e^2}}\frac{\partial R}{\partial\lambda}\right) - \frac{h\tan\dfrac{i}{2}}{na^2\sqrt{1-e^2}}\frac{\partial R}{\partial i} \tag{3-47}$$

$$\frac{\mathrm{d}p}{\mathrm{d}t} = \frac{\sec^3 i}{na^2\sqrt{1-e^2}}\frac{\partial R}{\partial q} - \frac{p}{2na^2\sqrt{1-e^2}\cos i\cos^2\dfrac{i}{2}}\left(\frac{\partial R}{\partial\varpi} + \frac{\partial R}{\partial\lambda}\right)$$

$$\frac{\mathrm{d}q}{\mathrm{d}t} = -\frac{\sec^3 i}{na^2\sqrt{1-e^2}}\frac{\partial R}{\partial p} - \frac{q}{2na^2\sqrt{1-e^2}\cos i\cos^2\dfrac{i}{2}}\left(\frac{\partial R}{\partial\varpi} + \frac{\partial R}{\partial\lambda}\right) \tag{3-48}$$

为了完成求解，在上述方程基础上再增加如下方程

$$\frac{\mathrm{d}a}{\mathrm{d}t} = \frac{2}{na}\frac{\partial R}{\partial\lambda}$$

$$\frac{\mathrm{d}\lambda}{\mathrm{d}t} = n - \frac{2}{na}\frac{\partial R}{\partial a} + e\,\frac{\sqrt{1-e^2}}{na^2(1+\sqrt{1-e^2})}\frac{\partial R}{\partial e} + \frac{\tan\dfrac{i}{2}}{na^2\sqrt{1-e^2}}\frac{\partial R}{\partial i} \tag{3-49}$$

方程（3-47）、方程（3-48）、方程（3-49）的右侧包含了摄动函数关于这些方程中非必需函数变量的偏导数。这种形式是好的，应该保留这种形式。事实上，首先求得了摄动函数关于变量 a，e，i，λ，ϖ，Ω 的函数。因此，最好先对这些根数进行微分，然后再将

得到的偏导数中的变量 h，k，p，q 进行微分。

3.7.4　用小参数法求解中间轨道根数方程

下面介绍一种求解方程（3-38）的方法。这些最常用的方程，在使用卫星中间轨道根数其他形式的情况下，也可以同样的方式构造求解方法。

该求解方法的基础是摄动函数 R 与函数 V 相比是小量，因此被称为小参数法。在文献中，这种方法被称为小参数的庞加莱法。

为了说明小参数法，我们需要引入小阶的概念，这个概念是比较模糊的。事实上，在实践中用中间轨道根数表示的摄动函数 R 包含许多项——直和项，它们的量级不同。为了表示这些摄动函数，需要用到各种小参数的幂级数展开式。

有时对每项小量阶的分配是有条件的。在构造一个解时，不同阶次的小量会多次相乘。大多数情况下，事先假定最大允许的小量阶次。每个具体的运动理论都有自己的特点，小参数的值由天体的物理特性和它们之间的相互距离关系决定。

为了给出方法的通用性描述，我们假设摄动函数的"小"是由一些小参数提供的，这些小参数作为一个共同的因素包含在其中。我们考虑这个小的一阶小量参数。在实践中，摄动函数是以这个参数和其他参数的幂级数展开的。因此，它的展开从一阶小量开始。

为了简单起见，我们不直接写出小参数，但我们将给特定阶次的小量分配一定的值，这个阶次用字母上标括号中的数字来表示。那么，摄动函数的展开有如下形式

$$R = R^{(1)} + R^{(2)} + R^{(3)} + \cdots \qquad (3-50)$$

我们引入符号

$$A_i = \sum_{j=1}^{3} a_{ij} \frac{\partial R}{\partial \beta_j}, \quad B_i = -\sum_{j=1}^{3} a_{ij} \frac{\partial R}{\partial \alpha_j}, (i=1,2,3) \qquad (3-51)$$

现在我们把中间轨道根数的方程写成以下形式

$$\frac{\mathrm{d}\alpha_i}{\mathrm{d}t} = A_i^{(1)} + A_i^{(2)} + \cdots$$

$$\frac{\mathrm{d}\beta_i}{\mathrm{d}t} = n_i^{(0)} + n_i^{(1)} + \cdots + B_i^{(1)} + B_i^{(2)} + \cdots (i=1,2,3) \qquad (3-52)$$

请注意，对于 $s > 1$ 的开普勒中间轨道特殊情况，$n_2 = n_3 = 0$，$n_1^{(s)} = 0$。在最后一个方程中，方程右侧取决于函数 α_1，α_2，α_3，β_1，β_2，β_3，并且明显和时间有关。

每个项 $A_i^{(j)}$，$B_i^{(j)}$（$i=1$，2，3，$j=1$，2，$\cdots$）都依赖于 α_1，α_2，α_3，β_1，β_2，β_3 的所有 6 个元素。$n_i^{(0)} + n_i^{(1)} + \cdots$ 项仅和 α_1，α_2，α_3 有关。方程（3-52）小参数幂级数形式的解为

$$\alpha_i = \alpha_i^{(0)} + \alpha_i^{(1)} + \alpha_i^{(2)} + \cdots$$

$$\beta_i = \beta_i^{(0)} + \beta_i^{(1)} + \beta_i^{(2)} \cdots (i=1,2,3) \qquad (3-53)$$

这里我们考虑构建一个正式的解，这个解的存在性和所构建序列的收敛性的证明过程可以在书籍（Duboshin，1975；Subbotin，1968）中找到。

我们将级数（3-53）代入方程（3-52）中，然后将方程左右两边的同阶小向量相等。这些方程右侧的每一项都以小参数的泰勒级数形式，根据下面公式进行展开

$$f(a+\varepsilon)=f(x)\mid_{x=a}+\frac{1}{1!}\left(\frac{\mathrm{d}f}{\mathrm{d}x}\right)_{x=a}\varepsilon+\frac{1}{2!}\left(\frac{\mathrm{d}^2f}{\mathrm{d}x^2}\right)_{x=a}\varepsilon^2+\cdots$$

式中，a 是函数 $f(x)$ 的参数值；ε 是相对于它的小增量。因此，在函数 $A_i^{(j)}$，$B_i^{(j)}$，$n_i^{(j)}(i=1,2,3;\ j=1,2,\cdots)$ 的参数中，增量是 $\alpha_i^{(1)}+\alpha_i^{(2)}+\cdots$，$\beta_i^{(1)}+\beta_i^{(2)}+\cdots$ 的无限累加和。

对于零阶小量，有

$$\frac{\mathrm{d}\alpha_i^{(0)}}{\mathrm{d}t}=0 \tag{3-54}$$

$$\frac{\mathrm{d}\beta_i^{(0)}}{\mathrm{d}t}=(n_i^{(0)})_0$$

其中，符号 $(\cdot)_0$ 表示 $\alpha_i=\alpha_i^{(0)}$，$\beta_i=\beta_i^{(0)}$ 时的函数值。

求解方程（3-54）是很容易的。

$$\alpha_i^{(0)}=\alpha_{i0}^{(0)},\beta_i^{(0)}=(n_i^{(0)})_0(t-t_0)+\beta_{i0}^{(0)} \tag{3-55}$$

式中，$\alpha_{i0}^{(0)}$，$\beta_{i0}^{(0)}(i=1,2,3)$ 是任意积分常数。此外，常数 $(n_i^{(0)})_0$ 的值取决于 $\alpha_{i0}^{(0)}$。式（3-55）描述了一个中间无摄动运动。

现在我们将公式（3-52）的左右两边的一阶小项相等，同时考虑到公式（3-53），得到

$$\frac{\mathrm{d}\alpha_i^{(1)}}{\mathrm{d}t}=(A_i^{(1)})_0 \tag{3-56}$$

$$\frac{\mathrm{d}\beta_i^{(1)}}{\mathrm{d}t}=(B_i^{(1)})_0+(n_i^{(1)})_0+\sum_{j=1}^{3}\left(\frac{\partial n_i^{(0)}}{\partial\alpha_j}\right)_0\alpha_j^{(1)}\ (i=1,2,3)$$

由于代入 $\alpha_i=\alpha_i^{(0)}$，$\beta_i=\beta_i^{(0)}$ 和公式（3-55），这里 $(A_i^{(1)})_0$，$(B_i^{(1)})_0$ 是时间 t 的已知函数。注意到上一步很自然地引入了任意常数 $\alpha_i^{(0)}$，$\beta_{i0}^{(0)}$，它们的值还没有确定。

在式（3-56）的 6 个公式中，前 3 个的解的形式为

$$\alpha_i^{(1)}=\int(A_i^{(1)})_0\mathrm{d}t+\alpha_{i0}^{(1)}\ (i=1,2,3) \tag{3-57}$$

式中，$\alpha_{i0}^{(1)}$ 是新的任意积分常数。我们在后面对其含义进行解释，这里它们是冗余的，可以设置为 0。这正是我们下一步建构时要做的事。为了构建解，我们需要对公式（3-57）的右边使用不定积分。为此，针对特定情况，引入了特殊的方法来展开摄动函数。我们假设已经成功实现这一步，然后 $\alpha_i^{(1)}$ 和公式（3-56）的其余 3 个方程的等式右边成为时间的已知函数。现在，$\beta_i^{(1)}$ 的解用如下不定积分表示

$$\beta_i^{(1)}=\int\left[(B_i^{(1)})_0+(n_i^{(1)})_0+\sum_{j=1}^{3}\left(\frac{\partial n_i^{(0)}}{\partial\alpha_j}\right)_0\alpha_j^{(1)}\right]\mathrm{d}t+\beta_{i0}^{(1)}\ (i=1,2,3) \tag{3-58}$$

式中，任意积分常数 $\beta_{i0}^{(1)}$ 可以被设置为 0。

对于二阶小项，可以类似地构造解。具体为

$$\alpha_i^{(2)}=\int\left[(A_i^{(2)})_0+\sum_{j=1}^{3}\left(\frac{\partial A_i^{(1)}}{\partial\alpha_j}\right)_0\alpha_j^{(1)}+\sum_{j=1}^{3}\left(\frac{\partial A_i^{(1)}}{\partial\beta_j}\right)_0\beta_j^{(1)}\right]\mathrm{d}t+\alpha_{i0}^{(2)}\ (i=1,2,3)$$

$$\tag{3-59}$$

任意常数 $\alpha_{i0}^{(2)}$ 设置为 0。公式（3－59）中的被积函数是时间 t 的函数，假设这个函数能够积分，则 $\beta_i^{(2)}$ 的解表示为

$$\beta_i^{(2)} = \int \left[(B_i^{(2)})_0 + \sum_{j=1}^{3} \left(\frac{\partial B_i^{(1)}}{\partial \alpha_j} \right)_0 \alpha_j^{(1)} + \sum_{j=1}^{3} \left(\frac{\partial B_i^{(1)}}{\partial \beta_j} \right)_0 \beta_j^{(1)} + \right.$$

$$\left. \sum_{j=1}^{3} \left(\frac{\partial n_i^{(1)}}{\partial \alpha_j} \right)_0 \alpha_j^{(1)} + \frac{1}{2} \sum_{j=1}^{3} \sum_{k=1}^{3} \left(\frac{\partial^2 n_i^{(0)}}{\partial \alpha_j \partial \alpha_k} \right)_0 \alpha_j^{(1)} \alpha_k^{(1)} \right] dt + \beta_{i0}^{(2)} \quad (i=1,2,3) \quad (3-60)$$

任意常数 $\beta_{i0}^{(2)}$ 也假定等于 0。

这样，对于后续阶次小量，可以类似找到求解方法。每次都需要积分一个新的已知的时间函数，并设置新的任意常数等于 0。由于变量替换 $\alpha_i = \alpha_i^{(0)}$，$\beta_i = \beta_i^{(0)}$ 是在获得方程右边的被积函数时得到的，考虑到方程（3－55），所有级数项都依赖于任意常数 $\alpha_{i0}^{(0)}$，$\beta_{i0}^{(0)}$（i ＝1，2，3）。因此，我们获得了摄动运动方程的解，该解为时间 t 和 6 个独立任意常数的函数。

$$\alpha_i = \alpha_i(t, \alpha_{10}^{(0)}, \alpha_{20}^{(0)}, \alpha_{30}^{(0)}, \beta_{10}^{(0)}, \beta_{20}^{(0)}, \beta_{30}^{(0)})$$
$$\beta_i = \beta_i(t, \alpha_{10}^{(0)}, \alpha_{20}^{(0)}, \alpha_{30}^{(0)}, \beta_{10}^{(0)}, \beta_{20}^{(0)}, \beta_{30}^{(0)}) (i=1,2,3) \quad (3-61)$$

3.7.5　泊松法求解中间轨道根数方程

按照上述顺序使用小参数法会导致出现一些由摄动函数的展开特性导致的复杂问题，这些复杂情况可以通过法国数学家泊松提出的方法来避免，这种问题一般出现在用小庞加莱参数法求解二阶摄动的阶段。

中间轨道根数方程以式（3－52）的形式给出。我们以小参数幂级数［式（3－53）］的形式求解这些方程。

α_i 中的二阶摄动由方程（3－59）求得，任意常数 $\alpha_{i0}^{(2)}$ 能被置为 0，因为它们与其他小量的任意常数一起出现在方程（3－52）的解中。方程（3－59）中的被积函数是一个众所周知的时间函数，如果积分这个函数，那么就可以通过方程（3－60）找到 β_i 中的二阶摄动。

考虑最后两个公式中的积分项

$$\left(\frac{\partial A_i^{(1)}}{\partial \beta_j} \right)_0 \beta_j^{(1)}, \quad \left(\frac{\partial B_i^{(1)}}{\partial \beta_j} \right)_0 \beta_j^{(1)} (i,j=1,2,3) \quad (3-62)$$

将形式为式（3－65）的摄动函数代入中间轨道根数的方程之后（见下文），很明显可以看出，方程（3－62）中的左边因子中只包含周期项。另一方面，我们在前面得到 $\beta_j^{(1)}$ 的一阶摄动可以包含周期项和长期项，即时间上是线性的。周期项和长期项的乘积在积分中产生混合项，经过积分后，会导致二阶摄动解中出现混合项。通过混合项，我们对 $t\sin at$ 形式的乘积求平均，其中 t 是时间，a 是常数。在二阶摄动中出现这种表达式是使用方法导致的结果，这并不意味着摄动在时间上无限增加，因为在这种方式下，我们只获得了小参数摄动展开的初始项。一个代表摄动的完整级数可以被证明是一个有界函数在无限时间间隔上的展开。

法国数学家泊松提出了一种方法，该方法让研究者在至少二阶甚至更高阶小量的解中

移除混合项。下面我们介绍这种方法在摄动运动方程（3-52）中的应用。

对小量的某些阶，假设 α_i 的所有摄动不包含长期项和混合项，并且 β_i 的所有摄动都不包含混合项。然而，α_i 的摄动可能包含周期项，而 β_i 的摄动可能包含任意阶的周期项和长期项。用 $\bar{\alpha}_i^{(k)}$，$\bar{\beta}_i^{(k)}$ 表示给定的 k 阶小量长期项之和，用 $\tilde{\alpha}_i^{(k)}$，$\tilde{\beta}_i^{(k)}$ 表示 k 阶周期项之和。现在给出所求的摄动运动方程解的展开式，其形式为

$$\alpha_i = \bar{\alpha}_i^{(0)} + \tilde{\alpha}_i^{(1)} + \tilde{\alpha}_i^{(2)} + \cdots$$

$$\beta_i = \bar{\beta}_i^{(0)} + \bar{\beta}_i^{(1)} + \bar{\beta}_i^{(2)} + \cdots + \tilde{\beta}_i^{(1)} + \tilde{\beta}_i^{(2)} + \cdots (i,j=1,2,3) \qquad (3-63)$$

如上式所示，对于 $i=1,2,3$，至少 $\bar{\alpha}_i^{(1)}=0$，所有元素的一阶摄动不包含混合项。使用小参数法，需要根据以下公式将方程的右侧以小参数的幂级数展开

$$f(a+\varepsilon) = f(x)|_{x=a} + \frac{1}{1!}\left(\frac{df}{dx}\right)_{x=a}\varepsilon + \frac{1}{2!}\left(\frac{d^2 f}{dx^2}\right)_{x=a}\varepsilon^2 + \cdots$$

式中，a 是函数 $f(x)$ 的参数值；ε 为相对于它的小增量。根据泊松方法，(a) 的展开式的中心是 $\bar{\alpha}_i^{(0)}$ 和长期项的无限和 $\tilde{\beta}_i^{(0)} + \tilde{\beta}_i^{(1)} + \tilde{\beta}_i^{(2)} + \cdots$，以及 ($\varepsilon$) 的增量是 $\tilde{\alpha}_i^{(1)} + \tilde{\alpha}_i^{(2)} + \cdots$，$\tilde{\beta}_i^{(1)} + \tilde{\beta}_i^{(2)} + \cdots$ 的周期性总和。

在这些假设下，在二阶摄动公式中，代替方程（3-62），有

$$\left(\frac{\partial A_i^{(1)}}{\partial \beta_j}\right)_0 \tilde{\beta}_j^{(1)}, \left(\frac{\partial B_i^{(1)}}{\partial \beta_j}\right)_0 \tilde{\beta}_j^{(1)} (i,j=1,2,3) \qquad (3-64)$$

这些表达式是各周期项之和的乘积，二阶摄动中不包含混合项。

容易证明，如果 α_i 的所有摄动不包含长期项和混合项，β_i 的所有摄动至少在小量的 $(k-1)$ 阶以下不包含混合项，那么所有 k 阶的摄动不包含混合项，但可能包含长期项。

3.8 关于行星卫星中间轨道根数的摄动函数展开

在前面的所有章节中，摄动函数是天体坐标的函数。现在，为了应用小扰动理论和小参数法，有必要用中间轨道根数来描述摄动函数。此外，这个函数表达式以解析形式得到摄动理论中产生的时间积分，一种通用的方法是把积分结果变成以下形式

$$\int \cos(\alpha t + \beta)dt = \frac{1}{\alpha}\sin(\alpha t + \beta)$$

式中，α 和 β 是常数。

对于每种类型的摄动因素，该展开具有特殊形式。考虑在行星卫星运动理论中，对主要因素、其他天体的引力和行星的非球形摄动函数进行展开。这种展开的推导是非常复杂和烦琐的，在这里不详细列出这些展开式，给出摄动函数展开的一般形式。

$$R = \bar{R} + \sum (R^{(s)}_{k_1 k_2 k_3 j_1 j_2 \cdots j_n}\sin D_{k_1 k_2 k_3 j_1 j_2 \cdots j_n} + R^{(c)}_{k_1 k_2 k_3 j_1 j_2 \cdots j_n}\cos D_{k_1 k_2 k_3 j_1 j_2 \cdots j_n}) \quad (3-65)$$

其中

$$D_{k_1 k_2 k_3 j_1 j_2 \cdots j_n} = k_1 M + k_2 \omega + k_3 \Omega + j_1 \lambda_1 + j_2 \lambda_2 + \cdots + j_n \lambda_n$$

上式为对索引 k_1，k_2，k_3，j_1，j_2，$\cdots$，j_n 进行求和。这里的系数 $\bar{R}$，$R^{(s)}_{k_1 k_2 k_3 j_1 j_2 \cdots j_n}$，

$R^{(c)}_{k_1 k_2 k_3 j_1 j_2 \cdots j_n}$ 依赖根数 a，e，i，并且与 M，ω，Ω 和时间 t 无关；变量 λ_1，λ_2，$\cdots$，λ_n 是时间的已知线性函数；R 项称为摄动函数展开的长期项。所有这些系数和数值都包含表征摄动因素的参数，特别是 λ_1，λ_2，$\cdots$，λ_n 描述其他天体的轨道运动或旋转。

容易证明，将摄动函数替换成上面的摄动理论方程的形式，所得到的随时间变化的积分适合用基本的函数来处理。在小量的一阶摄动下，只得到长期项和周期项，但在更高阶的摄动中，也会出现如下形式混合项

$$t\cos(\alpha t + \beta)$$

行星卫星的运动理论考虑了同一行星的其他卫星的引力以及太阳的引力。无论太阳或行星谁被当作主要的引力天体，相对运动的微分方程组都具有相同的形式。因此，在卫星运动理论中，假设太阳像其他卫星一样围绕行星运动。在解析理论中，分析其他行星的引力困难得多，这里我们不考虑这种非常微弱的影响。

我们考虑由于行星的非球形性而产生的摄动，直接使用文献（Brumberg，1967）的结论和结果。

在推导公式时，他们从式（3 - 17）中由坐标给出的摄动函数表达式开始处理。在这种情形下，直角坐标系与行星体相关主平面和行星的赤道相关联，实际情形中大行星接近于轴对称天体。事实上，z 轴与动力学对称轴重合，公式（3 - 17）包含了行星的旋转角 S。

在实际应用中，第一个和的无限项极限被一个有限数 N 代替，因此，忽略了高阶球谐函数的影响。当用开普勒中间轨道的根数来表示函数时，必须对偏心率 e 进行展开。此外 e 的次数高于给定数 K 的项被忽略。

我们考虑由于行星的非球形性而对其摄动函数展开式的影响，它在实际中以及在分析卫星运动的摄动方面具有优势。在布鲁姆伯格（Brumberg，1967）的公式中，为便于对 M，ω，$(\Omega - S)$ 选择具有同样系数的项，改变了求和顺序，即

$$R = \sum_{q=q'}^{q''} \sum_{j=j'}^{j''} \sum_{k=0}^{N} (A_{qjk}\cos D_{qjk} + B_{qjk}\sin D_{qjk}) \tag{3-66}$$

其中

$$D_{qjk} = qM + j\omega + k(\Omega - S)$$

$$A_{qjk} = \sum_{p=p'}^{p''} Gm\,\frac{r_0^n}{a^{n+1}} F_{nkp}(i) X_q^{-n-1,j}(e) C'_{nk} \tag{3-67}$$

$$B_{qjk} = \sum_{p=p'}^{p''} Gm\,\frac{r_0^n}{a^{n+1}} F_{nkp}(i) X_q^{-n-1,j}(e) S'_{nk} \tag{3-68}$$

$$C'_{nk} = \begin{cases} C_{nk} & \text{当 } n-k \text{ 为偶数时} \\ -S_{nk} & \text{当 } n-k \text{ 为奇数时} \end{cases}$$

$$S'_{nk} = \begin{cases} S_{nk} & \text{当 } n-k \text{ 为偶数时} \\ C_{nk} & \text{当 } n-k \text{ 为奇数时} \end{cases}$$

$$n = j + 2p$$

下面，在卫星质量与行星质量相比可以忽略的情况下，行星质量用 m 来表示，G 是

万有引力常数。

求和极限 q'，q''，j'，j''，p'，p'' 由下面关系式决定

$$q' = -K - N, \quad q'' = K + N$$

$$j' = \max\{q - K, -N\}, \quad j'' = \min\{q + K, N\}$$

$$p' = -E\left(-\frac{1}{2}\max\{0, -2j, 2-j, k-j\}\right), \quad p'' = E\left(\frac{N-j}{2}\right)$$

式中，$E(\cdot)$ 表示取数字的整数部分，即不超过给定数值的最大整数。用 S_{nk}，C_{nk} 表示行星引力函数的展开系数。此外，还有

$$C_{n0} = -J_n, \quad S_{n0} = 0$$

式（3 - 67）、式（3 - 68）描述了天体力学的特殊函数：$F_{nkp}(i)$ 是倾角函数，$X_q^{-n-1,\ j}(e)$ 是偏心率函数，它们在这个展开式中也被称为汉森系数。计算这些函数的方法在书中（Aksenov，1986；Kaula，1966）和文章中（Brumberg，1967）有描述，这里仅给出它们的一些特性。在索引值 $q = 0$ 时，汉森系数可以表示为偏心率函数的形式，对所有可行的索引值，展开式可写为

$$X_q^{l,j}(e) = e^{|q-j|}\sum_{s=0}^{\infty} X_{q,s}^{l,j} e^{2s} \tag{3 - 69}$$

式中，$X_{q,s}^{l,j}$ 是一些数字，对于所有 $e < 1$，上述级数都会收敛。附录 C 中明确给出了一些索引值的倾角和偏心率函数。

由于太阳系大行星的引力函数展开式中二次带谐项起主要作用，因此习惯上将系数 J_2 视为一阶小量的一个小参数，其余的球谐函数项要小得多，它们对卫星中间轨道根数摄动的影响是一个很小的二阶小量。

现在考虑由于外部天体引力而引起的摄动函数的展开项，对于行星的远距离卫星，外部天体中最主要的就是太阳。考拉（Kaula，1962）首次提出了便于实际应用的展开形式，布鲁姆伯格（Brumberg，1967）也对这种展开形式进行了推导，默里和德莫特（Murray，Dermott，2000）的著作中也给出了该展开形式。

在这里，我们重述由外部天体引力引起的摄动函数的展开项，并使用本章中描述开普勒根数 a，e，i，M，ω，Ω 以及其他相关量 n，$\lambda = M + \omega + \Omega$，$\varpi = \omega + \Omega$。同样的变量用相同的字母，对于相关摄动天体则通过素数来区分。摄动天体的引力参数（万有引力常数和质量的乘积）用 μ' 表示。在这些符号中，展开项具有如下形式

$$
\begin{aligned}
R = \frac{\mu'}{a}\sum_{k=2}^{\infty}\sum_{m=0}^{k}\sum_{p=0}^{k}\sum_{p'=0}^{k}\sum_{q=-\infty}^{\infty}\sum_{q'=-\infty}^{\infty}(2-\delta_{m,0})\left(\frac{a}{a'}\right)^{k+1}\frac{(k-m)!}{(k+m)!}\times \\
F_{kmp}(i)F_{kmp'}(i')X_{k-2p+q}^{k,k-2p}(e)X_{k-2p'+q'}^{k,k-2p'}(e')\times \\
\cos[(k-2p+q)M - (k-2p'+q')M' + \\
(k-2p)\omega - (k-2p')\omega' + m(\Omega - \Omega')]
\end{aligned}
\tag{3 - 70}
$$

在这里，余弦函数中的参数可以用平均经度和近心点经度表示如下

$$(k-2p+q)M - (k-2p'+q')M' + (k-2p)\omega - (k-2p')\omega' + m(\Omega - \Omega')$$

$$= (k-2p+q)\lambda - (k-2p'+q')\lambda' - q\varpi + q'\varpi' + (m-k+2p)\Omega - (m-k+2p')\Omega'$$

$\delta_{m,0}$ 的值在 $m=0$ 时等于 1，m 等于其他值时为 0。

展开式中的倾角函数 $F_{kmp}(i)$ 和偏心率函数 $X^{k,\ k-2p}_{k-2p+q}(e)$ 在附录 C 中进行了推导，这些函数的以下 3 个性质对于构建运动模型和分析卫星摄动非常重要。

1）当轨道的倾角较小或接近 180° 时，以下性质成立（Brumberg, 1967）。

$$F_{kmp}(i) = O\left(\left(\sin\frac{i}{2}\right)^{|k-2p-m|}, \left(\cos\frac{i}{2}\right)^{|k-2p-m|}\right)$$

因此，如果我们选择坐标系的主平面与外部天体的轨道平面重合，那么只有满足 $|k-2p'-m|=0$ 的摄动函数的展开项才得以保留。

2）在偏心率为 0 时，方程（3-69）中只有 $q=0$ 时的偏心率函数 $X^{k,\ k-2p}_{k-2p+q}(e)$ 不等于 0。因此，对于卫星的圆轨道，只有 $q=0$ 的项留在摄动函数的展开式中，并且只有 $q'=0$ 的项在外部天体的圆形轨道中得以保留。

3）对于 $k-2p+q=0$，函数 $X^{k,\ k-2p}_{k-2p}(e)$ 为不使用偏心率级数展开的最终形式。

附录 C 给出了一些倾角函数和偏心率函数的显式表达式。

考虑到倾角函数和偏心率函数的性质，上述摄动函数的展开式（3-70）被用来构建一个卫星轨道演化的模型，本书有一章专门讨论这个问题。展开式（3-70）也用于构建海卫一的运动分析理论（Emelyanov, Samorodov, 2015），下面有专门的章节来说明如何去构建。

3.9 行星卫星中间轨道根数摄动的确定

让我们考虑使用摄动理论方法构建卫星运动分析理论的一些特点，卫星中间轨道根数的长期摄动是最令人感兴趣的，至少理论上所有摄动的结论都是从那里开始的。从以上公式可以看出，行星非球形性引起的长期摄动仅由力函数展开式的偶次带谐项产生，即当 $k=0$ 且 n 为偶数时。

轨道根数周期性摄动具有如下周期

$$\frac{2\pi}{q\dot{M} + j\dot{\omega} + k(\dot{\Omega} - \dot{S})} \tag{3-71}$$

其中，带上点的字母表示相应量的变化率，在分母的自变量中，M 的变化率最大。因此，对于 $q \neq 0$，摄动具有最小周期，称为短周期摄动。

（1）长期摄动

关于长期摄动，可以通过将长期项代入轨道根数的拉格朗日方程中，并将它们积分以获得一阶摄动。在某些问题中，也可能存在二阶长期摄动。

对于太阳系大行星的卫星，在行星引力函数展开的带谐项中，二次球谐函数（$n=2$）有一个最大值，下一个最重要的球谐函数是四次带谐函数（$n=4$）。长期摄动也是由外部天体——太阳和其他卫星的引力产生的，下面给出了上述长期摄动的计算公式。

在确定长期摄动时，令

$$M = M_0 + n_1(t - t_0), \quad \omega = \omega_0 + n_2(t - t_0), \quad \Omega = \Omega_0 + n_3(t - t_0)$$

式中，a，e，i，M_0，ω_0，Ω_0 是任意的积分常数。如果只确定一阶摄动，那么系数 n_1，n_2，n_3 可作为拉格朗日方程右侧关于根数 M，ω 和 Ω 的值，代入常数值 a，e 和 i，二阶长期摄动具有类似的形式。

为了区分由于各种摄动因素而导致的不同阶的长期项，将 n_1，n_2，n_3 用以下公式表示

$$n_1 = n[1 + \nu_1(J_2) + \nu_1(J_2^2) + \nu_1(J_4) + \nu_1(m')]$$

$$n_2 = n[\nu_2(J_2) + \nu_2(J_2^2) + \nu_2(J_4) + \nu_2(m')]$$

$$n_3 = n[\nu_3(J_2) + \nu_3(J_2^2) + \nu_3(J_4) + \nu_3(m')]$$

式中，$\nu_j(J_2)$ 和 $\nu_j(J_2^2)$（$j=1$，2，3）是由于行星引力展开式中的第二带谐项引起的一阶和二阶项；$\nu_j(J_4)$（$j=1$，2，3）是由于第四带谐项引起的一阶项；$\nu_j(m')$（$j=1$，2，3）是由于外部天体（太阳、其他卫星）引力引起的项。

关于行星引力展开的第二带谐项系数 J_2 的一阶长期摄动可以按如下方式得到：在摄动函数中只取长期部分，将其代入中间轨道根数方程中，对方程进行积分，并考虑到 a，e，i 是常数，用 r_0 表示行星的平均赤道半径并设 $s = \sin i$，得到

$$\nu_1(J_2) = \frac{3}{4} J_2 \left(\frac{r_0}{a}\right)^2 \frac{2 - 3s^2}{(1-e^2)^{3/2}} \tag{3-72}$$

$$\nu_2(J_2) = \frac{3}{4} J_2 \left(\frac{r_0}{a}\right)^2 \frac{4 - 5s^2}{(1-e^2)^2} \tag{3-73}$$

$$\nu_3(J_2) = -\frac{3}{2} J_2 \left(\frac{r_0}{a}\right)^2 \frac{\cos i}{(1-e^2)^2} \tag{3-74}$$

在某些问题中，需要计算这 3 项的总和

$$\nu_1(J_2) + \nu_2(J_2) + \nu_3(J_2) = \frac{3}{4} J_2 \left(\frac{r_0}{a}\right)^2 \frac{4 - 5s^2 + \sqrt{1-e^2}(2 - 3s^2) - 2\cos i}{(1-e^2)^2}$$

$$\tag{3-75}$$

类似地，可以得到 $\nu_1(J_4)$，$\nu_2(J_4)$，$\nu_3(J_4)$ 的表达式。

$$\nu_1(J_4) = -\frac{45}{128} J_4 \left(\frac{r_0}{a}\right)^4 e^2 \frac{8 - 40s^2 + 35s^4}{(1-e^2)^{7/2}}$$

$$\nu_2(J_4) = -\frac{15}{128} J_4 \left(\frac{r_0}{a}\right)^4 \frac{4(16 - 62s^2 + 49s^4) + 9e^2(8 - 28s^2 + 21s^4)}{(1-e^2)^4}$$

$$\nu_3(J_4) = \frac{15}{32} J_4 \left(\frac{r_0}{a}\right)^4 \frac{\cos i(4 - 7s^2)(2 + 3e^2)}{(1-e^2)^4}$$

二阶长期摄动需要更复杂的计算，直接使用相关文献（Brower，1959）中的结果，用与上述相同的符号，有

$$\nu_1(J_2^2) = \frac{3}{128} J_2^2 \left(\frac{r_0}{a}\right)^4 \frac{1}{(1-e^2)^{7/2}} \{-15 + 16\sqrt{1-e^2} + 25(1-e^2) +$$

$$[30 - 96\sqrt{1-e^2} - 90(1-e^2)]\cos^2 i +$$

$$[105 + 144\sqrt{1-e^2} + 25(1-e^2)]\cos^4 i\}$$

$$\nu_2(J_2^2) = \frac{3}{128} J_2^2 \left(\frac{r_0}{a}\right)^4 \frac{1}{(1-e^2)^4} \{-35 + 24\sqrt{1-e^2} + 25(1-e^2) +$$

$$[90 - 192\sqrt{1-e^2} - 126(1-e^2)]\cos^2 i +$$

$$[385 + 360\sqrt{1-e^2} + 45(1-e^2)]\cos^4 i\}$$

$$\nu_3(J_2^2) = \frac{3}{32} J_2^2 \left(\frac{r_0}{a}\right)^4 \frac{\cos i}{(1-e^2)^4} \{-5 + 12\sqrt{1-e^2} + 9(1-e^2) -$$

$$[35 + 36\sqrt{1-e^2} + 5(1-e^2)]\cos^2 i\}$$

对于倾角和偏心率较小的轨道，使用上述公式的另一种形式更为方便

$$\nu_1(J_2^2) = \frac{3}{128} J_2^2 \left(\frac{r_0}{a}\right)^4 \frac{1}{(1-e^2)^{7/2}} [3(40 - 80s^2 + 35s^4) +$$

$$16(4 - 12s^2 + 9s^4)\sqrt{1-e^2} + 5(-8 + 8s^2 + 5s^4)(1-e^2)]$$

$$\nu_2(J_2^2) = \frac{3}{128} J_2^2 \left(\frac{r_0}{a}\right)^4 \frac{1}{(1-e^2)^4} [5(88 - 172s^2 + 77s^4) +$$

$$24(8 - 22s^2 + 15s^4)\sqrt{1-e^2} + (-56 + 36s^2 + 45s^4)(1-e^2)]$$

$$\nu_3(J_2^2) = \frac{3}{32} J_2^2 \left(\frac{r_0}{a}\right)^4 \frac{\cos i}{(1-e^2)^4} [5(-8 + 7s^2) +$$

$$12(-2 + 3s^2)\sqrt{1-e^2} + (4 + 5s^2)(1-e^2)]$$

（2）周期性摄动

行星的非球形性对中间轨道根数的周期摄动影响量级较小。因此，扁轴对称行星的卫星的摄动运动表示为在某个椭圆附近的运动，该椭圆的平面围绕行星的对称轴以恒定的倾角进动，角速度为 $\dot{\Omega}$，方向与轨道运动相反。在这种情况下，拱线在轨道平面上进动，角速度为 $\dot{\omega}$，拱线的旋转方向由表达式 $4 - 5\sin^2 i$ 的符号决定，轨道运动的角速度增加 $\Delta \dot{M}$ 并不会改变运动的性质。

在扁行星的卫星摄动运动理论中注意到这样一个奇怪的事实：我们尝试确定由 $q=0$ 和 $k=0$ 的摄动函数展开项产生的根数的周期摄动，显然，拱线的进动率 $\dot{\omega}$ 具有一阶小量，方程（3-71）给出的这些摄动的周期在周期性摄动中是最大的，这些摄动称为长周期项。显然，在 $n=2$ 时，系数为 J_2 的第二带谐项也会在卫星中间轨道根数中产生长周期摄动，由于 J_2 是一阶小量，我们期望获得一阶的长周期摄动。在对所考虑的摄动函数展开项的拉格朗日方程进行积分时，将具有一阶小量的 $\dot{\omega}$ 引入表达式的分母，这样就获得了零阶小摄动。乍一看，小参数法不能描述扁行星的卫星摄动运动，这种情况被一份"大自然的馈赠"拯救，即对于 $n=2$，$q=0$ 和 $k=0$ 的长周期摄动，其偏心率函数等于 0，即对于所有 $e<1$

$$X_0^{-3,2}(e) = X_0^{-3,-2}(e) = 0$$

因此，不存在由行星引力函数展开式的第二带谐项引起的长周期摄动，因为展开式的其他球谐函数的系数是二阶小量，其引起的长周期摄动很小。

我们注意到非球形行星的中间卫星轨道根数摄动的一个重要特性。如上所述，应用小

参数法，我们获得了长期的、周期的和混合的摄动项。根数 a，e 和 i 中存在的长期摄动可能会导致灾难性后果，即行星丢失其卫星。混合摄动会导致该理论站不住脚。然而，如阿克肖诺夫（Aksenov，1966）所证明的那样，行星的非球形性对卫星中间轨道根数产生的摄动在 a，e，i 中不包含长期元素，并且在所有 6 个根数 a，e，i，M，ω，Ω 中不存在任意阶小量的混合摄动，这可以通过数学归纳法来证明。

确定由于其他天体，比如卫星和太阳引力所产生的摄动，会有特殊的问题需要解决。

我们转向摄动函数（3-65）展开式的一般形式，按照小扰动理论方法，首先确定中间轨道根数的长期摄动，开普勒运动中的常数根数 ω，Ω，现在变为了时间的线性函数，其时间系数与小扰动函数的小参数成正比。然后就有了周期项，在这种情况下，仅包含 ω，Ω 的三角函数符号项就出现了。当对拉格朗日方程进行时间积分时，小参数出现在分母中并且与摄动函数中的小参数联系起来。这里，在用小参数法构建理论时出现了一个矛盾：小摄动其实并不小。这些摄动具有很长周期的摄动，如果在很短的时间区间内应用这样的理论，那么可以认为这种摄动是常数。

当从观测数据中确定运动参数时，这些长期摄动会被考虑在内。然而，在大的时间区间内，这样的理论是无法构建的。因此，对于大行星的远距离卫星，尚未构建出可接受的运动分析理论。在某些情况下，当来自行星扁率的长期摄动占主导地位时，用上述拉格朗日方程对摄动函数展开的周期项进行积分，分母不会因为另一个天体的引力就是个小参数的数值。下面讨论一个有利情况的例子，在这个例子中海王星的主卫星海卫一的运动解析理论被成功构建（Emelyanov，Samorodov，2015）。

考虑其他卫星引力的另一个问题是需要以摄动天体和被摄动天体的轨道半长轴比值的幂来展开摄动函数，文献（Murray，Dermott，2000）中给出了该展开式。计算由木星、土星和天王星的主要卫星相互引力引起的摄动时，不能使用摄动理论的常用方法来构建解析理论。处理这些卫星情况的特殊理论的例子在下面的专门章节中进行讨论。

3.10 卫星轨道半长轴的常数摄动

考虑明显超过卫星轨道周期的时间段内的运动时，卫星中间轨道根数的长期摄动是主要摄动。根据定义，长期摄动是从摄动函数展开式的长期部分中得到的。从拉格朗日方程中很容易看出，a（半长轴）、e（偏心率）和 i（倾角）中不存在长期一阶摄动。

如上所述，轨道的半长轴 a 与平均运动 n 的未摄动值的关系是

$$n = \sqrt{\frac{Gm}{a^3}} \qquad (3-76)$$

式中，G 是万有引力常数；m 是行星的质量。

由于与摄动函数小参数成比例的周期性摄动很小，假设在根数 M，ω 和 Ω 中包含的长期摄动给出了可接受的卫星运动模型。实际上，当与观测结果一致时，这种长期摄动模型并不是最好的。事实证明，对于给定的 n 值，半长轴的另一个值与观察结果更一致。事实

是，偏心率 e 和平近点角 M 包含的短周期摄动组合给出了卫星半径 r 的摄动常数项。然而，在长期摄动理论中忽略了短周期摄动。

如果不取 a，而取 $\bar{a}$ 的值，通过公式计算，就能得到最佳的长期摄动模型。

$$\bar{a} = a + \overline{\delta r} \tag{3-77}$$

式中，$\overline{\delta r}$ 是中心距离摄动的常数部分。

这是给出的 δr 的定义考虑行星引力展开的二次带谐项引起摄动的情况。此外，我们假设卫星轨道的偏心率 e 非常小，所以在偏心率的展开式中可以将 e 限制在最低阶项上。

在可接受的精度下，可以得出

$$\delta r = (1 - e\cos M)\delta a - a\cos M\delta e + ea\sin M\delta M \tag{3-78}$$

式中，δa，δe，δM 是对应轨道根数的摄动。

根据式（3-66）、式（3-67）和式（3-68）将摄动函数进行展开，在展开式中只留下与行星引力展开二次带谐函数相对应的项，进而得到

$$R = Gm\frac{r_0^2}{a^3}C_{20}\sum_{p=0}^{2}F_{2,0,p}(i)\sum_{q=-\infty}^{\infty}X_q^{-3,2-2p}(e)\cos[qM + (2-2p)\omega]$$

式中，C_{20} 是二次带谐项系数；r_0 是行星的平均赤道半径，在计算 C_{20} 时会采用。此外，$C_{20}=J_2$。在最后的求和项中，只有 4 个关于小偏心率的最低阶的短周期项，它们对应下列求和索引值的组合

$$p = 0, \quad q = 1$$
$$p = 1, \quad q = 1$$
$$p = 1, \quad q = -1$$
$$p = 2, \quad q = -1$$

在总和中仅保留这些项，发现

$$R = Gm\frac{r_0^2}{a^3}C_{20}\times[F_{200}(i)X_1^{-3,2}(e)\cos(M+2\omega) +$$
$$F_{201}(i)X_1^{-3,0}(e)\cos M + F_{201}(i)X_{-1}^{-3,0}(e)\cos(-M) +$$
$$F_{202}(i)X_{-1}^{-3,-2}(e)\cos(-M-2\omega)]$$

此处包含的倾角和偏心率函数，以可接受的精度计算，其形式为

$$F_{200}(i) = F_{202}(i) = -\frac{3}{8}\sin^2 i, \quad F_{201}(i) = \frac{3}{4}(i)\sin^2 i - \frac{1}{2}$$

$$X_1^{-3,2}(e) = X_{-1}^{-3,-2}(e) = -\frac{1}{2}e, \quad X_1^{-3,0}(e) = X_{-1}^{-3,0}(e) = \frac{3}{2}e$$

将其代入前面表达式中的摄动函数，有

$$R = Gm\frac{r_0^2}{a^3}C_{20}3e\left[\left(\frac{3}{4}\sin^2 i - \frac{1}{2}\right)\cos M + \frac{1}{8}\sin^2 i\cos(M+2\omega)\right]$$

现在写出关于开普勒根数 a，e 和函数 M 的摄动运动方程

$$\frac{\mathrm{d}a}{\mathrm{d}t} = \frac{2}{na}\frac{\partial R}{\partial M}$$

$$\frac{\mathrm{d}e}{\mathrm{d}t} = \frac{1-e^2}{ena^2} \frac{\partial R}{\partial M} - \frac{\sqrt{1-e^2}}{ena^2} \frac{\partial R}{\partial \omega}$$

$$\frac{\mathrm{d}M}{\mathrm{d}t} = n - \frac{2}{na} \frac{\partial R}{\partial a} - \frac{1-e^2}{ena^2} \frac{\partial R}{\partial e}$$

代入上面得出的摄动函数的简化表达式后，方程的形式为

$$\frac{\mathrm{d}a}{\mathrm{d}t} = -Gm \frac{r_0^2}{a^3} C_{20} \frac{6e}{na} \left[\left(\frac{3}{4}\sin^2 i - \frac{1}{2} \right) \sin M + \frac{1}{8}\sin^2 i \sin(M+2\omega) \right]$$

$$\frac{\mathrm{d}e}{\mathrm{d}t} = -Gm \frac{r_0^2}{a^3} C_{20} \frac{3}{na^2} \left[\left(\frac{3}{4}\sin^2 i - \frac{1}{2} \right) \sin M - \frac{1}{8}\sin^2 i \sin(M+2\omega) \right]$$

$$\frac{\mathrm{d}M}{\mathrm{d}t} = -Gm \frac{r_0^2}{a^3} C_{20} \frac{3}{ena^2} \left[\left(\frac{3}{4}\sin^2 i - \frac{1}{2} \right) \cos M + \frac{1}{8}\sin^2 i \cos(M+2\omega) \right]$$

通过小参数法对方程进行积分，以下给出了关于系数 C_{20} 的一阶摄动

$$\delta a = r_0^2 C_{20} \frac{6e}{a} \left[\left(\frac{3}{4}\sin^2 i - \frac{1}{2} \right) \cos M + \frac{1}{8}\sin^2 i \cos(M+2\omega) \right]$$

$$\delta e = r_0^2 C_{20} \frac{3}{a^2} \left[\left(\frac{3}{4}\sin^2 i - \frac{1}{2} \right) \cos M - \frac{1}{8}\sin^2 i \cos(M+2\omega) \right]$$

$$\delta M = -r_0^2 C_{20} \frac{3}{ea^2} \left[\left(\frac{3}{4}\sin^2 i - \frac{1}{2} \right) \sin M + \frac{1}{8}\sin^2 i \sin(M+2\omega) \right]$$

将上述表达式代入方程式（3-78），得到中心距离的主要短周期摄动

$$\delta r = r_0^2 C_{20} \frac{1}{a^2} 6ea \left[\left(\frac{3}{4}\sin^2 r - \frac{1}{2} \right) (1-e\cos M)\cos M + \frac{1}{8}\sin^2 i (1-e\cos M)\cos(M+2\omega) \right] -$$

$$r_0^2 C_{20} \frac{1}{a^2} 3a \left[\left(\frac{3}{4}\sin^2 r - \frac{1}{2} \right) \cos^2 M - \frac{1}{8}\sin^2 i \cos(M+2\omega)\cos M \right] -$$

$$r_0^2 C_{20} \frac{1}{a^2} 3a \left[\left(\frac{3}{4}\sin^2 r - \frac{1}{2} \right) \sin^2 M + \frac{1}{8}\sin^2 i \sin(M+2\omega)\sin M \right]$$

把关于偏心率的最低阶摄动的常数部分单列出来

$$\overline{\delta r} = \frac{3}{4} \frac{r_0^2}{a^2} C_{20} a (2-3\sin^2 i)$$

结果表明，对于给定的卫星平均运动 n，半长轴的摄动常数［式（3-77）］应由下面的公式确定

$$\bar{a} = a \left[1 + \frac{3}{4} \frac{r_0^2}{a^2} C_{20} (2-3\sin^2 i) \right] \tag{3-79}$$

其中，a 由公式（3-76）求得。

通常平均运动的摄动值 n_1 要根据观测确定。然后基于以下关系通过迭代得到未被摄动的 n 值

$$n_1 = n[1 + \nu_1(J_2)]$$

其中，$\nu_1(J_2)$ 由公式（3-72）决定，半长轴 a 的无摄动值由下面的关系式得到

$$n^2 a^3 = Gm$$

对于小的倾角和偏心率，经度上的摄动平均运动 $\bar{n}$ 最好从观测中确定。在这种情况

下，n 由以下关系式迭加计算

$$\bar{n} = n[1 + \nu_1(J_2) + \nu_2(J_2) + \nu_3(J_2)] \tag{3-80}$$

其中，$\nu_2(J_2)$ 和 $\nu_3(J_2)$ 由式（3-73）、式（3-74）确定。

考虑扁行星的卫星轨道的小偏心率和小倾角的具体情况，忽略式（3-79）和式（3-80）中的偏心率和倾角，得到

$$\bar{n} = n\left(1 + 3J_2\frac{r_0^2}{a^2}\right) \tag{3-81}$$

$$\bar{a} = a\left(1 - \frac{3}{2}J_2\frac{r_0^2}{a^2}\right) \tag{3-82}$$

因此，考虑到由行星扁率引起的主要摄动，可以想象一颗卫星以周期频率 $\bar{n}$ 在半径为 $\bar{a}$ 的轨道上运行，这样的模型与观测结果最为吻合。由于摄动，开普勒第三定律被修改为以下形式

$$\bar{a}^3\bar{n}^2 = Gm\left(1 + \frac{3}{2}J_2\frac{r_0^2}{a^2}\right) \tag{3-83}$$

关系式 $Gm = n^2 a^3$ 用来从卫星观测中确定行星的质量。从公式（3-83）可以看出，在扁球形行星的情况下，该公式右边的数值实际上是从观测中获得的。为了在这种情况下将行星的扁率考虑在内，需要接受一些关于动力学扁率大小的假设，或者尝试从观测中确定系数 J_2。

3.11　进动椭圆模型

为了研究行星卫星的动力学，需要在观测的基础上建立一个或者多个运动模型。在许多情况下，重要的是看到卫星运动的基本特性而忽略小的摄动。有时也需要对星历进行近似。对一些卫星来说，观测的精度不高，这时最简单的运动模型也可以与观测结果很好地吻合。在所有这些情况下，一些近似的运动模型称为进动椭圆比较合适。在这个模型中，卫星沿着某个椭圆运动，该椭圆的倾角相对于某个基本固定平面，以恒定的角速度进动。椭圆的拱线在轨道平面内以恒定的角速度旋转。根据开普勒运动定律，卫星沿进动椭圆运动，然而，恒定的平均运动与从轨道的半长轴得到的运动不同。

从前面的章节可以清楚地看出，在构建运动分析理论的过程中，通过考虑主要摄动因素引起的长期摄动来创建这样的模型，进而得到了六阶精确运动微分方程的近似解。因此，该解包含了 6 个任意积分常数。

在实践中，由于表征摄动因素的参数不准确或未知，确定长期摄动是困难的、不准确的，甚至是不可能的。在这种情况下，M 函数和 ω，Ω 的变化由线性时间函数确定。

$$M = M_0 + \bar{n}(t - t_0), \quad \omega = \omega_0 + \dot{\omega}(t - t_0), \quad \Omega = \Omega_0 + \dot{\Omega}(t - t_0) \tag{3-84}$$

式中，M_0，$\bar{n}$，ω_0，$\dot{\omega}$，Ω_0，$\dot{\Omega}$ 是常数。开普勒卫星轨道根数 e，i 也是常数。半长轴包含在开普勒运动公式中，它的设定与参数 $\bar{n}$ 无关。由于这些参数不再由开普勒运动定律联系

起来，用 $\bar{a}$ 表示主轴。

为了确定坐标，使用开普勒运动公式。使用公式（3-84）计算平近点角 M 和根数 ω，Ω。根数 $\bar{a}$，e，i 被独立地代入开普勒运动公式中。

因此，9 个常数参数 $\bar{a}$，$\bar{n}$，e，i，M_0，ω_0，$\dot{\omega}$，Ω_0，$\dot{\Omega}$，公式（3-84）和开普勒运动公式充分描述了这个运动模型。轨道的倾角 i、升交点赤经 Ω 和升交点近心距都相对于主平面开始测量，并且在这个坐标系中由观测确定的倾角变化最小。

这 9 个参数由观测数据改进而来，以便使模型与观测数据一致。这样的模型考虑了所有可能原因引起的长期摄动。

基于解析理论，进动椭圆模型也用于逼近更精确的卫星运动模型，或通过数值积分运动微分方程构建。

埃梅利亚诺夫（Emelyanov，2015）的论文中给出了一个使用进动椭圆模型来处理木星的 4 个近距离卫星的例子。模型参数是由两个不同模型的卫星星历确定的，每个模型又是建立在观测的基础上，通过对运动方程进行数值积分得到的。

3.12　小偏心率轨道的摄动运动

3.12.1　问题的提出

在小扰动运动理论的经典方法中，当用小庞加莱参数法求解开普勒轨道根数的拉格朗日方程时，一些很少研究的情况有时会导致不寻常的结论。这种情况包括中间轨道的小偏心率摄动运动。

在求解拉格朗日方程时，首先需要找到长期摄动，因为它们在描述运动的定量和定性方面都是最重要的。长期摄动通常通过展开摄动函数并舍弃拉格朗日方程右侧的周期项来获得。因此，渐进椭圆模型应运而生并开始被广泛使用。对于由轴对称中心天体的非球形性引起的摄动，例如，一个扁球形的大行星，轨道平面以恒定的倾角围绕该天体的对称轴进动。

未受摄动影响的开普勒轨道可以简化为一个圆轨道，而未受摄动的倾角仅由选择的直角坐标系决定。偏心率是描述轨道退化为圆形轨道的参数。对于圆形轨道，偏心率是 0。人们期望对于小扰动运动，当偏心率随时间变化时，其接近或等于 0 会导致轨道退化为圆形轨道。事实上，情况并非如此。

别列茨基（Beletskii，1963）首次提到存在具有非零偏心率的圆周摄动运动，并给出了开普勒运动根数方程的一个特定解，其中瞬时根数中的圆形轨道由一个椭圆描述，该椭圆以卫星围绕中心天体的角速度旋转，并且卫星总是位于这个椭圆的中心。

然而，在上述别列茨基的论文中，例子是由涅耶夫提供的。具有任意常数和任意小偏心率的进动椭圆模型与别列茨基（Beletskii，1963）论文中给出的例子相矛盾。找出这两个模型如何相互关联是很有趣的，严格证明存在非零偏心率的圆周摄动运动的解是很重要的。用一个简单的解来充分描述小偏心率处的摄动运动很有用。

埃梅利亚诺夫（Emelyanov，2015）进行了这项研究。在下一节中，给出其主要的计算结果和结论。

3.12.2　构建一个圆形摄动运动模型

考虑中心引力场中的质点运动，其力函数的形式为

$$U = \frac{\mu}{r}[1 + f(r)]$$

式中，r 是中心距离；μ 是引力参数；$f(r)$ 是某些任意的无量纲函数。将力函数展开为以下两项（V 和 R）

$$U = V + R, \quad V = \frac{\mu}{r}, \quad R = \frac{\mu}{r}f(r)$$

式中，V 是开普勒问题的力函数；R 是摄动函数。$R = 0$ 处的运动称为无摄动运动。

对函数 $f(r)$ 进行一些限制的情况下，力函数 U 的方程具有对应于圆周运动的特定解。让我们深入考虑接近圆形的质点摄动运动，尝试构建轨道偏心率较小的真实行星卫星运动的近似解析模型，以木星的 4 个近距离卫星为例。

由于力函数仅取决于距离，因此运动轨迹位于某个不变的平面上，在该平面上定义一个以引力中心为原点的非旋转坐标系 Oxy。那么运动的微分方程可以写成

$$\frac{\mathrm{d}^2 x}{\mathrm{d}t^2} = -\frac{\mu x}{r^3}[1 + F(r)], \quad \frac{\mathrm{d}^2 y}{\mathrm{d}t^2} = -\frac{\mu y}{r^3}[1 + F(r)] \tag{3-85}$$

其中，无量纲函数 $F(r)$ 由下式给出

$$F(r) = f(r) - rf'(r)$$

式中，$f'(r)$ 为 $f(r)$ 对 r 的一阶导数，$r = \sqrt{x^2 + y^2}$。

在满足条件 $F(r) > -1$ 的区域中，引力中心周围的点在任意距离 r 处的线速度 V_c 取决于 r 的圆周运动存在运动微分方程的解。

一个以线速度 V_c、沿半径为 r 的圆运动的点的向心加速度，无论引起加速度的原因是什么，都可以用下面的表达式来确定

$$\frac{V_c^2}{r}$$

绕圆周运动的原因是引力，引力产生了加速度

$$\frac{\mu}{r^2}[1 + F(r)]$$

令这两个加速度的表达式相等，得到

$$V_c^2 = \frac{\mu}{r}[1 + F(r)] \tag{3-86}$$

在不违反问题的一般性原则的情况下，假设在初始时刻 t_0，该点位于 x 轴上，那么坐标中圆周运动的微分方程的特解具有以下形式

$$x = r\cos n_c(t - t_0), \quad y = r\sin n_c(t - t_0) \tag{3-87}$$

其中，质点的旋转频率 n_c 由下面的公式决定

$$n_c = \frac{V_c}{r}$$

这是一组特定解的单参数族，可以取 r 或 n_c 作为这个族的参数。

我们提出了寻找圆周运动开普勒吻切轨道根数时间函数的问题，并将公式（3-85）作为摄动开普勒运动的方程。为此，用表示成时间函数的开普勒吻切轨道根数替换所需函数的变量 x，y，并在变量替换公式中用特定的解［式（3-87）］代替 x，y。此外，迫切需要考虑由开普勒根数描述的运动方程，也即拉格朗日方程，并且需要检查所获得的开普勒根数的表达式是否满足这些方程。

3.12.3　过渡到开普勒轨道根数

由于在这里考虑的是平面运动，所以用 4 个开普勒轨道根数来描述运动就足够了：a 是半长轴，长度单位；e 是偏心率，无单位；M 是平近点角，单位弧度；ω 是近心点与轨道升交点的角距离，单位弧度。

半长轴 a 与平均运动 n 的关系为

$$n = \sqrt{\frac{\mu}{a^3}}$$

平均运动的单位为 rad/时间。

直角坐标和速度分量与开普勒轨道根数的关系可以在书（Duboshin，1975；Subbotin，1968）中找到。

对于开普勒运动，速度 V 和距离 r 之间的关系为

$$V^2 = \mu \left(\frac{2}{r} - \frac{1}{a} \right) \tag{3-88}$$

式中，a 是常数。

在做开普勒圆周运动（$e=0$）的情况下，有 $r=a$ 和

$$V_c^2 = \frac{\mu}{r}$$

这与公式（3-86）不同。事实证明，摄动方程（3-85）的特解不能由恒定零偏心率的开普勒吻切轨道根数表示。根据 $F(r)$ 的符号，可以用以下两种方式之一来表示摄动圆周运动。如果 $F(r) > 0$，则有

$$M = 0, \quad r = a(1-e), \quad \omega = n_c(t - t_0)$$

并且 a 和 e 被认为是常数。对比公式（3-86）和公式（3-88），得到

$$e = F(r)$$

可以发现，质点始终位于轨道的中心，并且拱线以角速度 n_c 旋转。真近点角 ν 和偏近点角 E 是常数并且等于 0。轨道的半长轴 a 可以通过下面公式得到

$$a = \frac{r}{1-e}$$

围绕引力中心质点的公转频率 n_c 通过开普勒吻切轨道的根数表示为

$$n_c = \sqrt{\frac{\mu}{a^3}} \frac{\sqrt{1+e}}{(1-e)^{\frac{3}{2}}} \qquad (3-89)$$

在 $-1 < F(r) < 0$ 的情况下，令

$$M = \pi, \quad r = a(1+e)$$

式中，$e = -F(r)$。

在这种情况下，该质点始终位于轨道的远心点上，并且拱线以角速度 n_c 旋转。真近点角 ν 和偏近点角 E 是常数并且等于 π。轨道的半长轴 a 和拱线的旋转速度可以通过下面的公式得到

$$a = \frac{r}{1+e}, \quad n_c = \sqrt{\frac{\mu}{a^3}} \frac{\sqrt{1-e}}{(1+e)^{\frac{3}{2}}}$$

在这里，对应于围绕引力中心质点的圆形轨道运动方程的特解，找到了开普勒吻切轨道根数的时间函数表达式。对任意函数 $f(r)$ 这些公式是在 $F(r) > -1$ 的条件下得到的。下面，我们考虑一个摄动运动的特殊情况。

质点在轴对称行星引力作用下在其赤道面上移动。在行星引力的力函数的一系列球谐函数展开式中，只取主项和二次带谐项。这样对于大行星来说，大行星在其卫星运动中的动力学扁率就被考虑在内，有

$$R = \frac{1}{2}\mu J_2 r_0^2 \frac{1}{r^3}, \quad f(r) = \frac{1}{2}J_2 r_0^2 \frac{1}{r^2}, \quad F(r) = \frac{3}{2}J_2 r_0^2 \frac{1}{r^2}$$

总有 $F(r) > 0$，在任何给定距离 r 处的圆周运动，用具有旋转拱线的开普勒吻切轨道根数表示，并且该点始终位于轨道的近心点。这种轨道的偏心率和半长轴由以下公式计算

$$e = \frac{3}{2}J_2 r_0^2 \frac{1}{r^2}, \quad a = \frac{r}{1-e} \qquad (3-90)$$

拱线的旋转速度由方程式（3-89）求得。

我们尝试将这里构建的卫星圆周摄动运动模型与第 3.10 节中讨论的圆周摄动运动模型进行比较。在这两种情况下，摄动都是由于行星引力函数展开中的二次带谐项引起的。在 3.10 节中，圆形轨道的半径等于半长轴 $\bar{a}$ 的摄动值，而卫星的旋转频率等于平均运动 $\bar{n}$ 的摄动值。因此，为了与上面构建的圆周运动模型保持一致，令

$$\bar{a} = r, \quad \bar{n} = n_c$$

用公式（3-89）代入公式（3-83）的左边来求解 n_c，并利用上述表达式 $r = a(1-e)$ 来获得 r。经过简单的转换，得到

$$\bar{a}^3 \bar{n}^2 = \mu\left(1 + \frac{3}{2}J_2 r_0^2 \frac{1}{a^2}\right)$$

它准确再现了方程式（3-83）。正如 3.10 节一样，我们忽略了 J_2^2 的小量阶。至此，我们已经证明了卫星圆周摄动运动的两个模型的完全对应性。

3.12.4 具有小偏心率的摄动运动中卫星吻切轨道的开普勒根数

在常用的进动椭圆模型中，对于轨道的任何偏心率值，包括 0，平近点角在时间上是

线性变化的。这与以下结论相矛盾：即只有在偏心率非 0 且平近点角恒定且等于 0 的情况下，在圆形轨道上才可能存在摄动运动。当卫星在一个扁形行星的引力下运动时，探索开普勒吻切轨道根数如何变化会很有趣。由于没有找到这个问题的精确解析解，只能根据数值积分的结果进行分析。

再次考虑一个轴对称行星的卫星在赤道面上的运动。取运动方程（3-85）中的力函数

$$U = \frac{\mu}{r} + \frac{1}{2}\mu J_2 \frac{r_0^2}{r^3}$$

这里，在行星引力的力函数的展开中，取主项和二次带谐项。

作者对方程（3-85）进行了数值积分，并以恒定步长获得多个时刻的坐标 x，y 和卫星速度分量 $\dot{x}$，$\dot{y}$。那么忽略可能的近似解析解，根据开普勒运动公式，在得到的精确解中将变量 x，y，$\dot{x}$，$\dot{y}$ 替换为变量 $a(t)$，$e(t)$，$M(t)$，$\omega(t)$。分析这些变量在各种初始条件下随时间如何变化。

我们做了一些计算，下面介绍所得到的结果。在我们的例子中，引力参数 μ 和初始条件相当于木星的近距离卫星——木卫十五。对于木星，$\mu = 126\,712\,763.92\ \mathrm{km}^3/c^2$，$J_2 = 0.014\,736$，$r_0 = 71\,398.0\ \mathrm{km}$。在初始时刻，坐标 y 等于 0，初速度矢量垂直于 x 轴。初始距离 x_0 的值大约和木卫十五相当，取值为 $127\,748.287\,979\,217\,545\ \mathrm{km}$。计算是针对多个初始速度 V 的值进行的，在第一个版本中，取对应于圆周运动的速度值，$V = V_c$［公式（3-86）］。下面针对 $V > V_c$ 进行计算，积分时间区间对应卫星绕行星转两周的时间。

吻切根数 M，ω 随时间的变化如图 3-2～图 3-5 所示。细实线表示平近点角 M 的值，虚线表示 ω 的值，粗线表示 $M + \omega$ 之和，即平均轨道经度。从图 3-2 可以看出，对于 $V = V_c$（圆周运动），平近点角 M 恒等于 0，曲线 ω 与平均经度曲线 $M + \omega$ 重合，并显示了拱线随卫星绕行星的角速度线性旋转。在图 3-3 中，初速度的下一个较高值处，可以看出强烈的振荡叠加在 M 和 ω 的变化上，彼此反相，平均经度仍随时间线性增加。对于图 3-4 中的下一个初始速度值，出现了根数变化的临界性质，M 和 ω 的振荡幅度高达半圈。同时，平均经度仍然随时间线性增加。图 3-5 中的曲线表明 M 和 ω 互换了变化特征。现在，振荡叠加在 M 的变化上，ω 周期性变化，线性过程很小。

为了区分平近点角的不同变化特性，将平近点角的单调增加称为循环变化，平近点角相对于 0 的波动情形称为天平动变化。

从所考虑的例子中可以看出，存在某些初始速度 $V = V_s$ 的临界值，它将两个不同的解族分开。

在所有考虑的解中，最令人感兴趣的是偏心率的变化。在图 3-6 中，我们用同心圆上的点描述了多个初始速度下的偏心率 e 和平近点角 M 的变化曲线，横坐标为 $e\cos M$ 的值，纵坐标为 $e\sin M$ 的值。

在图上 $M = 0$ 的点对应圆周运动（$V = V_c$）的解，偏心率 e 由公式（3-90）计算。图 3-6 显示了 V 大于 V_c 的两个解，其中平近点角 M 在零值附近振荡，偏心率在小范围内变化。"s" 表示一个特解，其中偏心率从某个最大值变为 0，平近点角在（$-\pi$，π）范围内。图中还显示了两个解，其中平近点角 M 具有循环运动的特征，偏心率在某些小范

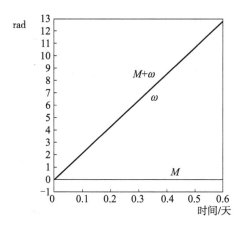

图 3-2　对于圆周运动的初始速度，近心点与轨道节点的角距离 ω 和平均经度 $M+\omega$ 重合，
随时间线性增加，平近点角恒为 0，拱线随着卫星绕行星的角速度旋转

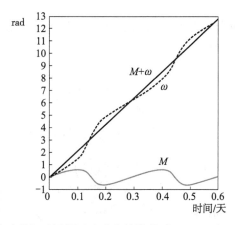

图 3-3　在初始速度略微超过圆周运动速度的情况下，M，ω 和 $M+\omega$ 随时间的变化。
平近点角在 0 附近振荡，其周期等于旋转周期

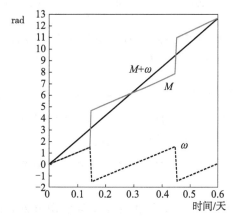

图 3-4　对于某些特定运动初始速度，M，$M+\omega$ 和 ω 的临界性质。近心点与
轨道节点的平近点角和角距离显示了大幅度的反相振荡

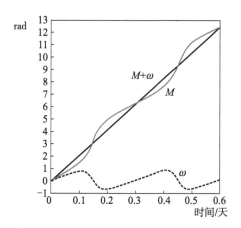

图 3-5　在超过临界值的初始速度下，平近点角 M、近心点与轨道节点的角距离 ω
和平均经度 $M+\omega$ 的变化。平近点角随时间单调增加

围内变化。特解"s"将两个具有不同的偏心率和平近点角变化特性的解族分开，具有这种初始条件的解被称为分界解。

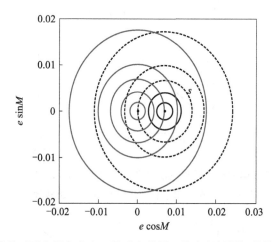

图 3-6　利用基于两个固定中心（通过点的圆）的广义问题解的精细模型和进动
椭圆模型（同心圆）得到的精确解中，平近点角 M 和偏心率 e 的变化

在图 3-6 中，我们用细线描述了另一族根数的变化。这个族是在两个固定中心的广义问题的解析解的基础上得到的，在前面的章节中已经讨论过。图 3-6 表明，该解与数值积分结果相吻合，至少与图上线条的精度一致。

从获得的结果来看，作为近似解析解的另一种形式，具有恒定偏心率的进动椭圆模型并不反映解族的定性特征。

埃梅利亚诺夫（Emelyanov，2015）推导出了运动微分方程的第一个积分。这个积分有助于得到将具有不同特性的偏心率和平近点角变化的两组解分开的初始条件，即分离解的初始条件。

上述论文表明，在分离运动中，距离从某个最小值（偏心率最大时）变化到最大值

（偏心率为 0 时）。请注意，在分离解中，在偏心率为 0 时，在真近点角为 0 的时刻，平近点角也为 0。

　　我们以上面讨论的木星卫星的运动为例（Emelyanov，2015），研究了描述扁球行星卫星运动的准确性，同时考虑了两个模型：进动开普勒椭圆模型（PE）和基于两个固定中心的广义问题的解模型，并将其命名为 RM（精细模型）。在卫星绕其行星旋转两周的时间区间内，对扁球行星运动方程进行数值积分获得的解族作为参考解，研究结果让我们得出以下结论。

　　求解两个固定中心问题模型得到的精确解的误差，比考虑所有初始条件变量的进动椭圆模型的误差小 120 倍。对于这两种模型，误差随着轨道接近圆形而减小。

　　埃梅利亚诺夫（Emelyanov，2015）还尝试通过两个分析模型（PE 和 RM），基于现有观测的运动方程的数值积分得到木星 4 个近距离卫星的星历。在构建这些星历表时，考虑了来自木星伽利略卫星引力的摄动，而分析模型中显然没有考虑到其摄动效应。由于忽略这些摄动因素导致的不匹配普遍存在，因此与进动椭圆模型相比，使用基于两个固定中心的广义问题解的模型时，不匹配现象只是略微减弱。两种模型几乎以相同的精度描述了上述木星卫星的运动。

3.13　行星卫星运动的建构分析理论

3.13.1　海王星的卫星海卫一的运动分析理论

　　我们详细考虑了埃梅利亚诺夫和萨莫罗多夫（Emelyanov，Samorodov，2015）构建的海王星的卫星海卫一的运动分析理论。到这项工作完成时，基于运动微分方程的数值积分已经有了 7 个版本的卫星运动模型。然而，摄动因素之间的比例和海卫一轨道合适的特性使作者能够证明分析理论相比数值积分方法具有优势。

　　海卫一—海王星系统的特点为（Jacobson，1991）：海王星的赤道半径是 25 225 km，海卫一的半径是 1 350 km。卫星的质量与行星的质量之比为 0.000 208 9。

　　海卫一以一个近乎圆形的轨道围绕着行星旋转，周期为 5.876 852 449 89 天，半径为 354 700 km，轨道与行星赤道的倾角约为 156.66°。海王星北极的赤经和赤纬分别约为 299.5° 和 43.6°。卫星的运动受到海王星动力学扁率和太阳引力的影响，海王星其他卫星的引力可以忽略不计。

　　需要考虑某些摄动的标准是观测的准确性。因此，对海卫一中间轨道根数中所有可能的摄动项进行了分析，摒弃了对卫星视坐标有贡献的，但不超过观测精度的摄动函数的展开项。从其他作者以前的工作中可以看出，海卫一轨道的偏心率是可以忽略的。因此，以前假设该轨道是圆形的。埃梅利亚诺夫和萨莫罗多夫（Emelyanov，Samorodov，2015）估计了开普勒圆形轨道根数中的短周期摄动，表明不需要短周期摄动项，只需要考虑一阶小量的长期和长周期摄动。

　　从拉格朗日方程（3-39）可以看出，在轨道半长轴上不会有一阶长周期摄动。它们只能由不包含平近点角 M 的摄动函数项产生，而这些项在被替换到关于半长轴方程的右侧时，得到的结果是 0。因此，在论文（Emelyanov，Samorodov，2015）中，半长轴 a 是恒定的。

海卫一的引力影响海王星的自转运动。因此，行星自转轴的进动与海卫一轨道围绕行星和卫星总角动量矢量的运动同步。这些轴之间的恒定角度约为 0.506°（Jacobson，2009）。卫星轨道相对于行星自转轴的倾角和相对于总角动量矢量的倾角也保持不变。如雅各布森（Jacobson，2009）所述，这样的行星和卫星运动模型最接近真实情况，模型的微小偏离是由太阳引力摄动引起的。

考虑该理论中采用的坐标系，基础坐标系与行星和卫星的总角动量的固定矢量有关，系统的 z 轴沿着这个矢量方向，x 轴沿着 xy 平面与地球赤道平面的交线，这样 y 轴就以一个锐角倾斜于地球赤道平面。我们将这样的系统称为轨道坐标系。

图 3-7 给出了海卫一和太阳的轨道位置，以及地球赤道平面在轨道坐标系中的位置。

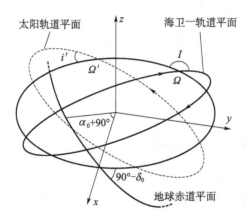

图 3-7 海卫一运动理论中主平面的位置

用 x_g，y_g，z_g 表示与地球赤道平面相连的行星中心坐标系的轴，该坐标系与轨道坐标系的关系是由 Z 轴的赤经 α_0 和赤纬 δ_0 决定的。坐标 x_g，y_g，z_g 是根据下面的公式转换得到的

$$
\begin{aligned}
x_g &= -\sin\alpha_0 x - \cos\alpha_0 \sin\delta_0 y + \cos\alpha_0 \cos\delta_0 z \\
y_g &= \cos\alpha_0 x - \sin\alpha_0 \sin\delta_0 y + \sin\alpha_0 \cos\delta_0 z \\
z_g &= \cos\delta_0 y + \sin\delta_0 z
\end{aligned}
\tag{3-91}
$$

参数 α_0 和 δ_0 是未知的，它们只能通过对卫星运动的观测来确定。

海王星非球形性的主要因素是引力函数展开的二次带谐项，这个因素不能引起一阶的长周期摄动。海王星的对称轴相对于海卫一的轨道平面，在轨道坐标系中保持静止。因此，在开普勒吻切轨道根数中，不可能有由行星的非球形性引起的长周期摄动。如果忽略来自太阳引力的摄动，那么卫星应该在一个平缓的轨道上运动，该轨道以恒定的角速度和对主平面的恒定倾角进行进动。

在所考虑的模型中，轨道半径 a、倾角 I、纬度参数 u、升交点经度 Ω 决定了卫星

在轨道坐标系中相对于行星中心的位置,其中三个量是时间的函数

$$I = I_0 + \delta I(t)$$

$$u = u_0 + \dot{u}(t - t_0) + \delta u(t) \qquad (3-92)$$

$$\Omega = \Omega_0 + \dot{\Omega}(t - t_0) + \delta\Omega(t)$$

式中,I_0,u_0,$\dot{u}$,Ω_0,$\dot{\Omega}$ 是常数;t_0 是某个给定的初始历元;$\delta I(t)$,$\delta u(t)$,$\delta\Omega(t)$ 是相应根数的长周期摄动。

简化后,开普勒运动公式退化为以下的简单关系式

$$x = a(\cos u \cos\Omega - \sin u \sin\Omega \cos I)$$

$$y = a(\cos u \sin\Omega + \sin u \cos\Omega \cos I) \qquad (3-93)$$

$$z = a \sin u \sin I$$

为了在所做的假设下构建海卫一的运动模型,还需要确定由于太阳引力而产生的长周期摄动 $\delta I(t)$,$\delta u(t)$,$\delta\Omega(t)$。

摄动函数 R 的展开式取自参考书(Murray,Dermott,2000)中。这种展开是比值 a/a' 的幂级数,其中 a' 是太阳绕行星运行的轨道半长轴,该级数以包含 $(a/a')^2$ 的项为开始。

推导过程进行了其他的有效简化。由于海卫一轨道的半长轴为 $a = 354\ 700$ km,海王星与太阳的平均距离为 $4\ 504\ 449\ 760$ km,因此 $a/a' = 0.000\ 078\ 757\ 455$。

在海卫一的运动理论中,我们忽略了这个比值的高次幂项,只留下了展开式中带有 $(a/a')^2$ 的项。此外,假设太阳在一个不变的平面上沿圆形轨道运动,用 i' 和 Ω' 表示太阳轨道在轨道坐标系中的倾角和升交点经度。假设 i' 和 Ω' 为已知常数,太阳的纬度参数 u' 是一个已知的线性时间函数 $u' = u'_0 + \dot{u}'(t - t_s)$,其中 t_s 是某个给定的历元。i' 和 Ω',u'_0,$\dot{u}'$ 的值可以由海王星轨道的平均根数来确定,例如,可以从西蒙等人(Simon et al.,1994)的书中获得。然而,在埃梅利亚诺夫和萨莫罗多夫(Emelyanov,Samorodov,2015)的工作中,太阳运动模型的参数是使用太阳的日心坐标,在 1800—2200 年的时间内,以 10 天为增量选取若干时间点,使用 INPOP10 星历(Fienga et al.,2011)通过最小二乘法计算得到。参数值见表 3-2,对于参数 u'_0 的初始历元,选取 JD = $2\ 451\ 545.0$(TT)的时刻。

表 3-2 西蒙等人(Simon et al.,1994)给出的太阳基于平均根数运动模型的参数及使用 INPOP10 星历计算的参数

参数	基于平均根数	基于 INPOP10 星历表
a' /km	4 504 449 760	4 499 478 064
i' /(°)	27.923 658	27.923 678
Ω' /(°)	200.788 305	200.788 181
u'_0 /(°)	258.329 018	258.727 508
$\dot{u}'$ /[(°)/d]	0.005 981 826 15	0.005 980 841 54

由于做了简化，摄动函数的形式为

$$R' = \frac{Gm'}{a'}\left(\frac{a}{a'}\right)^2 \sum_{k=0}^{2}(2-\delta_{0,k})\frac{(2-k)!}{(2+k)!}\sum_{p'=0}^{2}F_{2k1}(I)F_{2kp'}(i') \times$$

$$\cos[(2-2p')u' + k(\Omega'-\Omega)]$$

式中，m' 是太阳的质量。克罗内克尔符号 $\delta_{0,k}$ 取值为当 $k=0$ 时，$\delta_{0,k}=1$；当 $k \neq 0$ 时，$\delta_{0,k}=0$。第二个 "$\sum$" 符号处的奇数表示该项被省略，当 $k=0$ 和 $p'=1$，对应于长期项。在这里，我们使用 $F_{2k1}(I)$ 项代表倾角函数，因此表达式包含 8 个项，由于 $F_{200}(i')=F_{202}(i')$，有两项彼此相等，所需的倾角函数可以从书（Kaula，1966）中得到。

$\delta I(t)$，$\delta u(t)$，$\delta \Omega(t)$ 的拉格朗日方程采用小参数法求解，一阶小扰动是由小参数 $(m'/m)(a/a')^3$ 确定的。此外，考虑到来自二次带谐项 J_2 系数的长期摄动取决于根数 $I(t)$。二阶摄动是在小庞加莱参数方法中通过泊松法确定的，如前所述，这些摄动包含在通用公式（3-60）和公式（3-64）中。因此，还考虑了与 $(m'/m)(a/a')^3 J_2$ 成比例的组合摄动。

表 3-3　太阳引力引起的长周期摄动公式中的系数

i	$K_I^{(i)}$ /(°)	$K_u^{(i)}$ /(°)	$K_\Omega^{(i)}$ /(°)	$k_1^{(i)}$	$k_2^{(i)}$
1	0.0	−0.000 123 27	0.000 633 39	2	0
2	0.000 964 86	−0.002 794 50	−0.001 789 05	2	1
3	0.006 646 61	−0.043 356 22	−0.015 600 91	0	1
4	0.000 046 87	−0.000 172 15	−0.000 091 86	−2	1
5	0.000 959 76	−0.002 336 86	−0.002 180 71	2	2
6	−0.000 376 27	0.000 962 31	−0.000 376 27	0	2
7	−0.000 002 25	0.000 007 30	0.000 005 36	−2	2

首先确定来自太阳的长周期摄动的解析形式。然后，将上述太阳运动参数的值以及观测得到的海卫一的运动参数值代入得到的公式中，便可使用以下简单公式计算给定时间点轨道根数的摄动

$$\delta I(t) = \sum_{i=1}^{7}K_I^{(i)}\cos[k_1^{(i)}u' + k_2^{(i)}(\Omega'-\bar{\Omega})]$$

$$\delta u(t) = \sum_{i=1}^{7}K_u^{(i)}\sin[k_1^{(i)}u' + k_2^{(i)}(\Omega'-\bar{\Omega})] \qquad (3-94)$$

$$\delta \Omega(t) = \sum_{i=1}^{7}K_\Omega^{(i)}\sin[k_1^{(i)}u' + k_2^{(i)}(\Omega-\bar{\Omega})]$$

其中

$$u' = u_0' + \dot{u}'(t-t_s), \quad \bar{\Omega} = \Omega_0 + \dot{\Omega}(t-t_0) \qquad (3-95)$$

这些公式中包含的系数由表 3-3 中给出。

图 3-8 显示了从 1800 年到 2200 年间由于太阳的引力而引起的海卫一轨道根数 I、u 和 Ω 长周期摄动的变化曲线。

至此，建立了海王星的海卫一卫星运动的分析理论，该理论的任意常数为参数 I_0，u_0，$\dot{u}$，Ω_0 和 $\dot{\Omega}$。该理论的参数是埃梅利亚诺夫和萨莫罗多夫（Emelyanov，2015）根据 1847—2012 年 165 年的时间内所有可用的观测结果得到的。基于所考虑的解析理论建立的海卫一星历表与其他作者的星历差别不大，这些差异是由于使用不同的观测数据组合造成的。

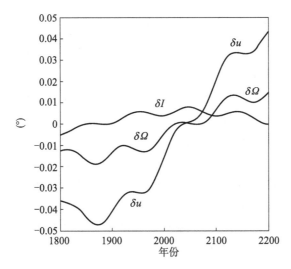

图 3-8 太阳引起的海卫一的轨道根数的长周期摄动

因此，与基于运动微分方程数值积分的运动模型相比，解析理论的优势得到了体现，可以在书中（Emelyanov，Samorodov，2015）找到对该理论更详细的描述。

3.13.2 木星近距离卫星的进动椭圆模型

木星的 4 颗近距离卫星几乎都在赤道平面内绕行星运行，并且都在近乎圆形的轨道上运行。按照轨道半长轴递增的顺序排序，分别是木卫十六、木卫十五、木卫五和木卫十四。在卫星的开普勒轨道摄动中，木星扁率的影响占主导地位，大质量伽利略卫星的引力所产生的摄动要小得多，太阳引力的影响也非常小。雅各布森（Jacobson，1997）建立了木星近距离卫星的运动理论，进动椭圆模型考虑了木星非球形性、伽利略卫星和太阳引力的长期摄动，进动速率 $\dot{\omega}$ 和 $\dot{\Omega}$ 由摄动理论确定。托木斯克州立大学（TSU）的研究人员阿夫久舍夫和班希科娃（Avdyushev，Banshikova，2008）构建了木星 4 颗近距离卫星的一个新运动模型，运动方程组采用数值积分法求解，运动参数根据 2008 年之前可用的所有地面观测数据进行了改进。该论文揭示了不同的解都能同样近似地与观测结果符合，因此选择了其中一个解。基于此建立了从 1954 年至 2034 年时间跨度内的卫星星历，星历是以卫星的直角行星中心坐标展开的形式，按切比雪夫多项式顺序排列。

利用基于所有可用的地基和天基观测数据的运动方程的数值积分来创建木星的伽利略卫星和近距离卫星的星历（Jacobson，2013）。这些卫星星历可以在互联网上访问 JPL 的太阳系数据服务（喷气推进实验室，NASA）得到，这项服务在文献（Giorgini et al.，

1997）中进行了描述。

埃梅利亚诺夫（Emelyanov，2015）介绍了两种星历表示方法，分别是 JPL 星历（Jacobson，2013）及阿夫久舍夫和班希科娃（Avdyushev，Banshikova，2008）提出的星历表示方法。上述星历表示方法有两种模型：进动椭圆（PE）和基于两个固定中心的广义问题解模型，广义问题解模型考虑到了周期性摄动因素，我们在前面将其命名为 RM（精细模型）。星历表（Avdyushev，Banshikova，2008）是根据切比雪夫多项式以卫星的行星直角坐标的级数展开形式呈现，这部分内容在文献（Emelyanov，2015）中记录。

使用这两种星历表，在 2014 年 8 月 1 日至 2016 年 1 月 1 日的时间段内，以 0.1 天为步长，编制了木星 4 颗近距离卫星的行星中心直角坐标星历表。JPL 星历表数据在 2014 年 4 月 3 日通过互联网获得，根据这些数据，通过微分细化的方法得到了两个模型各自的参数，地球赤道平面 α_0 和木星极点 δ_0 的坐标也包括在确定的参数中。这些坐标实际上确定了轨道平面以恒定斜率进动到行星赤道的轴，对于 4 颗卫星中的每一颗，需要单独确定 α_0 和 δ_0。与此同时，地球赤道被认为是静止的并且确定对应 J2000 历元时刻。

应该指出，在进动椭圆模型中实际上只考虑了长期摄动。在基于两个固定中心的广义问题解的模型中，也考虑了由行星引力展开的二次带谐项引起的一阶短周期摄动。JPL 和 TSU 模型也考虑了木星的非球形性、伽利略卫星和太阳引力的摄动。因此，模型和数值积分结果之间的差异是由于所考虑的摄动因素不同造成的。

因此，基于 JPL 和 TSU 这两个星历，使用两种运动模型确定了 4 颗卫星的 11 个参数：进动椭圆模型的 9 个参数 $\bar{a}$，$\bar{n}$，e，i，M_0，ω_0，$\dot{\omega}_0$，Ω_0，$\dot{\Omega}$ 以及参数 α_0 和 δ_0。在细化参数时，需要计算 $\bar{\sigma}$，σ 为模型坐标与根据星历计算的参考坐标的偏差的均方根值。模型和星历位置之间的偏差为星历每个时间点上的偏差，以 km 为单位。

$\bar{\sigma}$ 值表示解析模型与基于数值积分模型的匹配精度。表 3 - 4 给出了 4 颗卫星具体的数值，该表还列出了从 JPL 星历表中得到的进动椭圆模型的半长轴 a 的值。

表 3 - 4　JPL 星历表（Jacobson，2013）和 TSU 星历表（Avdyushev，Banshikova，2008）
在两个固定中心的广义问题解的两种近似模型下的比较：PE 是进动椭圆模型，RM 是精细模型

卫星	a/km	JPL		TSU	
		$\bar{\sigma}$(PE)/km	$\bar{\sigma}$(RM)/km	$\bar{\sigma}$(PE)/km	$\bar{\sigma}$(RM)/km
木卫十六	127 978.9	0.49	0.47	0.64	0.48
木卫十五	128 979.9	0.49	0.48	1.87	0.58
木卫五	181 365.5	2.82	2.71	2.89	2.73
木卫十四	221 888.2	12.98	12.55	12.98	12.62

表 3 - 4 给出的结果显示，解析模型与星历的不匹配度越大，轨道的半长轴越大。这个很容易解释：随着近距离卫星轨道半长轴的增加，运动发生在靠近伽利略卫星轨道的地方，导致其摄动效应在分析模型中没有考虑。由于摄动因素的不同所造成的不匹配占据主导作用，所以与渐进椭圆模型相比，在两个固定中心的广义问题解的模型中，$\bar{\sigma}$ 的值略小。这两种模型以几乎相同的精度描述了木星近距离卫星的运动。

为了评估模型在卫星地心角坐标系尺度上的不一致，在木星到地球的平均距离上，$1''$ 对应于 3 800 km。卫星轨道上 12 km 的失配对应于 $0.003''$ 的地心角坐标差，这样的差异至少比现有的木星近距离卫星的地面观测精度低 50 倍。

根据 JPL 和 TSU 星历确定的进动椭圆参数，可以在任何时候使用简单的开普勒运动公式来计算星历。为此，我们在表 3-5 和表 3-6 中给出了计算星历所需的有效位数，这些参数对于不同的模型和不同的参考星历来说是不同的，但是每一组参数都是自洽的。

从 JPL 星历表中获得的木星极点坐标 $\alpha_0 = 268.057°$ 和 $\delta_0 = 64.497°$，而根据 TSU 星历，木星极点坐标为：$\alpha_0 = 268.049°$，$\delta_0 = 64.489°$。埃梅利亚诺夫（Emelyanov，2015）的研究表明，对于木卫十六和木卫十五，平近点角具有随时间变化的振动特征。木卫十四平近点角的变化具有循环性。对于木卫五，偏心率和平近点角的变化几乎与运动方程的分离解一致。

3.13.3　考虑卫星间相互引力作用的大行星主要卫星的特殊解析理论

在众所周知的卫星解析理论中，主要卫星的相互吸引是通过摄动理论的特殊方法来考虑的。在不深入讨论这些方法细节的情况下，我们简要描述已经完成的工作。

表 3-5　从 JPL 星历（Jacobson，2013）和 TSU 星历（Avdyushev，Banshikova，2008）获得的木卫十六和木卫十五的进动椭圆参数。轨道元素的初始历元（TT 标度）为 2014 年 8 月 1 日 0 时（MJD=56870.0）

参数	JPL	TSU	JPL	TSU
	木卫十六		木卫十五	
$\bar{a}$ /km	127 978.860	127 978.870	128 979.903	128 979.840
e	0.000 504 857	0.001 274 382	0.000 180 935	0.005 415 531
i /rad	0.000 213 446	0.000 348 744	0.000 225 599	0.007 701 531
M_0 /rad	3.813 296 566	0.527 952 271	2.545 515 933	1.724 761 655
ω_0 /rad	0.169 346 010	0.312 420 298	3.034 354 065	2.395 080 996
Ω_0 /rad	5.753 821 299	2.603 426 115	5.712 371 588	0.919 577 232
$\bar{n}$ /(rad/d)	21.164 087 429	21.164 083 095	20.919 404 709	20.919 415 107
$\dot{\omega}$ /(rad/d)	0.300 596 369	0.300 600 575	0.292 385 013	0.292 382 363
$\dot{\Omega}$ /(rad/d)	−0.149 768 271	−0.149 770 172	−0.145 6852 19	−0.145 690 358

对于木星的伽利略卫星，英国研究员桑普森在 1921 年提出了一种构建卫星运动分析理论的启发式方法（Sampson，1921）。假定坐标系为圆柱形，主平面是木星的赤道平面。以多项式和三角函数的泊松级数的形式得到 4 个伽利略卫星的运动微分方程的解。应用小参数幂级数展开法，轨道的小偏心率和倾角保证其为小量。随后，利斯克（Lieske，1977）使用计算机代数方法发展了这一理论，该理论的公式包含 49 个自由参数，这些参数是从当时所有可用的观测结果中提炼出来的。在书（Arlot，1982）中，该理论的参数根据之前的所有观测结果和新的观测结果进行了修订。

表 3 - 6　从 JPL 星历表（Jacobson, 2013）和 TSU 星历表（Avdyushev, Banshikova, 2008）获得的木星近距离卫星木卫五和木卫十四的进动椭圆参数。轨道元素的初始历元（TT 标度）为 2014 年 8 月 1 日 0 时（MJD＝56870.0）

参数	JPL	TSU	JPL	TSU
	木卫五		木卫十四	
$\bar{a}$ /km	181 365.552	181 365.561	221 888.173	221 888.157
e	0.003 426 003	0.004 079 207	0.017 531 954	0.016 117 934
i /rad	0.006 565 694	0.005 659 253	0.018 706 263	0.019 443 802
M_0 /rad	3.839 867 712	4.038 848 183	1.526 572 934	1.603 754 238
ω_0 /rad	4.598 920 930	4.476 760 700	4.294 075 517	4.238 345 375
Ω_0 /rad	4.630 652 745	4.556 545 020	4.125 853 541	4.115 550 534
$\bar{n}$ /(rad/d)	12.568 437 183	12.568 436 283	9.293 210 969	9.293 215 547
$\dot{\omega}$ /(rad/d)	0.087 582 088	0.087 583 381	0.043 193 094	0.043 188 124
$\dot{\Omega}$ /(rad/d)	−0.043 716 407	−0.043 716 439	−0.021 577 028	−0.021 574 888

对于土星的主要卫星，结合许多小参数的幂次展开，利用小扰动理论方法构建解析理论（Harper，Taylor，1993）。文献（Vienne，Duriez，1995）中构建的土星主要卫星的运动模型值得特别关注。其中，代表卫星中间轨道根数摄动的三角级数的主要频率是通过解析理论的方法得到的，用运动方程数值积分方法建立的运动模型对幅值进行了修正，该理论被称为"综合理论"。

对于天王星的主要卫星，采用长期拉格朗日-拉普拉斯摄动法构建解析理论。该方法在参考文献（Duboshin，1975；Subbotin，1968）中有所描述，卫星运动理论在参考文献（Laskar，Jacobson，1987）中给出。

3.14　行星和卫星的粘弹性体潮汐对卫星轨道运动的影响

3.14.1　关于潮汐的影响

在过去的几年里，行星和卫星的粘弹性体潮汐对卫星轨道运动的影响已经成为一个热点问题。对木星、土星、天王星和海王星等行星主要卫星的观测精度已大大提高。此外，随着时间的推移，观测的时间区间也自然变得更长。这些因素促使人们试图通过观测来确定定义潮汐摩擦力的行星和卫星的物理参数。潮汐隆起在天体内部移动，产生了一个作用于卫星的扭矩。卫星运动取决于潮汐的变形参数。因此，可以求解逆向问题：从卫星运动的观测中确定这些参数。力与 $\dfrac{k_2}{Q}$ 成正比，其中 k_2 是勒夫数，表征物体的可变形性，Q 是表征物体内部粘性的品质系数。从运动方程可以看出，根据观测不能获得 k_2 和 Q 的独立值，而只能获得它们的比值 $\dfrac{k_2}{Q}$。

莱妮等人（Lainey et al.，2009a）利用当时对木星伽利略卫星所有可用的天文学观测结果，确定了木星及其卫星木卫一的 $\dfrac{k_2}{Q}$，木星的 $\dfrac{k_2}{Q} = (1.102 \pm 0.203) \times 10^{-5}$，木卫一的 $\dfrac{k_2}{Q} = 0.015 \pm 0.003$。

采用相同方法，莱妮等人（Lainey et al.，2012）利用天体测量观测，获得了土星潮汐耗散率的新值，结果比理论数值大 10 倍，潮汐耗散率的值是 $\dfrac{k_2}{Q} = (2.3 \pm 0.7) \times 10^{-4}$。

此外，获得的由卫星本体潮汐引起的土卫一长期加速度值出乎意料的高。

根据观测确定参数时，通常的做法是对直角坐标系中的运动方程进行数值积分，因此，有必要对潮汐力引起的摄动加速度进行描述。早期的研究人员已经推导出了它的方程（参见下面的参考资料）。

由潮汐力引起的卫星轨道演化通过两个关键参数的变化来研究：半长轴 a 和偏心率 e。正是这两个参数的变化决定了卫星是坠落到行星上还是远离行星。为此，在许多论文中已经推导出了这些根数的微分方程，忽略小的短周期摄动，通常得到两个方程，一般形式如下

$$\frac{\mathrm{d}a}{\mathrm{d}t} = \frac{k_2}{Q} A_a(a,e)$$

$$\frac{\mathrm{d}e}{\mathrm{d}t} = \frac{k_2}{Q} A_e(a,e)$$

这种独立的方程组既考虑了行星上的潮汐问题，也考虑了卫星上的潮汐问题，这两个问题给出了不同的方程，但有可能在一个方程系统中同时考虑到了这两种影响因素。

对于该问题，在早期的论文中已经发表了开普勒根数的微分方程，可以在莱妮等人（Lainey et al.，2012）的文献中找到，在行星体潮汐的情况下，公式参考考拉的论文（Kaula，1964）；在卫星体潮汐的情况下，公式参考皮尔和卡桑的论文（Peale, Cassen, 1978）。引用的论文中，轨道根数方程是从直角坐标方程中分别导出的，使用方程右侧的表达式作为 a 和 e 的函数。

为了改进方法，并且说明从观测中确定潮汐摩擦参数的可能性以及研究轨道演化的可能性，将方程的坐标解与开普勒根数解进行比较非常有意思。这是埃梅利亚诺夫（Emelyanov，2018）设定的目标。该书中，新推导出了微分方程，这些方程描述了由于行星和卫星的粘弹性体的潮汐引起的半长轴和卫星轨道的偏心率的变化。我们在这里直接引用埃梅利亚诺夫（Emelyanov，2018）著作中得到的结论。

3.14.2 直角坐标系中的方程

下面讨论早期发表的行星中心直角坐标下的卫星运动微分方程。米尼亚尔（Mignard，1979）研究了地球内部粘弹性体潮汐对月球运动的影响，提出了解决问题的方程。我们引用这篇论文中的公式（5）。后来该理论在文献（Mignard，1980）中得到进一步发展。

随后，莱妮等人（Lainey et al.，2007）得到了火星潮汐对火卫一运动影响问题的解。莱妮使用了米尼亚尔著作（Mignard，1980）中的直角坐标中的卫星运动方程，莱妮等人

（Lainey et al.，2007）的公式参考了文献［3］。

　　莱妮等人（Lainey et al.，2009a）将由行星体中的潮汐引起的摄动加速度公式延伸到粘弹性卫星体中的潮汐影响其轨道运动的情况。然而，这些公式并没有详细的推导过程。它们只是在论文的补充信息部分被给出［参见 Lainey et al.，2009b，公式（1）和（2）］。这些公式对行星上的潮汐和卫星上的潮汐都有一个通用的形式，后来同样的公式也出现在莱妮等人的著作［Lainey et al.，2012，公式（1）和（2）］中。

　　我们使用莱妮等人的著作（Lainey et al.，2009b；2012）中给出的行星卫星运动方程的通用形式。然而，我们进行了一些简化，只留下对后续分析重要的项。首先，我们只保留作为质点的行星引力的主要项和描述潮汐效应的项。其次，与行星的质量相比，我们忽略了卫星的质量。这个假设是很合理的，因为与行星的质量相比，卫星的质量确实很小。对于公式中的数值，我们将使用与前面提到的论文中不同的符号。正如在这些文章中，我们在卫星的直角坐标系中所写的运动方程参考了行星中心参考系。为方便起见，我们将方程用于两个独立的问题：卫星运动受行星粘弹性体潮汐影响和卫星运动受卫星本身粘弹性体潮汐影响。我们使用以下符号：

　　R ——行星的半径；

　　R_s ——卫星的半径；

　　G_M ——行星的引力参数；

　　G_s ——卫星的引力参数；

　　a ——卫星轨道的半长轴；

　　n ——卫星的平均运动；

　　k_2 ——行星的勒夫数（无量纲）；

　　$k_2^{(s)}$ ——卫星的勒夫数（无量纲）；

　　Δt_p ——行星内潮汐隆起的时滞；

　　Δt_s ——卫星内潮汐隆起的时滞；

　　Q_p ——行星的品质因子；

　　Q_s ——卫星的品质因子。

　　Ω ——行星的旋转速度矢量，

　　Ω_s ——卫星的旋转速度矢量。

　　假定 Δt_p 和 Δt_s 为正，卫星的位置和速度由向量 r 和 v 给出。

　　参照莱妮等人著作（Lainey et al.，2009b；2012）中的通用公式（1）和（2），在上述假设和采用的符号下，将卫星运动的微分方程写成以下形式。

　　对于行星的潮汐

$$\frac{\mathrm{d}^2 r}{\mathrm{d}t^2} = -\frac{G_M}{r^3}r - \frac{3k_2 G_s R^5}{r^8}\Delta t_p\left[\frac{2r(rv)}{r^2} + [r\Omega] + v\right] \tag{3-96}$$

　　对于卫星的潮汐

$$\frac{\mathrm{d}^2 r}{\mathrm{d}t^2} = -\frac{G_M}{r^3}r - \frac{3k_2^{(s)}G_M R_s^5}{r^8}\frac{G_M}{G_s}\Delta t_s\left[\frac{2r(rv)}{r^2} + [r\Omega_s] + v\right] \tag{3-97}$$

式中，$[r\Omega]$ 和 $[r\Omega_s]$ 是向量叉乘；(rv) 是向量点乘。

为了简化分析，我们引入一些新的符号，并对方程进行稍加变换。引入一个任意值 $\bar{a}$，其大小等于卫星半长轴的平均值，开普勒根数之间的关系为

$$n^2 a^3 = G_M$$

引入了无量纲常数 K_p 和 K_s，定义如下

$$K_p = \frac{3R^5}{\bar{a}^5} \frac{G_s}{G_M} \tag{3-98}$$

$$K_s = \frac{3R_s^5 G_M}{\bar{a}^5 G_s} \tag{3-99}$$

粘弹性体潮汐对卫星轨道运动的影响是由星体的变形和潮汐波的时滞性决定的。对于行星和卫星，影响分别由下列系数表征

$$K_2^{(p)} = k_2 \Delta t_p \tag{3-100}$$

$$K_2^{(s)} = k_2^{(s)} \Delta t_s \tag{3-101}$$

使用新的符号，方程将变成如下形式。

对于行星产生的潮汐

$$\frac{\mathrm{d}^2 \boldsymbol{r}}{\mathrm{d}t^2} = -\frac{G_M}{r^3}\boldsymbol{r} - K_2^{(p)} K_p \frac{\bar{a}^5 a^3}{r^8} n^2 \left[\frac{2\boldsymbol{r}(\boldsymbol{rv})}{r^2} + [\boldsymbol{r\Omega}] + \boldsymbol{v} \right] \tag{3-102}$$

对于卫星产生的潮汐

$$\frac{\mathrm{d}^2 \boldsymbol{r}}{\mathrm{d}t^2} = -\frac{G_M}{r^3}\boldsymbol{r} - K_2^{(s)} K_s \frac{\bar{a}^5 a^3}{r^8} n^2 \left[\frac{2\boldsymbol{r}(\boldsymbol{rv})}{r^2} + [\boldsymbol{r\Omega}_s] + \boldsymbol{v} \right] \tag{3-103}$$

上面提到的论文解释了潮汐隆起的时间滞后和粘度参数之间的关系。根据这些解释，有

$$\Delta t_p = \frac{1}{2Q_p(|\boldsymbol{\Omega}| - n)}, \quad \Delta t_s = \frac{1}{Q_s n} \tag{3-104}$$

假设行星的自转速度比卫星沿其轨道的移动速度快，在这种情况下，$\Delta t_p > 0$。

莱妮等人（Lainey et al.，2012）指出，时间滞后 Δt_p 和 Δt_s 取决于所谓的潮汐频率，即潮汐波在星体表面运行的速度，有两种可能的形式。第一种形式，假设在一个无限的时间区间内，Δt_p 和 Δt_s 保持不变。第二种形式，系数 k_2/Q_p 和 $k_2^{(s)}/Q_s$ 被假定为常数。然而，考虑到中等时间区间的轨道演变，所有这些量都可以被认为是不变的。

在进一步的分析计算中，我们不固定系数 $K_2^{(p)}$ 和 $K_2^{(s)}$ 对潮汐波速度的依赖性。

请注意，某些论文使用参数 $\arctan Q$ 或 $\arcsin Q$ 代替品质因数 Q。然而，这种参数变化在本研究中并不会有实质性的影响。

3.14.3　求解直角坐标方程

在足够长的时间区间内求解上面得到的方程，可以给出由行星和卫星的粘弹性体上的潮汐引起的卫星轨道参数的演化情况，这正是研究人员对这个问题感兴趣的地方。我们尝试获得所寻求的卫星运动的特性，由于在这种情况下不可能有精确的解析解，必须使用数值积分的方法。

对公式（3-102）和公式（3-103）在足够长的时间区间内进行数值积分，得到一系列具有恒定步长的卫星的行星中心坐标系的位置和速度。对于每个时刻，计算吻切开普勒根数，计算时系数 $k_2^{(p)}$，$k_2^{(s)}$ 按照常值的特殊情况处理。对我们来说，这些根数随时间的变化比较有趣，特别是半长轴 a 和偏心率 e 的变化。

木星、土星、天王星和海王星的主要卫星的轨道相对其行星赤道平面有很小的倾角。我们考虑一个比较接近真实的假设，当卫星在不变的平面内运动时，行星和卫星的旋转轴都垂直于这个平面，那么矢量 $[r\Omega]$ 和 $[r\Omega_s]$ 位于运动平面内。因此，所有的作用力都在同一个平面内，卫星的运动也发生在同一个平面内。这就是为什么在求解公式（3-102）和公式（3-103）时，我们可以只对二维运动进行建模。

在进行计算时，需要决定如何选择卫星自转角速度 Ω_s 的值，这个问题还没有完全明确的答案。在这项研究中，我们不研究卫星自转，接受这样或那样的假设。事实上，有两种选择是可能的。在第一个假设中，我们假设由行星对卫星潮汐波的影响，它们不断保持同步自转，其角速度等于平均轨道运动。从下面描述的研究中可以看出，在所考虑的问题中默认接受了这样的假设。第二个假设是卫星自转的角速度在轨道运动的演变过程中不会保持恒定，并且随着时间的推移可能与平均运动不同。如下所示，采用第二个假设的结果与该问题的研究结果相矛盾。在计算中，我们接受了卫星恒定同步自转的第一个假设。

物理参数取接近天王星卫星的参数，采用以下常数作为行星参数

$$G_M = 5\ 793\ 939.3\ \text{km}^3/\text{s}^2$$

$$\Omega = 501.160\ 092\ 8\ (°)/\text{d}$$

方程中的系数取如下值

$$K_p = 0.1 \times 10^{-6}$$

$$K_s = 10.0 \times 10^{-6}$$

这些值与天王星及其卫星粘度参数的真实值并不符合。然而，这些系数的夸大值使我们能够明白解的特殊性。

求解运动微分方程的初始条件分为两组

$$a = 190\ 940.453\ \text{km}$$

$$a = 114\ 820.064\ \text{km}$$

两种情况下的初始偏心率均为 0.002。第一组轨道参数与天王星的卫星天卫一的轨道参数非常接近。考虑第二组是因为它显示了轨道演化的一些特殊性（见下文）。在进行数值积分时，假定卫星的起点在其轨道的近心点。

为了解吻切根数短周期变化的特征和幅度，首先以 0.01 天为步长，计算了 8 天的半长轴和偏心率的值。图 3-9 和图 3-10 所示为在第二组初始条件下，由行星内部的潮汐摩擦引起的 8 天时间内卫星半长轴和偏心率的变化。由于强烈的长期摄动，不可能在图中看到半长轴的短周期振荡。然而，偏心率确实表现出周期等于其轨道周期的振荡。这些图表明，吻切根数 a 和 e 的短周期变化非常小，无法表征卫星轨道的潮汐演化。以同样的方式，我们在考虑的所有其他情况下，都得到了根数的短周期振荡振幅较小的结论。

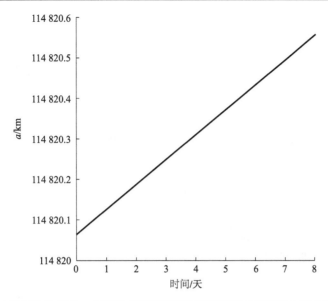

图 3 - 9　在第二组初始条件下，由行星内部的潮汐摩擦引起的 8 天时间内的卫星半长轴的变化

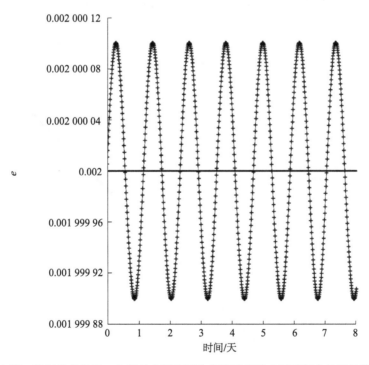

图 3 - 10　在第二组初始条件下，由行星内部的潮汐摩擦引起的 8 天时间内的卫星偏心率的变化

在研究轨道演化时，在 80 200.0 天的时间内进行积分，即大约 220 年。图 3 - 11～图 3 - 14 所示为两组初始条件下行星内部的潮汐摩擦引起的卫星轨道半长轴和偏心率的变化。

需要注意的是，对于第二组初始条件，潮汐对行星体的摄动导致偏心率在开始几乎是恒定的，但随着半长轴的增长，偏心率增加。这里专门选取了半长轴的初始值，以说明这种情况下解的特殊性，下面解释获取这个初始值的方式。

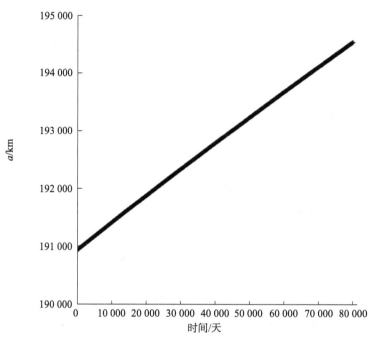

图 3 - 11　在第一组初始条件下，80 200 天（220 年）时间内，由行星内部的潮汐摩擦引起的
卫星半长轴的变化

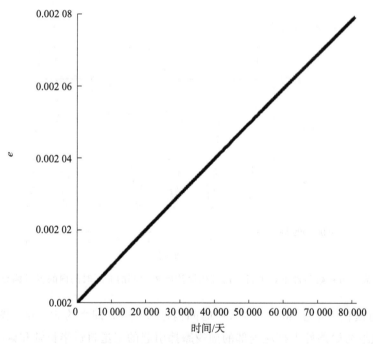

图 3 - 12　在第一组初始条件下，80 200 天（220 年）时间内，由行星内部的潮汐摩擦引起的
卫星偏心率的变化

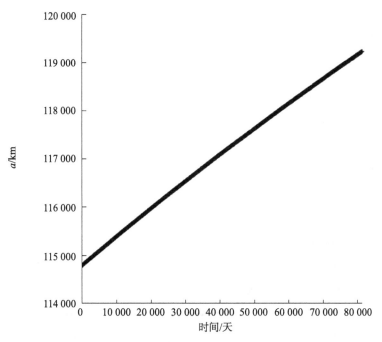

图 3 - 13　在第二组初始条件下，80 200 天（220 年）时间内，由行星内部的潮汐摩擦引起的
卫星半长轴的变化

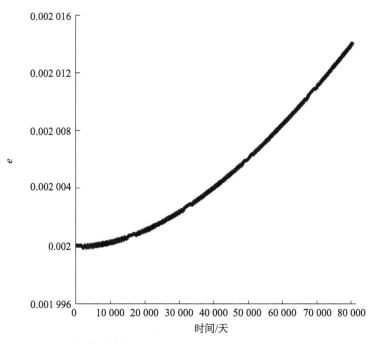

图 3 - 14　在第二组初始条件下，80 200 天（220 年）时间内，由行星内部的潮汐摩擦引起的
卫星偏心率的变化

　　图 3-15～图 3-18 显示了在两组初始条件下，由卫星的潮汐摩擦引起的卫星轨道半长轴和偏心率的变化。

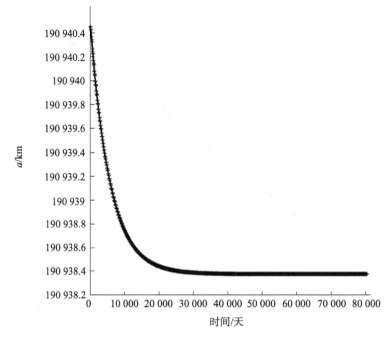

图 3-15　在第一组初始条件下，80 200 天（220 年）时间内，卫星内部的潮汐摩擦引起的
卫星半长轴的变化

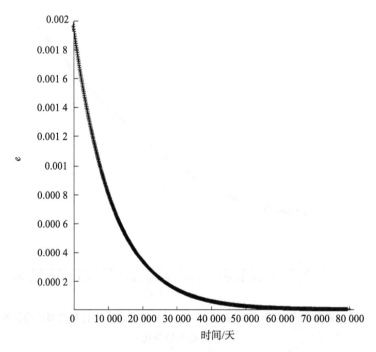

图 3-16　在第一组初始条件下，80 200 天（220 年）时间内，卫星内部的潮汐摩擦引起的
卫星偏心率的变化

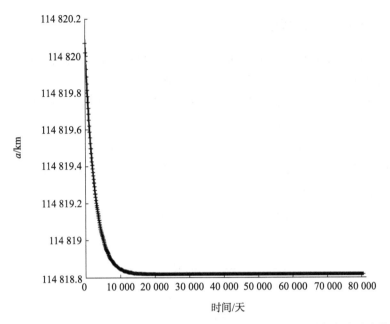

图 3-17　在第二组初始条件下，80 200 天（220 年）时间内，卫星内部的潮汐摩擦引起的
卫星半长轴的变化

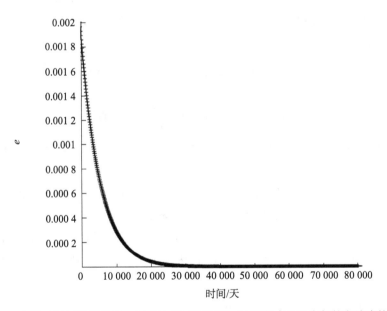

图 3-18　在第二组初始条件下，80 200 天（220 年）时间内，卫星内部的潮汐摩擦引起的
卫星偏心率的变化

有必要指出的是，图中半长轴和偏心率的变化完全反映了由于行星和卫星的粘弹性体中的潮汐影响而导致的轨道实际演变。计算结果的可靠性取决于前面提到的文献中卫星直角坐标系下运动方程的可靠性。

3.14.4　转换为开普勒根数微分方程

在研究大时间跨度的行星卫星运动时，最有趣的是观察半长轴 a 和偏心率 e 的变化。正是这些参数描述了卫星的命运，由于机械能的潮汐耗散，a 和 e 的变化可以使得卫星坠落到行星上或远离行星。这就是为什么许多文章中研究半长轴和偏心率的轨道演化微分方程，我们也尝试构建和求解这样的方程。

因为在这个问题中，不失一般性的情况下，可以只考虑平面运动，不涉及升交点赤经和倾角。明显的是，近心点经度和历元平近点角并不能决定卫星的轨道演化。正是由于这些原因，仅构造半长轴 a 和偏心率 e 的方程。

为了推导出所求方程，我们使用从文献（Subbotin，1968）中得到的用 a 和 e 描述的方程，如下

$$\frac{\mathrm{d}a}{\mathrm{d}t} = \frac{2}{n\sqrt{1-e^2}}\left[e\sin f R + \frac{a(1-e^2)}{r}T\right] \tag{3-105}$$

$$\frac{\mathrm{d}e}{\mathrm{d}t} = \frac{\sqrt{1-e^2}}{na}\left[\sin f R + (\cos f + \cos E)T\right] \tag{3-106}$$

式中，f 是真近点角；E 是偏近点角；R 是摄动加速度的径向分量；T 是切向分量。摄动加速度由式（3-102）和式（3-103）右侧的分量给出。所求方程可以针对行星上的潮汐和卫星上的潮汐分别推导出来。我们首先考虑第一个问题，从方程式（3-102）可以得到摄动加速度分量的表达式如下

$$R^{(p)} = -K_p K_2^{(p)}\,\frac{\bar{a}^5 a^3}{r^8}\cdot n^2\left[\frac{2\boldsymbol{r}(\boldsymbol{rv})}{r^2} + [\boldsymbol{r\Omega}] + \boldsymbol{v}\right]_R^{(p)} \tag{3-107}$$

$$T^{(p)} = -K_p K_2^{(p)}\,\frac{\bar{a}^5 a^3}{r^8}\cdot n^2\left[\frac{2\boldsymbol{r}(\boldsymbol{rv})}{r^2} + [\boldsymbol{r\Omega}] + \boldsymbol{v}\right]_T^{(p)} \tag{3-108}$$

上标 (p) 表示该表达式用于求解行星的潮汐问题。此处和后文中，下标 R 和 T 表示矢量的相应分量。

很明显，方括号中的第一项只有径向分量，第二项只有切向分量，第三项两者都有。我们假设卫星的轨道平面垂直于行星的角旋转矢量 $\boldsymbol{\Omega}$。因此矢量 $[\boldsymbol{r\Omega}]$ 位于轨道平面内，它垂直于矢量 $\boldsymbol{r}$ 并指向与卫星运动方向相反的方向。为了获得径向分量，我们使用以下事实：对于任意矢量 $\boldsymbol{V}$，其径向分量可以从表达式 $(\boldsymbol{Vr})/r$ 中得到。根据开普勒运动的公式，有

$$r = \frac{a(1-e^2)}{1+e\cos f}, \quad V_R = \frac{na}{\sqrt{1-e^2}}e\sin f, \quad V_T = \frac{na}{\sqrt{1-e^2}}(1+e\sin f)$$

$$(\boldsymbol{rv}) = \frac{nae}{\sqrt{1-e^2}}r\sin f$$

根据上述关系，可以得到

$$\left[\frac{2\boldsymbol{r}(\boldsymbol{rv})}{r^2} + [\boldsymbol{r\Omega}] + \boldsymbol{v}\right]_R^{(p)} = 3\frac{nae}{\sqrt{1-e^2}}\sin f \tag{3-109}$$

$$\left[\frac{2\boldsymbol{r}(\boldsymbol{r}\boldsymbol{v})}{r^2}+[\boldsymbol{r}\boldsymbol{\Omega}]+\boldsymbol{v}\right]_T^{(p)}=\frac{na}{\sqrt{1-e^2}}(1+e\cos f)-\frac{a(1-e^2)}{1+e\cos f}|\boldsymbol{\Omega}|\qquad(3-110)$$

将公式（3-109）和公式（3-110）代入公式（3-107）和公式（3-108），然后将结果代入公式（3-105）和公式（3-106），得到

$$\begin{aligned}\frac{\mathrm{d}a}{\mathrm{d}t}=K_pK_2\,\frac{\bar{a}^5}{a^5}na\,\frac{2\sqrt{1-e^2}}{(1-e^2)^8}(1+e\cos f)^8\times\\\left[\,|\boldsymbol{\Omega}|-\frac{n}{(1-e^2)^{\frac{3}{2}}}(1+2e\cos f)+3e^2-2e^2\cos^2f)\right]\end{aligned}\qquad(3-111)$$

$$\begin{aligned}\frac{\mathrm{d}e}{\mathrm{d}t}=K_pK_2^{(p)}\,\frac{\bar{a}^5}{a^5}n\,\frac{\sqrt{1-e^2}}{(1-e^2)^8}(1+e\cos f)^8\times\Big\{\,|\boldsymbol{\Omega}|\,\frac{1-e^2}{1+e\cos f}(\cos f+\cos E)-\\\frac{n}{\sqrt{1-e^2}}\big[3e\sin^2f+(\cos f+\cos E)(1+e\cos f)\big]\Big\}\end{aligned}$$

$$(3-112)$$

得到的方程与直角坐标系中的初始方程式（3-102）和式（3-103）完全对应。这些方程要与近心点 ω 和平近点角 M 的参数方程一起求解。这些解与直角坐标方程的解完全对应，因为轨道根数、位置和速度矢量仍然通过开普勒运动的公式相互关联。

如上所述，当求解坐标方程时，从位置和速度到开普勒根数的变换，半长轴和偏心率的变化看起来像单调演化函数，并叠加有短周期的振荡。这些振荡很小，因此在分析卫星的轨道演化时，可以忽略不计。

对方程（3-111）和方程（3-112）的右侧随时间求平均，这些方程的解揭示了不受短周期摄动影响的根数的演化。可以通过将方程（3-102）和方程（3-103）的坐标形式解与平均方程根数解进行比较来检验这个假设。方程平均解的坐标形式与平均方程根数解的同一性，使我们能够仅使用 a 和 e 的方程来研究由行星和卫星的潮汐摩擦引起的卫星长期轨道演化。

为了进行检验，首先需要导出根数 a 和 e 的平均方程，然后通过数值积分求解。我们推导出了这样的方程并得到了它们的解，接下来，对这两种解进行比较。

当对公式（3-111）和公式（3-112）进行平均化时，必须将偏心率进行展开，忽略包含偏心率平方的项。这种简化是可以接受的，因为问题的解适用于那些轨道偏心率很小的大行星的主要卫星。我们的模型轨道也有小的偏心率。

现在我们开始推导上述过程。

下面公式中，符号上的横线代表平均值。在平均化的过程中，使用了以下关系

$$\overline{\cos f}=-e,\quad\overline{\cos E}=-\frac{e}{2},\quad\overline{\cos^2f}=\frac{1}{2}+O(e^2),\quad\overline{\cos f\cos E}=\frac{1}{2}+O(e^2)$$

其中，$O(e^2)$ 是 e 的幂次方展开项，具有二阶小量。此外，还使用了展开式

$$(1+e\cos f)^k=1+ke\cos f+O(e^2)$$

其中，k 是任意整数。仅使用了该展开式的前两项。

在推导的中间过程中，得到了如下方程

$$\frac{\mathrm{d}a}{\mathrm{d}t} = 2K_p \frac{\bar{a}^5}{a^5} na \times (1 + 8e\cos f)[|\boldsymbol{\Omega}| - n(1 + 2e\cos f + 3e^2 - 2e^2\cos^2 f)]$$

$$(3-113)$$

$$\frac{\mathrm{d}e}{\mathrm{d}t} = K_p \frac{\bar{a}^5}{a^5} n \left\{ |\boldsymbol{\Omega}| (1 + 7e\cos f)(\cos f + \cos E) - \right.$$

$$\left. \frac{n}{\sqrt{1-e^2}} [3e\sin^2 f(1 + 8e\cos f) + (\cos f + \cos E)(1 + 9e\cos f)] \right\}$$

$$(3-114)$$

在平均化后，最终得到

$$\frac{\mathrm{d}a}{\mathrm{d}t} = 2K_p K_2^{(p)} \frac{\bar{a}^5}{a^5} na (|\boldsymbol{\Omega}| - n) \qquad (3-115)$$

$$\frac{\mathrm{d}e}{\mathrm{d}t} = K_p K_2^{(p)} \frac{1}{2} \frac{\bar{a}^5}{a^5} (11|\boldsymbol{\Omega}| - 18n)ne \qquad (3-116)$$

那么，在潮汐对卫星粘弹性体摄动作用下得到了哪些方程？从方程式（3-103）中得到的加速度的径向和切向分量具有以下形式

$$R^{(s)} = -K_s K_2^{(s)} \frac{\bar{a}^5 a^3}{r^8} n^2 \left[\frac{2\boldsymbol{r}(\boldsymbol{r}\boldsymbol{v})}{r^2} + [\boldsymbol{r}\boldsymbol{\Omega}_s] + \boldsymbol{v} \right]_R^{(s)} \qquad (3-117)$$

$$T^{(s)} = -K_s k_2^{(s)} \frac{\bar{a}^5 a^3}{r^8} n^2 \left[\frac{2\boldsymbol{r}(\boldsymbol{r}\boldsymbol{v})}{r^2} + [\boldsymbol{r}\boldsymbol{\Omega}_s] + \boldsymbol{v} \right]_T^{(s)} \qquad (3-118)$$

式中，上标 (s) 表示该表达式用于解决卫星上的潮汐问题。如前所述，下标 R 和 T 表示向量的两个分量。

假设卫星的角旋转速率 $\boldsymbol{\Omega}_s$ 垂直于轨道平面，可以得到

$$\left[\frac{2\boldsymbol{r}(\boldsymbol{r}\boldsymbol{v})}{r^2} + [\boldsymbol{r}\boldsymbol{\Omega}_s] + \boldsymbol{v} \right]_R^{(s)} = 3 \frac{nae}{\sqrt{1-e^2}} \sin f \qquad (3-119)$$

$$\left[\frac{2\boldsymbol{r}(\boldsymbol{r}\boldsymbol{v})}{r^2} + [\boldsymbol{r}\boldsymbol{\Omega}_s] + \boldsymbol{v} \right]_T^{(s)} = \frac{nae}{\sqrt{1-e^2}}(1+\cos f) - \frac{a(1-e^2)}{1+e\cos f} |\boldsymbol{\Omega}_s| \qquad (3-120)$$

由于利用了卫星处于恒定同步自转状态这一假设，我们假设 $|\boldsymbol{\Omega}_s| = n$。考虑到这一点，将式（3-119）和式（3-120）代入式（3-117）和式（3-118），然后将得到的结果代入式（3-105）和式（3-106），得到

$$\frac{\mathrm{d}a}{\mathrm{d}t} = -K_s K_2^{(s)} \frac{\bar{a}^5 a^3}{r^8} \cdot \frac{2n^2 a}{1-e^2} \times [3e^2\sin^2 f + (1+e\cos f)^2 - (1-e^2)^{\frac{3}{2}}] \quad (3-121)$$

$$\frac{\mathrm{d}e}{\mathrm{d}t} = -K_s K_2^{(s)} \frac{\bar{a}^5 a^3}{r^8} n^2 \times \left\{ 3e^2\sin^2 f + (\cos f + \cos E) \left[1 + e\cos f - \frac{(1-e^2)^{\frac{3}{2}}}{1+e\cos f} \right] \right\}$$

$$(3-122)$$

根据前面所说的，对这些方程的右侧进行简化，以偏心率的幂级数进行展开，只保留主要的展开项，并对它们进行时间平均化。在这个过程的中间阶段，在以偏心率的幂级数展开后，得到以下方程

$$\frac{\mathrm{d}a}{\mathrm{d}t} = -K_s K_2^{(s)} \frac{\bar{a}^5}{a^5} 2n^2 a (1 + 8e\cos f) \left(\frac{9}{2}e^2 - 2e^2\cos^2 f + 2e\cos f\right) \quad (3-123)$$

$$\frac{\mathrm{d}e}{\mathrm{d}t} = -K_s K_2^{(s)} \frac{\bar{a}^5}{a^5} n^2 e (3\sin^2 f + 2\cos f(\cos f + \cos E)] \quad (3-124)$$

进行时间的平均化，可以得到最终的结果

$$\frac{\mathrm{d}a}{\mathrm{d}t} = -19 K_s K_2^{(s)} \frac{\bar{a}^5}{a^5} n^2 a e^2 \quad (3-125)$$

$$\frac{\mathrm{d}e}{\mathrm{d}t} = -\frac{7}{2} K_s K_2^{(s)} \frac{\bar{a}^5}{a^5} n^2 e \quad (3-126)$$

这些方程描述了由于卫星本身粘弹性体中的潮汐摩擦导致卫星轨道运动的机械能耗散而引起 a 和 e 的变化。上面推导和引用的式（3-115）和式（3-116）描述了由行星粘弹性体中的潮汐摩擦引起元素 a 和 e 的变化。

注意这 4 个方程是在任意的 $K_2^{(p)}$ 和 $K_2^{(s)}$ 对平均运动 n 的依赖下推导出来的，也即，对于潮汐时滞的任意频率依赖。假设公式（3-104）是有效的，将这些方程还原成它们在出版物中出现的形式，因此可以得到

$$\frac{\mathrm{d}a}{\mathrm{d}t} = K_p \frac{k_2}{Q_p} \frac{\bar{a}^5}{a^5} na \quad (3-127)$$

$$\frac{\mathrm{d}e}{\mathrm{d}t} = \frac{1}{4} K_p \frac{k_2}{Q_p} \frac{\bar{a}^5}{a^5} \cdot \frac{11|\boldsymbol{\Omega}| - 18n}{|\boldsymbol{\Omega}| - n} ne \quad (3-128)$$

$$\frac{\mathrm{d}a}{\mathrm{d}t} = -19 K_s \frac{k_2^{(s)}}{Q_s} \frac{\bar{a}^5}{a^5} nae^2 \quad (3-129)$$

$$\frac{\mathrm{d}e}{\mathrm{d}t} = -\frac{7}{2} K_s \frac{k_2^{(s)}}{Q_s} \frac{\bar{a}^5}{a^5} ne \quad (3-130)$$

现在我们应该将前面得到的直角坐标方程的解与第一个问题得到的式（3-115）和式（3-116）以及第二个问题得到的式（3-125）和式（3-126）进行比较。

我们同样假设系数 $K_2^{(p)}$ 和 $K_2^{(s)}$ 是常数，并且在求解直角坐标中的微分方程时设定了相同的初始条件，对后面的方程进行数值积分。这些解同样展示在图 3-11~图 3-14 和图 3-15~图 3-18 中，对应于两个问题，解的线条完全重合，从而证明了两个解完全相同（至少在线条的厚度范围内）。更精确的数值分析证明，轨道根数方程的解完全等于从坐标形式方程的解中得到的根数，该坐标形式的方程被平均化以消除短周期振荡的影响。

这一结果证明了我们的假设，即根数的公式（3-115）、公式（3-116）、公式（3-125）和公式（3-126）的解可靠地描述了两个问题中卫星的轨道演化。

注意，对于第二组初始条件，选择半长轴来满足下列条件

$$n = \frac{11}{18} |\boldsymbol{\Omega}|$$

在这种情况下，在初始时刻，公式（3-116）的右边等于 0。图 3-12 显示，在时间区间的开始阶段，偏心率的平均值几乎没有变化。正是这个函数的这种特性使我们能够在图 3-10 中看到短周期振荡现象。

关于卫星恒定同步旋转的假设可能受到质疑，因此需要对这个问题进行专门研究。我们还考虑了卫星自转角速度不变，并且与轨道运动无关的假设。在这种情况下，由卫星内的潮汐摩擦引起的半长轴的变化率将不再与偏心率的平方成正比，正如从公式（3-125）得出的那样。在卫星自转角速度不变的假设下，针对第一组初始条件，对考虑到卫星内粘弹性体潮汐问题的坐标形式方程进行数值积分。半长轴随时间的变化如图 3-19 所示。该图显示，与卫星同步自转的情况相比，半长轴的变化具有不同的特征，并且变化很显著。然而这种情况下的偏心率变化与卫星同步自转情况下的偏心率变化没有区别。因此，我们没有给出相应的图。

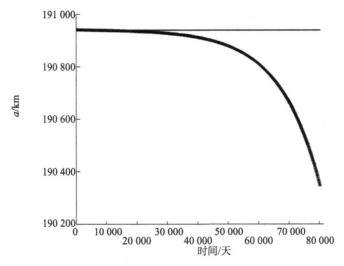

图 3-19　第一组初始条件下，在卫星自转角速度不变的情况下，卫星轨道的半长轴在 80 200 天（220 年）的时间区间内由卫星的潮汐摩擦引起的变化。粗线表示在卫星匀速旋转的情况下半长轴的变化，细线表示在同步旋转时半长轴的变化

3.14.5　关于潮汐变形对卫星动力学影响的一些重要结论

我们在论文（Emelyanov，2018）中得到了行星和卫星的潮汐摩擦引起的卫星轨道半长轴和偏心率演化的微分方程。这些方程的出发点是莱妮等人（Lainey et al.，2012）给出的直角坐标中的微分方程。坐标形式方程的平均解被证明与埃梅利亚诺夫（Emelyanov，2018）得出的根数平均方程的精确解相同。

对于在行星上引发的潮汐问题，找出了当偏心率的变化率等于 0 时，卫星的平均运动 n 和行星的自转速率 $|\boldsymbol{\Omega}|$ 之间的关系（Emelyanov，2018）。当 $n = \dfrac{11}{18} |\boldsymbol{\Omega}|$ 时，这种情况就会发生。

将获得的结果与其他作者的结果进行比较是很有意义的。论文（Hut，1981）中研究了密切的双星系统中的潮汐演化。考虑到粘弹性中心体的潮汐效应，在这项工作中推导出的直角坐标中质点运动的微分方程与文献（Mignard，1979；1980；Lainey et al.，2009a；

2012）中发表的方程一致。这些方程对应于在行星粘弹性体潮汐影响下，卫星轨道运动发生摄动的情况。胡特（Hut，1981）将变量方程转换为半长轴 a 和偏心率 e，方程式（3 - 127）和式（3 - 128）与文献（Hut，1981）的结果完全一致。

在莱妮（Lainey et al.，2012）等人的著作中，卫星轨道半长轴和偏心率的微分方程，描述了行星和卫星中粘弹性体潮汐对轨道运动的影响。这些方程与式（3 - 127）、式（3 - 128）、式（3 - 129）和式（3 - 130）具有相同的形式。然而，莱妮等人（Lainey et al.，2012）得到的 4 个方程中只有 2 个与式（3 - 127）和式（3 - 130）一致。其他 2 个本质上是不同的。相应地，它们与胡特（Hut，1981）的结果不同。

文献（Efroimsky，Makarov，2013；Makarov，Efroimsky，2013；Makarov，2015）提出了一个比本文推导的更普遍的理论来解释潮汐对卫星轨道运动的影响。此外，作者引用了之前的工作。结果表明，在行星和卫星中，除了上面考虑的主要潮汐变形外，还会出现其他具有不同速度和时间延迟的变形波，这些波的多样性主要是由卫星轨道与圆形轨道之间的差异及其与行星赤道平面的倾角产生的。

潮汐变形引起的卫星轨道运动能量耗散参数只能通过观测确定。然而，观测的精度是有限的。目前，观测精度还不足以确定木星、土星及其主要卫星的能量耗散参数。至于天王星和海王星的粘弹性体，迄今为止还没有人尝试确定这些参数。莱妮（Lainey，2016）研究了观测精度与天王星和海王星潮汐应变参数可能值之间的关系。这些参数的假设值已经找到，因为它们可以从观测中确定，这些值对应于显著的潮汐变形。

下面给出确定火星卫星——火卫一的轨道加速度的结果。该卫星运动的一个特点是它在轨道上的角速度比火星自转角速度快。由卫星的引力引起的火星粘弹性体中的潮汐，从到卫星的方向上看是迟的。结果，导致轨道运动的能量损失了，卫星会"坠落"到火星上。莱妮等人发表了基于观测的火卫一和火卫二最新的轨道运动理论（Lainey et al.，2007）。附录 B 中给出了从该研究和几个早期研究中获得的轨道加速度值。

参 考 文 献

[1] Aksenov, E. P. , Grebenikov, E. A. , Demin, V. G. , 1961. General solution to the problem of the motion of an artificial satellite in a normal field of gravity of the Earth. Artificial Satellites of the Earth Moscow 8, 64 – 71. In Russian.

[2] Aksenov, E. P. , 1966. Odin vid differentsialnykh uravnenii dvizheniia sputnika. Trudy Gosudarstvennogo Astronomicheskogo Instituta im. P. K. Sternberga, Moscow 35, 44 – 58. In Russian.

[3] Aksenov, E. P. , 1977. Theory of Motion of Artificial Earth Satellites. Nauka, Moscow. 360 pp. In Russian.

[4] Aksenov, E. P. , 1986. Special Functions in Celestial Mechanics. Glavnaya Redaktsiya Fiziko – Matematicheskoj Literatury. Nauka, Moscow. 320 pp. In Russian.

[5] Aksenov, E. P. , Emelyanov, N. V. , Tamarov, V. A. , 1988. Practical use of an intermediate satellite's orbit. Formulas, programs, tests. Trudy Gosudarstvennogo Astronomicheskogo Instituta im. P. K. Sternberga, Moscow 59, 3 – 40. In Russian.

[6] Archinal, B. A. , Acton, C. H. , A'hearn, M. F. , Conrad, A. , Consolmagno, G. J. , Duxbury, T. , Hestroffer, D. , Hilton, J. L. , Kirk, R. L. , Klioner, S. A. , McCarthy, D. , Meech, K. , Oberst, J. , Ping, J. , Seidelmann, P. K. , Tholen, D. J. , Thomas, P. C. , Williams, I. P. , 2018. Report of the IAU working group on cartographic coordinates and rotational elements: 2015. Celestial Mechanics & Dynamical Astronomy 130, 22.

[7] Arlot, J. – E. , 1982. New constants for Sampson – Lieske theory of the Galilean Satellites of Jupiter. Astronomy & Astrophysics 107 (2), 305 – 310.

[8]   Avdyushev, V. A. , Ban'shikova, M. A. , 2008. Determination of the orbits of inner Jupiter satellites. Solar System Research 42 (4), 296 – 318.

[9] Beletskii, V. V. , 1963. The orbit of an equatorial Earth satellite. Planetary and Space Science 11 (5), 553 – 560.

[10] Brower, D. , 1959. Solution of the problem of artificial satellite theory without drag. Astronomical Journal 64, 378 – 397.

[11] Brumberg, V. A. , 1967. Development of the perturbation function in satellite problems. Bulletin of the Institute of Theoretical Astronomy, Leningrad 11 (2), 73 – 83. In Russian.

[12] Danby, J. M. A. , 1995. Fundamentals of Celestial Mechanics, second edition. Willmann – Bell, Inc. , USA.

[13] Darboux, G. , 1901. Sur un probleme de mechanique. Archives Neerlandaises Des Sciences Exactes et Naturelles. Ser. 2, Vol. 6, p. 371.

[14] Duboshin, G. N. , 1975. Celestial Mechanics. Basic Problems and Methods. Izdatel'stvo Nauka, Moscow. 800 pp. In Russian.

[15] Efroimsky, M. , Makarov, V. V. , 2013. Tidal friction and tidal lagging. Applicability limitations of

a popular formula for the tidal torque. Astrophysical Journal 764 (1), 26. 10 pp.

[16] Emelyanov, N. V., 2005. Ephemerides of the outer Jovian satellites. Astronomy & Astrophysics 435, 1173 – 1179.

[17] Emelyanov, N. V., Kanter, A. A., 2005. Orbits of new outer planetary satellites based on observations. Solar System Research 39 (2), 112 – 123.

[18] Emelyanov, N. V., 2015. Perturbed motion at small eccentricities. Solar System Research 49 (5), 346 – 359.

[19] Emelyanov, N. V., Samorodov, M. Yu, 2015. Analytical theory of motion and new ephemeris of Triton from observations. Monthly Notices of the Royal Astronomical Society 454, 2205 – 2215.

[20] Emelyanov, N. V., 2018. Influence of tides in viscoelastic bodies of planet and satellite on the satellite's orbital motion. Monthly Notices of the Royal Astronomical Society 479 (1), 1278 – 1286.

[21] Euler, L., 1760. Un corps etant attire an raison reciproque quarree des distances vers deux points fixes donnes. Mem. Berlin, Vol. 228.

[22] Euler, L., 1764. De motu corporis ad duo centra virium fixa attracti. Novi commentarii Academiae Scientiarum Imperialis Petropolitanae 10, 207. 1765, Vol. 11, p. 152.

[23] Fienga, A., Laskar, J., Kuchynka, P., Manche, H., Desvignes, G., Gastineau, M., Cognard, I., Theureau, G., 2011. The INPOP10a planetary ephemeris and its applications in fundamental physics. Celestial Mechanics & Dynamical Astronomy 111 (3), 363 – 385.

[24] Giorgini, J. D., Yeomans, D. K., Chamberlin, A. B., Chodas, P. W., Jacobson, R. A., Keesey, M. S., Lieske, J. H., Ostro, S. J., Standish, E. M., Wimberly, R. N., 1997. JPL's on – line solar system data service. In: Amer. Astron. Soc. DPS Meeting, N. 28, N. 25. 04. Bulletin – American Astronomical Society 28, 1158 (1997).

[25] Harper, D., Taylor, D. B., 1993. The orbits of the major satellites of Saturn. Astronomy & Astrophysics 268, 326 – 349.

[26] Hut, P., 1981. Tidal evolution in close binary systems. Astronomy & Astrophysics 99, 126 – 140.

[27] Jacobson, R. A., Riedel, J. E., Taylor, A. H., 1991. The orbits of Triton and Nereid from spacecraft and earthbased observations. Astronomy & Astrophysics 247, 565 – 575.

[28] Jacobson, R. A., 1997. The orbits of the inner Jovian satellites. In: Amer. Astron. Soc. DDA Meeting, N. 28 . Bulletin – American Astronomical Society 28, 1098 (1997).

[29] Jacobson, R. A., 2009. The orbits of the Neptunian satellites and the orientation of the pole of Neptune. Astronomical Journal 137, 4322 – 4329.

[30] Jacobson, R. A., 2013. The orbits of the regular Jovian satellites, their masses, and the gravity field of Jupiter. In: American Astronomical Society, DDA Meeting #44. Id. 402. 04.

[31] Kaula, W. M., 1962. Development of the lunar and solar perturbing functions for a close satellite. Astronomical Journal 67, 300 – 303.

[32] Kaula, W. M., 1964. Tidal dissipation by solid friction and the resulting orbital evolution. Reviews of Geophysics 2, 661 – 684.

[33] Kaula, W. M., 1966. Theory of Satellite Geodesy. Applications of Satellites to Geodesy. Blaisdell, Waltham, Mass.

[34] Kholshevnikov, K. V., Titov, V. B., 2007. Two body problem. St. – Petersburg State University.

In Russian.

[35] Kondratyev, B. P. , 2003. Potential Theory and Equilibrium Figures. Edition of the Institute for Computer Research. Edition of the Institute for Computer Research. Izhevsk, Moscow. ISBN 5 – 93972 – 222 – 9. 624 pp. In Russian.

[36] Kondratyev, B. P. , 2007. Potential Theory. New Methods and Tasks With Solutions. Mir, Moscow. ISBN 978 – 5 – 03 – 003798 – 1. 512 pp. In Russian.

[37] Lainey, V. , Dehant, V. , Patzold, M. , 2007. First numerical ephemerides of the Martian moons. Astronomy & Astrophysics 465, 1075 – 1084.

[38] Lainey, V. , Arlot, J. – E. , Karatekin, O. , van Hoolst, T. , 2009a. Strong tidal dissipation in Io and Jupiter from astrometric observations. Nature 459 (7249), 957 – 959.

[39] Lainey, V. , Arlot, J. – E. , Karatekin, O. , van Hoolst, T. , 2009b. Strong tidal dissipation in Io and Jupiter from astrometric observations. Nature 459 (7249), 957 – 959. Supplementary information.

[40] Lainey, V. , Karatekin, O. , Desmars, J. , Charnoz, S. , Arlot, J. – E. , Emelyanov, N. , Le Poncin – Lafitte, Chr. , Mathis, S. , Remus, F. , Tobie, G. , Zahn, J. – P. , 2012. Strong tidal dissipation in Saturn and constraints on Enceladus' thermal state from astrometry. The Astrophysical Journal 752 (1), 14.

[41] Lainey, V. , 2016. Quantification of tidal parameters from solar system data. Celestial Mechanics & Dynamical Astronomy 126 (1 – 3), 145 – 156.

[42] Laskar, J. , Jacobson, R. A. , 1987. GUST86 – an analytical ephemeris of the Uranian satellites. Astronomy & Astrophysics 188 (1), 212 – 224.

[43] Lieske, J. H. , 1977. Theory of motion of Jupiter's Galilean satellites. Astronomy & Astrophysics 56, 333 – 352.

[44] Makarov, V. V. , Efroimsky, M. , 2013. No pseudosynchronous rotation for terrestrial planets and moons. Astrophysical Journal 764 (1), 27. 12 pp.

[45] Makarov, V. V. , 2015. Equilibrium rotation of semiliquid exoplanets and satellites. Astrophysical Journal 810 (1), 12. 9 pp.

[46] Mignard, F. , 1979. The evolution of the lunar orbit revisited. I. Moon and the Planets 20, 301 – 315.

[47] Mignard, F. , 1980. The evolution of the lunar orbit revisited. II. Moon and the Planets 23, 185 – 201.

[48] Murray, C. D. , Dermott, S. F. , 2000. Solar System Dynamics. Cambridge Univ. Press, Cambridge. 608 pp.

[49] Peale, S. J. , Cassen, P. , 1978. Contribution of tidal dissipation to lunar thermal history. Icarus 36, 245 – 269.

[50] Sampson, R. A. , 1921. Theory of the four great satellites of Jupiter. Memoirs of the Royal Astronomical Society 63, 1.

[51] Simon, J. L. , Bretagnon, P. , Chapront, J. , Chapront – Touze, M. , Francou, G. , Laskar, J. , 1994. Numerical expressions for precession formulae and mean elements for the moon and the planets. Astronomy & Astrophysics 282, 663 – 683.

[52] Subbotin，M. F. ，1968. Introduction to Theoretical Astronomy. Nauka，Moskva. 800 pp. In Russian.

[53] Vienne，A. ，Duriez，L. ，1995. TASS1. 6：Ephemerides of the major Saturnian satellites. Astronomy & Astrophysics 297，588 – 605.

第 4 章　用数值积分方法构建卫星运动模型

4.1　求解天体运动方程的目的

数值积分方法被提出并应用于解决各种天体力学问题，与分析法和定性法一样，它们都是将自然知识用于实践的过程。

研究天体运动就是构建天体的运动模型，它是一切科学研究的核心，可以根据新的观测结果不断更新。迄今为止，我们已经对太阳系的天体、行星和卫星有了相当多的了解，并根据行星和卫星相互作用建立了天体运动模型。这些模型是用天体的质心位置和旋转角度的微分方程表示的。

利用天体运动模型可以预测目标在任意给定历元时刻的位置。这个时刻可以是下一次观测目标天体的时刻、航天器与天体相遇的时刻或者是人造卫星观测目标天体的时刻。

根据运动微分方程的解析解可以预测天体的轨道运动和旋转运动。然而，几乎所有实际意义上的运动模型都难以求解精确的解析解，若使用近似解析解，经常会出现误差难以接受的情况，或者在满足精度要求的情况下，即使使用最强大的现代计算机，求解的过程也是非常耗时的。

用常微分方程的数值积分方法可以计算出天体在给定历元时刻的坐标值和旋转角度。相对于解析方法，数值积分方法的优点是算法和程序实现相对简单，并且在大部分情况下，用数值方法预测天体位置的精度更高，这些优点是高精度的计算所需要的。但数值方法的缺点是计算耗时长，解的误差会随着计算时间的增长而迅速增长，并且无法对解的精度做出可靠的估计。对于给定的运动方程、天体坐标初值和预报时间，无论数值计算方法多么完善，其解的精度都是有限的。

数值方法在无法得到解析解的问题中是必不可少的。微分方程组的数值积分方法有助于验证和评估所得到解析解的准确性。

4.2　运动方程数值积分方法的一般性质

用数值积分法求解运动方程分为两个独立的步骤：第一，构造运动微分方程；第二，研究一种新的或选择一种已知的数值积分方法。为了把这两个步骤有机结合，采用某种标准形式的运动方程是必要的。

在构建运动方程时除了考虑天体或天体系统之间的相互引力作用，还应该考虑到许多其他因素的影响。具体来说，应当考虑其他天体的引力、质点引力和天体引力的差别，以及天体运动环境介质带来的阻力。

　　运动方程是相对于天体坐标的一阶或二阶常微分方程组，通常使用直角坐标系表示。如果构造了一个天体运动的二阶方程组，该方程组总是可以被简化为一阶方程组，特别是当作用力直接取决于天体的运动速度时，就必须这样做。

　　在天体运动方程的数值积分问题中，一般构造微分方程如下

$$\frac{\mathrm{d}x_i}{\mathrm{d}t} = f_i(x_1, x_2, \cdots, x_n, t)(i = 1, 2, 3, \cdots, n) \tag{4-1}$$

式中，$x_i(t)$ 是时间的函数。一个必要条件是对于任意给定的参数值可以计算函数 $f_i(x_1, x_2, \cdots, x_n, t)$，函数中也可以包含常量参数。

　　迄今为止，已经发展出许多常微分方程的数值积分方法，它们的效能和应用领域各不相同。博尔多维琴纳（Bordovitsyna，1984）对天体力学中运动微分方程的数值积分方法进行了完整的综述。甚至还有一种方程数值解理论，综合了许多数值积分算法，并提供了一种开发最优集成方案的途径（Butcher，1963；1964a；1964b；Hall，Watt，1976）。

　　各种数值积分方法在应用中都有一些共性，在解决具体问题时必须知道这些性质，以便获得最佳的结果和效率。

　　常微分方程数值积分方法的主要思想可以用最简单的方法——莱昂哈德·欧拉（1707—1783）的折线法来解释。在这种方法中，可以只考虑一般形式的微分方程。

　　考虑如下微分方程

$$\frac{\mathrm{d}x}{\mathrm{d}t} = f(x, t)$$

式中，时间 t 是自变量。在初始条件 $x(t_0) = x_0$ 下，需要找到一个函数 $x(t)$ 满足微分方程。其中，t_0 为初始时刻；x_0 为初值。

　　首先要理解，没有任何数值积分方法能直接求解函数 $x(t)$，只能求得函数在有限时间点的一系列值。考虑距离时刻 t_0 不远的时间点 t_1，$t_1 - t_0$ 的差记为 h，则有

$$h = t_1 - t_0$$

$x(t_1)$ 的精确值是未知的，但如果 h 的值足够小，并且函数 $f(x, t)$ 是连续的，那么 x 在 t_1 时刻的近似值可以由如下公式求得

$$x_1 = x_0 + f(x_0, t_0)h$$

　　显然，h 越小，x_1 与 $x(t_1)$ 之间的差值就越小，这种误差是函数 $x(t)$ 在区间 $[t_0, t_1]$ 上的非线性造成的。

　　可以通过下面的公式计算 $x(t)$ 在 $t_2 = t_1 + h$ 时刻的估计值

$$x_2 = x_1 + f(x_1, t_1)h$$

t_2 时刻得到的函数值的误差等于函数 $x(t)$ 在区间 $[t_1, t_2]$ 上非线性引起的误差与 x_1 的误差之和。

　　据此在连续时间 $t_i = t_{i-1}(i = 1, 2, \cdots)$ 求解函数值的算法的表达式为

$$x_i = x_{i-1} + f(x_{i-1}, t_{i-1})h \tag{4-2}$$

　　在该算法中，常数 h 的值称为数值积分的步长；x_i 的误差包含之前所有积分步骤中误

差的总和。这些误差可以有不同的值和符号，但对于任意函数 $f(x, t)$，误差通常是在增加。显然，随着积分步数的增加，总误差也会增加。

任何天体运动方程数值积分问题的提出最终都是为了求出天体在给定历元 t_k 处的坐标。如果积分步长已定，则可以计算出求解问题所需的步数 k，即

$$k = E\left(\frac{t_k - t_0}{h}\right) + 1$$

式中，E（·）表示整数部分。

折线法属于数值积分单步法的一类，除此之外，还有外推法和多步法（Bordovitsyna，1984），这些方法都有一些共同属性，特别是有一些共性问题。其中一个问题是积分步长的选择。乍一看很明显，如果积分步长减小，那么每一步的误差就会减小，求解天体运动方程的精度就会提高。但对于计算给定时间间隔 $t_k - t_0$ 的运动，随着积分步数的增加，计算消耗的时间也在增加，因此在一些情况下，解的最大精度仅由允许的计算时间决定。

这样一来，似乎如果可以接受计算时间的增加，那么通过减小积分步长总是可以提高精度。我们可以进行这样的实验，定义具体的运动方程，并对其数值解进行验证。这些方程可以是有精确解析解的方程，也可以是有已知特解的方程。然后设置积分区间 $[t_0, t_k]$，采用数值积分的方法多次求解，每次减小积分步长。通过研究解的精度与积分步长的关系，可以发现，起初随着步长的减小，数值解的误差减小。但是对于非常小的积分步长值，无论我们减小多少，精度都会开始下降。这是怎么回事？

事实是，计算机所有的计算都是通过执行一系列简单算术运算完成的，这些简单算术运算的精度是固定的。可以通过在计算机内存中使用特殊方法存储数字和优化算术运算方法来提高计算精度，但这会导致更大的计算消耗。更重要的是，所有计算机都是有精度限制的，每步操作都会产生一些误差，被称为数字的舍入误差，当按顺序执行算术运算时，舍入误差会累积。

一方面积分步长越小，式（4-2）每步计算的误差越小，在有限时间内累积误差越小；但另一方面，随着总的积分步数增加，舍入误差又在不断累积。因此，存在一个在有限时间内计算误差最小的最优积分步长，对于所选择的积分方法和给定的具体任务，无法达到优于最优步长的精度。通过改进数值积分方法可以在一定程度上提高精度，然而现代计算方法已经非常完善，很难使精度进一步提高。而在工程实践中，很难使用最优步长的计算——因为计算消耗太高了。

另外一个精度问题则是由计算函数在区间 $[t_0, t_k]$ 不同部分的非线性程度不同而引起的。对于给定积分步长，总误差主要产生在非线性程度最大的区域，因此在其他区域选择同样的小步长是没有意义的，浪费计算时间且精度提高不大。最好是根据所计算函数的非线性程度，在每个部分选择最优的积分步长。好的积分方法就是根据前一步解的特性分析得到下一步的积分步长。为此，在开始积分前，要设置一个特定的参数来控制每一步计算的准确性。这个参数称为给定的积分精度，但这个精度与在有限时间 t_k 内函数求解的精度是不一样的。有限时间内，这两种精度在给定运动方程、初始条件的情况下成正比。有多种方法可以分析解的特性，一种是每一步积分都要做两次，第一次步长为 h，第二次步长

为 $h/2$。将两次计算结果之间的差异与积分给定精度相比，如果差值更大，则步长减半。如果这个差值比给定的精度小 10 倍或更多，那么就增加步长。最先进的数值积分算法往往使用更复杂的技术，然而在工程实践中，自动变步长算法并不总是有效的。在某些情况下，仍然使用定步长积分。

在天体运动方程的数值积分计算中，最大的问题是评估计算精度，然而还没有严格的公式或方法可以很好地评估。目前有一些精度评估技术，但这些技术不是完全可靠的。其中之一是"向前-向后"积分法，即求出在某特定时刻的函数值后，将该值作为初值，向初始时刻进行负步长积分。最后，将所得结果与初始条件进行比较，所得的差值被认为是积分的精度。有时这样的估计是令人满意的，但大多数情况下并不能反映真实精度。

4.3　常微分方程的龙格-库塔积分法

前面介绍的折线法在实际中几乎没有应用，还有更精确的方法，龙格-库塔法（Bordovitsyna，1984；Duboshin，1976）就是其中之一。这种方法虽然不是最完美的，但它在天文问题中得到了广泛应用。龙格-库塔法的公式相当简单（Duboshin，1976），可以很容易地用编程语言实现。在不需要获得极高精度的运动方程数值解的问题中，龙格-库塔法十分有效。

对这种计算方法可用公式进行描述。考虑一阶常微分方程组（4-1）的数值积分问题，设初始条件为：当 $t=t_0$ 时，$x_1=x_1^{(0)}$，$x_2=x_2^{(0)}$，$\cdots$，$x_n=x_n^{(0)}$，变量 x_1，x_2，$\cdots$，x_n 称为坐标值，自变量 t 为时间。

如果已知 t_k 时刻的坐标，下面给出的龙格-库塔公式可以确定 $t_{k+1}=t_k+h$ 时刻的坐标。公式是基于积分步长为 h 的多项式插值方法构造的，其中根据步长忽略了高阶小项，保留到四阶（含四阶）。龙格-库塔公式为

$$x_i^{(k)}=x_i(t_k)$$

$$p_i^{(k)}=f_i(x_1^{(k)},x_2^{(k)},\cdots,x_n^{(k)},t_k)$$

$$q_i^{(k)}=f_i\left(x_1^{(k)}+\frac{1}{2}hp_1^{(k)},x_2^{(k)}+\frac{1}{2}hp_2^{(k)},\cdots,x_n^{(k)}+\frac{1}{2}hp_n^{(k)},t_k+\frac{1}{2}h\right)$$

$$r_i^{(k)}=f_i\left(x_1^{(k)}+\frac{1}{2}hq_1^{(k)},x_2^{(k)}+\frac{1}{2}hq_2^{(k)},\cdots,x_n^{(k)}+\frac{1}{2}hq_n^{(k)},t_k+\frac{1}{2}h\right)$$

$$s_i^{(k)}=f_i(x_1^{(k)}+hr_1^{(k)},x_2^{(k)}+hr_2^{(k)},\cdots,x_n^{(k)}+hr_n^{(k)},t_k+h)$$

$$x_i^{k+1}=x_i^{(k)}+\frac{1}{6}h(p_i^{(k)}+2q_i^{(k)}+2r_i^{(k)}+s_i^{(k)})$$

$$(i=1,2,3,\cdots,n)$$

由以上公式可以看出常微分方程（4-1）单步积分的计算方法。该算法由两个相对独立的部分组成。第一部分使用龙格-库塔公式进行计算，输入是 t_k 时刻式（4-1）等号右边的函数的值，输出是所求函数在 t_{k+1} 时刻的值。当然，初始参数是时刻 t_k 和 t_{k+1}，以及积分步长 h，这部分计算不依赖于天体力学的具体问题。第二部分是对任意给定参数

x_1，x_2，…，x_n，t 计算式（4-1）右函数的值，这部分完全是由构建的天体运动模型所决定的，而不依赖于积分方法。

4.4　一种用数值积分法求解天体运动问题的算法

考虑下面一类天体系统运动问题。运动微分方程由天体的"坐标"给出，坐标既包含每个天体的直角坐标也包含在某些给定坐标系下相对于质心的旋转角。方程必须以式（4-1）的形式表示，等号右边的函数（右函数）表示天体运动规律，可以计算出给定坐标系下任意时间的数值。此外，还应给出某个初始时刻 t_0 处的坐标初值，记为 $x_1^{(0)}$，$x_2^{(0)}$，…，$x_n^{(0)}$，以及一个需要计算坐标值的时刻 t_k。求解天体运动方程的问题实际就是依次计算时刻 t_1，t_2，…，t_k 的坐标值。大多数情况下，这些时刻的间隔都是相等的，例如

$$t_t = t_{t-1} + H(i = 1, 2, \cdots, k) \tag{4-3}$$

式中，H 为给定的时间步长（不是积分步长）。因此该问题的解就是时刻 t_1，t_2，…，t_k 的函数值 $x_1^{(i)}$，$x_2^{(i)}$，…，$x_n^{(i)}$（$i = 1, 2, \cdots, k$）。这一问题不仅在天体力学中具有代表性，在其他各种理论研究中也具有代表性。

根据问题的公式化表示，构造求解微分方程的算法如下：

1）设定初始时刻、坐标初值和时间间隔 H；

2）设置下一个时刻；

3）对方程进行数值积分，得到下一时刻所求函数的值；

4）将获得的值存储在文件中，以备以后使用；

5）检查是否到达最后一个预定时间点，如果没有则进入到2）；

6）算法终止。

第1）步的初值可从数据源文件中读入或直接在计算机程序中设置。

第2）步根据式（4-3）计算得到下一时刻的值。

第3）步在计算程序中的实现与问题无关，任何具体问题都可以用任意数值积分方法解决。因此，积分方法在不同的编程语言中通常都集成为一个独立的子程序，该程序被广泛应用于常微分方程的数值积分中。要在具体的问题中使用该程序，只需知道调用该程序的形式以及参数传递的方法，以上的信息通常包含在发行时附带的程序说明中。算法第3）步可根据程序说明书实现，下一节将给出一个调用的示例。

乍一看，上面描述的算法缺少一个模块来计算微分方程的右函数。事实上，这个模块包含在第3）步中，但它是以独立的子程序实现的，一般由提出具体问题的专家编写。这个子程序用于数值积分的处理过程中，它与方程右函数的形式无关。为了编译整个算法程序，根据运动方程右函数的计算过程，建立了一些规则。这些规则也是积分程序说明的一部分。计算方程右函数的算法不依赖于积分方法，但是，这个程序名必须与积分程序说明中的要求一致。

算法的第4）、5）、6）步编程实现非常简单。我们注意到第4）步可以以更巧妙的方

式实现。例如，可以将求解的值通过编程在屏幕上显示图像，通过展示求解过程中图像的连续变化，就可对天体系统的运动有一个直观的感受。

我们还注意到，在使用一些数值积分子程序时，需要设置一定的运算参数，例如指定积分精度的参数。同时，子程序的结果还可以是在程序中用来解决问题的各种辅助数据。

4.5　用埃弗哈特方法对常微分方程进行数值积分的计算程序说明

在天体力学研究中需要用到多种不同数值积分方法，这为数值积分方法的创新发展提供了动力。与此同时，天体力学问题也成为数值积分方法的检验场。天体力学中应用最广泛的数值积分方法之一是埃弗哈特方法（Everhart，1974）。它的作者是天体力学领域的专家，该方法在文献（Bordovitsyna，1984；Avdyushev，2015）中有更详细的描述。

最初，这个积分程序是由埃弗哈特本人用 Fortran 编程语言编写的，这就是为什么它被称为埃弗哈特程序。这个程序当时适用于浮点数占 8 字节的计算机。该程序在不同科研机构的研究人员之间自由共享，可以在莫斯科国立大学斯特恩伯格天文研究所（SAI MSU）获得，在那里，程序是用 C 语言重写的，但在程序调用的形式上，保留了与 Fortran 版本相同的参数特性。

埃弗哈特方法的主要优点是积分精度高。高精度的代价是计算时间的高消耗。本文设计了一种基于埃弗哈特方法的积分方法，利用两个参数来确定计算精度。根据不同的精度需求，计算时间会发生变化。在要求精度较低的情况下，计算成本较小，然而，为了达到期望的精度，需要平衡计算精度和时间。决定每步计算精度的主要参数 ε 表示为

$$\varepsilon = 10^{-l} \tag{4-4}$$

式中，l 是一个给定的整数。

埃弗哈特方法根据积分步长使用特定的拟合多项式，该多项式是积分步长的幂函数。多项式的阶数 N_{order} 可以从以下整数列表中选择：7、11、15、19、23 和 27。在程序里，我们可以选取这些值中的任何一个。然而，积分精度要求较低时，设置高阶数的多项式是没有意义的，只会导致额外的时间消耗。因此，N_{order} 根据给定精度计算，公式如下

$$\frac{3}{4}l \leqslant N_{order} \leqslant 2l \tag{4-5}$$

式中，l 是式（4-4）中的整数。

埃弗哈特程序允许在自适应积分步长和给定步长两种情况下求解微分运动方程。因为在天体力学中，大多数问题都是用常规的二阶微分方程来描述的，为了方便对问题进行编程，埃弗哈特程序允许直接求解二阶方程，无须将它们分解成两个类似于式（4-1）的一阶方程。

大部分的积分时间都花在方程右函数的计算上，因此，判断该程序效能的特征之一就是在求解具体问题中，右函数计算程序的调用次数。在自适应步长情况下，完成的积分步数对于评估程序效能也很有意义。这两种定量特征参数都是由程序输出的。

埃弗哈特方法的第一步，需要通过迭代构建拟合多项式。通常情况下，执行两次迭代

就足够了，但在某些问题中，增加迭代次数可以略微提高程序的效能，而不会显著增加计算时间。因此，迭代次数是程序的输入参数，这样通过一些小的限制就能控制程序的效能。一般来说，在解决一个具体问题的初始阶段，研究人员对相关微分方程的性质知之甚少。因此，可以将迭代次数设置为2。

我们根据需要将利用埃弗哈特方法求解的微分方程分为三类。

第一类方程与式（4-1）形式相同，第二类方程为具有二阶微分形式的方程组

$$\frac{\mathrm{d}^2 x_i}{\mathrm{d}t^2} = f_i \left(x_1, x_2, \cdots, x_n, \frac{\mathrm{d}x_1}{\mathrm{d}t}, \frac{\mathrm{d}x_2}{\mathrm{d}t}, \cdots, \frac{\mathrm{d}x_n}{\mathrm{d}t}, t \right) (i = 1, 2, 3, \cdots, n) \tag{4-6}$$

第三类方程与式（4-6）不同，其方程右侧与速度分量无关，这是天体力学中最常见的方程形式。在一些奇怪的传统中，这类方程被称为"-2"类方程。"-2"类方程的形式为

$$\frac{\mathrm{d}^2 x_i}{\mathrm{d}t^2} = f_i(x_1, x_2, \cdots, x_n, t)(i = 1, 2, 3, \cdots, n) \tag{4-7}$$

在描述了埃弗哈特程序的所有特性之后，我们将介绍它的使用说明。当然，使用说明与所使用的编程语言相关，例如 Fortran、Pascal 或 C 语言，不同语言中的程序调用形式非常相似。即使计算程序是用 C 语言编写的，一些参数还保留着 Fortran 语言旧版本的典型属性。特别是，数组的索引变量从 1 开始。

这里我们首先描述程序的参数，然后进行调用，要对程序中使用的变量进行声明并设置相应的值。用户程序的相应片段如下

··· ♯ define NV 3

···

double X [NV+1]，V [NV+1]；

double TI，TF，XL；

int LL，NI，NF，NS，NCLASS，NOR；

···

Rada27 （X，V，TI，TF，XL，LL，NV，

NI，& NF，& NS，NCLASS，NOR）；

下面描述参数的类型和含义。从输入参数 NV 开始，这是一个 int 类型的参数。程序根据它的值调用（"按值调用"），也就是说，在调用过程中，int 类型的任何参数都可以代替这个形参。参数 NV 为所求函数的数量 n。在上述用户程序片段中，该参数被指定为符号 NV。

需要注意的是，在 Rada27 函数的文本中对内部数组的长度（索引变量）做了描述，这个长度取决于变量 NV 的值。我们应该检查是否为使用 NV 的这些内部数组保留了足够的空间。

参数 NCLASS 指定可解方程的类别。它的值可以分别为 1、2 或 -2，如上述方程分类所述。NCLASS 形参是 int 类型，它是通过值调用的。

参数 X 和 V 是一维数组（索引变量），其中索引是从 1 开始的。这些数组用于存储和传输所求函数的值。位置分量在 X 数组中指定，速度分量在 V 数组中指定。在调用程序

之前，这些数组必须包含 t_0 时刻的初始值。返回后，数组 X 和 V 将包含所求函数在最后时刻 t_k 的值。

数组 V 仅用于 2 类和 −2 类方程，用于存储和传输所求函数对时间的一阶导数值。

参数 TI 和 TF 是 double 类型的变量，分别指定开始和结束时间 t_0 和 t_k，这些参数是按值传递的。

int 类型的参数 LL 用于设置计算精度，对应式（4−4）中 l 的值，该参数是按值传递的。如果将参数 LL 的值设置为正，自适应积分步长模式生效。若要启用固定积分步长模式，需将 LL 设置为任意负数。在固定步长模式下，使用 double 类型的参数 XL 来设置常数积分步长，此输入参数按值传递。在自适应积分步长模式下，不使用 XL 参数。

使用 int 类型参数 NOR 指定拟合多项式的阶数 N_{order}，它按值传递，要根据式（4−5）选择此参数的值。

int 类型的参数 NI 用于设置确定拟合多项式时的迭代次数，这是一个输入参数，按值传递。如上所述，如果该参数的最优值未知，则该参数的值可以选择为 2。

计算完成后，int 类型的输出参数 NF 和 NS 分别将计算方程右函数时调用积分程序的次数和积分步数传递给用户程序，这些参数按名称（地址）传递。

现在，我们考虑埃弗哈特数值积分程序如何与计算方程右函数的程序相互作用，这是用户必须做的。根据埃弗哈特程序内部右函数计算程序的调用形式，其在用户程序中的描述（原型）应为如下形式

void FORCE （double * Xc, * Vc, double TM, double * Fc）;

在程序入口数组 Xc 和 Vc 包含计算右函数的参数。Xc 数组存储位置坐标值，Vc 数组存储位置对时间的导数。参数按其编号放置在数组中，数组元素 Xc [0] 和 Vc [0] 从不使用。此外，参数 Vc 仅在求解第二类方程时使用。

double 型参数 TM 为输入参数——时间，是计算右函数的输入，按值传递。如果右函数与时间无关，则不使用 TM 参数。

用户必须将方程右函数的计算结果放在输出数组 Fc 中，从第一个元素开始依次使用该数组的元素，Fc 矩阵的零元素未被使用。

在编译求解天体运动微分方程数值解的计算机程序时，可能会出现与应用程序设计语言和其他程序设计工具（如编译器）有关的一些特征。特别地，用 Pascal 语言编写的埃弗哈特程序中使用了几个工作数组，这些工作数组必须在程序外部被定义为具有固定名称的全局变量。工作数组的长度取决于所求解的函数数量，也就是说，取决于式（4−1）、式（4−6）和式（4−7）中 n 的值。最简单的方法是固定这些数组长度，并记住所求函数的最大数量不能超过数组长度。

在编写 FORCE 程序时，方程右函数计算所需参数要在主程序中输入或设置。参数的传递只能通过在程序某个模块中声明全局变量并通过该模块的接口连接来实现。

4.6　常微分方程数值积分的别利科夫程序

另一个用于常微分方程数值积分的高效计算程序是由别利科夫（Belikov，1993）开发的。该积分方法基于切比雪夫多项式级数，实现对每一步积分解的最佳一致逼近。在切比雪夫多项式的基础上，利用高精度的 Rado - Hermite 求积公式计算多项式系数。

该应用方法以计算机程序的形式在 20 世纪 90 年代由俄罗斯科学院（圣彼得堡）理论天文学研究所传到莫斯科国立大学。程序最初由别利科夫用 Fortran 编译，随后由埃梅利亚诺夫（SAI MSU）改编为 C 语言，在编程过程中，这个程序被命名为 DINCH。

别利科夫程序的一个显著的优点是，它包含了一种可以通过切比雪夫多项式级数逼近数值积分结果的函数。对运动方程进行一次积分后，天体坐标的切比雪夫多项式展开系数被记录在一个特殊文件中。使用这个文件和一个简单的程序，可以得到天体在任何给定时间的坐标和速度。这种技术将在后续章节中进行更详细的描述。

在不详细讨论该方法的情况下，主要探讨关于这个计算程序的使用。参数标识符用于程序的传递。

DINCH 数值积分程序调用形式类似于埃弗哈特程序（见上文）。同样的术语用于这类函数，和埃弗哈特程序一样，初始坐标值和速度分量，以及它们的结果值，都放在索引变量中。（NORD）参数定义了在积分过程中拟合多项式的阶数。积分精度由一个特殊的参数控制，类似于埃弗哈特程序，积分可以采用预先指定的固定步长（XL）。

此外，还设置了一些控制积分过程的参数。这些参数的含义在方法说明（Belikov，1993）中有解释。特别地，指定了一个特定的参数 NNN 来控制积分步长的选择。当 NNN＝0 时，根据方程右函数展开式中最后一个系数的绝对值选择可变步长。对于 NNN＝1，则使用相对判据；后面是 0 和 1。在一般情况下，当没有关于如何选择该参数的信息时，我们可以设置 NNN＝1。迭代次数参数的设置是为了确定切比雪夫多项式级数的展开系数：ITS 用于起始积分步骤，ITC 用在后续步骤。如果无其他信息，建议选择 ITS＝6，ITC＝2。

使用 FORCE 程序计算方程右函数的形式与埃弗哈特程序完全相同。

重要的是要考虑到程序中数组长度（索引变量）取决于所求函数的数量，这些描述应该与用户程序一致。

有必要将一些细节信息传递给程序用户。总之，本书作者成功地使用了别利科夫开发的数值积分程序，并表现出了较高的效率。

4.7　数值积分程序的测试和比较

当用微分方程的数值积分方法模拟天体运动时，一个迫切需要解决的问题是如何选择一种特定的积分方法，通常是寻找最有效的方法。效能的概念应该严格和明确地表述。效能由两个因素表征：解的精度和计算成本（计算时间）。有两种方法可以进行适当的比较并分析效能：精度相同时的计算时间消耗，或在相等的计算时间消耗下所达到的精度。在某些情况下，很难选择积分参数使两种方法中的某个指标完全相等，只能做到近似。

如前所述，求解天体运动微分方程的精度基本上取决于以下条件：

1）求解变量的数量；

2）方程右函数的形式；

3）解的初始条件；

4）起始时间和结束时间的间隔。

当然，方法的比较应该在同等条件下进行。在这种情况下，有必要设置积分过程的控制参数，以提供最高的精度。然而，在某些情况下，由于计算时间长得不可接受，不可能实现解的最高可达精度。

4.8　用截断切比雪夫级数逼近行星和卫星的直角坐标

在对天体运动微分方程的数值积分中，天体的直角坐标值是在由数值积分步长隔开的若干时刻计算的。结果的存储和后续使用存在一个问题：由于数值积分的步长可以非常小，记住每一步得到的坐标值是困难且不切实际的。在实际问题中，数值积分结果的近似表示可用切比雪夫多项式的级数段 $T_j(\tau)$ 实现。原则上，任何正交函数，例如幂函数，都适用该方法。更重要的是，将函数用切比雪夫多项式展开的好处是，通过这样的分解，绝对计算误差在切比雪夫多项式的参数区间 $[-1, 1]$ 内基本是交替和均匀分布的。

在有限区间上的任何时间函数都可以用长度为 N 的切比雪夫多项式的级数序列表示，所以在这个区间的 N 个时间点上，这样的近似表示可以很好地匹配函数值。此外，在中间时间点，截断级数的值将不同于函数本身，这些差异取决于函数的性质和多项式的最大阶数 $N-1$。

将运动方程数值积分的整个时间区间划分为一定长度的相等子区间 $\Delta t = t_2 - t_1$，其中，t_1 和 t_2 是子区间的开始和结束时刻。在每个这样的子区间内，分别为每个坐标值构造一个表达式，例如坐标 x。新的变量 τ 的表达式为

$$\tau = \frac{2t - t_2 - t_1}{t_2 - t_1} \tag{4-8}$$

式中，τ 就是切比雪夫多项式的参数。很明显，对于 $t = t_1$，有 $\tau = -1$，而对于 $t = t_2$，则有 $\tau = 1$。因此，在时间子区间 (t_1, t_2) 内，参数 τ 在 $[-1, 1]$ 范围内变化。

函数 $x(t)$ 可以通过以下公式近似

$$x(t) \approx \sum_{j=0}^{N-1} C_j T_j(\tau) - \frac{1}{2} C_0$$

其中 τ 和时间 t 的关系由式（4-8）给出，系数 C_j 根据以下关系式计算

$$C_j = \frac{2}{N} \sum_{k=0}^{N-1} x(\tau_k) T_j(\tau_k) \quad (j = 0, 1, 2, \cdots, N-1)$$

其中，参数 τ_k 根据下式计算

$$\tau_k = \cos\left(\frac{\pi\left(k + \frac{1}{2}\right)}{N}\right)(k = 0, 1, 2, \cdots, N-1)$$

参数 τ 等于多项式 $T_N(k)$ 的根 τ_k，这种表达使得近似值正好与函数本身一致。

从上述关系可以清楚地看出，我们需要知道在区间 (t_1, t_2) 内，t_k 时刻的坐标值

$$t_k = \frac{t_2 + t_1 + \tau_k(t_2 - t_1)}{2}$$

实际计算过程如下所示：在内存中创建系数 $C_j(j = 0, 1, 2, \cdots, N-1)$ 数组。在进入区间 (t_1, t_2) 的数值积分之前，将数组的所有元素赋值为 0。数值积分按顺序进行，直到 t_k 时刻。当到达 t_k 时刻时，可计算得到 τ_k 和 $x(\tau_k)$。这里循环的系数是 C_j，每个系数 C_j 增加了 $(2/N)x(\tau_k)T_j(\tau_k)$。在这个循环中，$T_j(\tau_k)$ 的值是用切比雪夫多项式的递归关系式 $(4-9)$ 计算的

$$T_{j+1}(\tau_k) = 2\tau_k T_j(\tau_k) - T_{j-1}(\tau_k) \tag{4-9}$$

对于初始值，有

$$T_0(\tau) = 1, T_1 = \tau$$

同时计算 x、y、z 三个坐标，并计算天体每个坐标对应的系数数组 C_j。在积分至区间 (t_1, t_2) 外后，每个坐标的系数被存储在一个文件中。在随后的每个子区间，系数 C_j 使用相同的存储数组。因此，如果整个积分区间被分成 K 个相等的子区间，那么结果文件将包含 $3KN$ 个数字。

如果用户有一个结果文件，那么可以通过以下程序来计算行星或卫星在给定时间 t 上的直角坐标。首先找到给定时刻 t 所在的时间子区间，再从文件中为每个坐标读取系数数组 $C_j(j = 0, 1, 2, \cdots, N-1)$，最后通过以下公式计算坐标

$$x = \sum_{j=0}^{N-1} C_j T_j(\tau)$$

式中，τ 根据式 $(4-8)$ 计算，切比雪夫多项式用式 $(4-9)$ 计算。

4.9　数值积分问题与方法综述：阿夫杰耶夫的专著

天体运动微分方程数值积分方法的大量信息包含在阿夫杰耶夫的专著中（Avdyushev，2015）。这本书提供了许多建立天体运动模型所必需的信息，以下是本专著的简要介绍。

世界上许多研究者从事天体运动领域的研究，通用术语的使用可以有助于更好地理解其内涵，专著（Avdyushev，2015）的开篇正是对术语的介绍。

构建天体运动微分方程是模拟天体运动的第一步，方程的求解较为困难，特别是在非常接近天体的情况下，需要对方程进行变换。该书（Avdyushev，2015）给出了运动微分方程的一系列变换以克服可能出现的问题，也考虑了运动方程组所谓的稳定方法，并对各

种方程的有效性进行了比较分析。

随后，专著（Avdyushev，2015）中介绍了各种数值积分方法。除单步法外，还考虑了外推法、多步法和辛几何算法，并对各种方法的有效性进行了比较分析。

专著的第三部分（Avdyushev，2015）致力于轨道动力学的逆向问题，即根据观测确定轨道。除了使用最小二乘法细化运动参数外，还考虑了一些其他方法来解决这个问题。专著的一个重要优点是所有的方法都是根据实际应用需要而安排的，该专著对不同方法进行了比较分析并评估了有效性。

专著（Avdyushev，2015）弥补了本书第 4 章和第 6 章由于篇幅限制而精简的重要内容。

参 考 文 献

[1] Avdyushev, V. A. , 2015. NumericalModelling the Celestial BodyMotion. Izdatelsky Dom Tomsk State University, Tomsk. In Russian.

[2] Belikov, M. V. , 1993. Methods of numerical integration with uniformandmean square approximation for solving problems of ephemeris astronomy and satellite geodesy. Manuscripta Geodaetica 18, 182 – 200.

[3] Bordovitsyna, T. V. , 1984. Modern NumericalMethods in the CelestialMechanics Problems. Nauka, Moscow. In Russian.

[4] Butcher, J. C. , 1963. Coefficients for the study of Runge – Kutta integration processes. Journal of the AustralianMathematical Society 3, 185 – 201.

[5] Butcher, J. C. , 1964a. On the Runge – Kutta processes of high order. Journal of the Australian Mathematical Society 4, 179 – 195.

[6] Butcher, J. C. , 1964b. Implicit Runge – Kutta processes. Mathematics of computation. American Mathematical Society 18, 50 – 64.

[7] Duboshin, G. N. , 1976. Spravochnoe rukovodstvo po nebesnoi mekhanike i astrodinamike. Nauka, Moscow. In Russian.

[8] Everhart, E. , 1974. Implicit single—sequencemethods for integrating orbits. CelestialMechanics 10 (1), 35 – 55.

[9] Hall, G. , Watt, J. M. , 1976. Modern NumericalMethods for Ordinary Differential Equations. Clarendon Press. 336 pp.

第 5 章　行星卫星的观测

5.1　观测的一般原则

我们通过测量设备，也可以称之为"我们的眼睛"来观测天体。当我们说"观测"时，指的是"测量"。我们要测量什么？我们的仪器可以测量到天体方向的角度、到天体的距离，以及距离的变化速率。在这些情况下，我们都是在处理一个向量，它的起点位于观测点上，终点是在观测的天体上。我们把这个向量称为观测向量。

众所周知，光在太阳系内的传播是用广义相对论来描述的。特别是根据这一理论，由于太阳的质量，光束有一个曲率。在本书探讨观测过程时，我们将忽略广义相对论的影响。

观测时刻是被观测卫星或行星发出的光到达光电探测器的时刻。事实上，由于光速的有限性，光从被观测天体发出的时刻要早于观测时刻。

对于实际操作，需要将观测向量与天体的直角坐标关联起来，我们将用仪器观测的数据称为观测量。

卫星的运动参数是根据观测值来确定的。然而，事实证明，不可能直接得出卫星运动参数与测量值的依赖关系。为了确定卫星运动参数，我们采用了一种特殊的微分改进方法，这将在下一章中进行讨论。根据这种方法，逆向操作——根据给定的运动参数计算测量值是必需的。

直角坐标可以通过基于天体动力学理论的程序来计算。对于给定的动力学参数，该程序可以计算任何给定时间的坐标，给定的时间被称为理论输入时刻。这里所说的时间是指天体运动微分方程中的时间参数。

在接下来的章节中，首先推导了观测矢量与天体直角坐标之间的关系，然后得到观测矢量与测量值之间的关系。

在本章的最后，我们将讨论观测行星卫星技术的一些细节，讨论的相关信息可以在埃梅利亚诺夫（Emelyanov，2017a）的文献中找到。

重要提示

应注意与行星卫星观测有关的通用术语。当我们说"观测"时，我们指的不是过程，而是测量结果本身。通常，观测是在观测天体的过程中产生的数据。本书中，很多情况下，观测意味着数据：数字，并附有解释。

请注意，在表示一些实际观测量时不可避免地要与时间和诸如坐标系这样的抽象概念联系在一起。实际上，时间也是用仪器来测量的，坐标系统是通过连接真实物体的坐标来建模的。这些内容将在本章末尾更详细地讨论。

　　显然，时间没有开始也没有结束。然而，它必须被衡量。为此，有必要设置一个特定时刻，从这个时刻开始计算所有其他时刻。按照惯例，这个起点是 2000 年 1 月 1 日的 12 时，与其他时刻的计算尺度相同。这个初始时刻被称为 J2000 历元。J2000 历元的儒略日是 2451545.0。

5.2　确定行星及其卫星相对观测中心的位置

　　文中对天体的观测是指从地球表面或从人造地球卫星的轨道上进行的，不考虑通过星际宇宙飞船观测的特殊情况。

　　在地球表面上进行观测的点通常被称为观测中心。观测中心相对于地心的位置是由它在地心坐标系中的位置决定的。在这个问题中，我们假设地心与观测中心重合。

　　天体绕太阳运动的轨道通常定义在日心坐标系或太阳系质心坐标系中。

　　行星卫星运动的理论和模型是在原点位于行星中心或行星-卫星系统质心的坐标系中构建的。一般情况下，我们把这一点当作一个行星。

　　因此，在这一节中，我们将介绍以下几个位置：太阳的中心、太阳系的质心、观测中心、行星和卫星。

　　太阳、观测中心和行星质心矢量将分别用 $\boldsymbol{H}(t)$、$\boldsymbol{T}(t)$ 和 $\boldsymbol{P}(t)$ 表示，这些矢量是时间的函数，有专门的运动模型用于计算这些矢量。计算程序的输入值是参数 t，它是一个自变量，通常称为时间参数。时间参数在不同理论中有不同的计算尺度，如 TT 和 TDB。我们将假设，在代入计算天体位置向量的程序之前，时间已经在相应的计算尺度下表示。

5.3　行星观测

　　假设我们在观察一颗行星，考虑在这种情况下如何确定观测向量。假设观测是在 t_0 时刻进行的，意味着观测矢量的起点在观测中心，它的末端在被观测天体上，在 t_0 时刻光电设备接收到天体传播的光。我们用 $\boldsymbol{P}_T$ 表示该行星的观测向量。

　　在开始时，我们将根据观测对象设置不同的标识，如果我们观测一颗行星，那么光传播的起始时刻可以用 t_1 表示。

　　图 5-1 显示了相应时间点的行星和观测中心的关系。字母 B 表示太阳系质心，字母 T 表示观测中心，字母 P 表示行星。该图表明，观测矢量是由方程（5-1）确定的。

$$\boldsymbol{P}_T = \boldsymbol{P}(t_1) - \boldsymbol{T}(t_0) \tag{5-1}$$

t_0 和 t_1 是不同的，它们的差称为光行时，见式（5-2）

$$t_0 - t_1 = \frac{|\boldsymbol{P}_T|}{c} \tag{5-2}$$

式中，c 为光速。已知观测时刻 t_0，可以根据式（5-1）和式（5-2）迭代求解观测矢量，初始设置 $t_1 = t_0$。

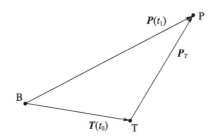

图 5-1　观测过程中地球和行星的位置

目前现有的行星运动理论中最精确的是我们能够确定行星在太阳系质心系中的直角坐标。通常，该理论也给出了在这个坐标系统中太阳的坐标。通过适当的变换，可以确定行星的日心系坐标。

说明

需要说明的是，一些观点认为坐标系可以是日心系的，也就是说，坐标系的原点是在太阳的中心。在这种情况下，观测中心和行星的位置是由日心坐标决定的。但在确定观测矢量 P_T 时，使用日心坐标则会导致误差的引入，这是在比较观测值与理论值时发现的。通过分析这种误差的来源表明，为了计算观测矢量，需要获取太阳和行星的质心坐标。

用 $P_h(t_1)$ 和 $T_h(t_0)$ 表示相应时刻行星和观测中心在日心系下的矢量。观测矢量可以表示为

$$P'_T = P_h(t_1) - T_h(t_0)$$

式中，P'_T 表示观测矢量。

事实是，这样的表示是错误的。例如，我们引入相应时刻太阳在太阳系质心系下的矢量 $H(t_0)$ 和 $H(t_1)$。很明显有公式

$$P_h(t_1) = P(t_1) - H(t_1), T_h(t_0) = T(t_0) - H(t_0)$$

将这些方程代入前面的公式后，得到

$$P'_T = [P(t_1) - H(t_1)] - [T(t_0) - H(t_0)]$$
$$= P(t_1) - T(t_0) - [H(t_1) - H(t_0)]$$
$$= P_T - [H(t_1) - H(t_0)]$$

所求向量的位置如图 5-2 所示。为了构造矢量 P'_T，必须将矢量 $T_h(t_0)$ 的起始与矢量 $P_h(t_1)$ 的起始连接起来。现在可以清楚地看到，P'_T 与 P_T 的不同之处在于多一项 $H(t_1) - H(t_0)$。这可以解释为，在时间 $t_1 - t_0$ 期间，太阳移动了 $H(t_1) - H(t_0)$，这就导致了以上两个观测矢量的差异。如果光速是无限的，根据式（5-2），$t_1 - t_0 = 0$，此时 $H(t_1) - H(t_0) = 0$，$P'_T = P_T$。

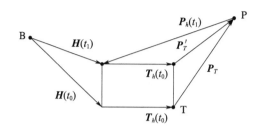

图 5-2   基于行星和地球日心矢量的错误观测矢量

5.4   行星卫星的观测

下面我们来考虑一种情况，当我们同时观察一颗行星和该行星的卫星时，确定这些天体的观测矢量。

根据行星卫星运动的解析理论或数值模型，可以得到在任何给定时刻 t 下卫星在行星中心坐标系下的直角坐标。在这种情况下，卫星观测矢量的原点在观测中心，末端在 t_1 时的卫星质心，光从卫星发出，然后在 t_0 时刻落入光电探测器。我们用 $\boldsymbol{S}_T^{(1)}$ 表示卫星观测矢量，用 $\boldsymbol{S}_P^{(1)}$ 表示卫星 t_1 时刻在行星中心系中的矢量。现在对于 $\boldsymbol{S}_T^{(1)}$ 的定义，可以写出如下关系

$$\boldsymbol{S}_T^{(1)} = \boldsymbol{S}_P^{(1)}(t_1) + \boldsymbol{P}(t_1) - \boldsymbol{T}(t_0)$$

可以根据式（5-3）求得时间 t_1

$$t_0 - t_1 = \frac{\left| \boldsymbol{S}_T^{(1)} \right|}{c} \tag{5-3}$$

由于从观测中心到行星的距离与从观测中心到卫星的距离不同，所以光从行星出发的时刻与 t_1 不相同，在这里用 t_2 表示。这种情况下行星的观测向量由以下关系确定（见图 5-3）

$$\boldsymbol{P}_T = \boldsymbol{P}(t_2) - \boldsymbol{T}(t_0) \tag{5-4}$$

$$t_0 - t_2 = \frac{\left| \boldsymbol{P}_T \right|}{c} \tag{5-5}$$

5.5   两颗行星卫星的观测

下面介绍同时观测一颗行星和其两颗卫星的情况。根据卫星运动的解析理论或数值模型，可以得到 t 时刻两颗卫星在行星中心系下的直角坐标。每颗卫星的观测向量都从观测中心起始，末端在卫星的质心，光线从卫星质心发出，然后在 t_0 时刻到达光电探测器。我们用 $\boldsymbol{S}_T^{(1)}$ 表示第一颗卫星的观测矢量，用 $\boldsymbol{S}_T^{(2)}$ 表示第二颗卫星的观测矢量。

在观测时刻 t_0 进入光电探测器的两束光线，分别是 t_1 时刻从第一颗行星卫星发出的，和在 t_2 时刻从第二颗卫星发出的。

设 $\boldsymbol{S}_P^{(1)}(t_1)$ 表示第一颗卫星在 t_1 时刻的行星中心系矢量，此时行星质心的矢量是 $\boldsymbol{P}(t_1)$。第二颗卫星对应的向量将为 $\boldsymbol{S}_P^{(2)}(t_2)$ 和 $\boldsymbol{P}(t_2)$。

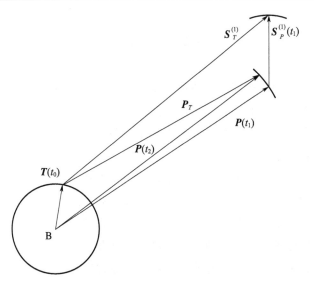

图 5-3　观测时地球、行星和卫星的位置关系

这里考虑的所有向量如图 5-4 所示。

现在，为了确定观测向量 $\boldsymbol{S}_T^{(1)}$ 和 $\boldsymbol{S}_T^{(2)}$，可以使用以下方程

$$\boldsymbol{S}_T^{(1)} = \boldsymbol{S}_P^{(1)}(t_1) + \boldsymbol{P}(t_1) - \boldsymbol{T}(t_0)$$

$$\boldsymbol{S}_T^{(2)} = \boldsymbol{S}_P^{(2)}(t_2) + \boldsymbol{P}(t_2) - \boldsymbol{T}(t_0)$$

$$t_0 - t_1 = \frac{\left| \boldsymbol{S}_T^{(1)} \right|}{c}$$

$$t_0 - t_2 = \frac{\left| \boldsymbol{S}_T^{(2)} \right|}{c}$$

以上方程可以通过逐次迭代逼近来求解，初始设置 $t_1 = t_0$，$t_2 = t_0$。

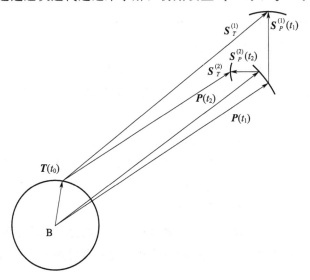

图 5-4　地球、行星和卫星在观测时刻对应时间点上的位置

注：序号 1 指卫星 1，序号 2 指卫星 2

5.6　行星卫星观测过程中角度值的测量

利用行星卫星运动的解析理论或数值模型可以确定其在给定时间点的直角坐标。在根据观测值改进轨道参数时，有必要计算出观测时刻的角度测量值。在前面的几节中，我们讲述了从卫星的行星中心坐标系和质心系中确定观测向量的方法。现在需要将测量值与行星和卫星的观测矢量联系起来。

在改进卫星运动参数时，使用测站地平系下的角度作为测量值。角度坐标值是在地心赤道坐标系中测量的，该坐标系与某历元时刻的赤道和黄道相关。在以往几十年的出版物中，可以找到不同历元平赤道和平春分点对应的坐标系统。还会使用到真赤道和真春分点的坐标系统，这种坐标系统模拟了地球自转轴的进动和章动。在现代研究中，赤道坐标系指的是 J2000 历元的赤道和黄道，此外，固定的坐标轴使得该坐标系与地球自转无关。该坐标系依赖于银河系外射电辐射源的位置，被称为国际天球参考框架（ICRF）。

在本节中，我们将假设所有考虑的直角坐标系的轴都平行于一些非旋转的地球赤道坐标系统的轴，例如，ICRF。在前几节中通过观测矢量确定的行星和卫星角度坐标称为天体测量学的角坐标。此外，还会使用到与天体测量坐标不同的视坐标，对于视坐标，观测向量的确定与上述内容不同。这在一些参考文献（Simon et al.，1997）中有解释，本文只考虑天体测量坐标。

在地心赤道坐标系统中，使用了直角坐标系和球坐标。地心赤道坐标系中的纬度称为赤纬，经度称为赤经。对于任意分量为 x、y、z 的观测矢量，赤经 α 和赤纬 δ 可通过如下公式计算

$$\tan\alpha = \frac{y}{x}, \quad \tan\delta = \frac{z}{\sqrt{x^2 + y^2}}$$

天体的赤经和赤纬也称为绝对坐标，可以通过测量得到。

除了绝对坐标外，还使用了相对坐标。这是任意两个天体在天球坐标系下的差：一颗卫星和一颗行星或两颗卫星。如果第一和第二天体的赤经分别用 α_1 和 α_2 表示，赤纬用 δ_1 和 δ_2 表示，则差 $\Delta\alpha = \alpha_2 - \alpha_1$，$\Delta\delta = \delta_2 - \delta_1$ 称为差分坐标，也作为测量值。测量值 $X_d = (\alpha_2 - \alpha_1)\cos\delta_1$，$Y_d = \delta_2 - \delta_1$ 更为常用。

除了差分角坐标 X_d、Y_d 外，还考虑了切向坐标 X_t、Y_t。它也是一个天体相对于另一个天体的坐标。如果天体 1 显示在望远镜的焦平面上，则 X_t 和 Y_t 是焦平面上天体 2 的线性坐标，以焦距的分数表示。此外，Y_t 轴与 J2000 历元的地球自转轴的投影平行，并指向北天极。下面将讨论如何计算切向坐标。

为了通过观测改进天体运动参数，需要用观测矢量的分量来表示测量的角坐标。上文中有通过观测矢量分量得到绝对角坐标的表达式。此处考虑如何计算两个天体的相对差分角坐标。

差分坐标可以通过两个物体绝对坐标的差值得到。然而，这种方法并不是最优的。事

实是，观测到的天体通常在天空中彼此非常接近，那么，两个地心角相减，其实是两个相近数相减，这会导致精度的损失。但这两颗卫星在行星中心坐标下的差不是两个接近的数相减，这些差异应该用于计算中。

基于这些原因，后续计算如下：用 X、Y、Z 表示第一颗卫星的观测矢量的分量，则有

$$\{X,Y,Z\} = \boldsymbol{S}_T^{(1)}$$

第二颗卫星和第一颗卫星的观测向量差值的分量用 Δ_x、Δ_y 和 Δ_z 表示，于是有

$$\{\Delta_x,\Delta_y,\Delta_z\} = \boldsymbol{S}_T^{(2)} - \boldsymbol{S}_T^{(1)} = \boldsymbol{S}_P^{(2)}(t_2) - \boldsymbol{S}_P^{(1)}(t_1) + \boldsymbol{P}(t_2) - \boldsymbol{P}(t_1)$$

式中，矢量 $\boldsymbol{S}_P^{(2)}(t_2)$ 和 $\boldsymbol{S}_P^{(1)}(t_1)$ 本身很小，并且矢量 $\boldsymbol{S}_P^{(2)}(t_2)$ 和 $\boldsymbol{S}_P^{(1)}(t_1)$ 在非常接近的时间下计算。因此，两个相近的数相减并不会导致计算 Δ_x、Δ_y、Δ_z 的精度损失。

注意，如果第一个天体不是卫星，而是行星本身，那么在最后这个关系式中，只需要使 $\boldsymbol{S}_P^{(1)}(t_1)=0$。

为了计算差分坐标 $\Delta\alpha$ 和 $\Delta\delta$，基于比值

$$\frac{|\boldsymbol{S}_T^{(2)} - \boldsymbol{S}_T^{(1)}|}{|\boldsymbol{S}_T^{(1)}|}$$

相对于单位较小的实际，提出了简单的近似公式。然而，为了便于计算，由埃梅利埃诺夫（Emelyanov, 1999）推导出的精确公式可以很容易编程实现。计算公式如下

$$
\begin{aligned}
R^2 &= X^2 + Y^2 \\
\tan\Delta\alpha &= \frac{-Y\Delta_x + X\Delta_y}{R^2 + X\Delta_x + Y\Delta_y} \\
A &= 2R^2 Z\Delta_z - 2Z^2(X\Delta_x + Y\Delta_y) + R^2\Delta_z^2 - Z^2(\Delta_x^2 + \Delta_y^2) \\
B &= R\sqrt{(X+\Delta_x)^2 + (Y+\Delta_y)^2} + Z(Z+\Delta_z) \\
C &= R(Z+\Delta_z) + Z\sqrt{(X+\Delta_x)^2 + (Y+\Delta_y)^2} \\
\tan\Delta\delta &= \frac{A}{BC}
\end{aligned}
\tag{5-6}
$$

5.7 卫星之间角距和位置角的计算

在确定行星天然卫星的轨道时，除了天球差分角坐标外，卫星之间的角距离 s 也被用作测量量。这种测量量的优点是，它不依赖于图像方向相对于天北极方向的误差。

计算卫星之间角距离 s 的公式如下

$$\tan s = \frac{\sqrt{(Y\Delta_z - Z\Delta_y)^2 + (Z\Delta_x - X\Delta_z)^2 + (X\Delta_y - Y\Delta_x)^2}}{X^2 + Y^2 + Z^2 + X\Delta_x + Y\Delta_y + Z\Delta_z}$$

其中，这里的差分计算并不会产生两个相近数字相减带来的误差。

位置角 P 也可以作为测量量。这是天球上的一个角，这个角的顶点在第一个卫星处，是从连接双星的方向到连接第一颗卫星和北天极方向的大圆之间的角度。为了计算位置

角，我们必须首先计算第一颗卫星的绝对坐标，为了简洁起见，把它写为 α、δ ，然后用上面给出的公式计算微分坐标 $\Delta\alpha$ 和 $\Delta\delta$ 。然后根据式（5-7）得到位置角 P

$$\tan P = \frac{\cos(\delta + \Delta\delta)\sin\Delta\alpha}{\sin\Delta\alpha + 2\cos(\delta + \Delta\delta)\sin\delta\sin^2\dfrac{\Delta\alpha}{2}} \tag{5-7}$$

根据下面的公式可以确定一个近似的位置角

$$\tan P = \frac{X_d}{Y_d}$$

5.8　卫星切向坐标的测定

需要注意在对自然行星卫星的天文观测中，除了差分角坐标外，还使用了所谓的天体切向坐标。如上所述，这些都是图像平面上的线性坐标。原点与视场的光学中心重合，其中一个轴 X_t 的指向平行于正东方向，另一个轴 Y_t 垂直于 X_t 轴指向正北。测量值的单位是望远镜的焦距。两颗卫星切向坐标的近似差与它们的差分角坐标一致，但计算差分切向坐标的精确公式与差分角坐标的精确公式不同。

通常，给出了一个天体相对于另一个天体的切向坐标，则认为另一个天体的图像恰好也位于光轴上，并且图像平面垂直于这个光轴。假设我们需要计算卫星 1 相对于卫星 2 的切向坐标，如上所述，卫星 2 的地心半径矢量为

$$\boldsymbol{S}_T^{(2)} = \{X, Y, Z\}$$

以及两卫星位置矢量的差值为 Δ_x、Δ_y 和 Δ_z 。则切向坐标可由以下公式确定

$$X_t = \frac{\sqrt{X^2 + Y^2 + Z^2}(-\Delta_x Y + \Delta_y X)}{\sqrt{X^2 + Y^2}(X^2 + Y^2 + Z^2 + \Delta_x X + \Delta_y Y + \Delta_z Z)}$$

$$Y_t = \frac{-\Delta_x XZ - \Delta_y YZ + \Delta_z(X^2 + Y^2)}{\sqrt{X^2 + Y^2}(X^2 + Y^2 + Z^2 + \Delta_x X + \Delta_y Y + \Delta_z Z)}$$

由式（5-8）求出切向位置角 P_t

$$\tan P_t = \frac{Y_t}{X_t} \tag{5-8}$$

切向距离 s_t 可根据下式计算

$$s_t = \sqrt{X_t^2 + Y_t^2}$$

5.9　通过互掩卫星的光度观测确定行星两个卫星的坐标差

本书考虑了一种基于行星卫星互掩光度的测量以确定卫星天文坐标的特殊情况。通过对两颗互掩卫星的光度观测，可以高精度地确定卫星的相对位置。所考虑的现象是，其中一颗卫星部分或完全落入另一颗卫星投射的阴影中。与此同时，在地球的观测过程中，它的亮度逐渐下降。被掩卫星的亮度下降可以用光度计或 CCD 来测量，其亮度主要取决于

两颗卫星的日心角距离。它还取决于从被掩卫星到太阳和到地球之间的角度，也就是卫星的太阳光照角。正是两颗卫星的日心角距离决定了被掩卫星在时间上的亮度变化，即卫星的亮度曲线。在处理考虑光速的光度观测时需要准确地模拟光的传播过程。

所考虑的现象模型如图 5-5 所示。太阳在 t_3 时刻发出的光沿直线运动，在 t_2 时刻到达卫星 2。我们用 $\boldsymbol{H}(t_3)$ 表示太阳在 t_3 时刻的质心矢量。太阳发射的部分光子击中了卫星 2 的表面，其他光子则进一步前进。我们用 $\boldsymbol{S}^{(2)}(t_2)$ 来表示卫星 2 在时间 t_2 处的质心矢量。利用行星和卫星理论，可得

$$\boldsymbol{S}^{(2)}(t_2) = \boldsymbol{P}(t_2) + \boldsymbol{S}_P^{(2)}(t_2) \tag{5-9}$$

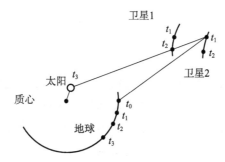

图 5-5　行星卫星互掩观测过程中的光传播（点的序列：$t_3 < t_2 < t_1 < t_0$）

光子群在 t_1 时刻到达卫星 1，被其表面散射，并进一步向地面观测者移动。t_0 时刻它们到达地球，在望远镜的光电探测器上形成了一个被掩卫星的图像。

我们用 $\boldsymbol{S}^{(1)}(t_1)$ 表示 t_1 时刻卫星 1 的质心矢量，有

$$\boldsymbol{S}^{(1)}(t_1) = \boldsymbol{P}(t_1) + \boldsymbol{S}_P^{(1)}(t_1) \tag{5-10}$$

t_0、t_1、t_2 和 t_3 的时间差可根据下面的关系式计算

$$t_2 - t_3 = \frac{\left| \boldsymbol{S}^{(2)}(t_2) - \boldsymbol{H}(t_3) \right|}{c}$$

$$t_1 - t_2 = \frac{\left| \boldsymbol{S}^{(1)}(t_1) - \boldsymbol{S}^{(2)}(t_2) \right|}{c} \tag{5-11}$$

$$t_0 - t_1 = \frac{\left| \boldsymbol{T}(t_0) - \boldsymbol{S}^{(1)}(t_1) \right|}{c}$$

为了确定矢量 $\boldsymbol{H}(t_3)$、$\boldsymbol{S}^{(2)}(t_2)$ 和 $\boldsymbol{S}^{(1)}(t_1)$，我们需要知道时刻 t_3、t_2 和 t_1。可以根据式（5-9）、式（5-10）和式（5-11）迭代求解所需的向量和相应的时刻。在第 0 次近似中，设置 $t_3 = t_2 = t_1 = t_0$。

显然，卫星 1 的阴影大小取决于向量 $\boldsymbol{S}_H^{(2)}(t_2)$ 和 $\boldsymbol{S}_H^{(1)}(t_1)$ 之间的夹角，其中

$$\boldsymbol{S}_H^{(2)}(t_2) = \boldsymbol{S}^{(2)}(t_2) - \boldsymbol{H}(t_3), \quad \boldsymbol{S}_H^{(1)}(t_1) = \boldsymbol{S}^{(1)}(t_1) - \boldsymbol{H}(t_3)$$

我们称这个角为两颗卫星的有效日心角距离，并用 s^* 表示。

向量 $\boldsymbol{S}_H^{(1)}(t_1)$ 和向量 $\boldsymbol{S}_H^{(2)}(t_2)$ 的分量记为

$$\boldsymbol{S}_H^{(1)}(t_1) = \{\xi, \eta, \zeta\}, \quad \boldsymbol{S}_H^{(2)}(t_2) = \{\xi + \Delta_\xi, \eta + \Delta_\eta, \zeta + \Delta_\zeta\}$$

则 s^* 可由下式计算

$$\tan s^* = \frac{\sqrt{(\eta \Delta_\zeta - \zeta \Delta_\eta)^2 + (\zeta \Delta_\xi - \xi \Delta_\zeta)^2 + (\xi \Delta_\eta - \eta \Delta_\xi)^2}}{\xi^2 + \eta^2 + \zeta^2 + \xi \Delta_\xi + \eta \Delta_\eta + \zeta \Delta_\zeta}$$

式中，小增量 Δ_ξ、Δ_η、Δ_ζ 应由如下公式确定

$$\{\Delta_\xi, \Delta_\eta, \Delta_\zeta\} = \boldsymbol{S}_H^{(2)}(t_2) - \boldsymbol{S}_H^{(1)}(t_1) = \boldsymbol{P}(t_2) - \boldsymbol{P}(t_1) + \boldsymbol{S}_P^{(2)}(t_2) - \boldsymbol{S}_P^{(1)}(t_1)$$

注意在使用上述公式计算 s^* 时，不会因为两个相近数的相减而损失精度。

如果除了日心角距离外，还需要计算两颗卫星的日心角坐标差值，可以使用类似于式（5-6）的公式。

5.10 关于行星卫星观测测量值的结论

为了从观测数据中确定卫星运动参数，有必要应用微分改进方法，这将在下一章中介绍。为了应用这种方法，我们必须通过给定的运动参数计算测量值。这些计算是按照下列步骤进行的：参数→行星中心直角坐标→观测向量→测量值。第一阶段是基于卫星运动模型，上面章节就是专门针对该过程的。第二和第三阶段的操作将在本章中进行描述。现在具备了利用测量值确定卫星运动参数的所有要素。

相关内容可以参考文献（Emelyanov，2017a）。

5.11 以双星相互逼近时刻作为测量量

行星卫星观测的测量值之一是两颗卫星的角距离 d。由于这个距离取决于两颗卫星的运动参数，因此有可能利用这类观测数据改进轨道。这种测量的一个优点是在观测过程中，观测值与图像相对于天极的方向无关，这就消除了在这种情况下通常出现的方向错误。

将卫星图像的测量结果转换为卫星之间的角距离需要了解图像尺度，即照相机接收到的图像的线性距离与天球的角距离之间的关系。这个尺度可以用不同的方法来确定。然而，在任何情况下，尺度都伴随着一个未知误差，而且对于同一台望远镜在同一晚上获得的不同帧的图像，误差也是不同的。这个误差将导致所获得的卫星之间角距离的误差，这涉及运动参数的确定，并最终引起卫星的星历误差。

为了避免这种误差，即完全消除该误差，莫加多等人（Morgado，2016）提出了一种特殊的测量方法。在这种方法中，两颗卫星之间的角距离首先由一些时间点确定，这些时间间隔中双星发生了互相接近事件。在这个区间内，有一个最小视距离。但这个最小视距离对应的时刻 t_0 并不依赖于距离本身，而是取决于卫星的运动，因此，也取决于卫星运动的参数。莫加多等人（Morgado，2016）提出的方法思想是，在改进卫星运动参数时，利用卫星间出现最小视距离的时刻 t_0 作为测量值。通过一些合适的函数描述视距离对时间的依赖关系用以计算最小距离时刻，这里可以使用高阶多项式。

由于最小视距离的时刻不依赖于距离本身，因此图像的尺度误差被完全消除。然而，

在图像中所测量的距离包含了随机的测量误差。因此，所得最小视距离的时刻也会包含一定误差。

莫加多等人（Morgado et al.，2016）发表了一系列这样的测量结果，即木星的多对伽利略卫星的接近时刻。

这种方法需要进行仔细分析。事实上，星历的准确性不仅取决于观测结果的准确性，还取决于测量值的组成和类型。因此，有必要找出利用卫星接近时刻作为测量值改进轨道是如何影响卫星星历准确性的，建立卫星运动模型的最终目的就是得到这个卫星星历。

为了进行这样的分析，本书作者已经准备好了必要的工具，将在第 8 章中进行描述。论文（Emelyanov，2017b）对莫加多等人（Morgado, et al.，2016）的思想进行了必要分析。为此，首先计算了一组木星的伽利略卫星的星历。利用这些星历计算观测值，在最后一步中，卫星星历时刻在观测的时间区间之后。人工观测的时刻是在较小的时间区间内选择的，在这个区间内，卫星的相互视距离最小。观测结果是基于大量这样的时间区间来建模的。为了分析星历误差，在人工测量中加入了具有特定方差的随机误差和正态分布的概率密度误差。该方法的计算机程序中使用了随机数传感器，比较了两种不同类型的测量量。第一种中，相互视距离为测量值（d）。第二种中，最小视距离对应的时刻（t_0）为测量值。

本实验中的随机误差设置如下。所有模拟的相互距离都采用随机误差，其离散度与真实观测的精度相同。此外，在一对卫星接近的每个时间区间内，将相同的误差加入到距离模型中，模拟真实观测中存在的尺度误差。对于不同的逼近时间区间，选择不同的尺度误差值。对于整个区间集，误差是随机选择的，给定误差的方差大小为 σd_s，通过这种方式模拟了真实观测中存在的情况。

从模拟观测中，首先确定轨道参数，然后计算观测时间区间后若干时刻的星历。这个过程重复了很多次，每次都有一组新的随机观测误差。在不同的随机观测误差集中，星历坐标的值是不同的。星历的精度是通过计算星历与基准星历的均方根偏差来估计的。

实验在不同的 σd_s 误差值下进行了多次，每次都评估星历的准确性。对两组不同类型的观测量进行比较，在第一组中，使用最小视距离（d）；而在第二组中，使用最小视距离对应的时刻（t_0）。因此，我们得到了以下结果。在零误差（$\sigma d_s = 0$）时，第二组（t_0）的星历误差明显大于第一组（d）。当增大误差 σd_s 时，第一组（d）的星历误差增大，而第二组（t_0）的星历误差保持不变。这是显而易见的，因为在第二组（t_0）中，卫星视距离相互接近的时刻根本不依赖于尺度误差。再增大 σd_s 使得 $\sigma d_s = \sigma d_s^{(eg)}$，两种情况下的星历误差相等。而后 σd_s 进一步增大，第一组（d）的星历误差继续增大。

从实验结果可以看出，研究者莫加多的思想（Morgado，2016）只在足够大的尺度误差时才具有优势。临界值 $\sigma d_s^{(eg)}$ 决定了观测类型的选择，但这在基于真实观测的问题中很难找到。文献（Emelyanov，2017b）只确定了这样一个临界值 $\sigma d_s^{(eg)}$ 的存在。

埃梅利亚诺夫（Emelyanov，2017b）进行的实验表明，使用新的观测类型需要对得到的星历准确性进行仔细分析。

5.12　行星卫星地面观测的方法与技术

行星卫星的天文观测技术在几个世纪以来得到了不断发展，直到 20 世纪，观测者通过望远镜的目镜，除了能看到星星的图像，还能看到一个十字网格线和另一个可以通过旋转微米螺丝来改变位置的附加线。观测人员可以通过旋转目镜上的十字标记让某个天体位于十字中心，另一个落在附加线的十字星上。通过这样的观测，可以测量两个天体的角距离 s 和位置角 P 。此外，这两个值通常是在不同的时间点测量的，这种观察结果在文献中被称为微度量法。

在 20 世纪，观察者更多的是通过显微镜研究印在照相底片上的天体图像，这种观察结果被称为照相。在显微镜下测量相对坐标，首先以毫米为单位，然后将其值转换为角度值。显微镜下行星和卫星的坐标是相对于恒星计算的。基准恒星的天球赤道坐标值取自行星历表。根据这些数据，可以推导出行星和卫星的赤道坐标，称为绝对坐标。行星历表中恒星的坐标误差直接引入至观测天体的绝对坐标中。为了改进卫星运动模型，可以使用相对角坐标，即两颗卫星的坐标差。根据这些数据，两个物体的轨道参数在一个方程组中同时被改进。相对测量没有引入行星历表误差，然而，这些数据的准确性与图像尺度和方向的不确定性有关。

在 20 世纪末，人们使用光敏电荷耦合器件（CCD）矩阵来代替照相底片。这些光电探测器更加灵敏，并具有更好的图像分辨率。但限制观测准确性的问题仍然与照相底片相同，不过通过使用功能强大的计算机，简化了图像的处理过程，这种观测被称为 CCD 观测。

行星历表在准确性方面的进步带来了一个新的不寻常的挑战。事实上，自 20 世纪初以来，人们就对行星和卫星进行了照相天体测量。根据当时可用的行星历表，确定并公布了观测到的天体坐标。这些具有时代感的摄影底片仍然保存在所谓的"玻璃图书馆"中。现在，我们可以在现存的照相底片上重新测量行星和卫星的坐标，并利用现代行星历表获得这些天体新的天文坐标。这项活动最近在世界各个机构中开展，法国巴黎天体力学和星历计算研究所（IMCCE）的工作人员罗伯特等人（Robert et al.，2016）负责这项工作。

散斑干涉观测

应特别考虑一种特殊的天体测量方法。随着天文技术的发展，出现了散斑干涉观测。这种测量方法如下：用 CCD 相机记录下行星和卫星的光在望远镜焦点上产生的衍射图样，相机曝光时间约为 10 ms（大气湍流"冻结"的时间）。通过这种配准方法，行星的图像在望远镜焦平面上以一组斑点的形式得到，这些斑点随机分布在图像大气弥散圆定义的小区域内。每个斑点都对应着光在湍流大气中的一些波动。卫星进入望远镜的光与行星方向有轻微的角度差，这使得卫星的光经过相同的大气波动（等晕现象），在焦表面产生一组斑点，类似于来自行星的斑点组，但卫星斑点会根据行星与卫星之间的角距离和它们的位置角变化而移动。斑点位置的精度受到给定望远镜衍射斑点大小的限制。通常会记录一系列时间一致的帧，将所有帧中斑点的线坐标输入计算机并进行相关分析。每个与行星相对应的斑点都有一个与其卫星相对应的斑点。对这些测量结果进行统计处理，给出角距离及其位置角的平均值，因此，散斑干涉观测的精度比普通摄影观测的精度高数百倍。

5.13　行星卫星的观测来源

对一个普通观测者和一个使用这些数据来获得新信息或生成星历的研究人员来说，两者的观测方法是截然不同的。在过去的几个世纪里，研究人员经常自己观测并确定卫星轨道。然而，通用的方法很快就发展起来了：通过在科学期刊上发表观测结果。在这种情况下，首先，数据有可能保存多年；其次，任何人都可以获得观测结果。目前这种技术仍在应用，例如，所有对大行星远距离卫星的观测都发布在"小行星中心"（MPC）上，相应地，文本现在可以在 MPC 网址 https：//minorplanetcenter. net/iau/mpc. html 上找到。

很长一段时间，观测结果被刊登在科学期刊上。几个世纪以来，大多数观测结果都发表在《皇家天文学会月刊》（MNRAS）、《天文学杂志》（AN）、《天文学和天体物理学》（AA）、《天文学和天体物理学系列增刊》（AAS）、《天文学杂志》（AJ）上。最近，一些期刊创建了可以通过互联网访问的电子数据库。与此同时，在文章的文本中给出了对观测结果的详细描述，并且数据本身也以电子方式存入数据库中。通常，作者在他们的论文中引用一小段数据，并将观察结果放在电子数据库的论文中。

观测人员有可能在难以获取的出版物上发表他们的观测结果，例如《喀山市天文台院刊》和"存放在俄罗斯科学院全俄罗斯科学和技术信息研究所（VINITI）的手稿"。在这种情况下，观测人员的工作可能会被遗忘，宝贵的科学数据也可能会丢失。幸运的是，一些常见的行星卫星观测数据库的创建者正在通过搜索这类数据并将其放入数据库来"保存观测数据"。我们特别提到了天然卫星数据库（NSDB），即行星卫星观测数据库，在这本书的第 12 章中有更详细的描述。NSDB 的网址为：

http：//www. sai. msu. ru/neb/nss/html/obspos/

http：//nsdb. imcce. fr/obspos/

任何观测都至少由两个值组成：观测时间和测量量的值。然而，这两个值实际上还不够。事实是，时间总是在一个或另一个时间尺度中计算，测量值是在一个或另一个坐标系中确定。如果没有时间尺度和坐标系的说明，这些数据可能是无用的。观测的另一个必要属性是指明观测是在哪里进行的。事实上，我们需要这个观测天文台的坐标。在某些时期，所有的观测者都使用相同的时间尺度和坐标系。但是，这些细节并没有在出版物中指出，这种情况有时会阻碍或严重妨碍这类观测结果的使用，使得研究人员不得不使用间接信息来恢复缺失的数据。

有时在出版物中，观测结果中会提供所使用的观测方法的说明：望远镜的直径、光电探测器的类型、气象条件。这些信息对观测准确性的初步评估或剔除观测数据是有用的。

我们发现行星卫星观测的一个特殊渠道，发表在《天文学和天体物理学》杂志上的数据经常被放在一个特殊的电子数据库 VizieR 在线数据目录中。这是斯特拉斯堡-斯特拉斯堡天文数据中心的大型数据库的一部分。如果知道该期刊上发表的文章卷号和页码，就可以在数据库中找到观测结果。网址为 http：//vizier. cfa. harvard. edu/viz－bin/VizieR？－source＝J/A＋A/NV/NP，其中 NV 为卷号，NP 为页码。最近，文章编号代替了页码，示例如下：http：//vizier. cfa. harvard. edu/viz － bin/VizieR？ － source ＝ J/A ＋ A/582/A36。

除了在地面天文台进行的观测外，还会使用位于人造地球卫星上的望远镜对行星卫星进行天文观测。许多使用哈勃太空望远镜进行观测得到的数据都在上面提到的 NSDB 数据库中。这些数据库还接收了使用 WISE 卫星上的望远镜进行行星远距离卫星观测得到的数据。

因此可知，目前要寻找行星天然卫星的观测结果，首先应该转向一些电子数据库。有关此类数据库的更多信息，请参阅本书的第 12 章。

5.14 行星卫星观测的时间尺度和坐标系统

我们在前文注意到，时间尺度和坐标系统的发展是为了服务天体测量科学。在这本书中，无法涵盖所有必要的信息。为了解决在研究行星天然卫星动力学时出现的所有天体测量问题，需要参考关于天体测量的论文和书籍。我们将在本章介绍最必要的信息。

时间尺度

时间尺度由两个因素决定。首先一个因素是物理时间传感器，例如原子钟和脉冲星；第二个因素与广义相对论的影响有关，因为位于太阳系不同位置的时钟是不一样的。

用来研究太阳系中天体运动的主要和最普遍的时间是质心动力学时间（TDB），这是位于太阳系质心的均匀运行时间。由于实际上没有真的表，因此 TDB 只是一个模型。另一个通用的尺度是地球时（TT），这是位于大地水准面（非常接近地球表面）上的均匀运行时间。但是对于在地球上生活的人们，使用 TDB 和 TT 将会不方便。由于我们的生活与太阳的起落有关，这是由地球的自转决定的。对我们来说，与地球自转相关的时间 UT1 可能更为方便。使用 UT1 时间似乎很好，但是由于地球的旋转不仅不均匀，而且是不可预测的不均匀，因此地球不是一个合适的时间传感器。事实证明，原子钟是一种极好的均匀时间传感器，相应的时间被称为 TAI（国际原子时）。TT 与 TAI 的关系是

$$TT＝TAI＋32.184 \text{ s}$$

为了方便地球上的生活，提出了协调世界时（UTC），它与 UT1 的差在 1 s 以内，通常情况下，它与原子时 TAI 的秒长一致，与 TAI 相差一个已知的常数。但是，由于 UT1 的过程不均匀，有时必须在 UTC 时间上增加整秒，以确保 UTC－UT1 的差不超过 0.9 s。这样的修正大约每年一次，这取决于地球自转的特性。例如，从 2015 年 7 月 1 日至 2017 年 1 月 1 日，TT－UTC 的差异为 68.184 s，同时，UTC－UT1 之间的差值从未超过 0.9 s。

国际地球自转服务中心（IERS）做出了引入闰秒的决定，在 https：//hpiers. obspm. fr/iers/bul/bulc/bulletinc. dat. 的 IERS 网页上会提前几个月发布这个决定。

TT - UTC 的差值及相应的闰秒时间表见本书附录 D。

目前，几乎所有对行星自然卫星的观测都是使用 UTC 发布的。然而，情况并非总是如此。在过去，人们使用了许多不同的时间尺度。如果我们试图使用过去几个世纪以来所制作和发表的观测数据，我们就需要知道当时所使用的时间尺度与 UTC 尺度之间的关系。在本书的附录 D 中给出了过去使用的各种时间的关系。

现在，如何处理建立卫星运动模型的时间？在求解运动微分方程时，假定时间均匀流动。因此，只有 TDB 或 TT 可以作为卫星运动理论的时间尺度。然后我们找到了区别，两个时间之间的关系为

$$TDB = TT + P$$

式中，P 是时间周期项的和。周期为 1 年的项的最大振幅为 0.001 656 s，剩下的项要小得多。为了非常准确地表示 P，我们可以查取费尔黑德和布雷塔格农（Fairhead, Bretagnon，1990）发表的相关系列文章。所以，如果我们对 0.001 656 s 的时间精度感到满意，那么在这两个尺度中选择哪个就没有区别了。

因此，从前面的陈述可以看出，通过 UTC 发布的观测时间必须首先使用附录 D 中给出的表转换到 TT，然后，根据需要转换到 TDB。

在解释和使用过去几个世纪发表的天文测量观测结果时，应考虑到以下特点：根据 1925 年之前的观测数据，一天的开始被认为是中午，即 12 点。中午是每个儒略日开始。

观测日期可以根据公历或儒略日（JD）以日历的形式设置。天文学家也使用与 JD 相关的约简儒略日（MJD）

$$JD = MJD + 2\ 400\ 000.5$$

对时间的介绍见附录 D。

坐标系

卫星的天文观测结果要么是地心赤道角坐标赤经 α 和赤纬 δ，要么是两个天体坐标的差值：一颗卫星和一颗行星的坐标差值或两颗卫星的坐标差值。如果 α 和 δ 是直接得到的，则观测值称为绝对值；如果差值是坐标，则认为观测值是相对的。

绝对坐标由 CCD 相机测量的目标在相平面或者图像上的线性坐标给出。之后再测量出参考星的线性坐标。参考星的坐标从目录里查找。接着通过建立图像中线性坐标和空间中角坐标的关系式，便可获得目标的赤经和赤纬。使用这些观测获得的卫星坐标与使用的参考星目录直接相关。

相对坐标是通过测量图像中两个物体的线坐标差来获得的。为了将这些测量到的坐标差转化为天球坐标差，我们需要知道图像的方向和比例。有多种方法可以用来确定这个方向和比例，比例可通过已知相对坐标的星团图像来校准得到，或通过使用各种技术方法测量望远镜的焦距来得到。方向有时是由望远镜引导机构停止后获得的图像帧中物体顺时针运动的方向决定的。由于本书篇幅限制，在这里不考虑其他方法。

通常用赤道和春分点在某固定历元的非旋转地球赤道坐标系计算坐标。在发表的行星自然卫星观测的出版物中，构建了三个这样的坐标系统。其中之一是基于银河系外射电源的 ICRF（国际天球参考系）。第二个是与行星运动相关的动态坐标系，该动态系统是由美国喷气推进实验室（JPL）开发的行星星历 DE200/LE200 定义的。第三个是 FK5 星历坐标系。通常，观测结果都有一个简单的标识，表明正在使用 J2000 历元的坐标系。有了这些行星星历，可以减少观测，并且在其中隐含了坐标系统。

当不同的行星星历共享使用时，有必要将卫星的坐标从一个系统转换为另一个系统。要做到这一点，我们需要知道坐标系之间的关系。FK5 星历表系统与动态坐标系统之间的转换矩阵是已知的，相关著作由斯坦迪什出版社出版（1982）。FK5 星历表和 ICRF 的坐标系之间的关系在文献（Feissel，Mignard，1998）中给出。

过去，观测结果是使用特殊星历表 FK4 中的行星坐标进行处理的，它的特点是简化了周年视差模型。由于这一特性，从 FK4 坐标系到 FK5 坐标系的转换不能通过一个简单的旋转矩阵来完成。该转换同时取决于坐标参考时间和对象本身的坐标。文献（Aoki et al.，1983）中描述了如何进行这样的转变。

需要注意的是，FK4 行星历表的坐标系与 B1950 历元的黄道和赤道有关。因此，在观测相关的出版物中，经常使用的 B1950 历元坐标系就是 FK4 行星历表的坐标系。事实上，在 20 世纪的天体测量中，有各种坐标系，因此在使用观测值时，有必要详细了解所使用的坐标系，以防止出现误差。

上面所述的所有系统都被定义为天体图像坐标系。自 1984 年以来，天体测量坐标系已经与天体图像坐标系相统一，这正是 5.2～5.9 节中所采用的。

此外，在过去几年的观测中，还使用了其他坐标系统。首先，有必要从天体测量的角度考虑与赤道和春分点运动相关的坐标系，即考虑在观测时刻的真赤道和真春分点。然后是关于"历元时刻"的真赤道和真春分点。在章动过程中，平均南北极和春分点的坐标，得到"历元时刻"的平均赤道和春分点。地心赤道坐标可以分别在真赤道和春分点或平均赤道和春分点系统中测量。当从这些系统转换为固定赤道和春分点的系统时，可以使用各种岁差和章动的模型。其中一个最新的版本是国际天文学联合会（IAU）在 1976 年采用的岁差模型，以及国际地球自转服务机构（IERS）采用的进动模型（Seidelmann，1982）。1976 年的 MAC 岁差模型的相关内容可以参考塞德尔曼（Seidelmann，1982）的文献。

尽管天体测量技术不断发展，但 1976 年的 MAC 岁差模型仍在使用中。然而，章动模型则是不断更新的。事实上，国际地球自转服务机构（IERS）放弃了这种简化的模型，取而代之的是指定地球自转轴方向的参数。在 IERS 网站上发布了一个不断更新的数据表，以 1 天为历元间隔，给出了地球定向参数（EOP）。该数据表给出了获得自转轴坐标所需的参数，这些参数由章动模型 MAC 1980 和直接决定自转轴方向的参数确定。本表的网址如下：https：//datacenter. iers. org/data/latestVersion/223 _ EOP _ C04 _ 14. 62－NOW. IAU1980223. txt。

除了天体测量坐标外，在过去几年的观测实践中，还发现了坐标系的其他定义，特别是视坐标的概念。视坐标确定了在天体发出光子的时刻，从观测者的位置指向天体位置的矢量，这些光子在观测时刻到达光电探测器，其中的时间差是从观测者到物体的光行时。当使用视坐标时，会"默认"一些假设，特别是使用了真赤道和真春分点。在每一种情况下，都有必要在发表之前仔细研究在处理观测结果时应用了哪些假设。

视坐标的概念可能包括考虑由太阳引力作用引起的视线曲率，即广义相对论的影响。特别是，在 HORIZONS 网站（JPL）的星历服务中，考虑了光束曲率的影响，具体可以在网址 https：// ssd. jpl. nasa. gov/horizons. cgi 上获得。

这里描述的坐标系和相应的方法可以在两本书（Seidelmann，1992；Simon et al.，1997）中找到。

参 考 文 献

[1] Aoki, S., Soma, M., Kinoshita, H., Inoue, K., 1983. Conversion matrix of epoch B1950. 0 FK 4 -based positions of stars to epoch J 2000. 0 positions in accordance with the new IAU resolutions. Astronomy & Astrophysics 128 (2), 263 – 267.

[2] Emelianov, N. V., 1999. Relationship between astrometric and theoretical coordinates of planetary satellites. Solar System Research 33, 133 – 137.

[3] Emelyanov, N. V., 2017a. Current problems of dynamics of moons of planets and binary asteroids based on observations. Solar System Research 51 (1), 20 – 37.

[4] Emelyanov, N. V., 2017b. Precision of natural satellite ephemerides from observations of different types. Monthly Notices of the Royal Astronomical Society 469 (4), 4889 – 4898.

[5] Fairhead, L., Bretagnon, P., 1990. An analytical formula for the time transformation TB – TT. Astronomy & Astrophysics 229 (1), 240 – 247.

[6] Feissel, M., Mignard, F., 1998. The adoption of ICRS on 1 January 1998: meaning and consequences. Astronomy & Astrophysics 331, L33 – L36.

[7] Morgado, B. E., Assafin, M., Dias – Oliveira, A., Gomas Jr., A., 2016. Astrometry of mutual approximations between natural satellites. Application to the Galilean moons. Monthly Notices of the Royal Astronomical Society 460, 4086 – 4097.

[8] Robert, V., Pascu, D., Lainey, V., Arlot, J. – E., De Cuyper, J. – P., Dehant, V., Thuillot, W., 2016. New astrometric measurement and reduction of USNO photographic observations of themain Saturnian satellites: 1974 – 1998. Astronomy & Astrophysics 596, A37. 10 pp.

[9] Seidelmann, P. K., 1982. 1980 IAU theory of nutation – the final report of the IAU working group on nutation. CelestialMechanics 1982 (27), 79 – 106.

[10] Seidelmann, P. K. (Ed.), 1992. Explanatory Supplement to the Astronomical Almanac. University Science Books, Mill Valley, California.

[11] Simon, J. – L., Chapront – Touzé, M., Morando, B., Thuillot, W. (Eds.), 1997. Introduction aux éphémérides astronomiques. Supplément explicatif à la connaissance des temps. BDL, Institute of Technology, Paris. 450 c.

[12] Standish Jr., E. M., 1982. Orientation of the JPL Ephemerides, DE 200/LE 200, to the dynamical equinox of J2000. Astronomy & Astrophysics 114, 297 – 302.

第 6 章　建立基于观测的天体运动模型

6.1　基于观测的天体运动参数微分改进方法：最小二乘法的应用

在天体力学中，所研究的天体问题各不相同，但它们的解决方式是相似的。这些问题可以表述为"从观测中对天体运动参数进行改进"。在前面的章节中给出了对运动参数和观测结果的详细解释，这里简要地描述相关概念。

天体的运动参数称为天体运动所依赖的量，至少在研究的某个阶段或某个时间段内被认为是恒定的。考虑三种类型的参数：第一类是运动方程的输入参数，它们在求解方程之前就是已知的。第二类出现在求解微分方程的过程中，要么是方程一般解析解中的任意常数，要么是数值积分的初始条件，即天体在初始时刻的坐标和速度分量。第三类包含在观测结果与天体坐标之间的关系中，它们与被研究天体的运动无关，取决于我们是如何观测的，这类参数被称为观测条件的参数。

第一、第二和第三种类型参数的例子分别是天体的引力参数、轨道根数和天文台的地心坐标。

在观测过程中，任何量都是根据天体的位置或速度来测量的，称为测量量，观测结果给出了在测量时刻测量量的值。可以同时测量几个量，为了简单且不失一般性，我们假设在一次测量中，所有的量都是独立测量的，不同量的测量时间可能重合。测量量的例子有：一个天体在站心赤道坐标下的测角、测距，以及两个天体的角坐标之差。测量量始终是某一时间点在某一地点通过测量仪器获得的真实物理量。测量时刻由位于观测点的时钟计算，在这种情况下，观测的时间尺度和运动模型（运动的微分方程）的时间尺度之间的关系应该是已知的。

我们将天体运动模型的改进问题表述如下：给出观测结果，需要找出运动参数。

假设 ξ 是测量量之一，p_1，p_2，$\cdots$，p_n 是未知的天体运动参数真实值。测量在某个时间点 t 进行，通常会进行很多次测量，得到一些测量量 ξ_i 及其测量时刻 t_i，$i=1$，2，$\cdots$，m，其中 m 是测量次数。

在构造天体运动模型或理论时，不可避免地会使用多种坐标系。通常这些坐标是出现在运动微分方程中的。与真实的测量仪器获得的测量量不同，坐标是一些抽象的概念。在大多数情况下，它们是无法测量的。例如，我们不能直接测量地球卫星的地心直角坐标。任何坐标系的坐标轴都与真实的对象相关联，例如，地面参考系的轴与地球表面上一些参考天文台的位置相关联，天体参考系的轴与恒星或银河系外射电源的位置相关联。在任何情况下，都要建立一些坐标系的模型，这个模型可以随着时间的推移而发生改变和得到改进。

天体运动模型给出给定时刻某些坐标的理论值。通常假设坐标系的轴是不旋转的，也就是说，它们总是相互平行于某个惯性坐标系的轴。至于时间，我们假定时间是一致的。然而，坐标和时间的性质只能通过与一些真实天体或真实周期过程相关联的模型来得到。

运动理论和模型给出任意给定时刻 t 的坐标，假设是笛卡儿直角坐标，表示为 x，y，z。坐标值依赖于运动参数，我们在这里用 p_1，p_2，$\cdots$，p_j 来表示。在这里，一个天体的参数数量 j 可以等于 6 或更多，这取决于所使用的理论。因此，我们得到时间的参数函数式（6-1），称之为运动定律。

$$x = x(t,\quad p_1,\quad p_2,\quad \cdots,\quad p_j)$$
$$y = y(t,\quad p_1,\quad p_2,\quad \cdots,\quad p_j) \qquad (6-1)$$
$$z = z(t,\quad p_1,\quad p_2,\quad \cdots,\quad p_j)$$

在进行观测时，我们必须知道测量值 ξ_i 与天体坐标之间的关系。该关系由测量模型来定义，测量模型可能包含一些参数，用 p_{j+1}，p_{j+2}，$\cdots$，p_n 表示。根据观测模型可以得到式（6-2）

$$\xi = \xi(t,\quad x,\quad y,\quad z,\quad p_{j+1},\quad p_{j+2},\quad \cdots,\quad p_n) \qquad (6-2)$$

用式（6-1）替换式（6-2）右侧的坐标之后，得到测量量 ξ^c 的模型值，是一个已知的时间 t 和运动参数的函数

$$\xi^c = \xi(t,\quad p_1,\quad p_2,\quad \cdots,\quad p_n) \qquad (6-3)$$

任何模型都包含误差，用 δ_{th} 表示模型误差，然后减去误差 δ_{th} 可以得到测量量 ξ 的真实值

$$\xi = \xi(t,\quad p_1,\quad p_2,\quad \cdots,\quad p_n) - \delta_{th}$$

事实上，测量值是从观测中获得的，因此也包含了观测误差。设 ξ^0 为测量量的观测值，δ_{obs} 为其误差。减去观测误差，再次得到测量量的真实值

$$\xi = \xi^0 - \delta_{obs}$$

整理后可得到

$$\xi^0 = \xi(t,\quad p_1,\quad p_2,\quad \cdots,\quad p_n) + \delta_{obs} - \delta_{th}$$

在 t_1，t_2，$\cdots$，t_m 时刻，可得到关于待估参数 $p_k(k=1,2,\cdots,n)$ 的方程组

$$\xi_i^0 = \xi(t_i,\quad p_1,\quad p_2,\quad \cdots,\quad p_n) + \delta_{obs}^{(i)} - \delta_{th}^{(i)} (i=1,2,\cdots,m) \qquad (6-4)$$

$$\xi_{sum}^{(i)} = \delta_{obs}^{(i)} - \delta_{th}^{(i)}$$

称为观测误差和模型误差的总误差。

在求解这类问题时，误差的准确值 $\delta_{obs}^{(i)}$ 和 $\delta_{th}^{(i)}$（$i=1,2,3,\cdots,m$）是未知的。它们通常被认为是具有给定概率特征（分布规律、时间等）的随机变量。

因此，得到含 $m+n$ 个未知数的 m 个方程组

$$\xi_{sum}^{(i)} = (i=1,2,\cdots,m),p_1,p_2,\cdots,p_n$$

其中，未知数的数量大于方程的数量。

在这种情况下，等式（6-4）被条件方程组（6-5）所取代

$$\xi_i^0 = \xi(t, p_1, p_2, \cdots, p_n)(i=1,2,3,\cdots,m) \tag{6-5}$$

这是方程数量为 m 且有 n 个未知数 p_1，p_2，$\cdots$，p_n 的方程组。条件方程组（6-5）是不能同时成立的，它没有解，因为它是通过减去精确方程组（6-4）右边部分的 $\delta_{sum}^{(i)}$ 得到的。

我们可以试着找出待估参数的近似估计值，得到的值应尽可能与真实值相差不大。一种近似估计算法称为滤波算法，该算法的主要目标是尽可能减少（过滤）理论误差和观测误差的影响。滤波算法的选择是不确定的，它的结构取决于总误差 $\delta_{sum}^{(i)}$ 的可用信息。实际上，这样的信息很少，甚至没有。因此，我们应当接受关于总误差属性的某些假设和基于这些假设的滤波算法。

式（6-5）可被视为待估参数 p_1，p_2，$\cdots$，p_n 的方程，但在实际中不可能直接解出这些方程。因为 $\xi(t_i, p_1, p_2, \cdots, p_n)$ 是一个非线性函数，很多情况下，它甚至不能准确地写出来。此外，也不能显性地得到等式（6-5）的解。

下面我们根据第 1 章给出的方法来解决该问题。

在研究的各个阶段，待估参数的一些近似值都是已知的。我们称这些值为初始值，并用 $p_1^{(0)}$，$p_2^{(0)}$，$\cdots$，$p_n^{(0)}$ 来表示。

p_1，p_2，$\cdots$，p_n 的真实值与初始值不同，差异为

$$\Delta p_1 = p_1 - p_1^{(0)}, \quad \Delta p_2 = p_2 - p_2^{(0)}, \quad \cdots, \quad \Delta p_n = p_n - p_n^{(0)}$$

因此，式（6-5）可以写为

$$\xi_i^0 = \xi(t_i, \quad p_1^{(0)} + \Delta p_1, \quad p_2^{(0)} + \Delta p_2, \quad \cdots, \quad p_n^{(0)} + \Delta p_n) \tag{6-6}$$

对于大多数天体，其运动模型都在不断优化。因此，在后续的改进中，参数的初值已经非常接近真实值。这使得我们得到差值 Δp_1，Δp_2，$\cdots$，Δp_n，这些值都很小，公式（6-6）的右边用这些差值的泰勒幂级数展开

$$\xi_i^0 = \xi(t_i, \quad p_1^{(0)}, \quad p_2^{(0)}, \quad \cdots, \quad p_n^{(0)}) + \sum_{k=1}^{n} \left(\frac{\partial \xi}{\partial p_k}\right)_i \Delta p_k + \cdots \tag{6-7}$$

右边公式的偏导数计算中

$$t = t_i, \quad p_1 = p_1^{(0)}, \quad \cdots, \quad p_n = p_n^{(0)}$$

保留关于差值 Δp_k 的一阶小量并引入符号 $\xi_i^{c(0)}$

$$\xi_i^{c(0)} = \xi(t_i, \quad p_1^{(0)}, \quad p_2^{(0)}, \quad \cdots, \quad p_n^{(0)}) \tag{6-8}$$

$$a_k^{(i)} = \left(\frac{\partial \xi}{\partial p_k}\right)_i \tag{6-9}$$

$$\Delta \xi_i = \xi_i^0 - \xi_i^{c(0)} \tag{6-10}$$

可以得到

$$\Delta \xi_i = \sum_{k=1}^{n} a_k^{(i)} \Delta p_k (i=1,2,\cdots,m) \tag{6-11}$$

近似公式（6-11）被称为条件方程，用于修正改进参数，是修正值 $\Delta p_k (k=1, 2, \cdots, n)$ 的线性非齐次方程。

条件方程是近似值的原因有两个。首先，左侧部分舍弃了观测误差和理论误差；其

次，右侧修正值的平方项和高阶项都被舍弃。式（6-11）有时称为条件方程（6-5）的线性化过程。

如果对理论误差和观测误差做出一定的假设，就可以选择一种已有的滤波算法，找到条件方程（6-11）的近似解，也可以估计解的误差。

在求出修正值后，利用修正值改进参数初值，得到改进后的参数，因此需要修正值更加准确。这种确定天体运动参数的方法称为天体运动参数的微分改进。

由于条件方程及其近似解的不准确性，新的参数值也不够精确。然而，改进可以重复好几次。如果改进过程收敛，即改进量一步步地减小，那么当改进量明显小于其误差时，计算停止。在这种情况下，我们得到与观测值相对应的天体运动参数 $\bar{p}_1$，$\bar{p}_2$，$\cdots$，$\bar{p}_n$。这种对应关系是由给定的运动模型［式（6-3）］和所选择的滤波算法而确定的。

从理论角度来看，微分改进的收敛性尚未得到研究，有该过程不收敛或收敛于假值的例子。当采用微分改进方法时，从改进的某一步开始，由于不可避免的计算误差，改进量开始波动。在出现这种波动后，进一步尝试改进参数就变得毫无用处。

另一方面，当所描述的过程收敛性很好时，不需要准确地计算偏导数 $\left(\dfrac{\partial \xi}{\partial p_k}\right)_i$，因为在改进过程中，偏导数用于计算修正值 Δp_1，Δp_2，$\cdots$，Δp_n，这些导数的合理误差只会略微增加改进次数，不影响最终结果的准确性。

在第一次计算修正值 p_1，p_2，$\cdots$，p_n 和随后的改进步骤中，可以求出条件方程的残差

$$\delta_i = \Delta \xi_i - \sum_{k=1}^{n} a_k^{(i)} \Delta p_k \, (i = 1, 2, \cdots, m) \tag{6-12}$$

在改进完成后，即参数的改进量可以忽略不计时，条件方程的残差则为经观测改进后理论模型的最终误差或残差。

$$\delta_i = \xi_i^0 - \xi \left(\bar{t}_i, \quad \bar{p}_1, \quad \bar{p}_2, \quad \cdots, \quad \bar{p}_n \right) (i = 1, 2, \cdots, m) \tag{6-13}$$

在文献和工程中，这些差异表示为 O-C（观测值减去计算值）。

残差经常用于评估计算结果的质量，然而，要评价计算值与真实值的接近程度，这还远远不够。

在天体力学中所有可用的滤波算法中，最常用的是最小二乘法（LSM）。与其他滤波算法相比，该方法有几个优点，其中最主要的是计算简单。为了方便起见，我们引入了矩阵符号

$$\Delta \boldsymbol{p} = \begin{pmatrix} \Delta p_1 \\ \Delta p_2 \\ \vdots \\ \Delta p_n \end{pmatrix}, \quad \Delta \boldsymbol{\xi} = \begin{pmatrix} \Delta \xi_1 \\ \Delta \xi_2 \\ \vdots \\ \Delta \xi_m \end{pmatrix}, \quad \boldsymbol{\delta} = \begin{pmatrix} \delta_1 \\ \delta_2 \\ \vdots \\ \delta_m \end{pmatrix}$$

$$A_P = \begin{pmatrix} a_1^{(1)} & a_2^{(1)} & \cdots & a_n^{(1)} \\ a_1^{(2)} & a_2^{(2)} & \cdots & a_n^{(2)} \\ \vdots & \vdots & \ddots & \vdots \\ a_1^{(m)} & a_2^{(m)} & \cdots & a_n^{(m)} \end{pmatrix}, \quad \boldsymbol{\delta}_{sum} = \begin{pmatrix} \delta_{sum}^{(1)} \\ \delta_{sum}^{(2)} \\ \vdots \\ \delta_{sum}^{(m)} \end{pmatrix}$$

条件方程组（6-11）和残差可以写为

$$\Delta\boldsymbol{\xi} = A_P \Delta\boldsymbol{p} \tag{6-14}$$

$$\boldsymbol{\delta} = \Delta\boldsymbol{\xi} - A_P \Delta\boldsymbol{p} \tag{6-15}$$

式中，矩阵 A_P 通过式（6-9）计算。

最小二乘法是基于概率论的方法，需要满足以下条件：

1）式（6-3）的运动模型是确定的；

2）误差向量 δ_{sum} 是随机的；

3）误差协方差矩阵是非退化的，即矩阵的行列式不等于零；

4）数学期望 $E(\delta_{sum})$ 为 0

$$E(\delta_{sum}) = 0$$

5）协方差矩阵 $D(\delta_{sum})$ 由一个随机数决定

$$D(\delta_{sum}) = \sigma^2 K$$

最小二乘法可对随机数 σ^2 进行改进。

在此假设下，最小二乘法简化为求解矢量 $\Delta\boldsymbol{p}$ ，使得式（6-16）绝对最小

$$S(\Delta\boldsymbol{p}) = \boldsymbol{\delta}^\mathrm{T} K^{-1} \boldsymbol{\delta} = (\Delta\boldsymbol{\xi} - A_P \Delta\boldsymbol{p})^\mathrm{T} K^{-1} (\Delta\boldsymbol{\xi} - A_P \Delta\boldsymbol{p}) \tag{6-16}$$

要注意的是在实践中，不可能确保符合以上条件。特别地，协方差矩阵 K 几乎总是未知的。

下面介绍误差向量的随机性和协方差矩阵的概念，以便读者更好地理解后续内容。在概率论中，考虑了"检验"的概念，这是一个实现随机变量的过程。例如，如果我们在一个随机变量下考虑投掷硬币的结果，那么每次投掷都是一个检验，结果是"正"或"反"——随机变量的实现。在最小二乘法中，所做的观测是对随机观测误差的一个单一"检验"。我们没有，也不能对这个随机变量进行其他检验。因此，我们无法得到误差协方差矩阵 $D(\delta_{sum})$ 。然而，考虑到误差作为一个随机变量，暗含了协方差矩阵的存在以及我们接受了与之相关的假设。人们通常认为误差的协方差矩阵只有对角线元素，这意味着误差彼此之间并不相关，即相互独立。

最小二乘法的广泛使用和流行往往导致人们对使用该方法得到的结果持不加批判的态度。但在许多情况下，从这些结果中得出了错误的结论。这通常是因为问题的实际条件与使用该方法所要求的条件不匹配。当然，即使不满足一些特定的条件，LSM 也能得到令人满意的结果。

在实践中，误差协方差矩阵是未知的。在大多数问题和力学模型中，可以认为观测误差是不相关的，那么矩阵 K 就是对角矩阵。如果有一些观测量相对于其他观测量精度的信息，那么矩阵 K 可以作为一个单位矩阵。为此，每个观测值都被分配了一定的权重

$w_i(i=1, 2, \cdots, m)$，每个条件方程都逐项乘以设定的权重。在这种情况下，误差也会乘以这个权重。通过设置观测值的权重，观测值可以简化为相等，然后矩阵 $\boldsymbol{K}$ 就变成了单位矩阵。下面将讨论如何在实践中选择观测量的权重。在 $\boldsymbol{K}$ 为单位矩阵的情况下，式（6-16）可以写为以下的形式

$$S(\Delta \boldsymbol{p}) = \sum_{i=1}^{m} \delta_i^2 = \sum_{i=1}^{m} \left(\Delta \xi_i - \sum_{k=1}^{n} a_k^{(i)} \Delta p_k \right)^2 \tag{6-17}$$

求函数 $S(\Delta \boldsymbol{p})$ 的最小值可简化为求解下面的方程组

$$\frac{\partial S(\Delta \boldsymbol{p})}{\partial \Delta p_k} = 0 \, (k = 1, 2, \cdots, n) \tag{6-18}$$

从式（6-17）可以看出，式（6-18）只包含所求改进量 $\Delta p_k (k=1, 2, \cdots, n)$ 的零和一阶项。因此，式（6-18）是一个线性非齐次方程组，叫作法方程组。

对式（6-18）进行微分后，法方程组可写成

$$\boldsymbol{L} \Delta \boldsymbol{p} = \boldsymbol{d}$$

其中，$\boldsymbol{L}$ 和 $\boldsymbol{d}$ 为

$$\boldsymbol{L} = \begin{pmatrix} l_{11} & l_{12} & \cdots & l_{1n} \\ l_{21} & l_{22} & \cdots & l_{2n} \\ \vdots & \vdots & \ddots & \vdots \\ l_{n1} & l_{n2} & \cdots & l_{nn} \end{pmatrix}, \quad \boldsymbol{d} = \begin{pmatrix} d_1 \\ d_2 \\ \vdots \\ d_n \end{pmatrix} \tag{6-19}$$

其中，

$$l_{kj} = \sum_{i=1}^{m} a_k^{(i)} a_j^{(i)} \, (k, j = 1, 2, \cdots, n) \tag{6-20}$$

$$d_k = \sum_{i=1}^{m} a_k^{(i)} \Delta \xi_i \, (k = 1, 2, \cdots, n) \tag{6-21}$$

为了进一步计算，还需要另一个量

$$d_0 = \sum_{i=1}^{m} (\Delta \xi_i)^2 \tag{6-22}$$

下面研究法方程的系数矩阵 $\boldsymbol{L}$。从式（6-20）可以看出，矩阵 $\boldsymbol{L}$ 是具有正对角元素的对称矩阵。我们用一种已知的方法求解矩阵 $\boldsymbol{L}$ 的逆矩阵 $\boldsymbol{L}^{-1}$，然后根据式（6-23）得到法方程组的解

$$\Delta \boldsymbol{p} = \boldsymbol{L}^{-1} \boldsymbol{d} \tag{6-23}$$

为了使法方程组的解存在并能被找到，矩阵 $\boldsymbol{L}$ 必须满足一定的条件。特别地，它的秩必须等于 n。在实际应用中，法方程矩阵的行列式往往接近于零，因而逆矩阵 $\boldsymbol{L}^{-1}$ 的计算精度非常有限。

如果求出了修正值，修正值的均方根误差可以采用如下方法确定。首先，计算单位权重的均方误差 σ_0

$$\sigma_0^2 = \frac{1}{m-n} [d_0 - (d \Delta \boldsymbol{p})] \tag{6-24}$$

式中，$\Delta \boldsymbol{p}$ 为所求的改进量。再用 σ_0^2 与矩阵 $\boldsymbol{L}^{-1}$ 相乘，得到

$$\boldsymbol{D} = \sigma_0^2 \boldsymbol{L}^{-1} \qquad (6-25)$$

上式称为改进量误差的协方差矩阵，简称为改进参数的协方差矩阵，形式如下

$$\boldsymbol{D} = \begin{pmatrix} D_{11} & D_{12} & \cdots & D_{1n} \\ D_{21} & D_{22} & \cdots & D_{2n} \\ \vdots & \vdots & \ddots & \vdots \\ D_{n1} & D_{n2} & \cdots & D_{nn} \end{pmatrix}$$

根据最小二乘法，对角线元素数值为 k 的矩阵 $\boldsymbol{D}$ 等于改进量 Δp_k 的均方误差 σ_k 的平方，即

$$\sigma_k = \sqrt{D_{kk}} \qquad (6-26)$$

从式（6-24）、式（6-25）、式（6-26）可以看出，参数改进量的误差随着观测次数 m 的增加而减小。它们近似与 $\dfrac{1}{\sqrt{m}}$ 成正比，因为在实际中观测的数量远远大于待估参数的数量。

最小二乘法的一个结论是，随着观测数量的增加，解的均方误差趋于零。

这里得出的结论在某些条件下是有效的，不仅适用于理论和观测的误差，而且也适用于公认的天体运动模型。这些条件在书（Eliasberg，1976）中有更详细的介绍。

定义改进量误差的相关系数 r_{kj} 为

$$r_{kj} = \frac{D_{kj}}{\sigma_k \sigma_j}$$

矩阵 $\boldsymbol{R}$ 为相关矩阵

$$\boldsymbol{R} = \begin{pmatrix} 1 & r_{12} & r_{13} & \cdots & r_{1n} \\ r_{21} & 1 & r_{23} & \cdots & r_{2n} \\ \vdots & \vdots & \vdots & \ddots & \vdots \\ r_{n1} & r_{n2} & r_{n3} & \cdots & 1 \end{pmatrix}$$

经过几个改进步骤后，当改进量变得足够小时，改进量的误差表征了由理论误差和观测误差引起的改进参数值的误差。

在天体运动参数改进结束后，理论与观测结果的一致性可用式（6-27）表征

$$\bar{\sigma} = \sqrt{\frac{d_0}{m}} \qquad (6-27)$$

即残差 δ_i [式（6-13）] 的 rms 值。

最小二乘法在专著（Eliasberg，1976）中有更详细的描述和论证，书中还详细研究了最小二乘法对观测值的依赖关系。书（Emelyanov，1983）中介绍了基于观测数据的天体运动参数微分改进方法及其应用问题。教科书（Shchigolev，1969）中给出了对 LSM 的简化描述。

利用观测改进天体运动参数的一个重要部分是计算给定时刻测量量的值，以及改进参数的导数。为此我们可以应用天体运动解析理论的公式，以及天体运动方程的数值积分方

法。计算量可能会很大，当使用分析法时，计算时间将与观测次数成正比。在这种情况下，它并不取决于进行观测的时间间隔。对于数值积分法，情况正好相反：花在计算上的时间与观测时间间隔成正比，而不依赖于观测的数量。下面的章节将介绍这些计算的顺序。

6.2　解的弱条件性和模糊性

基于观测的运动参数确定看似简单，但在使用真实观测量的实际问题中则会遇到很多困难，参数的确定也是不准确的，这里考虑一个最常见的问题。

在最小二乘法实际使用过程中，往往会有一些意外的问题。事实是，在基于使用有限精度理论对天体进行真实观测的研究条件下，使用最小二乘法的假设并不总是严格满足。

如果理论模型误差优于观测误差，那么总误差将不是一个随机变量。这将导致这样一个事实，即随着观测次数的增加，结果的精确性不会提高。反过来，解依赖于测量值的组成，也就是依赖于测量的时刻，这种依赖关系使得其结果并不完全可靠。

在改进天体运动参数的具体问题中，往往会发现矩阵 L 的行列式接近于零。在这些情况下，我们就要处理弱条件法方程组。当求解方程组时，对参数的改进可能很粗糙，以至于改进过程不会收敛。弱条件的原因与最小二乘法本身无关，而是与力学模型的性质有关。

弱条件性的一个例子是，对于一个倾角很小的天体，计算其升交点经度的过程。另一个例子是，对于一个偏心率很小的轨道，联合改进轨道近星点经度和平近点角的过程。弱条件的指标可能是一个或多个相关系数的模接近单位值。要克服弱条件作用是不可能的，因为它出现的原因在于问题本身的条件。为了减少弱条件性，我们可以从改进的参数列表中排除那些强相关性的参数，并固定其初值。这个固定值可以近似地选择，通常，测量量弱依赖于具有强相关性的参数。因此，一个固定参数的精确性可能不会影响测量值。

用观测量改进运动参数能否成功，在很大程度上取决于观测量的组成。特别是，如果观测只覆盖天体轨道的一小部分，那么法方程组就会出现弱条件，确定参数就会变得不可能。

例如，当确定一个天体的开普勒轨道的近星点幅角 ω 时，观测量的组成不合理时，就会导致弱条件的产生。如果所有的观测都集中在轨道的近星点和远星点，那么在确定 ω 时就会产生不确定性。若改变 ω，围绕引力中心旋转轨道，保持轨道的经度值不变，本来在轨道近星点和远星点的观测点则产生微小的位移。这时的测量值对常数经度下的角度 ω 是弱依赖的。如果将 ω 近似为某个固定值，这种近似使得天体在近、远星点附近的计算位置和观测位置没什么差别。

改进参数的精度与观测组成的依赖关系在书中（Eliasberg，1976）有更详细的描述。

下面我们讨论在一些观测中出现的另一个问题。

函数 $S(\Delta p)$〔式（6-17）〕有时被称为目标函数。为了得到参数的估计值，需要求

解 $S(\Delta p)$ 的最小值。上文构造了线性化条件方程（6-11）的目标函数。然而，也可以为式（6-5）构造目标函数，即

$$S(p_1, p_2, \cdots, p_n) = \sum_{i=1}^{m} [\xi_i^0 - \xi(t_i, p_1, p_2, \cdots, p_n)]^2 \qquad (6-28)$$

要计算参数值 p_1，p_2，$\cdots$，p_n 使得这个函数值最小。在实际问题中，函数 $\xi(t_i, p_1, p_2, \cdots, p_n)$ 是非线性的。那么目标函数 $S(p_1, p_2, \cdots, p_n)$ 可以有几个最小值。如果找到了所有的最小值，那么选择其中最小的，并认为该值就是最准确的估计。然而，这种看似合理的选择可能会引起疑问。结果可能表明，在这种观测误差的分布下，精确的估计值对应的不是上述最小值中最小的那个。另一方面，求解线性化的条件方程（6-11），得到的是初始估计参数 $p_1^{(0)}$，$p_2^{(0)}$，$\cdots$，$p_n^{(0)}$，这将导致连续逼近一个错误的结果。

论文（Avdyushev, Banshikova, 2008）表明，在行星近距离卫星的动力学问题中，如果少量的观测分散在很长的时间间隔内，就可能发生轨道确定的模糊问题。书（Avdyushev, 2015）中详细讨论了许多该问题的解决方案。结果表明，这种情况下，函数（6-28）的图有一个"峡谷"结构，因此待估参数的整个值族可以产生同样小的函数值。在其他情况下，函数（6-28）可能有几个孤立的最小值。那么，参数确定问题则是模糊的。

在其他情况下也会出现轨道确定模糊的问题，即当观测分组为小的时间间隔并覆盖一个短的轨道弧段时（显然，几乎所有新发现的卫星都由这样的观测组成）。我们只能用少量的观测结果来可靠地确定一部分远距离卫星的轨道。然而，对于其中一些卫星，则出现了问题，所获得的轨道可靠性仍存在疑问。这些案例在文献（Avdyushev, Banshikova, 2010）中得到了研究。显然，为了解决这个问题，还需要更多的观测。

6.3　滤波算法综述

在讨论其他滤波算法之前，我们先了解一些概念。

首先，算法要解决的问题是基于可用的测量值来搜索待估参数的值。此外，得到的值应与真实值相差较小。在实践中，无法找到待估参数的确切值。因此，我们讨论的是一个近似的参数估计。近似估计算法称为滤波算法，该算法的主要目的是尽可能地减少（过滤）理论误差和观测误差的影响。

通过滤波算法得到的估计值的特征之一是估计的一致性，这可以理解为当观测数趋于无穷时，估计收敛于真实值。

书（Eliasberg, 1976；Avdyushev, 2015）中介绍了关于滤波算法广泛和详细的信息。

观测在实用天体力学中意味着测量。《测量定义运动》（*Definition of motion from measurement results*）（Eliasberg, 1976 年）一书中，讨论了各种传统和非传统的参数估计方法，特别是一种在给定的观测集中找出待估参数范围的可靠方法。这本书（Eliasberg, 1976）的价值在于它既关注问题的实际解决方案又关注所使用方法的数学证

明，并给出解决问题的例子。第一章包含了关于概率论的必要信息。后续描述了测量误差的特征，本书的大部分内容都致力于对最小二乘法使用的数学证明，并给出了其适用性的条件。

埃利亚斯伯格（Eliasberg，1976）的书中讨论了一些众所周知的滤波算法：极大似然法、最小模法、最大后验概率法和卡尔曼滤波法（离散和连续）。

在某些实际情况下，可以选择测量的组合或从可用数据中选择一些集合，问题是如何找到测量值的最佳组合，这个问题在埃利亚斯伯格（Eliasberg，1976）的书中得到详细研究。特别地，在实际条件下，测量次数的增加可能是无用的，在某些情况下甚至会导致结果准确性的下降。

另一本书，由阿夫迪乌舍夫（Avdyushev，2015）撰写的专著，是关于滤波算法很好的信息来源。这本书有两章讲述了从观测中确定轨道和对所确定的参数准确性的估计。

除最小二乘法外，还介绍了以下方法：牛顿法、高斯-牛顿法、列文伯格-马夸特法和峡谷法，并对这些方法的有效性进行比较分析。

巴赫希扬等人（Bakhshiyan et al.，1980）采用原始滤波方法，结合测量信息和改进过程的离散性检验了运动的定义，并验证了改进运动定义的方法，特别研究了评估结果的准确性和优化解决问题的策略。在数据源的误差分布函数不完全已知，且仅指定了这些函数可能属于某些集合的情况下，研究了一种方法来保证所获得解的精度和可靠性，确保了结果的稳定性。文中描述了用于解决优化问题的数学规划装置。

要了解最小二乘法的一些推广，可以参考这本书（Gubanov，1997）。它系统地介绍了最小二乘法理论的基础及其推广，均方配置和卡尔曼滤波，考虑了主要的参数模型和测量数据随机模型，给出了将最小二乘法的广义理论应用于处理具有超长基线的无线电干涉测量、分析地球旋转运动等问题的例子中。

6.4　测量量的计算及测量量对待估量的偏导数

6.4.1　计算的一般顺序

在对由观测得到的天体运动参数进行微分改进的过程中，需要计算观测时刻的测量值和测量值对指定参数的偏导数。这些计算是根据所采用的天体运动规律进行的。运动规律在任何坐标系中都可以描述，通常为笛卡儿直角坐标 x，y，z，可以描述为

$$
\begin{aligned}
x &= x(t, \quad p_1, \quad p_2, \quad \cdots, \quad p_j) \\
y &= y(t, \quad p_1, \quad p_2, \quad \cdots, \quad p_j) \\
z &= z(t, \quad p_1, \quad p_2, \quad \cdots, \quad p_j)
\end{aligned}
\tag{6-29}
$$

在前一节中，介绍了可测量的概念。通过观测得到测量时刻的测量值，设 ξ 为测量量之一。

测量值与天体的坐标有关，这种关系是由一些测量模型来定义的。该模型可能包括其他一些参数，用 p_{j+1}，p_{j+2}，$\cdots$，p_n 表示。由观测模型得到函数（6-30）

$$\xi = \xi(t, x, y, z, p_{j+1}, p_{j+2}, \cdots, p_n) \tag{6-30}$$

因此，在运动参数的微分改进方法中，测量值 ξ 作为待估参数 p_j，p_j，$\cdots$，p_n 的函数，较为复杂。最初，它被定义为天体直角坐标的函数，而根据运动定律，直角坐标是时间 t 和运动参数的函数。$\xi(t, x, y, z, \cdots)$ 与天体的运动定律无关，但它包含了时间 t 和一些同样需要估计的参数，与天体的运动参数相比，这些参数被称为观测条件的参数。函数 $\xi(t, x, y, z, \cdots)$ 形式仅由观测量的选择决定。在天文观测过程中，使用了大量的测量类型。本节讨论了其中的一些，并给出了函数 $\xi(t, x, y, z, p_{j+1}, p_{j+2}, \cdots, p_n)$ 的显式表达式。

进一步，还要考虑测量值与观测条件参数和运动参数之间的依赖关系。这些依赖关系表示为时间 t 和所有待估参数的函数

$$\xi = \xi(t, \quad p_1, \quad p_2, \quad \cdots, \quad p_n) \tag{6-31}$$

当用最小二乘法改进参数时，这个函数用来构造条件方程。

为了应用微分改进的方法，除了测量量本身外，还需计算测量量对指定参数的偏导数，计算的顺序本质上取决于运动定律是如何得到的。

天体 x，y，z 坐标的计算要么根据先前构造的运动解析理论的公式，要么基于运动微分方程的数值积分。

根据上述依赖关系，计算观测时刻测量量对指定参数的偏导数。由于中间值是天体坐标 x，y，z 对待估参数的导数，可以得出以下关系

$$\begin{pmatrix} \dfrac{\partial \xi}{\partial p_1} \\ \dfrac{\partial \xi}{\partial p_2} \\ \vdots \\ \dfrac{\partial \xi}{\partial p_n} \end{pmatrix} = \boldsymbol{A} \cdot \boldsymbol{B}, \quad \boldsymbol{A} = \begin{pmatrix} \dfrac{\partial x}{\partial p_1} & \dfrac{\partial y}{\partial p_1} & \dfrac{\partial z}{\partial p_1} \\ \dfrac{\partial x}{\partial p_2} & \dfrac{\partial y}{\partial p_2} & \dfrac{\partial z}{\partial p_2} \\ \vdots & \vdots & \vdots \\ \dfrac{\partial x}{\partial p_n} & \dfrac{\partial y}{\partial p_n} & \dfrac{\partial z}{\partial p_n} \end{pmatrix}, \quad \boldsymbol{B} = \begin{pmatrix} \dfrac{\partial \xi}{\partial x} \\ \dfrac{\partial \xi}{\partial y} \\ \dfrac{\partial \xi}{\partial z} \end{pmatrix} \tag{6-32}$$

从关系式中可以看出，计算问题被分为两个独立的部分。第一个部分包含天体运动参数直角坐标的偏导数，即矩阵 $\boldsymbol{A}$，第二个部分是测量量对天体直角坐标的导数 $\boldsymbol{B}$。

向量 $\boldsymbol{B}$ 是通过对 $\xi(x, y, z)$ 的显式表达式微分计算得到的。矩阵 $\boldsymbol{A}$ 的计算可以根据运动解析理论的公式计算，也可以在运动方程数值积分的过程中，计算每个观测时刻坐标对待估参数的偏导数。在后一种情况下，矩阵 $\boldsymbol{A}$ 的元素被称为等时导数，因为要求它们的值与坐标值在相同时刻，为此，等时导数的微分方程（有时被称为变化方程）和运动方程应当同步积分。

请注意，在上述计算中，隐含地假设测量值仅取决于天体的坐标。然而在实践中，改进观测参数还依赖速度分量 $\dot{x}$，$\dot{y}$，$\dot{z}$。一个例子是基于地面无线电技术多普勒测量的人造地球卫星运动参数的改进。在这种情况下，测量径向速度，即卫星站心距离的变化率。然后列向量 $\boldsymbol{B}$ 将增加另外三个元素

$$\frac{\partial \xi}{\partial \dot{x}}, \quad \frac{\partial \xi}{\partial \dot{y}}, \quad \frac{\partial \xi}{\partial \dot{z}}$$

而矩阵 A 将有另外三个相应的附加列。后续所有计算都类似于当测量值仅依赖于坐标 x，y，z 时所得到的结果。由于在行星卫星的地面观测中，多普勒观测只在特殊情况下进行，因此只考虑测量量 ξ 与卫星直角坐标的依赖关系。

在研究行星自然卫星的动力学时，一些研究建立和应用了运动解析理论。运动参数作为运动微分方程的一般解，然后用时间和运动参数的解析函数来表示天体的坐标。在解析理论中，运动参数通常被称为轨道根数，它们与开普勒运动模型和开普勒根数有关。通过轨道根数对直角坐标值的解析微分，得到了矩阵 A 的元素。这些导数公式通常与天体的坐标和速度分量公式一起给出。这正是本书中所做的，本书 3.2.4 节给出了椭圆开普勒运动中这些导数的表达式。

在下面的章节中，首先介绍具体问题中矩阵 A 的计算公式，然后给出测量量 ξ 的计算公式及测量量 ξ 对直角坐标和其他参数的偏导数公式，并对条件方程的构造提出一些建议。

6.4.2　三体问题中等时导数的微分方程，运动方程初始条件的改进

下面我们介绍在三体问题下，运动参数的微分改进过程。由于尚未找到三体问题的精确解析解，因此对三体运动方程的求解采用数值积分方法。

在这种情况下，初始条件通常是运动参数，即在某一初始时刻 t_0 处的坐标。改进的参数也可以是包含在运动微分方程中的常数。

在三体问题中，主要确定第二天体对于第一天体的运动参数，第一天体的质量最大，运动同时受到第三天体的扰动作用。第三天体的运动是已知的时间函数，可以直接给出坐标。

在一般情况下，通过观测，可以在一个微分改进过程中确定第二天体和第三天体的运动参数。然后，将运动方程以及第二和第三天体的等时导数一起积分。

把天体作为质点，第一天体作为非旋转直角坐标系的原点。第二天体的坐标用 x_1，x_2，x_3 表示，第三天体的坐标用 $x_1{}'$，$x_2{}'$，$x_3{}'$ 表示。

第二天体的运动方程如下

$$\frac{\mathrm{d}^2 x_i}{\mathrm{d}t^2} = -Gm\,\frac{x_i}{r^3} - Gm'\left(\frac{x_i - x_i{}'}{\Delta^3} + \frac{x_i{}'}{r'^3}\right) = F_i \,(i = 1, 2, 3) \qquad (6-33)$$

式中，G 是万有引力常数；m 是第一天体的质量；m' 是摄动天体的质量。此外，定义以下符号

$$r = \sqrt{x_1^2 + x_2^2 + x_3^2}, \quad r' = \sqrt{x_1'^2 + x_2'^2 + x_3'^2}$$

$$\Delta = \sqrt{(x_1 - x_1')^2 + (x_2 - x_2')^2 + (x_3 - x_3')^2}$$

第三天体的运动方程也可以类似地写出来。

在实践中，用天体的引力常数 $\mu = Gm$，$\mu' = Gm'$ 代替天体的质量。

需要注意的是，下面给出的公式将适用于更一般的情况，即扰动天体的坐标计算中考虑了基于其他天体影响的复杂模型。

第二天体运动参数的初值为初始时刻 t_0 的位置和速度分量

$$x_1^{(0)}, x_2^{(0)}, x_3^{(0)}, \dot{x}_1^{(0)}, \dot{x}_2^{(0)}, \dot{x}_3^{(0)}$$

微分改进所必需的偏导数可以表示为

$$\boldsymbol{A} = \begin{pmatrix} \dfrac{\partial x_1}{\partial x_1^{(0)}} & \dfrac{\partial x_2}{\partial x_1^{(0)}} & \dfrac{\partial x_3}{\partial x_1^{(0)}} \\[2ex] \dfrac{\partial x_1}{\partial x_2^{(0)}} & \dfrac{\partial x_2}{\partial x_2^{(0)}} & \dfrac{\partial x_3}{\partial x_2^{(0)}} \\[2ex] \dfrac{\partial x_1}{\partial x_3^{(0)}} & \dfrac{\partial x_2}{\partial x_3^{(0)}} & \dfrac{\partial x_3}{\partial x_3^{(0)}} \\[2ex] \dfrac{\partial x_1}{\partial \dot{x}_1^{(0)}} & \dfrac{\partial x_2}{\partial \dot{x}_1^{(0)}} & \dfrac{\partial x_3}{\partial \dot{x}_1^{(0)}} \\[2ex] \dfrac{\partial x_1}{\partial \dot{x}_2^{(0)}} & \dfrac{\partial x_2}{\partial \dot{x}_2^{(0)}} & \dfrac{\partial x_3}{\partial \dot{x}_2^{(0)}} \\[2ex] \dfrac{\partial x_1}{\partial \dot{x}_3^{(0)}} & \dfrac{\partial x_2}{\partial \dot{x}_3^{(0)}} & \dfrac{\partial x_3}{\partial \dot{x}_3^{(0)}} \end{pmatrix} \tag{6-34}$$

对于上述矩阵的元素，可以通过分别计算微分方程（6-33）左右两边对初始参数的偏导数得到。对每个参数依次执行此操作，得到以下方程组

$$\frac{\mathrm{d}^2}{\mathrm{d}t^2} \left(\frac{\partial x_i}{\partial x_j^{(0)}} \right) = \sum_{n=1}^{3} \frac{\partial F_i}{\partial x_n} \frac{\partial x_n}{\partial x_j^{(0)}} \tag{6-35}$$

$$\frac{\mathrm{d}^2}{\mathrm{d}t^2} \left(\frac{\partial x_i}{\partial \dot{x}_j^{(0)}} \right) = \sum_{n=1}^{3} \frac{\partial F_i}{\partial x_n} \frac{\partial x_n}{\partial \dot{x}_j^{(0)}} \tag{6-36}$$

其中

$$i, j = (1, 2, 3)$$

$$\frac{\partial F_i}{\partial x_n} = Gm \frac{1}{r^3} \left(\frac{3}{r^2} x_i x_n - \delta_{in} \right) + Gm' \frac{1}{\Delta^3} \left[\frac{3}{\Delta^2} (x_i - x_i')(x_n - x_n') - \delta_{in} \right]$$

$$\delta_{in} = \begin{cases} 1, & i = n \\ 0, & i \neq n \end{cases}$$

式（6-35）、式（6-36）可以写成矩阵形式。为此，引入矩阵 $\boldsymbol{F}$

$$\boldsymbol{F} = \begin{pmatrix} \dfrac{\partial F_1}{\partial x_1} & \dfrac{\partial F_2}{\partial x_1} & \dfrac{\partial F_3}{\partial x_1} \\[2ex] \dfrac{\partial F_1}{\partial x_2} & \dfrac{\partial F_2}{\partial x_2} & \dfrac{\partial F_3}{\partial x_2} \\[2ex] \dfrac{\partial F_1}{\partial x_3} & \dfrac{\partial F_2}{\partial x_3} & \dfrac{\partial F_3}{\partial x_3} \end{pmatrix} \tag{6-37}$$

然后，式（6-35）、式（6-36）可以写为

$$\frac{\mathrm{d}^2}{\mathrm{d}t^2}\boldsymbol{A} = \boldsymbol{A}\boldsymbol{F} \qquad\qquad (6-38)$$

将式（6-35）、式（6-36）与运动方程（6-33）一起进行数值积分。式（6-35）和式（6-36）的初始条件为

$$\boldsymbol{A}_0 = \boldsymbol{A}\mid_{t=t_0} = \begin{pmatrix} 1 & 0 & 0 \\ 0 & 1 & 0 \\ 0 & 0 & 1 \\ 0 & 0 & 0 \\ 0 & 0 & 0 \\ 0 & 0 & 0 \end{pmatrix} \qquad\qquad (6-39)$$

$$\dot{\boldsymbol{A}}_0 = \dot{\boldsymbol{A}}\mid_{t=t_0} = \begin{pmatrix} 0 & 0 & 0 \\ 0 & 0 & 0 \\ 0 & 0 & 0 \\ 1 & 0 & 0 \\ 0 & 1 & 0 \\ 0 & 0 & 1 \end{pmatrix} \qquad\qquad (6-40)$$

这里，字母上的点表示对时间的导数。

6.4.3　三体问题中等时导数的微分方程，扰动天体质量的改进

考虑三体问题中第二天体在第一天体引力和第三天体扰动影响下的运动。通过观测第二天体运动，可以确定其运动参数。此外，结合第二天体的初始条件，还可以确定扰动天体的质量。这个过程必须同时进行，因为在扰动天体质量的改进过程中，第二天体的运动参数也将会不同。

在这样的任务中，第二天体在引力常数为 μ' 的扰动天体影响下，t_0 时刻的初始条件将被改进为参数

$$x_1^{(0)}, x_2^{(0)}, x_3^{(0)}, \dot{x}_1^{(0)}, \dot{x}_2^{(0)}, \dot{x}_3^{(0)}$$

在这种情况下，要向矩阵（6-34）中再增加一行

$$\begin{pmatrix} \dfrac{\partial x_1}{\partial \mu'} & \dfrac{\partial x_2}{\partial \mu'} & \dfrac{\partial x_3}{\partial \mu'} \end{pmatrix} \qquad\qquad (6-41)$$

对于这行元素，可以组成以下微分方程

$$\frac{\mathrm{d}^2}{\mathrm{d}t^2}\left(\frac{\partial x_i}{\partial \mu'}\right) = -\left(\frac{x_i - x_i'}{\Delta^3} + \frac{x_i'}{r'^3}\right) + \sum_{n=1}^{3}\frac{\partial F_i}{\partial x_n}\frac{\partial x_n}{\partial \mu'} \qquad\qquad (6-42)$$

然后需要将运动方程与式（6-33）、式（6-35）、式（6-36）和式（6-42）一起积分。变量（6-41）的初始条件将为

$$\frac{\partial x_1}{\partial \mu'}\mid_{t=t_0} = 0, \quad \frac{\partial x_2}{\partial \mu'}\mid_{t=t_0} = 0, \quad \frac{\partial x_3}{\partial \mu'}\mid_{t=t_0} = 0$$

$$\frac{\mathrm{d}}{\mathrm{d}t}\left(\frac{\partial x_1}{\partial \mu'}\right)\mid_{t=t_0} = 0, \quad \frac{\mathrm{d}}{\mathrm{d}t}\left(\frac{\partial x_2}{\partial \mu'}\right)\mid_{t=t_0} = 0, \quad \frac{\mathrm{d}}{\mathrm{d}t}\left(\frac{\partial x_3}{\partial \mu'}\right)\mid_{t=t_0} = 0 \qquad (6-43)$$

6.4.4　椭球行星卫星运动问题中等时导数的微分方程

考虑在非球形行星扰动下卫星运动参数的微分改进过程，卫星中间轨道根数的扰动可以用解析形式的扰动理论来确定。当然，卫星的运动方程也可以通过数值积分来求解，此时，初始条件为某个初始时刻 t_0 处的坐标值。

非球形行星的引力函数以一系列球谐函数形式展开，这种分解方式在第 3.3 节中已详细讨论。由于本例中力函数的展开是在与扁球形天体对称轴相关的坐标系中进行的，因此在展开式中出现直角坐标，其坐标系主平面与行星的赤道平面重合，用 $\bar{x}_1$，$\bar{x}_2$，$\bar{x}_3$ 来表示这些坐标。然而，也有一些问题中，需要求解的关于坐标 x_1，x_2，x_3 的运动方程与行星赤道无关。

两个坐标系的转换关系为

$$\{x_1, x_2, x_3\}^{\mathrm{T}} = \boldsymbol{R}_0 \{\bar{x}_1, \bar{x}_2, \bar{x}_3\}^{\mathrm{T}}$$

其中，矩阵 $\boldsymbol{R}_0$ 见第 3.3 节。

首先，为简单起见，我们在力函数的展开中只考虑描述行星扁率的主要项，即二阶带谐项。对于这种展开式的其他项，也可以用类似的方法推导出等时导数的方程。

考虑行星引力函数展开的二阶带谐项，运动方程可以写成以下形式

$$\frac{\mathrm{d}^2 x_i}{\mathrm{d} t^2} = F_i \quad (i = 1, 2, 3) \tag{6-44}$$

其中

$$\{F_1, F_2, F_3\}^{\mathrm{T}} = \boldsymbol{R}_0 \{\bar{F}_1, \bar{F}_2, \bar{F}_3\}^{\mathrm{T}}$$

此外，根据第 3.3 节的公式，在赤道坐标系下 $\{\bar{F}_1, \bar{F}_2, \bar{F}_3\}$ 表示为

$$\bar{F}_i = -\mu \frac{\bar{x}_i}{r^3} + \frac{3}{2} \mu J_2 \frac{r_0^2}{r^5} \bar{x}_i \left(5 \frac{\bar{x}_3^2}{r^2} - e^i \right) \quad (i = 1, 2, 3) \tag{6-45}$$

式中，μ 为行星的引力参数；J_2 为行星引力展开式的二阶带谐项系数；r_0 为行星的平均赤道半径。此外，我们还使用了以下符号

$$r = \sqrt{\bar{x}_1^2 + \bar{x}_2^2 + \bar{x}_3^2}$$

$$e_1 = 1, e_2 = 1, e_3 = 3$$

所研究的卫星运动参数是初始轨道参数，即在初始时刻 t_0 的位置和速度分量

$$x_1^{(0)}, x_2^{(0)}, x_3^{(0)}, \dot{x}_1^{(0)}, \dot{x}_2^{(0)}, \dot{x}_3^{(0)}$$

参数微分改进所需的偏导数组成形式为式（6-34）的矩阵。对于上述矩阵的元素，可以通过分别计算微分方程（6-45）左右两边对初始参数的偏导数得到。对每个参数依次执行此操作，得到以下矩阵形式的方程组

$$\frac{\mathrm{d}^2}{\mathrm{d} t^2} \boldsymbol{A} = \boldsymbol{A} \boldsymbol{R}_0 \bar{\boldsymbol{F}} \cdot (\boldsymbol{R}_0^{\mathrm{T}}) \tag{6-46}$$

其中，矩阵 $\bar{\boldsymbol{F}}$ 类似于矩阵（6-37），具有一般形式

$$\bar{\boldsymbol{F}} = \begin{pmatrix} \dfrac{\partial \bar{F}_1}{\partial \bar{x}_1} & \dfrac{\partial \bar{F}_2}{\partial \bar{x}_1} & \dfrac{\partial \bar{F}_3}{\partial \bar{x}_1} \\[3mm] \dfrac{\partial \bar{F}_1}{\partial \bar{x}_2} & \dfrac{\partial \bar{F}_2}{\partial \bar{x}_2} & \dfrac{\partial \bar{F}_3}{\partial \bar{x}_2} \\[3mm] \dfrac{\partial \bar{F}_1}{\partial \bar{x}_3} & \dfrac{\partial \bar{F}_2}{\partial \bar{x}_3} & \dfrac{\partial \bar{F}_3}{\partial \bar{x}_3} \end{pmatrix} \tag{6-47}$$

矩阵的元素定义为

$$\frac{\partial \bar{F}_i}{\partial \bar{x}_n} = \mu \frac{1}{r^3} \left(\frac{3}{r^2} \bar{x}_i \bar{x}_n - \delta_{in} \right) +$$

$$\frac{3}{2} \mu J_2 \frac{r_0^2}{r^5} \left[\left(5 \frac{\bar{x}_3^2}{r^2} - e_i \right) \delta_{in} - 35 \frac{x_3^2}{r^4} \bar{x}_i \bar{x}_n + 10 \frac{\bar{x}_3 \bar{x}_i}{r^2} f_n + 5 \frac{\bar{x}_i \bar{x}_n}{r^2} e_i \right]$$

$$\tag{6-48}$$

其中

$$f_1 = 1, \quad f_2 = 1, \quad f_3 = 3$$

式中，δ_{in} 为符号函数，当 $i = n$ 时，$\delta_{in} = 1$；当 $i \neq n$ 时，$\delta_{in} = 0$。

式（6-46）的初始条件采用式（6-39）和式（6-40）。

请注意，在影响卫星运动的主要因素为行星扁率的情况下，主坐标系 $Oxyz$ 可以与行星的赤道有关，则坐标 x_1，x_2，x_3 与坐标 $\bar{x}_1$，$\bar{x}_2$，$\bar{x}_3$ 重合，加速度分量 $\bar{F}_1$，$\bar{F}_2$，$\bar{F}_3$ 与分量 F_1，F_2，F_3 重合，矩阵 $\boldsymbol{R}_0$ 为单位矩阵，矩阵（6-47）与矩阵（6-37）一致。

如果在解中必须考虑行星引力函数展开式的四阶带谐项，那么应该把相应的项加到方程（6-45）和方程（6-48）的右边，如

$$\bar{F}_i = \cdots + A \left(a_i \frac{\bar{x}_i}{r^7} + b_i \frac{\bar{x}_3^2 \bar{x}_i}{r^9} + c \frac{\bar{x}_3^4 \bar{x}_i}{r^{11}} \right)$$

其中

$$A = \frac{5}{8} \mu r_0^4 J_4$$

$$a_1 = 3, a_2 = 3, a_3 = 15$$

$$b_1 = -42, b_2 = -42, b_3 = -70$$

$$c = 63$$

对于方程（6-48）

$$\frac{\partial \bar{F}_i}{\partial \bar{x}_n} = \cdots + A \left(a_i F_{in}^{(1)} + b_i F_{in}^{(2)} + c F_{in}^{(3)} \right)$$

其中

$$F_{in}^{(1)} = \frac{\delta_{in}}{r^7} - \frac{7 \bar{x}_i \bar{x}_n}{r^9}$$

$$F_{in}^{(2)} = \frac{\bar{x}_3^2 \delta_{in}}{r^9} - \frac{9 \bar{x}_3^2 \bar{x}_i \bar{x}_n}{r^{11}} + f_n \frac{2 \bar{x}_3 \bar{x}_i}{r^9}$$

$$F_{in}^{(3)} = \frac{\bar{x}_3{}^4 \delta_{in}}{r^{11}} - \frac{11 \bar{x}_3{}^4 \bar{x}_i \bar{x}_n}{r^{13}} + f_n \frac{4 \bar{x}_3{}^3 \bar{x}_i}{r^{11}}$$

6.4.5　站心角度测量的条件方程构造

建立基于观测天体轨道参数微分改进的条件方程，与测量量对天体坐标的偏导数有关。在 6.4.1 节中，这些导数组成了列向量 **B**。当然，这些导数取决于观测类型和测量量的类型。在本节中，我们讨论站心角度测量情况下的相应计算。

第 5 章介绍了观测矢量的概念，这个矢量起点位于观测中心，终点位于观测天体的中心，用 X, Y, Z 表示观测矢量的分量。观测矢量在地球赤道角坐标系下表示为：赤经 α 和赤纬 δ。下式描述了角坐标和直角坐标之间的关系

$$\tan\alpha = \frac{Y}{X}, \quad \tan\delta = \frac{Z}{\sqrt{X^2 + Y^2}}$$

如果测量量是赤经 α 和赤纬 δ，则测量量对站心直角坐标的偏导数为

$$\frac{\partial\alpha}{\partial X} = \frac{-\sin\alpha}{R\cos\delta}, \quad \frac{\partial\alpha}{\partial Y} = \frac{\cos\alpha}{R\cos\delta}, \quad \frac{\partial\alpha}{\partial Z} = 0$$

$$\frac{\partial\delta}{\partial X} = \frac{-\cos\alpha\sin\delta}{R}, \quad \frac{\partial\delta}{\partial Y} = \frac{-\sin\alpha\sin\delta}{R}, \quad \frac{\partial\delta}{\partial Z} = \frac{\cos\delta}{R}$$

式中，$R = \sqrt{X^2 + Y^2 + Z^2}$。

行星运动模型给出了行星在给定时间内的太阳系质心坐标，行星卫星运动模型给出了卫星在行星中心的直角坐标。如果所有考虑的坐标系的轴都是相互平行的，那么它们通用的坐标符号为 x, y, z，我们可以在行星或卫星坐标系中给出赤经和赤纬的偏导数表达式

$$\frac{\partial\alpha}{\partial x} = \frac{-\sin\alpha}{R\cos\delta}, \quad \frac{\partial\alpha}{\partial y} = \frac{\cos\alpha}{R\cos\delta}, \quad \frac{\partial\alpha}{\partial z} = 0$$

$$\frac{\partial\delta}{\partial x} = \frac{-\cos\alpha\sin\delta}{R}, \quad \frac{\partial\delta}{\partial y} = \frac{-\sin\alpha\sin\delta}{R}, \quad \frac{\partial\delta}{\partial z} = \frac{\cos\delta}{R}$$

在这些公式中，若观测的是行星，x, y, z 则是行星的太阳系质心坐标；当观测的是卫星时，x, y, z 是卫星的行星中心直角坐标。在任何情况下，R 是被观测目标站心系下的测距。

如果测量一颗卫星和一颗行星或者两颗卫星的赤经和赤纬差 $\Delta\alpha = \alpha_1 - \alpha_2$，$\Delta\delta = \delta_1 - \delta_2$，则测量量对天体坐标的偏导数为

$$\frac{\partial\Delta\alpha}{\partial x_1} = \frac{-\sin\alpha_2}{R\cos\delta_2}, \quad \frac{\partial\Delta\alpha}{\partial y_1} = \frac{\cos\alpha_2}{R\cos\delta_2}, \quad \frac{\partial\Delta\alpha}{\partial z_1} = 0$$

$$\frac{\partial\Delta\delta}{\partial x_1} = \frac{-\cos\alpha_2\sin\delta_2}{R}, \quad \frac{\partial\Delta\delta}{\partial y_1} = \frac{-\sin\alpha_2\sin\delta_2}{R}, \quad \frac{\partial\Delta\delta}{\partial z_1} = \frac{\cos\delta_2}{R}$$

$$\frac{\partial\Delta\alpha}{\partial x_2} = \frac{\sin\alpha_2}{R\cos\delta_2}, \quad \frac{\partial\Delta\alpha}{\partial y_2} = \frac{-\cos\alpha_2}{R\cos\delta_2}, \quad \frac{\partial\Delta\alpha}{\partial z_2} = 0$$

$$\frac{\partial\Delta\delta}{\partial x_2} = \frac{\cos\alpha_2\sin\delta_2}{R}, \quad \frac{\partial\Delta\delta}{\partial y_2} = \frac{\sin\alpha_2\sin\delta_2}{R}, \quad \frac{\partial\Delta\delta}{\partial z_2} = \frac{\cos\delta_2}{R}$$

其中，下标表示天体的序号；R 表示相应天体的站心距离。如果第二天体是行星，那么无须求对 x_2，y_2，z_2 的偏导数。

对测量量偏导数公式的修正在实践中是常用的。在这里再写为 6.1 节推导出的条件方程

$$\Delta \xi_i = \sum_{k=1}^{n} \left(\frac{\partial \xi}{\partial p_k} \right)_i \Delta p_k \quad (i = 1, 2, \cdots, m) \tag{6-49}$$

式中，ξ 代表测量量；p_1，p_2，$\cdots$，p_n 是待估参数；m 是观测次数。

让我们考虑这样一个事实，即在直角坐标下模拟行星和卫星运动时所出现的误差并不取决于我们如何观测它们。然而，在不同的站心距离下，这种误差将在测量角坐标的赤经、赤纬时，以不同的方式表现出来。为了使条件方程左侧的误差与站心距离 R 无关，需要把每个条件方程乘以 R。在不同赤纬下观测天体，可以推导出类似的结论，即赤经 α 测量的条件方程应乘以 $\cos\delta$。考虑到上述情况，交替给出测量值 $\xi = \alpha$，$\xi = \delta$ 时的具体含义，将条件方程写成如下形式

$$R\cos\delta \Delta\alpha_i' = \sum_{k=1}^{n} \left(\frac{\partial \alpha}{\partial p_k} \right)_i' \Delta p_k \quad (i = 1, 2, \cdots, m) \tag{6-50}$$

$$R \Delta\delta_i' = \sum_{k=1}^{n} \left(\frac{\partial \delta}{\partial p_k} \right)_i' \Delta p_k \quad (i = 1, 2, \cdots, m) \tag{6-51}$$

其中

$$\begin{pmatrix} \left(\dfrac{\partial \alpha}{\partial p_1} \right)' \\ \left(\dfrac{\partial \alpha}{\partial p_2} \right)' \\ \vdots \\ \left(\dfrac{\partial \alpha}{\partial p_n} \right)' \end{pmatrix} = \boldsymbol{A} \cdot \boldsymbol{B}_\alpha', \quad \boldsymbol{B}_\alpha' = \begin{pmatrix} -\sin\alpha \\ \cos\alpha \\ 0 \end{pmatrix} \tag{6-52}$$

$$\begin{pmatrix} \left(\dfrac{\partial \delta}{\partial p_1} \right)' \\ \left(\dfrac{\partial \delta}{\partial p_2} \right)' \\ \vdots \\ \left(\dfrac{\partial \delta}{\partial p_n} \right)' \end{pmatrix} = \boldsymbol{A} \cdot \boldsymbol{B}_\delta', \quad \boldsymbol{B}_\delta' = \begin{pmatrix} -\cos\alpha \sin\delta \\ -\sin\alpha \sin\delta \\ \cos\delta \end{pmatrix} \tag{6-53}$$

其中，矩阵 $\boldsymbol{A}$ 与上述描述一致。在式（6-50）和式（6-51）的左边，$\Delta\alpha_i'$ 和 $\Delta\delta_i'$ 是测量量的测量值和计算值之间的差异，测量量可以是一个天体的赤经赤纬，或者是两个天体的赤经赤纬差。例如一颗卫星和一颗行星或两颗卫星的差异 $\Delta\alpha = \alpha_1 - \alpha_2$，$\Delta\beta = \beta_1 - \beta_2$。在后一种情况下，如果条件方程是根据第二天体的参数构造的，那么列向量 $\boldsymbol{B}_\alpha'$，$\boldsymbol{B}_\delta'$ 的元素符号需要取反。

在实践中，通常使用 $X_d = \Delta\alpha \cos\delta_2$ 来改进运动参数，而不是使用观测量 $\Delta\alpha = \alpha_1 - \alpha_2$。

为了统一，令 $Y_d = \Delta\delta$ 。在这种情况下，条件方程式（6-50）和式（6-51）的形式如下

$$R\Delta X_d^{(i)} = \sum_{k=1}^n \left(\frac{\partial\alpha}{\partial p_k}\right)'_i \Delta p_k (i=1,2,\cdots,m) \tag{6-54}$$

$$R\Delta Y_d^{(i)} = \sum_{k=1}^n \left(\frac{\partial\delta}{\partial p_k}\right)'_i \Delta p_k (i=1,2,\cdots,m) \tag{6-55}$$

式中，$\Delta X_d^{(i)}$ 和 $\Delta Y_d^{(i)}$ 分别为观测时刻 t_i 时 X_d 和 Y_d 的测量值与计算值的差。

下面考虑测量量为两个天体的角距离 s 和位置角 P 时如何构造条件方程。在这种情况下，条件方程的形式为

$$R\Delta s_i = \sum_{k=1}^n \left(\frac{X_d^{(i)}}{s_i}\left(\frac{\partial\alpha}{\partial p_k}\right)'_i + \frac{Y_d^{(i)}}{s_i}\left(\frac{\partial\delta}{\partial p_k}\right)'_i\right)\Delta p_k (i=1,2,\cdots,m) \tag{6-56}$$

$$Rs_i\Delta P_i = \sum_{k=1}^n \left(\frac{Y_d^{(i)}}{s_i}\left(\frac{\partial\alpha}{\partial p_k}\right)'_i - \frac{X_d^{(i)}}{s_i}\left(\frac{\partial\delta}{\partial p_k}\right)'_i\right)\Delta p_k (i=1,2,\cdots,m) \tag{6-57}$$

式中，Δs_i 和 ΔP_i 分别为 s 和 P 的实测值与计算值的差；下标 i 代表观测时刻 t_i 对应变量的值。

利用式（6-52）和式（6-53）计算式（6-54）、式（6-55）、式（6-56）和式（6-57）的偏导数。

对于切向坐标 X_t，Y_t，s_t，P_t，条件方程的构造方法类似。

在构造条件方程时，改进量 $\Delta p_k (i=1, 2, \cdots, m)$ 下的系数可以在一定程度上近似计算，因为可以通过连续改进进行优化。但是，测量量的值应该尽可能地精确计算，因为在连续的改进中，测量量的测量值和计算值之间的差异应该趋于零。

6.5　设置观测量和条件方程权值

为了更好地运用最小二乘法，对观测误差协方差矩阵的假设必须尽可能接近现实。在实践中，协方差矩阵的非对角线元素通常是未知的。因此，将它们设置为零。至于对角线元素，它们描述了观测结果的准确性，这可能会因不同的观测量而有所不同。然而，如果适当地分配权值，对角元素可以相等。

让我们取最小二乘法的条件方程，这是在第 6.1 节中考虑的均匀观测的情况

$$\Delta\xi_i = \sum_{k=1}^n a_k^{(i)} \Delta p_k (i=1,2,\cdots,m) \tag{6-58}$$

式中，$\Delta\xi_i$ 是第 i 次观测中测量量的测量值与计算值的差；Δp_1，Δp_2，$\cdots$，Δp_n 是指定的待估参数；$a_k^{(i)}$ 是条件方程的系数。改进后的参数集可以用向量 $\Delta p = \{\Delta p_1, \Delta p_2, \cdots, \Delta p_n\}^T$ 表示。

为了用最小二乘法来解决这个问题，需要组成一个标准方程组，可以写成如下形式

$$L\Delta p = d$$

式中，L 和 d 分别为矩阵和向量

$$\boldsymbol{L} = \begin{pmatrix} l_{11} & l_{12} & \cdots & l_{1n} \\ l_{21} & l_{22} & \cdots & l_{2n} \\ \vdots & \vdots & \vdots & \vdots \\ l_{n1} & l_{n2} & \cdots & l_{nn} \end{pmatrix}, \quad \boldsymbol{d} = \begin{pmatrix} d_1 \\ d_2 \\ \vdots \\ d_n \end{pmatrix} \qquad (6-59)$$

其中

$$l_{kj} = \sum_{i=1}^{m} a_k^{(i)} a_j^{(i)} \, (k, j = 1, 2, \cdots, n) \qquad (6-60)$$

$$d_k = \sum_{i=1}^{m} a_k^{(i)} \Delta \xi_i \, (k = 1, 2, \cdots, n) \qquad (6-61)$$

$\omega_i (i = 1, 2, \cdots, m)$ 为观测值的权重。将条件方程（6-58）乘以 $\sqrt{\omega_i}$，得到

$$\Delta \xi_i \sqrt{\omega_i} = \sum_{k=1}^{m} \sqrt{\omega_i} a_k^{(i)} \Delta p_k \, (k = 1, 2, \cdots, m) \qquad (6-62)$$

替换式（6-60）和式（6-61）得到

$$l_{kj} = \sum_{i=1}^{m} \omega_i a_k^{(i)} a_j^{(i)} \, (k, j = 1, 2, \cdots, n) \qquad (6-63)$$

$$d_k = \sum_{i=1}^{m} \omega_i a_k^{(i)} \Delta \xi_i \, (k = 1, 2, \cdots, n) \qquad (6-64)$$

此外，对于均匀观测，求解方法一致。

如果条件方程（6-62）左边的误差对于所有观测量近似相同，则测量误差的协方差矩阵将具有相等的对角线元素。如果 $\Delta \xi_i$ 的误差已知，就可以做到这一点。令

$$\sqrt{\omega_i} = \frac{1}{\sigma_i}$$

可得到协方差矩阵的值。其中，σ_i 为第 i 次的观测误差。

问题是，误差 σ_i 的值通常未知，需要对测量误差进行适当的假设。假设所有的观测结果都可以被分成几组，以便在每一组内的观测结果都可以被认为具有相同的精度。可以假定，在一个观测台的一组观测是由一个观测者使用相同的工具进行一段时间的观测，期间的观测条件没有发生变化。

首先，设置所有的 $\omega_i = 1$。在每次利用观测结果进行改进后，$\Delta \xi_i$ 表征理论值与观测值的一致性。假设观测误差以理论误差为主，则 $\Delta \xi_i$ 为观测误差。

现在，对每一组，同等精度观测的假设下，我们计算了该组所有 $\Delta \xi_i$ 的均方根值，用 σ_k 来表示，其中 k 是组数。现在对于每个观测值，可以设置权重如下

$$\sqrt{\omega_i} = \frac{1}{\sigma_k}$$

式中，k 是观测数 i 所属的组数。

通过分配的权重来改进参数后，我们可以重新计算所有的观测误差并重新分配权重，这样的迭代可以进行 2~3 次。因此实现了权重与观测精度的一致，并得到了接近真实误差的观测误差协方差矩阵。

最小二乘法可以评估所求得待估参数的精度，第 6.1 节解释了如何做到这一点。在加

权条件方程的情况下，计算的顺序与没有分配权重时相同。用方程（6-63）和方程（6-64）求出法方程矩阵和方程右边的向量。此外，计算出的值为

$$d_0 = \sum_{i=1}^{m} \omega_i \Delta \xi_i^2 \tag{6-65}$$

σ_0^2 的表达式为

$$\sigma_0^2 = \frac{1}{m-n} \left[d_0 - (\boldsymbol{d} \Delta \boldsymbol{p}) \right] \tag{6-66}$$

式中，Δp 为求得的改进量；向量 $\boldsymbol{d}$ 的分量由等式（6-64）确定。现在我们将矩阵 $\boldsymbol{L}^{-1}$ 中的所有元素乘以 σ_0^2，由此得到矩阵

$$\boldsymbol{D} = \sigma_0^2 \boldsymbol{L}^{-1} \tag{6-67}$$

其对角线元素为改进量 $\Delta p_k (k=1, 2, \cdots, n)$ 误差 σ_k 的平方。

6.6　残差的统计特征

在描述从观测中得到的天体运动参数的微分改进方法时，出现了残差 $\delta_i (i=1, 2, \cdots, m)$，由式（6-12）定义，这里的 m 是测量值的数量。在成功改进参数后，即当参数的改进量变得可以忽略时，残差就等于偏差 $\Delta \xi_i$，它描述了理论值和观测值之间的一致性。事实上，这些值包含了观测误差和天体运动模型中的误差。

在实践中，残差 $\Delta \xi_i$ 的统计特征为进一步改进运动模型和观测模型提供了有用的信息。首先，分析残差的算术平均值

$$\Delta \bar{\xi} = \frac{1}{m} \sum_{i=1}^{m} \Delta \xi_i$$

该值与零之间的显著差异表明观测结果中存在系统误差，这可能是由于观测仪器的不完善或观测数据的处理程序不正确造成的。$\Delta \bar{\xi}$ 与零的接近程度还不能完全表示观测结果的整体质量。

接下来，我们分析 $\Delta \xi_i$ 的均方差。由公式（6-27）得到

$$\bar{\sigma} = \sqrt{\frac{d_0}{m}} \tag{6-68}$$

其中，d_0 根据等式（6-22）进行计算，这一特征量包括观测的系统误差和随机误差。

准确和粗略的观测都能包含在所使用的观测集合中。在这种情况下，残差较大的粗观测量是式（6-22）的主要贡献量，如果我们对观测量进行加权处理，那么特征量 $\bar{\sigma}$ 将不能反映数据的使用方式。此时，我们可以分析残差 $\bar{\sigma}_\omega$ 的加权平均值，它也是由公式（6-68）计算，但其中的 d_0 则由式（6-65）计算。

为了从随机残差中分离出残差的系统量，计算了随机残差 $D(\Delta \xi)$ 的无偏离散度

$$D(\Delta \xi) = \frac{1}{m-1} \sum_{i=1}^{m} (\Delta \xi_i - \Delta \bar{\xi})^2$$

方差的平方根

$$\sigma = \sqrt{D(\Delta\xi)} \tag{6-69}$$

被称为标准差，该值表征了观测误差的随机分量。

在实际算法中，将内存中的所有 $\Delta\xi_i(i=1, 2, \cdots, m)$ 存储起来，然后计算统计特征 $\Delta\bar{\xi}, \bar{\sigma}, \sigma$ 是不现实的，观测数量大时做到这一点尤其困难。在计算过程中，观测结果被一个接一个地读取，分配给处理一个观测值的内存接续用于处理下一个观测值。在这个过程中，可用递归关系求解统计特征。假设我们计算了 k 个观测值的 $\Delta\xi, \bar{\sigma}, \sigma$，分别用 $\Delta\bar{\xi}^{(k)}, \bar{\sigma}^{(k)}, \sigma^{(k)}$ 表示。当增加第 $k+1$ 个观测值 $\Delta\xi_{k+1}$ 时，可以从下面递归关系中求出 $\Delta\bar{\xi}^{(k+1)}, \bar{\sigma}^{(k+1)}, \sigma^{(k+1)}$ 的新值如下

$$\Delta\bar{\xi}^{(k+1)} = \frac{1}{k+1}(k\Delta\bar{\xi}^{(k)} + \Delta\xi_{k+1})$$

$$\bar{\sigma}^{(k+1)} = \sqrt{\frac{1}{k+1}(k\bar{\sigma}^{(k)2} + \Delta\xi_{k+1}^2)}$$

$$\sigma^{(k+1)} = \sqrt{\frac{1}{k}\left[k\bar{\sigma}^{(k)2} - \frac{1}{k+1}(k\Delta\bar{\xi}^{(k)} + \Delta\xi_{k+1})^2 + \Delta\xi_{k+1}^2\right]}$$

6.7 剔除粗略观测

观测误差的存在造成了根据观测结果确定卫星运动参数的困难。此外，问题不在于误差的存在，而在于它们性质的不确定性。通常没有关于这方面的信息，因此只能进行某些假设。

在观测量的具体误差中，可能会出现一些重要的误差，它们不是由真正的测量误差引起的，而是由整个观测中不寻常的一个明显且罕见的事件引起的，要想识别带有此类误差的观测结果几乎是不可能的。

许多研究人员的处理方法是，规定观测误差的幅度在一定范围内的概率水平，然后找到观测残差 σ 均方值的极限。在计算了所有观测值的 σ 后，设置因子 κ，所有误差超过 $\kappa\sigma$ 的观测值都被剔除。通常使用的是 $\kappa=3$，这确保了误差被封闭在 $(-3\sigma, 3\sigma)$ 之内。这个概率还取决于该过程中所涉及的待估参数的数量。在这样的观测值剔除之后，我们可以再次计算 σ 并重复剔除过程。在这种情况下，新的观测结果可能会被剔除。当多次重复这个过程时，在某个阶段可能还会有新的观测值被剔除。如果没有这样的重复处理过程（新的观测结果不被剔除），就不能确定那些异常非典型事件引起的粗略观测结果是否被剔除了。在实践中，因子 κ 是在 3~6 之间选择的。

"误差理论"早已发展起来，这是一门科学学科，旨在确定实验中最可靠的测量结果，它可以被认为是对统计方法的适当应用。这门学科的历史可以在文献（Sheynin，2007）中找到。然而，这一理论并没有提供一个明确的算法，能在对数据属性不了解的情况下将错误数据剔除。观测结果的剔除过程仍然不确定。

书（Sheynin，2007）中详细描述了经典数学著作是如何推理和计算的。例如，这里

引用高斯的一句话："……如果太快剔除观测值，就有夸大其准确性的危险。在我看来，这一堂课更像是在很少或从来不用考虑数学严谨性的生活中做事情一样，必须尽可能地谨慎行事。"

　　因此，唯一存在的建议是"尽可能谨慎行事"。在实践中，有经验的研究人员就是这样做的。有一些关于观测值的非正式信息，要么在上述方法中选择合适的因子 κ，要么设置一些极限 σ_{lim}，剔除所有差值超过 σ_{lim} 的观测值，没有什么其他更好的方法了。

参 考 文 献

[1] Avdyushev, V. A., Ban'shikova, M. A., 2008. Determination of the orbits of inner Jupiter satellites. Solar System Research 42 (4), 296 – 318.

[2] Avdyushev, V. A., Ban'shikova, M. A., 2010. Alternative orbits of the newmoons of Jupiter. Izvestiya Vuzov, Fizika 10, 27 – 30. In Russian.

[3] Avdyushev, V. A., 2015. NumericalModelling the Celestial BodyMotion. Izdatelsky Dom Tomsk State University, Tomsk. In Russian.

[4] Bakhshiyan, B. T., Nazirov, R. R., Elyasberg, P. E., 1980. Definition and Correction of Movement. Nauka, Moscow. 359 pp. In Russian.

[5] Gubanov, V., 1997. Generalized Least SquaresMethod. Nauka, St. – Petersbourg. ISBN 5 – 02 – 024860 – 6. 318 pp. In Russian.

[6] Eliasberg, P. E., 1976. Motion Determination Based onMeasurement Results. Nauka, Moscow. ISBN 978 – 5 – 397 – 05719 – 6. 416 pp. New edition 2017. In Russian.

[7] Emel'ianov, N. V., 1983. Metody sostavleniia algoritmov i programm V zadachakh nebesnoimekhaniki. Nauka, Glav. red. fiziko – matematicheskoi lit – ry, Moscow. 128 pp. In Russian.

[8] Shchigolev, B. M., 1969. Mathematical Processing of Observations. Nauka, Moscow. 344 pp. In Russian.

[9] Sheynin, O. B., 2007. Istoria Teorii Oshibok, Berlin. 141 pp. In Russian.

第7章　通过对行星卫星相互掩星或日食的观测获得的天体测量数据

7.1　现象描述

　　天体测量技术持续不断发展，与此同时，天文学家们正在应用特殊的知识，寻找新的、更先进的观测方法。在发现和研究行星天然卫星的一些阶段，发现木星、土星和天王星的主要卫星的运动轨道几乎在同一平面，与行星的赤道平面一致，但倾斜于行星的轨道平面。在这种情况下，在行星绕太阳公转期间，一条连接行星和地球的线两次落入这个平面。在同一历元前后，行星-太阳连线穿过卫星的轨道平面。在某些时间点，从地球上看到的一些卫星的图像是相交的。在同一时刻，一颗卫星的阴影有时会落在另一颗卫星上，从地球上可以看到这个阴影。在这两种情况下，卫星的总亮度都会暂时下降。即使我们不通过卫星图像识别，也可以测量到光通量的减少，说明行星的卫星发生相互掩星或日食。太阳-行星-卫星发生这种相互现象的情况如图 7 - 1 所示。在大多数情况下，卫星亮度下降的持续时间为 4～15 min。这种现象出现后的 6～9 个月，行星绕太阳转半圈后会重复出现。主要卫星的相互掩星和日食发生的年份如下：木星的卫星：…，1997，2003，2009，2015，2021，…；土星的卫星：…，1995，2009，2025，…；天王星的卫星：…，1965，2007，2049，…。每周发生 1～10 个事件。每一种现象只能在地面 30% 的天文台上同时观测到。

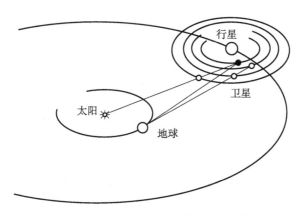

图 7 - 1　行星卫星相互掩星或日食时地球、行星的日心轨道及行星卫星轨道

　　为了描述这种现象，引入相互掩星或日食现象平面的概念。在卫星互掩情况下，垂直于观测者到卫星的连线并穿过受掩卫星的平面；或在互食情况下，垂直于太阳到卫星的连

线并穿过受食卫星的平面。受掩或受食卫星的位置投影到这个平面上，该投影的坐标 X、Y 是在该平面上某个坐标系中确定的，原点在一个被遮蔽或重叠的卫星上，Y 轴的方向指向天极，X 轴指向东。

　　显然，在相互掩星或日食期间，卫星的光通量取决于它们的相对位置，通过现象平面上的相对坐标 X、Y 测量。图 7-2 和图 7-3 表示该过程中，当坐标在现象平面上发生变化时，卫星正常光通量减小。

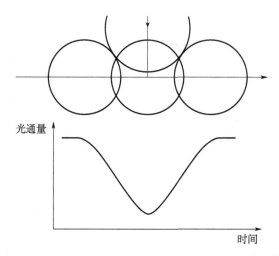

图 7-2　掩星时卫星的三种排列构型与相应的全光曲线

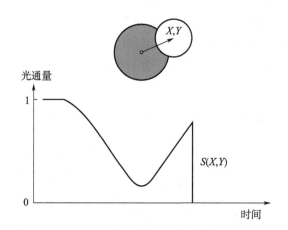

图 7-3　一对卫星在互掩时的归一化光通量与时间的关系

　　在对多个时间点的卫星光度观测过程中，测量了卫星的光通量，得到实测光曲线。这种观察结果的示例如图 7-4 所示。

　　由于该现象中的通量衰减取决于卫星坐标，因此从卫星在相互掩星和日食期间测量的光曲线中获得天体测量数据成为可能。这种观测方法有几个显著的优点。首先，这种观测量，即视运动速度与光度比的精度，比普通天文测量观测的精度高几倍。其次，必要的光度观测可以通过一般的方法进行，因为这些行星的主要卫星都足够明亮，所以不需要非常强大

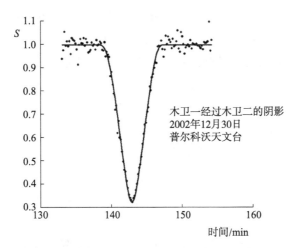

图 7-4　木卫一在被另一颗卫星日食时发出的光通量随时间的变化曲线

的望远镜、不需要星历表，有相应的图像处理程序可以获得光度数据。基于这些原因，专业观测者和业余天文爱好者都可以对行星主要卫星的相互掩星和日食进行光度观测。

　　每一种现象都在短时间内发生，只能从部分地面点同时观测到，因此业余观测者参与观测是非常有用的。第三个优点是，各种类型的定期观测延长了观测卫星的时间，从而更好地改进它的星历。

7.2　获取天文测量数据的方法

　　早在 20 世纪 70 年代，阿克斯内斯和富兰克林（Aksnes，Franklin，1976）就提出了一种从行星卫星相互掩星和日食的光度学中获得天体测量数据的方法；随后瓦森哈拉（Vasundhara，1994）、诺耶尔等人（Noyelles et al.，2003）改进了方法，该方法对该现象模型进行了一些简化。另一种光度观测和测量结果处理的原始方法是由埃梅利亚诺夫（Emelyanov，2003）和吉尔伯特（Emelyanov，Gilbert，2006）等人开发的。

　　考虑卫星在相互掩星和日食期间，从光度观测中获得天体测量数据方法的基本原理，我们将参考书（Emelyanov，2003）中所采用的方法。

　　这个问题的表述如下：在一些时刻测量来自卫星的光通量，利用这些数据，确定在掩星或日食发生期间两颗卫星在任何一时刻的坐标差。

　　利用卫星光度测量法，在每种现象确定的数值范围内，我们测得了光通量 E。我们事先不知道这个范围，但我们也不需要知道光通量的绝对数值。光通量可以在任何不确定的因素下被精确地测量。我们用 S 表示来自卫星的归一化光通量，在它开始之前和结束之后这个值等于 1（我们假设这两个值重合）。在相互掩星或日食的过程中，光通量减小，$S < 1$。然后可以建立关系

$$E = KS \tag{7-1}$$

式中，K 是某个不定系数，假设在现象发生过程中是常数。显然，S 取决于上述相对坐标

X，Y。定义函数 $S(X，Y)$，坐标 X，Y 可以在任何时间 t 用行星和卫星的星历计算出来，用 $X_{th}(t)$ 和 $Y_{th}(t)$ 表示这些星历值。如果将它们代入函数 $S(X，Y)$，然后再将该函数代入等式（7-1），则无法得到光通量 E 的真实值，因为星历有误差。假设坐标真实值与星历相差常数 D_x 和 D_y，真实光通量则为

$$E = KS(X_{th}(t) + D_x, Y_{th}(t) + D_y)$$

假设已经进行了光度测量，即在 $t_i(i = 1，2，\cdots，m)$ 时刻，得到了测量值 E_i，就可以得到相对未知参数 K，D_x，D_y 的条件方程组

$$E_i = KS(X_{th}(t_i) + D_x, Y_{th}(t_i) + D_y)，i = 1,2,\cdots,m$$

对函数 S 进行线性化，并用最小二乘法求解线性条件方程组。求解后，天体测量结果用坐标 $X(t^*) = X_{th}(t^*) + D_x$ 和 $Y(t^*) = Y_{th}(t^*) + D_y$ 表示，其中 t^* 是现象过程中的任何时刻。为了明确，选择 t^* 为 $X^2 + Y^2$ 的值最小的时刻，即卫星之间的视距离最小。在时间点 t^* 处的坐标 $X(t^*)$ 和 $Y(t^*)$ 不再依赖于所使用的星历，并能很好地与光度测量的结果一致。

我们很自然地假设，当没有来自卫星的光时，E 的测量值应该为零。为此，如果可能的话，应尽量排除天空的背景光或任何仪器的光通量。然而在实践中，并不能完全清除这些，在测量中仍然存在一定程度的背景光通量 P。然后须求解如下条件方程

$$E_i = KS(X_{th}(t_i) + D_x, Y_{th}(t_i) + D_y) + P(i = 1,2,\cdots,m)$$

并在定义参数中包含背景光通量 P。然而，这种扩展方程的解只有在罕见的卫星相互视运动情况下才能求出。

为了实现该方法，要能够计算出 $S(X，Y)$。光通量来自卫星的每个点，并在光电探测器中相加。卫星表面上的每一个点都具有散射光的能力。在所有点上，太阳光的入射方向和反射到观测者的方向都不同。当然，从被掩卫星遮挡的点上，光线不会射来。该点是否被遮挡，取决于卫星和观测者的相对位置。

在卫星相互日食期间，进入被食卫星的光是由太阳圆盘上未被日食卫星遮挡的部分光通量之和形成的。应该记住的是，太阳圆盘的边缘会变暗。如果使用的望远镜可以区分出卫星盘，我们会看到一个部分被遮挡或变暗的卫星圆盘，它的亮度不均匀，边缘较暗，这是由于太阳从侧面稍微照亮了卫星。在真实的观测中，被掩卫星和掩星卫星发出的光同时进入光电探测器，测量的是它们的总通量。任何光电探测器对不同波长的光都有不同的灵敏度，因此，有必要考虑光的散射与波长和探测器滤光片特性的依赖关系。

在实际计算中，我们将面向地球的卫星半球划分为有限个元素，分别计算每个元素的入射通量，并计算总通量。在这个阶段，可以利用卫星表面单点光散射定律，还需要知道特定卫星表面的光反射特性参数，其中之一是考虑卫星表面细节特点的卫星反照率。综上所述，这些情形构成了掩星和日食现象的光度模型。

埃梅利亚诺夫（Emelyanov，2003）和吉尔伯特（Emelyanov，Gilbert，2006）描述了最精确的光度模型之一：木星伽利略卫星相互掩星和日食的光度模型；阿洛特等人（Arlot et al.，2012；2013）给出了土星和天王星主要卫星的类似模型。下面介绍行星卫

星相互掩星和日食时的一些简化模型。

7.3　行星卫星相互掩星和日食的简化模型

考虑两颗卫星的相互掩星模型。在一个简化模型中，我们假设有两颗均匀的卫星星盘，同时，星盘上的反照率是不同的。用 p_1 表示掩星卫星，用 p_2 表示被掩卫星。这些卫星的视半径分别用 r_1 和 r_2 表示。在天空中可以看到圆盘，因此视半径可以以弧秒为单位测量，或者在掩星现象平面上以千米为单位测量。用 d 表示圆盘中心之间的距离，单位与卫星半径的测量单位相同。

如果 $d \geqslant r_1 + r_2$，则没有发生互掩现象，可以得到两颗卫星整个圆盘的光。如果卫星圆盘发生了互掩，那我们能看到被掩卫星的一部分，用 k_2 表示被掩卫星圆盘的可见部分。自然地，k_2 取决于两个圆盘中心 d 之间的距离，如图 7-5 所示。

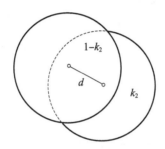

图 7-5　卫星的相互掩星。被掩卫星的未遮盖部分位于右下方，这部分用 k_2 来表示。

因此，在掩星没有发生时，$k_2 = 1$。如果磁盘中心之间的距离为 $d \geqslant |r_1 - r_2|$，则卫星星盘完全重叠。此外，如果 $r_1 \geqslant r_2$，那么被掩卫星就完全不可见，此时，$k_2 = 0$。若 $r_1 < r_2$，卫星星盘的可视部分为 $k_2 = (r_2^2 - r_1^2)/r_2^2$。

在部分掩星的情况下，$r_1 + r_2 > d > |r_1 - r_2|$，$k_2$ 的计算公式为

$$h = \sqrt{2d^2(r_1^2 + r_2^2) - d^4 - (r_1^2 - r_2^2)}$$
$$a_1 = d^2 - r_2^2 + r_1^2, \quad a_2 = d^2 - r_1^2 + r_2^2$$
$$\tan\varphi_1 = \frac{h}{a_1}, \quad \tan\varphi_2 = \frac{h}{a_2}$$
$$k_2 = 1 - \frac{1}{\pi}\left(\frac{r_1^2}{r_2^2}\varphi_1 + \varphi_2 - \frac{h}{2r_2^2}\right)$$

这里，当根据正切值计算角度 φ_1 和 φ_2 时，要考虑 $\cos\varphi_1$ 与 a_1 的符号一致，$\cos\varphi_2$ 与 a_2 的符号一致，这些公式由埃梅利亚诺夫（Emelyanov，1995）给出。

阿萨分等人（Assafin et al.，2009）提出了另一种计算系数 k_2 的公式，即

$$\cos\alpha_1 = \frac{r_1^2 - r_2^2 + d^2}{2r_1 d}, \quad \cos\alpha_2 = \frac{r_2^2 - r_1^2 + d^2}{2r_2 d}$$
$$k_2 = 1 - \frac{1}{\pi}\left[\frac{r_1^2}{r_2^2}(\alpha_1 - \sin\alpha_1\cos\alpha_1) + \alpha_2 - \sin\alpha_2\cos\alpha_2\right]$$

角度 α_1 和 α_2 应该根据它们的正切值来计算，因为它们的正弦值都是正的。

在处理卫星日食的光度观测数据时，必须计算 k_2 对 d 的导数，即 $\dfrac{\mathrm{d}k_2}{\mathrm{d}(d)}$ ，可以使用以下公式来实现：

$$h' = \frac{2d}{h}(r_1^2 + r_2^2 - d^2)$$

$$\varphi_1' = \frac{a_1 h' - 2hd}{a_1^2 + h^2}, \quad \varphi_2' = \frac{a_2 h' - 2hd}{a_2^2 + h^2}$$

$$\frac{\mathrm{d}k_2}{\mathrm{d}(d)} = -\frac{1}{\pi}\left(\frac{r_1^2}{r_2^2}\varphi_1' + \varphi_2' - \frac{h'}{2r_2^2}\right)$$

现在考虑如何计算归一化光通量。具有这种简化现象模型的函数 S 依赖于 k_2 ，而 k_2 又依赖于 d 。

通量 $Rr_1^2 p_1$ 来自掩星卫星，通量 $Rr_2^2 p_2 k_2$ 来自被掩卫星，其中 r_1 和 r_2 是圆盘的半径，p_1 和 p_2 是卫星的反照率，R 是待定的比例系数。在相互掩星时，两颗卫星的通量总是在一起测量的。在此条件下，归一化通量 S 可以用以下公式表示

$$S(d) = \frac{p_1 r_1^2 + p_2 r_2^2 k_2(d)}{p_1 r_1^2 + p_2 r_2^2} = \frac{1 + \dfrac{p_2 r_2^2 k_2(d)}{p_1 r_1^2}}{1 + \dfrac{p_2 r_2^2}{p_1 r_1^2}}$$

当掩星现象没有发生时，整个被掩卫星都是可见的，此时 $k_2 = 1$、$S = 1$ 和 $E = K$ 。有时也会发生全掩星，图 7-6 显示了全掩星时的卫星位置。很明显，在时间间隔 (t_1, t_2) 内，被遮挡的卫星根本不可见，$k_2 = 0$ 。这种情况下有

$$S(d) = \frac{1}{1 + \dfrac{p_2 r_2^2}{p_1 r_1^2}}$$

也就是说，此时通量与卫星的相互距离 d 无关。

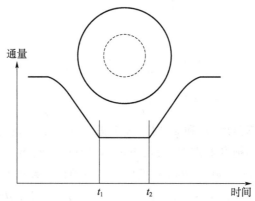

图 7-6　一颗卫星在一段时间 (t_1, t_2) 内被另一颗卫星完全遮掩，以及这对卫星总归一化

通量曲线上的相应部分

　　从简化的光度模型中可以看出，归一化通量取决于两个卫星表面的反照率之比，在更精确的光度模型中也存在该关系。在处理木星伽利略卫星的观测结果时（Emelyanov，2009；Arlot et al.，2012），对该卫星的表观光度特性取平均值。在这一阶段，要考虑到反照率值的变化，它取决于卫星的旋转角度。简单地说，来自卫星的光通量取决于它侧向面对我们的程度。我们从出版物（Morrison，1977；Prokof'eva‑Mikhailovskaya et al.，2010；Abramenko et al.，2011）中可以获取关于反照率变化的数据。这些数据还不够准确，误差来源可能是木星伽利略卫星相互掩星和日食的光度模型。显然，需要对木星的伽利略卫星进行广泛的光度观测，以获得卫星在不同光谱波段从 0°～360°旋转角度的不同值。

7.4　行星卫星相互掩星和日食的光度模型

7.4.1　一般光度特性

　　上述行星卫星相互掩星和日食简化模型的精度达不到现有光度观测的精度，最精确的模型可以通过以下方式来构建。

　　太阳和卫星都是延展天体，表面上的每个点都有其自己的属性，光的发射和散射依赖于这些性质。光电探测器中测量到的信号是由进入它的光形成的，但它也取决于光电探测器本身的性能。下面更详细地探讨该过程。

　　我们需要通用的概念和特征量来表征光在表面上某一点的散射性质，并描述卫星星盘的综合光度测量。

　　光散射定律是指在观测者方向上某一给定点的光散射强度与描述现象和散射表面性质的参数之间的关系。强度的大小通常是归一化的，以便卫星整个视盘面强度的积分除以圆盘面积等于卫星的几何反照率，这样做的前提是观测者在光源的方向上。光散射强度的计算函数称为散射函数，用 f 表示。

　　光散射由以下参数描述：光的入射角 i 是表面的法线与光源到表面点连线之间的夹角；反射角 e 是表面的法线与从观测者到散射点方向之间的夹角；相位角 α 是散射点指向光源方向和散射点指向观测者方向之间的夹角；将这两个方向投影在与曲面相切的平面上，投影之间的夹角为方位角 ψ。自然地，散射光的强度取决于光的波长 Λ，因为卫星表面的不同区域有不同的颜色。

　　光散射函数的一般形式为 $f(\varphi, \lambda, i, e, \psi, \alpha, \Lambda)$，其中引入了参数 φ 和 λ ——卫星表面上一个点的制图坐标。考虑到对 φ 和 λ 的依赖关系，可以使用航天器拍摄的图像，只要保证这些图像的拍摄角度与从地球观测太阳的角度相同即可。

　　几何反射率 p 和相位函数 $\Phi(\alpha)$，即卫星以特定相位角反射的光通量与相位角为零的光通量之比，被认为是卫星反射特性的总体表征。相位函数考虑了卫星星盘亮度不均匀和星盘被照明区域减小的综合效应。综合效应还取决于光的波长 Λ，对于不同的光谱波段是不同的。

7.4.2　卫星互掩的光度模型

图 7-7 描述了两颗卫星相互掩星的光度测量方案。来自整个太阳圆盘的光被照射向卫星，光通量的强度取决于波长，是由太阳物理学中的已知函数 $F(\Lambda)$ 决定的（Makarova et al.，1998）。每个无穷小的光谱带 $(\Lambda，\Lambda + d\Lambda)$ 中的光进入卫星，并进入被遮挡卫星的某个点。在这一点上，光在各个方向散射，包括观测者的方向。通量强度取决于表面点的性质以及光束的入射和反射方向。事实上，从太阳到达某个点的通量需要乘以函数 $f(\varphi，\lambda，i，e，\psi，\alpha，\Lambda)$ 才能得到到达观测者的通量。当然，通量与被掩卫星的星盘微元面积 dS_2 成正比。上面已经解释了部分函数参数，还有卫星上点的制图坐标 φ 和 λ。上述函数 $f(\varphi，\lambda，i，e，\psi，\alpha，\Lambda)$ 也被称为散射定律。定义这个函数是一个极其困难的问题，因为卫星表面可以光滑或多孔，有微小的凹坑和山峰。下面将考虑不同的散射定律，进一步追踪光的路径，光进入光电探测器会引起反应：它向计算机发送一个信号。这个信号的大小取决于接收机的光敏特性，主要由波长决定。在这里，决不能忘记还可以使用各种过滤器。该光电探测器的光谱灵敏度函数用 $\Phi(\Lambda)$ 表示，然后光电探测器发出的信号大小由入射通量乘以 $\Phi(\Lambda)$ 得到。

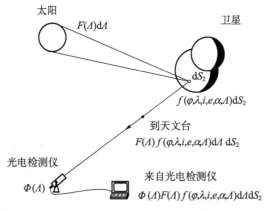

图 7-7　卫星相互掩星的光度测量

因为图像的分辨率通常是不够的，因此不能分别测量卫星表面上每个点的通量。只能测量一对卫星的总通量：掩星卫星和被掩卫星。来自被掩卫星的总通量由以下积分决定

$$G_2(X,Y) = \int_{S_2} \int_{\Lambda_1}^{\Lambda_2} \Phi(\Lambda)\, f(\varphi,\lambda,i,e,\psi,\alpha,\Lambda) F(\Lambda) dS_2 d\Lambda$$

其中，对卫星被太阳照亮的部分 S_2 进行积分，它取决于卫星的相对坐标 $(X，Y)$ 以及光谱波段 $(\Lambda_1，\Lambda_2)$。来自掩星卫星的总通量也是由类似的积分来确定的

$$G_1^{(0)} = \int_{S_2} \int_{\Lambda_1}^{\Lambda_2} \Phi(\Lambda)\, f(\varphi,\lambda,i,e,\psi,\alpha,\Lambda) F(\Lambda) dS_1 d\Lambda \qquad (7-2)$$

积分在从地球上看被太阳照亮的卫星表面 S_1 上进行，上标 0 表示这颗卫星没有被任何东西遮挡，以积分上下限 Λ_1 和 Λ_2 作为光电探测器光谱灵敏度的极限。当然，在实际应用中，卫星的详细特征是以表的形式设置的，最终计算的是卫星圆盘被划分的小区域通量

之和，而不是上述积分。

为了确定归一化光通量 S，需要知道被掩卫星没有被遮挡时的总光通量 $G_2^{(0)}$，计算方式与 G_2 相同，但积分是在从地球上看被太阳照亮的整个卫星表面进行的。

因此，归一化通量 S 的值为

$$S(X,Y) = \frac{G_1^{(0)} + G_2(X,Y)}{G_1^{(0)} + G_2^{(0)}}$$

7.4.3　卫星日食的光度模型

在日食这一现象中，观测到的卫星并没有被太阳的整个圆盘照亮，太阳圆盘的一部分被另一颗卫星遮挡，如图 7-8 所示。太阳圆盘上一些未被屏蔽的点向卫星辐射光，这种光的强度既取决于波长，也取决于圆盘上点的位置，因为太阳圆盘的边缘会变暗。这种暗化在光谱的不同部分是不同的。因此，从太阳圆盘发出的光通量将由下式决定

$$I(r,\Lambda)\mathrm{d}S_0\mathrm{d}\Lambda$$

式中，r 为该点到太阳圆盘中心的视距离；$\mathrm{d}S_0$ 为星盘微元面积；$\mathrm{d}\Lambda$ 为无限小的光谱带宽。函数 $I(r,\Lambda)$ 以表格形式表示，相关内容可以在关于太阳物理学的出版物（Makarova et al.，1998）中找到。

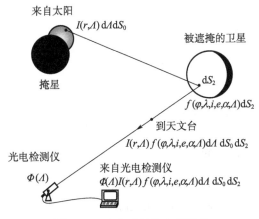

图 7-8　互食卫星的光度测量

来自太阳圆盘的光，落入被食卫星的表面后，特别是在某些点，具有由散射定律 $f(\varphi, \lambda, i, e, \psi, \alpha, \Lambda)$ 所描述的反射特性，散射光通量将与卫星星盘微元面积 $\mathrm{d}S_2$ 成正比。因此，通量为

$$f(\varphi, \lambda, i, e, \psi, \alpha, \Lambda)\mathrm{d}S_2 I(r,\Lambda)\mathrm{d}S_0\mathrm{d}\Lambda$$

到达光电探测器时，这种光会产生一个信号，值为

$$\Phi(\Lambda)f(\varphi, \lambda, i, e, \psi, \alpha, \Lambda)\mathrm{d}S_2 I(r,\Lambda)\mathrm{d}S_0\mathrm{d}\Lambda$$

测量来自被食卫星的通量，它是由积分决定的

$$G_2(X,Y) = \int_{\Lambda_1}^{\Lambda_2} \int_{S_2} \int_{S_0} \Phi(\Lambda)f(\varphi, \lambda, i, e, \psi, \alpha, \Lambda)\mathrm{d}S_2 I(r,\Lambda)\mathrm{d}S_0\mathrm{d}\Lambda$$

其中，在太阳圆盘的未屏蔽部分 S_0、卫星从地球上看被太阳照亮的表面 S_2 对光电探测器的光谱灵敏度波段（Λ_1，Λ_2）进行积分。

在日食期间，太阳和两颗卫星几乎位于同一条线上。地球观测者从侧面看到被食卫星的一小部分。太阳盘的哪一部分没有被食卫星遮挡，直接取决于卫星的相对位置，因为它们在太阳上是可见的。这个相对位置是由相对日心坐标 X，Y 决定的。因此，被食卫星的总通量取决于 X，Y。

当观测行星卫星互食时，日食卫星也会随着日食一起落入望远镜视野。若卫星之间的角距离很小，可能无法与被食卫星分开测量通量。在其他情况下，来自被食卫星的通量可以单独测量。

来自遮挡卫星 $G_1^{(0)}$ 的总通量由一个类似于式（7-2）的积分确定。然而，在这种情况下，上标 0 表示光从太阳的整个圆盘进入这颗卫星。

为了确定归一化的通量 S，在假设太阳没有被它遮挡的情况下，计算来自被食卫星 $G_2^{(0)}$ 的通量也是必要的。这种通量的确定方式与 G_2 相同，但积分是在整个太阳圆盘上进行的。

如果两颗卫星的光通量是一起测量的，归一化通量 S 的值为

$$S(X,Y) = \frac{G_1^{(0)} + G_2(X,Y)}{G_1^{(0)} + G_2^{(0)}}$$

如果光只来自被食卫星，则有

$$S(X,Y) = \frac{G_2(X,Y)}{G_2^{(0)}}$$

7.5　行星卫星的光散射定律

7.5.1　洛梅尔-塞利格光散射定律

在许多关于行星和卫星表面特征和几何结构的研究中，都用到了洛梅尔-塞利格光散射定律，该定律通常用于中低等反射率的粗糙表面。

洛梅尔-塞利格定律用散射函数描述为

$$f(i,e) = p\,\frac{2\cos i}{\cos i + \cos e}$$

它只取决于光的入射角和反射角。

在零相位角时，很明显有 $i = e$，因此 $f(i, e) = p$，此时我们看到一个均匀的卫星盘。在其他相位角度，圆盘的最高亮度可以在靠近边缘处观测，并且星盘的变暗度将是可见的。

在洛梅尔-塞利格定律的情况下，相位函数表达式为

$$\Phi(\alpha) = 1 - \sin\frac{\alpha}{2}\tan\frac{\alpha}{2}\ln\cot\frac{\alpha}{2} \tag{7-3}$$

洛梅尔-塞利格定律只能适用于非常精确的互掩互食模型。在更多精确模型中，只使

用了依赖于入射角和反射角的散射的一般形式，公式更加复杂。

7.5.2　用于光滑表面的 Hapke 光散射定律

对于散射表面的多种属性，Hapke 定律考虑了光的部分吸收和卫星内部某一层粒子的多次反射。

对于完美光滑的哑光表面，Hapke 定律用以下函数来描述（Hapke，1981）

$$f(i,e,\alpha)=\frac{\omega}{4}\frac{\mu_0}{\mu_0+\mu}\times\left\{[1+B(B_0,\alpha,h)]P(\alpha,g)+H(\mu,\omega)H(\mu_0,\omega)-1\right\}$$

其中

$$\mu_0=\cos i,\mu=\cos e$$

$$B(B_0,\alpha,h)=\frac{B_0}{1+\dfrac{\tan\left(\dfrac{\alpha}{2}\right)}{h}}$$

$$P(\alpha,g)=\frac{1-g^2}{(1+g^2+2g\cos\alpha)^{\frac{3}{2}}}$$

$$H(x,\omega)=\frac{1+2x}{1+2x\sqrt{1-\omega}}$$

参数 ω，B_0，h，g 用于表征表面的性质，其中，ω 为平均简化散射反射率；B_0 为冲日效应的振幅；h 为冲日效应的角半宽，与表面的孔隙度有关；g 为不对称参数。

本定律中的光散射函数不包含波长参数 Λ。但是对于不同的光谱波段，定律参数会有所不同，因此仍然要考虑与波长 Λ 的依赖关系。

在这种情况下，卫星的几何反照率公式为

$$P=\frac{\omega}{8}[(1+B_0)P(0,g)-1]+\frac{1}{2}r_0+\frac{1}{6}r_0^2 \tag{7-4}$$

其中

$$r_0=\frac{1-\sqrt{1-\omega}}{1-\sqrt{1+\omega}} \tag{7-5}$$

相位函数 $\Phi(\alpha)$ 由式（7-6）决定

$$P\Phi(\alpha)=\left\{\frac{\omega}{8}[(1+B(B_0,\alpha,h))P(\alpha,g)-1]+\frac{1}{2}r_0(1+r_0)\right\}\times$$
$$\left(1-\sin\frac{\alpha}{2}\tan\frac{\alpha}{2}\ln\cot\frac{\alpha}{4}\right)+\frac{2r_0^2}{3\pi}[\sin\alpha+(\pi-\alpha)\cos\alpha] \tag{7-6}$$

7.5.3　粗糙表面的 Hapke 光散射定律

在粗糙表面的情况下，Hapke 定律的形式为（Hapke，1984）

$$f(i,e,\alpha,\Psi)=\frac{\omega}{4}\frac{\mu_0'}{\mu_0'+\mu'}\times$$
$$\left\{[1+B(B_0,\alpha,h)]P(\alpha,g)+H(\mu',\omega)H(\mu_0',\omega)-1\right\}\times S(i,e,\Psi)$$

式中，μ_0'，μ'，$S(i,e,\Psi)$ 是 i，e，Ψ 和 $\bar{\theta}$ 的函数；参数 $\bar{\theta}$ 称为宏观表面粗糙度的平均斜率。函数在 $i \leqslant e$ 和 $i > e$ 的情况下由不同的公式计算。对于 $i \leqslant e$，按以下公式顺序计算

$$\mu'(i,e,\Psi) = C(\bar{\theta}) \times$$

$$\left[\mu + \sin e \tan\bar{\theta} \; \frac{\exp\left(-\dfrac{1}{\pi}\cot^2\bar{\theta}\cot^2 e\right) - \sin^2\dfrac{\Psi}{2}\exp\left(-\dfrac{1}{\pi}\cot^2\bar{\theta}\cot^2 i\right)}{2 - \exp\left(-\dfrac{2}{\pi}\cot\bar{\theta}\cot e\right) - \dfrac{\Psi}{\pi}\exp\left(-\dfrac{2}{\pi}\cot\bar{\theta}\cot i\right)} \right]$$

$$\mu_0'(i,e,\Psi) = C(\bar{\theta}) \times$$

$$\left[\mu_0 + \sin i \tan\bar{\theta} \; \frac{\cos\Psi\exp\left(-\dfrac{1}{\pi}\cot^2\bar{\theta}\cot^2 e\right) + \sin^2\dfrac{\Psi}{2}\exp\left(-\dfrac{1}{\pi}\cot^2\bar{\theta}\cot^2 i\right)}{2 - \exp\left(-\dfrac{2}{\pi}\cot\bar{\theta}\cot e\right) - \dfrac{\Psi}{\pi}\exp\left(-\dfrac{2}{\pi}\cot\bar{\theta}\cot i\right)} \right]$$

$$S(i,e,\psi) = \frac{\mu'(i,e,\Psi)}{\mu'(i,e,0)} \frac{\mu_0}{\mu'(i,e,0)} C(\bar{\theta}) \times \left[1 - \bar{f}(\Psi)\left(1 - C(\bar{\theta})\frac{\mu_0}{\mu_0'(i,e,0)} \right) \right]^{-1}$$

对于 $i > e$，则有

$$\mu'(i,e,\Psi) = C(\bar{\theta})$$

$$\left[\mu + \sin e \tan\bar{\theta} \; \frac{\cos\Psi\exp\left(-\dfrac{1}{\pi}\cot^2\bar{\theta}\cot^2 i\right) + \sin^2\dfrac{\Psi}{2}\exp\left(-\dfrac{1}{\pi}\cot^2\bar{\theta}\cot^2 e\right)}{2 - \exp\left(-\dfrac{2}{\pi}\cot\bar{\theta}\cot i\right) - \dfrac{\Psi}{\pi}\exp\left(-\dfrac{2}{\pi}\cot\bar{\theta}\cot e\right)} \right]$$

$$\mu_0'(i,e,\Psi) = C(\bar{\theta})$$

$$\left[\mu_0 + \sin i \tan\bar{\theta} \; \frac{\exp\left(-\dfrac{1}{\pi}\cot^2\bar{\theta}\cot^2 i\right) - \sin^2\dfrac{\Psi}{2}\exp\left(-\dfrac{1}{\pi}\cot^2\bar{\theta}\cot^2 e\right)}{2 - \exp\left(-\dfrac{2}{\pi}\cot\bar{\theta}\cot i\right) - \dfrac{\Psi}{\pi}\exp\left(-\dfrac{2}{\pi}\cot\bar{\theta}\cot e\right)} \right]$$

$$S(i,e,\Psi) = \frac{\mu'(i,e,\Psi)}{\mu'(i,e,0)} \frac{\mu_0}{\mu_0'(i,e,0)} C(\bar{\theta}) \times \left[1 - \bar{f}(\Psi)\left(1 - C(\bar{\theta})\frac{\mu}{\mu'(i,e,0)} \right) \right]^{-1}$$

在这些公式中引入了两个新的函数

$$C(\bar{\theta}) = \frac{1}{\sqrt{1 + \pi\tan^2\bar{\theta}}}, \quad \bar{f}(\Psi) = \exp\left(-2\tan\left(\frac{\Psi}{2}\right)\right)$$

粗糙表面的相位函数 $\Phi_r(\alpha)$ 和几何反射率 p_r 的计算如下：首先，根据式 (7-4)、式 (7-5) 和式 (7-6) 确定 $\Phi(\alpha)$ 和 p，然后通过如下公式计算 $\Phi_r(\alpha)$ 和 p_r

$$\Phi_r(\alpha) = K(\alpha,\bar{\theta})\Phi(\alpha)$$

$$p_r = p + [C(\omega,\bar{\theta}) - 1]\left(\frac{1}{2}r_0 + \frac{1}{6}r_0^2\right)$$

其中，函数 $K(\alpha,\bar{\theta})$ 和 $C(\omega,\bar{\theta})$ 的表达式为

$$K(\alpha,\bar{\theta}) = \exp\left\{ -0.32\bar{\theta}\sqrt{\tan\bar{\theta}\tan\left(\frac{\alpha}{2}\right)} - 0.52\bar{\theta}\tan\bar{\theta}\tan\left(\frac{\alpha}{2}\right) \right\}$$

$$C(\omega,\bar{\theta}) = 1 - (0.048\bar{\theta} + 0.004\,1\bar{\theta}^2)\,r_0 - (0.33\bar{\theta} - 0.004\,9\bar{\theta}^2)\,r_0^2$$

式中，$\bar{\theta}$ 用弧度表示。

7.5.4　木星伽利略卫星的 Hapke 定律参数

在文献中，我们发现只有两篇论文发表了关于木星伽利略卫星完整的 Hapke 参数集。

第一篇论文（McEwen et al.，1988）给出了木卫一粗糙表面的 Hapke 模型参数，它们是使用紫外（UV）、紫色（VI）、蓝色（BL）、橙色（OR）滤光片和 V 光谱波段获得的，这些参数是在整个卫星表面上取平均值的，相关数据见表 7 - 1。

表 7 - 1　木卫一的 Hapke 光度函数参数

Filter	ω	h	B_0	g	$\theta/(°)$
V	0.94	0.028 ± 0.01	0.80 ± 0.2	-0.30 ± 0.06	30 ± 10
OR	0.96	0.028 ± 0.01	0.55 ± 0.4	-0.32 ± 0.04	30 ± 10
BL	0.90	0.028 ± 0.01	0.60 ± 0.4	-0.26 ± 0.04	30 ± 10
VI	0.67	0.028 ± 0.01	0.65 ± 0.4	-0.22 ± 0.04	30 ± 10
UV	0.33	0.028 ± 0.01	0.60 ± 0.4	-0.24 ± 0.04	30 ± 10

第二篇论文（Domingue，Verbiscer，1997）致力于改进粗糙表面的 Hapke 函数，提出用更通用的函数代替 $P(\alpha,g)$：双参数函数 $P_2(\alpha,c_2,b_2)$ 或三参数函数 $P_3(\alpha,c_3,b_3,d_3)$，其表达式为

$$P_2(\alpha,c_2,b_2) = \frac{(1-c_2)(1-b_2^2)}{(1+2b_2\cos\alpha + b_2^2)^{\frac{3}{2}}} + \frac{c_2(1-b_2^2)}{(1-2b_2\cos\alpha + b_2^2)^{\frac{3}{2}}}$$

$$P_3(\alpha,c_3,b_3,d_3) = \frac{(1-c_3)(1-b_3^2)}{(1+2b_3\cos\alpha + b_3^2)^{\frac{3}{2}}} + \frac{c_3(1-d_3^2)}{(1+2d_3\cos\alpha + d_3^2)^{\frac{3}{2}}}$$

基于天地基观测，确定了木卫二、木卫三和木卫四的参数 c_2，b_2 和参数 c_3，b_3，d_3 以及 Hapke 函数的其他参数。数据为分别在两个波长 $\Lambda = 0.47\ \mu m$ 和 $\Lambda = 0.55\ \mu m$ 和卫星两个半球下获得的：前半球（L）和后半球（T），取值见表 7 - 2 和表 7 - 3。

表 7 - 2　函数 $P_2(\alpha,c_2,b_2)$ 的 Hapke 光度参数

$\Lambda/\mu m$	L/T	ω	B_0	h	$\bar{\theta}(°)$	c_2	b_2
木卫二 Europe							
0.47	L	0.922	0.50	0.001 6	10.0	0.431	0.921
0.55	L	0.964	0.50	0.001 6	10.0	0.429	0.887
0.47	T	0.897	0.45	0.001 6	10.0	0.430	0.713
0.55	T	0.940	0.50	0.001 6	10.0	0.443	0.609
木卫三 Ganymede							
0.47	L	0.830	0.62	0.003	28.0	0.282	0.960
0.55	L	0.945	0.86	0.004	29.0	0.380	0.427
0.47	T	0.870	1.00	0.074	35.0	0.039	0.989

续表

$\Lambda/\mu m$	L/T	ω	B_0	h	$\bar{\theta}$(°)	c_2	b_2
0.55	T	0.810	0.23	0.074	35.0	0.307	0.962
木卫四 Callisto							
0.47	L	0.740	1.00	0.031	42.0	0.729	0.024
0.55	L	0.540	1.00	0.031	42.0	0.132	0.949
0.47	T	0.470	0.27	0.027 7	42.0	0.432	0.542
0.55	T	0.550	0.73	0.027 7	42.0	0.206	0.958

表 7-3　函数 $P_3(\alpha, c_3, b_3, d_3)$ 的 Hapke 光度参数

$\Lambda/\mu m$	L/T	ω	B_0	h	$\bar{\theta}$(°)	c_2	b_2	
木卫二 Europe								
0.47	L	0.934	0.49	0.001 5	8.0	0.770	0.780	
0.55	L	0.964	0.43	0.001 6	10.0	0.726	0.945	
0.47	T	0.897	0.51	0.001 6	11.0	0	0.691	
0.55	T	0.930	0.521	0.001 6	11.0	0.083	0.784	
木卫三 Ganymede								
0.47	L	0.830	0.63	0.003	28.0	0.090	0.960	
0.55	L	0.930	0.91	0.003	28.0	0.200	0.450	
0.47	T	0.870	1.00	0.074	35.0	0	0.820	
0.55	T	0.810	0.23	0.074	35.0	0.350	0.970	
木卫四 Callisto								
0.47	L	0.510	0.82	0.031	42.0	0	0.033	−0.694
0.55	L	0.605	1.00	0.031	42.0	0.005	0.015	−0.687
0.47	T	0.530	0.50	0.027 7	42.0	0.787	0.489	−0.400
0.55	T	0.650	0.87	0.027 7	42.0	0.988	0.618	−0.238

　　上述 Hapke 光度函数参数用于获得木星伽利略卫星的天文测量结果（Emelyanov，Gilbert，2006；Emelyanov，2008；Emelyanov，Vashkovyak，2009；Emelyanov，2009；Arlot et al.，2014；Saquet et al.，2018）。

7.6　卫星合成星盘光度特性

　　卫星表面上不同点的反射特性是不同的，每一点上的散射函数还取决于波长。在上面考虑的散射函数中，特性参数在卫星半球或整个表面上被平均。通过在不同光谱波段使用不同参数的方式，将散射函数对波长的依赖关系考虑进去。

　　还有其他的方法来近似散射函数。一种合适的方法如下：选取一些光散射定律，例如，Hapke 定律。这一定律中的参数是整个卫星表面的平均值，将它们与特定的波长关联起来。公认的函数可以考虑到与太阳相位角的关系。

众所周知，行星卫星的转动与其轨道运动几乎同步。每颗卫星的高精度旋转轴垂直于其轨道平面。此外，这些轴与垂直于地球观测者视线的平面相差不大。因此，卫星整体亮度的变化实质上取决于卫星相对于观测者的旋转角度。更简单地说，来自卫星的光通量取决于它侧向我们的角度。然而，这种关系对于不同波长和不同太阳相位角可能是不同的。用散射函数乘以函数

$$A(\theta,\alpha,\Lambda)$$

式中，θ 为卫星相对于观测者的旋转角度；α 为太阳相位角；Λ 为波长。由此得到的函数近似地考虑到光散射的局部特性和星盘整体性质。

在这类问题中，通常测量旋转角，上合时角度为 0°，东大距时为 90°，下合时为 180°，西大距时为 270°。这种旋转角度的测定与 IAU 工作组 2015 年发布的关于制图坐标与旋转元素的报告中对旋转角度的测定完全一致（Archinal et al.，2018）。

卫星亮度与旋转角度的依赖关系可以通过卫星的地面光度测量得到。木星伽利略卫星 V-谱波段的数据由莫里森（Morrison，1977）发布，直到 2011 年，我们才对这些卫星再次进行了光度测量，以获得卫星亮度与旋转角度的依赖关系（Prokof'eva-Mikhailovskaya et al.，2010；Abramento et al.，2011）。这些数据是基于 V-谱波段的观测，太阳相位角被减小至为 6°。根据测量得到木星伽利略卫星的光通量与旋转角度的关系如图 7-9、图 7-10、图 7-11 和图 7-12 所示。这些数据还不够准确，作者的分析表明，对这种依赖关系认识的不准确，是木星伽利略卫星相互掩星和日食光度模型的主要误差来源之一。为了得到函数 $A(\theta,\alpha,\Lambda)$ 的精细化表格，需要对木星伽利略卫星旋转角从 0°~360°的不同光谱波段以及不同太阳相位角进行广谱光度观测。

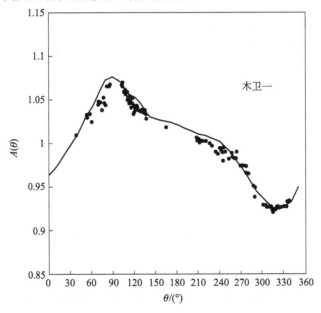

图 7-9　来自木卫一的光通量相对大小与旋转角 θ 的关系。曲线由莫里森（Morrison，1977）绘制，圆点由阿布拉缅科等人（Abramenko et al.，2011）绘制

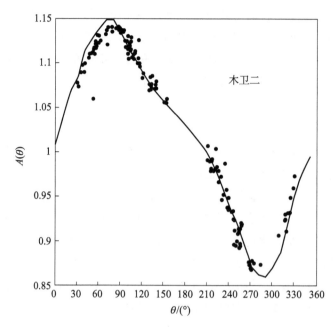

图 7 - 10　来自木卫二的光通量相对大小与旋转角 θ 的关系。曲线由莫里森（Morrison，1977）
绘制，圆点由阿布拉缅科等人（Abramenko et al.，2011）绘制

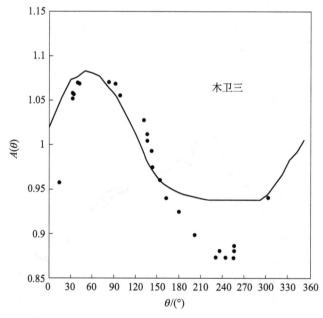

图 7 - 11　来自木卫三的光通量相对大小与旋转角 θ 的关系。线由莫里森（Morrison，1977）绘制，
圆点由普罗科夫耶娃-米哈伊洛夫斯卡娅等人（Prokof'eva - Mikhailovskaya et al.，2010）绘制

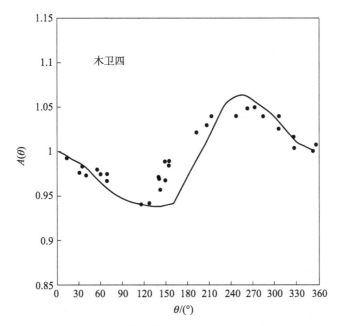

图 7 - 12　来自木卫四的光通量相对大小与旋转角 θ 的关系。线由莫里森（Morrison，1977）绘制，圆点由普罗科夫耶娃-米哈伊洛夫斯卡娅等人（Prokof'eva - Mikhailovskaya et al.，2010）绘制

莫里森（Morrison，1977）给出了光通量对旋转角度的依赖关系，并基于阿布拉缅科（Abramenko et al.，2011）和普罗科夫耶娃 - 米哈伊洛夫斯卡娅等人（Prokof'eva - Mikhailovskaya et al.，2010）关于木星伽利略卫星的光度测量工作的基础上做了一些修改。

7.7　土星和天王星主要卫星相互掩星和日食的光度模型

7.7.1　土星主要卫星相互掩星和日食的光度模型

　　14 年来，对于地球观测者来说，土星的 8 颗主要卫星出现了一次相互掩星和日食，它发生在 2009 年。由于土星卫星的性质以及相互掩星和日食的情况，土星主要卫星的光散射定律参数尚未得到，因此需要建立一个特殊的光度模型。该模型是基于布拉蒂（Buratti，1984；1988）、布拉蒂和维弗卡（Burratti，Veverka，1984）发表的土星主要卫星的光度研究结果而构建的（Arlot et al.，2012）。采用了修正的 Lommel - Seeliger 光散射定律，综合了局部和整体的表面特征，模型中的一些参数被认为在整个卫星表面是相同的。然而，在模型中包含了一个系数，它考虑了卫星亮度与旋转角度的依赖关系。因此，所构建的光度模型中定义了光的入射角 i、反射角 e、太阳相位角 α 和卫星旋转角 θ。该函数由以下公式来描述

$$f(i,e,\alpha,\theta)=\left[A\ \frac{\mu_0}{\mu+\mu_0}\ \overline{f}(\alpha)+(1-A)\mu_0\right]\frac{p_l}{p}10^{-0.4\Delta m}$$

其中

$$\mu_0=\cos i,\quad \mu=\cos e$$

$$\overline{f}(\alpha) = \frac{\Phi(\alpha)p - q}{D}$$

$$p = \frac{2}{3}(1 - A) + \frac{A\overline{f}(0)}{2}$$

$$q = \frac{2}{3\pi}(1 - A)[\sin\alpha + (\pi - \alpha)\cos\alpha]$$

$$D = \frac{A\overline{f}(0)}{2}\left(1 - \sin\frac{\alpha}{2}\tan\frac{\alpha}{2}\text{lncot}\frac{\alpha}{4}\right)$$

$$\Phi(\alpha) = 10^{-0.4\beta\alpha}$$

$$\Delta m = -\frac{A_R}{2}\cos(\theta - \theta_0)$$

在这些公式中，A，$\overline{f}(0)$，β，p_l，A_R，θ_0 是与卫星相关的参数。表 7 - 4 列出了土星 5 颗主要卫星的参数值，除了土卫二、土卫三、土卫四和土卫五的参数 A_R 和 θ_0 是由库雷克（Kulyk，2008）给出的以外，其余参数值是布拉蒂（Buratti，1984；1998）和维弗卡（Buratti，Veverka，1984）给出的。对于其他 3 颗主要卫星，则不需要这些参数，因为只有前 5 颗卫星参与了 2009 年观测到的现象中。波长为 0.9 μm 的卫星光度参数是由布拉蒂和维弗卡等人给出的。结果还表明，卫星的光反射特性在 V、R 和 I 光谱波段略有不同。由于大部分的观测都是在 R 和 I 波段进行的，因此没有考虑到散射函数对波长的依赖性。

表 7 - 4   2009 年土星卫星相互掩星和日食光度模型的参数

卫星	A	$\overline{f}(0)$	β	p_l	A_R	$\theta_0/(°)$
土卫一(S1)	0.70	1.10	0.021	0.720	0.100	270
土卫二(S2)	0.40	2.40	0.017	1.040	0.060	270
土卫三(S3)	0.70	1.45	0.016	0.830	0.070	90
土卫四(S4)	1.00	1.00	0.023	0.625	0.364	103
土卫五(S5)	0.95	1.10	0.024	0.705	0.210	100

利用阿洛特等人（Arlot et al.，2012）构建的土星主要卫星相互掩星和日食的光度模型，获得了基于 2009 年全球观测活动的天文观测结果，对 26 条卫星光曲线进行了处理。

7.7.2 天王星主要卫星相互掩星和日食的光度模型

2007 年，天王星的主要卫星发生了相互掩星和日食。这些事件每 42 年发生一次。由于全球性的观测活动，在观测现象中获得了 41 条卫星光度曲线。阿洛特等人（Arlot et al.，2013）研究了这些现象的特殊光度模型，使用该模型对全球性的观测活动结果进行处理，获得了新的天体测量结果。

该定律基于考虑星盘亮度分布的 Lommel - Seeliger 定律，选择因子 $A(\alpha，\Delta)$ 作为光散射函数的因子，考虑了卫星的整体亮度对太阳相位角 α 以及波长 Δ 的依赖关系。该函数

由卡尔科西卡（Karkoschka，2001）提出

$$A(\alpha, \Lambda) = A_0 [1 + \gamma(\Lambda - 0.55)] \times 10^{-0.4[\beta\alpha + 0.5\alpha(\alpha_0 + \alpha)]}$$

式中，Λ 的单位为 μm；A_0，γ，β，α_0 为卫星的光度参数。

　　阿洛特等人（Arlot et al.，2013）基于最小二乘法利用卡尔科西卡（Karkoschka，2001）发表的光度数据再次计算得到了以上参数值，这次卫星光度测量是利用哈勃太空望远镜进行的。

7.8　不同观测类型的观测精度

　　不同的行星卫星位置观测方法提供不同精度的天体测量数据。天文观测已经发展了很长时间，发表的论文提供了不同的精度估计结果。基于大量的数据，只能给出少数专家性意见。表 7 - 5 给出了天体测量数据的精度估计值，这些估计值是通过对随机观测误差的分析得到的，它们显示了不同观测类型的观测精度。

　　表 7 - 5 给出了各种观测类型得到的天体测量数据的精度，给出了符合随机误差内的精度，以弧秒为单位的精度指的是地面观测值，卫星位置的精度考虑了行星地心距（以千米为单位）。

表 7 - 5　从各种类型的观测中获得的天体测量数据的精度

观测类型	精度	
	角秒	千米
木星的伽利略卫星		
卫星在木星上的月食	0.150	450
摄影板块	0.100	300
子午圈	0.060	180
CCD 摄像机	0.040	120
互掩互食现象	0.015	45
土星的主要卫星		
摄影板块	0.100	600
子午圈	0.030	200
CCD 摄像机	0.030	200
互掩互食现象	0.005	30
天王星的主要卫星		
CCD 摄像机	0.040	400
互掩互食现象	0.006	60

7.9　关于卫星相互掩星和日食期间的全球性观测活动

　　木星伽利略卫星的相互掩星和日食每 6 年发生一次，持续约 9 个月。鉴于每次事件只持续几分钟，一个天文台只能观测到 30% 的这类现象，这意味着需要进行全球性光度观测活动。在 9～14 个月内，约有 400 种木星、土星和天王星卫星互掩食现象发生。每一种现象持续 5～15 min，只能在地球的一小部分地区观测到。为了观测尽可能多的现象，有必要在世界范围内组织卫星的光度观测活动。天体力学和星历计算研究所（IMCCE，法国）自 1985 年以来就协调组织这项国际活动。每次活动后的所有光度观测结果都被收集并存储在一个公共数据库中。所有数据的天体测量处理都是在观测结束后的一段时间后进行的，所获得的卫星相对坐标构成了观测活动天文测量结果的数据库。描述所获得的卫星光曲线和最终天体测量结果的论文在观测结束后的两三年发表，所有参与观测的观测员都成为这些出版物的合著者。在某些情况下，天文测量的结果是单独发表的，一般是一名研究人员使用他自己的方法对观测活动的结果进行处理。表 7 - 6 给出了木星、土星和天王星的卫星在相互掩星和日食期间的全球观测活动的特征。

　　在本章的最后，给出了未来观测时间表，届时可以进行新的观测活动。

表 7 - 6　木星、土星和天王星的卫星在相互掩星和日食期间的全球观测活动

行星系统，观测历元	N_c	N_o	方法的作者和参考文献
Jupiter, 1973	46	18	Aksnes K. （Aksnes et al. , 1984）
Jupiter, 1979	19	11	Aksnes K. （Aksnes et al. , 1984）
Saturn, 1979—1980	14	6	Aksnes K. （Aksnes et al. , 1984）
Jupiter, 1985	166	28	Arlot J. - E. （Arlot et al. , 1992）
Jupiter, 1991	374	56	Arlot J. - E. （Arlot et al. , 1997）
Saturn, 1995	66	16	Noyelles B. （Noyelles et al. , 2003）
Jupiter, 1997	292	42	Vasundhara R. （Vasundhara et al. , 2003；Arlot et al. , 2006）Emelyanov N. V. , Vashkovyak S. N. （Emelyanov, Vashkovyak, 2009）
Jupiter, 2002—2003	377	42	Emelyanov N. V. （Emelyanov, 2009）；（Arlot et al. , 2009）
Uranus, 2007	41	19	Emelyanov N. V. （Arlot et al. , 2013）
Jupiter, 2009	457	74	Emelyanov N. V. , Varfolomeev M. I. （Arlot et al. , 2014）
Jupiter, 2015	609	75	Emelyanov N. V. （Saquet et al. , 2018）

　　注：N_c 为获取的卫星光曲线数目，N_o 为参与观测的观测站数目。

7.10　提高天文测量结果准确性的困难

　　为了获得最精确的天体测量数据，在处理卫星互掩互食现象的光度观测数据时存在一些难题。在卫星的天文测量坐标中有两个误差来源：光度测量随机误差和光度测量模型的

不准确性。分析表明，模型不准确引起的误差是测量误差的 3～4 倍。为了更容易理解原因，我们采用了一个简化的卫星互掩模型，即上述讨论的光度模型，在这个模型中使用了均匀的星盘。

在相互掩星过程中，我们总是同时测量来自两颗卫星的光通量。在这些条件下，光通量 S 的归一化值可以用以下公式表示

$$S(d) = \frac{1 + \dfrac{p_2 r_2^2 k_2(d)}{p_1 r_1^2}}{1 + \dfrac{p_2 r_2^2}{p_1 r_1^2}}$$

式中，r_1 和 r_2 为卫星圆盘的半径；p_1 和 p_2 分别为掩星卫星和被掩卫星的反射率；系数 k_2 决定了掩星卫星圆盘的可见部分，它取决于卫星的相互距离 d。

除这一现象之外，当没有掩星卫星和被掩卫星可见时，有 $k_2 = 1$ 和 $S = 1$，在全掩星的情况下，卫星如图 7-13 所示。很明显，在时间间隔 (t_1, t_2) 内，被遮挡的卫星根本看不到，$k_2 = 0$。在这段时间，光通量为

$$S = \frac{1}{1 + \dfrac{p_2 r_2^2}{p_1 r_1^2}}$$

也就是说，此时光通量不依赖于卫星的相互距离 d。

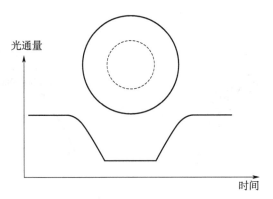

图 7-13　一颗卫星在时间 (t_1, t_2) 内被另一颗卫星完全掩星以及两个卫星相应的总归一化光通量曲线

这个问题的出现是因为在许多情况下，全掩星期间通量的观测值不等于计算值，即

$$E_{\text{observed}} \neq K \frac{1}{1 + \dfrac{p_2 r_2^2}{p_1 r_1^2}}$$

式中，K 等于该现象之外的通量。图 7-14、图 7-15 和图 7-16 给出了这类情况的例子。本书给出了由光通量（点）的实测值和 S 的模型变化得到的 E_{observed}/K 值。这些数字表明，在全掩星期间的测量值中存在额外的通量，并且该通量是负的。

有两种方法可以改进该模型。第一种方法是令

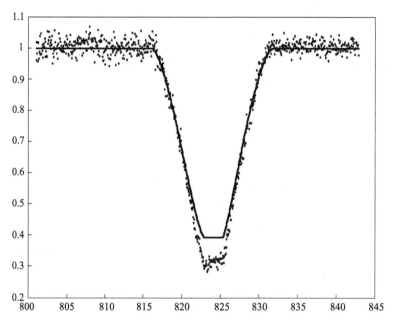

图 7-14　被另一颗卫星完全掩星时来自木卫一的归一化光通量曲线和改进模型参数后对应的
曲线。该观测是在 2014 年 11 月 2 日进行的，横轴以分钟为单位表示时间

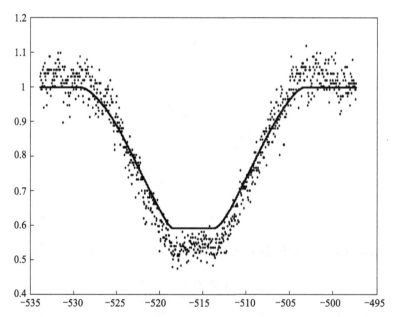

图 7-15　被另一颗卫星完全掩星时来自木卫一的归一化光通量曲线和改进模型参数后对应的曲线。
该观测在 2014 年 12 月 28 日进行，横轴为从 2014 年 12 月 29 日开始的时间，以分钟为单位。在这里
可以清楚地看到被测通量的负背景水平

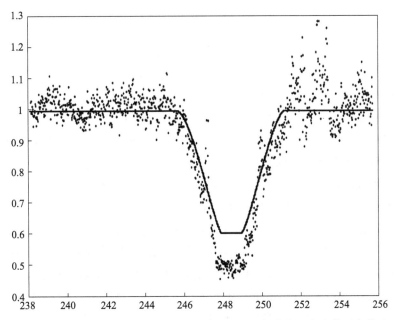

图 7 - 16　被另一颗卫星完全掩星时来自木卫一的归一化光通量曲线和改进模型参数后对应的曲线。该观测于 2015 年 3 月 3 日进行，横轴为从 2015 年 3 月 3 日开始的时间，以分钟为单位。在这里可以清楚地看到被测通量的负背景水平

$$E_{\text{observed}} = K\ \frac{1}{1 + \dfrac{p_2 r_2^2}{p_1 r_1^2}} + P$$

式中，P 是来自未记录背景的伪光通量。

第二种方法是令

$$E_{\text{observed}} = K\ \frac{1}{1 + m\dfrac{p_2 r_2^2}{p_1 r_1^2}}$$

其中，m 是校正因子，因为无法准确地知道卫星反射率的比率，在两种方法中选择哪种方法是难题。两种方法是等价的，因此有

$$K\ \frac{1}{1 + \dfrac{p_2 r_2^2}{p_1 r_1^2}} + P = K\ \frac{1}{1 + m\dfrac{p_2 r_2^2}{p_1 r_1^2}}$$

在大多数这种情况下，观测中的伪光通量是负的，这一事实表明了它真实存在，而不是卫星反射率不准确的问题。

在处理卫星的部分相互掩星问题时，我们不怀疑在测量中存在虚假的背景，也不知道卫星反射率的精度。因此，必须对卫星之间的相互视距离进行校正，以使模型与观测结果相匹配，但这会引起天体测量结果的系统误差。这一事实可以通过以下关系来说明

$$E_{\text{observed}} = K \ \frac{1 + \dfrac{p_2 r_2^2 k_2 (d + \Delta)}{p_1 r_1^2}}{1 + \dfrac{p_2 r_2^2}{p_1 r_1^2}}$$

为了更好地理解这种情况，我们简化了该现象的光度模型。然而，在我们利用埃梅利亚诺夫（Emelyanov，2003）和吉尔伯特（Emelyanov，Gilbert，2006）描述的完美模型进行观测处理时，问题依然重现了。在处理卫星互食的观测时，也出现了同样的问题。

我们不得不寻找上述错误的来源。伪光可以从虚拟的天空背景进入光电探测器，并通过望远镜和照相机散射。光电探测器本身就可以产生一个伪背景。通过一种特殊的光度处理方法，利用 CCD 帧上的卫星图像计算卫星的光通量。该方法的误差可以给出一定程度的背景信息，只有这个源才能产生一个负的背景级别。因此，这个误差源是最可能的原因。在光度处理的方法中，我们应该寻找伪背景的来源，描述现有的光度图像处理方法会占用较大篇幅，这里仅列出在 IMCCE 中收录的软件名称：Source Extractor、DAOPHOT（IDL）、Audela、Tangra 和 LiMovie。不同的天文台也有他们自己的特殊方法，显然，有必要重新审视所使用的方法，以确定系统误差的来源。

从上述对简单光度模型的分析中可以看出，来自卫星的归一化光通量取决于表面反射率之比，这种依赖关系也存在于更精确的光度模型中。在对木星伽利略卫星的观测处理过程中（Emelyanov，2009；Arlot et al.，2012），平均了卫星表面的光度特性，但考虑了整体反射率的变化，这取决于卫星的旋转角度。更简单地说，来自卫星的光通量取决于它侧向我们的角度。我们使用来自参考文献（Morrison，1977；Prokofeva - Mikhailovskaya et al.，2010；Abramenko et al.，2011）的整体反射率变化数据。这些数据还不够准确，这可能是木星伽利略卫星相互掩星和日食的光度模型中的误差来源。对木星伽利略卫星在不同光谱波段从 0°～360°的不同旋转角度进行密集的光度观测是必要的，对这种观测进行特殊处理将得到光通量与卫星旋转角度的精确依赖关系。

7.11　未来互掩互食现象的发生时间

作者计算了包括到 2027 年在内的一段时间内行星卫星的相互掩星和日食的星历。由于木星的卫星每 6 年重复一次，因此只预测到 2021 年。

木星的伽利略卫星和土星的主要卫星的相互掩星和日食的时间表如下：

1）2021 年木星伽利略卫星互掩互食；

2）2021 年伽利略卫星与木星内部卫星互食；

3）2026—2027 年木星伽利略卫星互掩互食；

4）2026—2027 年伽利略卫星与木星内部卫星互食；

5）2024—2026 年土星主要卫星互掩互食。

以上现象的星历与详细描述、每个事件的开始和结束时刻以及其他特征可以在莫斯科国立大学斯特恩伯格天文研究所和法国天体力学和星历计算研究所（IMCCE）找到：

http：//www. sai. msu. ru/neb/nss/html/multisat/nssephmr. htm

http：//nsdb. imcce. fr/multisat/nssephmr. htm。

星历是使用工具软件"卫星和行星的相互掩星和日食搜索软件"计算的，以上网站提供该工具，可用于计算 2027 年后各类天文现象的星历值。

在今后行星卫星相互掩星和日食的时期，可能还会进行世界范围的观测活动。以前的经验表明，这种活动在产生新的、高度准确的位置数据方面非常有效。

阿洛特和埃梅利亚诺夫（Arlot，Emelyanov，2019）回顾了过去以这种方式取得的成就和对未来的预测计划。

参 考 文 献

[1] Abramenko, A. N. , Baida, G. V. , Zakrevskii, A. V. , Karachkina, L. G. , Prokof'eva – Mikhailovskaya, V. V. , Sergeeva, E. A. , 2011. Photometry of Io and Europa at the Crimean Astrophysical Observatory and Reasons for Differences between Ground – Based and Space Observations. Bulletin of the Crimean Astrophysical Observatory 107, 113 – 121.

[2] Aksnes, K. , Franklin, F. , 1976. Mutual phenomena of the Galilean satellites in 1973. III – Final results from91 light curves. Astronomical Journal 81, 464 – 481.

[3] Aksnes, K. , Franklin, F. , Millis, R. , Birch, P. , Blanco, C. , Catalano, S. , Piironen, J. , 1984. Mutual phenomena of the Galilean and Saturnian satellites in 1973 and 1979/1980. Astronomical Journal 89, 280 – 288.

[4] Archinal, B. A. , Acton, C. H. , A'hearn, M. F. , Conrad, A. , Consolmagno, G. J. , Duxbury, T. , Hestroffer, D. , Hilton, J. L. , Kirk, R. L. , Klioner, S. A. , McCarthy, D. , Meech, K. , Oberst, J. , Ping, J. , Seidelmann, P. K. , Tholen, D. J. , Thomas, P. C. , Williams, I. P. , 2018. Report of the IAU working group on cartographic coordinates and rotational elements: 2015. CelestialMechanics and Dynamical Astronomy 130, 22.

[5] Arlot, J. E. , Thuillot, W. , Barroso Jr. , J. , Bergeal, L. , Blanco, C. , Boninsegna, R. , Bouchet, P. , Briot, D. , Bulder, H. , Bourgeois, J. , 1992. A catalogue of the observations of themutual phenomena of the Galilean satellites of Jupiter made in 1985 during the PHEMU85 campaign. Astronomy and Astrophysics Supplement Series 92, 151 – 205.

[6] Arlot, J. E. , Ruatti, C. , Thuillot, W. , Arsenijevic, J. , Baptista, R. , Barroso Jr. , J. , Bauer, C. , Berthier, J. , Blanco, C. , Bouchet, P. , et al. , 1997. A catalogue of the observations of themutual phenomena of the Galilean satellitesmade in 1991 during the PHEMU91 campaign. Astronomy and Astrophysics Supplement Series 125, 399 – 405.

[7] Arlot, J. – E. , Thuillot, W. , Ruatti, C. , et al. , 2006. The PHEMU97 catalogue of observations of themutual phenomena of the Galilean satellites of Jupiter. Astronomy and Astrophysics 451, 733 – 737.

[8] Arlot, J. – E. , Thuillot, W. , Ruatti, C. , Ahmad, A. , Amosse, A. , Anbazhagan, P. , Andreyev, M. , Antov, A. , Appakutty, M. , Asher, D. , et al. , 2009. The PHEMU03 catalogue of observations of the mutual phenomena of the Galilean satellites of Jupiter. Astronomy and Astrophysics 493, 1171 – 1182.

[9] Arlot, J. – E. , Emelyanov, N. V. , Lainey, V. , Andreev, M. , Assafin, M. , Braga – Ribas, F. , Camargo, J. I. B. , Casas, R. , Christou, A. , Colas, F. , Da Silva Neto, D. N. , Dechambre, O. , Dias – Oliveira, A. , Dourneau, G. , Farmakopoulos, A. , Gault, D. , George, T. , Gorshanov, D. L. , Herald, D. , Kozlov, V. , Kurenya, A. , Le Campion, J. F. , Lecacheux, J. , Loader, B. , Massalle, A. , Mc Brien, M. , Murphy, A. , Parakhin, N. , Roman – Lopes, A. , Schnabel, C. ,

Sergeev, A. , Tsamis, V. , Valdes Sada, P. , Vieira - Martins, R. , Zhang, X. , 2012. Astrometric results of observations of mutual occultations and eclipses of the Saturnian satellites in 2009. Astronomy and Astrophysics 544，A29. 7 pp.

[10] Arlot, J. - E. , Emelyanov, N. V. , Aslan, Z. , Assafin, M. , Bel, J. , Bhatt, B. C. , Braga - Ribas, F. , Camargo, J. I. B. , Casas, R. , Colas, F. , Coliac, J. F. , Dumas, C. , Ellington, C. K. , Forne, E. , Frappa, E. , Khamitov, I. , Miller, C. , Modic, R. J. , Sahu, Dk. , Sicardy, B. , Tanga, P. , Valdes Sada, P. , Vasundhara, R. , Vieira - Martins, R. , 2013. Astrometric results of observations ofmutual occultations and eclipses of the Uranian satellites in 2007. Astronomy and Astrophysics 557，A4. 6 pp.

[11] Arlot, J. - E. , Emelyanov, N. , Varfolomeev, M. I. , Amosse, A. , Arena, C. , Assafin, M. , Barbieri, L. , Bolzoni, S. , Bragas - Ribas, F. , Camargo, J. I. B. , Casarramona, F. , Casas, R. , Christou, A. , Colas, F. , Collard, A. , Combe, S. , Constantinescu, M. , et al. , 2014. The PHEMU09 catalogue and astrometric results of the observations of themutual occultations and eclipses of the Galilean satellites of Jupiter made in 2009. Astronomy and Astrophysics 572，A120. 9 pp.

[12] Arlot, J. - E. , Emelyanov, N. , 2019. Natural satellitesmutual phenomena observations： achievements and future. Planetary and Space Science 169，70 - 77.

[13] Assafin, M. , Vieira - Martins, R. , Braga - Ribas, F. , Camargo, J. I. B. , da Silva Andrei, A. H, Neto, D. N. , 2009. Observations and analysis ofmutual events between the Uranus main satellites. Astronomical Journal 137，4046 - 4053.

[14] Buratti, B. , 1984. Voyager disk resolved photometry of the Saturnian satellites. Icarus 59，392 - 405.

[15] Buratti, B. , Veverka, J. , 1984. Voyager photometry of Rhea, Dione, Tethys, Enceladus andMimas. Icarus 58，254 - 264.

[16] Buratti, B. J. , Mosher, J. A. , Nicholson, P. D. , McGhee, C. A. , French, R. G. Near - Infrared, 1998. Photometry of the Saturnian satellites during ring plane crossing. Icarus 136，223 - 231.

[17] Domingue, D. , Verbiscer, A. , 1997. Re - analysis of the solar phase curves of the icy Galilean satellites. Icarus 128，49 - 74.

[18] Emelyanov, N. V. , 1995. Features of mutual occultations and eclipses in the system of Saturn's satellites. Astronomy Reports 39（4），539 - 542.

[19] Emelianov, N. V. , 2003. Amethod for reducing photometric observations ofmutual occultations and eclipses of planetary satellites. Solar System Research 37（4），314 - 325.

[20] Emelyanov, N. V. , Gilbert, R. , 2006. Astrometric results of observations of mutual occultations and eclipses of the Galilean satellites of Jupiter in 2003. Astronomy and Astrophysics 453，1141 - 1149.

[21] Emelyanov, N. V. , 2008. Astrometric results of observations of mutual occultations and eclipses of the Galilean satellites of Jupiter in 2002 - 2003. Planetary and Space Science 56，1785 - 1790.

[22] Emelyanov, N. V. , Vashkovyak, S. N. , 2009. Mutual occultations and eclipses of the Galilean satellites of Jupiter in 1997： astrometric results of observations. Solar System Research 43（3），240 - 252.

[23]　Emelyanov, N. V. , 2009. Mutual occultations and eclipses of the Galilean satellites of Jupiter in 2002 –
　　　2003: final astrometric results. Monthly Notices of the Royal Astronomical Society 394, 1037 – 1044.

[24]　Hapke, B. , 1981. Bidirectional reflectance spectroscopy: 1 theory. Journal of Geophysical Research
　　　86, 3039 – 3054.

[25]　Hapke, B. , 1984. Bidirectional reflectance spectroscopy: 3. correction for macroscopic roughness.
　　　Icarus 59, 41 – 59.

[26]　Karkoschka, E. , 2001. Comprehensive photometry of the rings and 16 satellites of Uranus with the
　　　Hubble space telescope. Icarus 151, 51 – 68.

[27]　Kulyk, I. , 2008. Saturnian icy satellites: disk – integrated observations of the brightness opposition
　　　surge at low phase angles. Planetary and Space Science 56, 386 – 397.

[28]　Makarova, E. A. , Kharitonov, A. V. , Kazachevskaya, T. V. , et al. , 1998. Observable
　　　characteristics of solar radiation (revised tables) . Baltic Astronomy 7, 467 – 494.

[29]　McEwen, A. S. , Johnson, T. V. , Matson, D. L. , 1988. The global distribution, abundance and
　　　stability of SO2 on Io. Icarus 75, 450 – 478.

[30]　Morrison, D. , Morrison, N. D. , 1977. Photometry of the Galilean satellites. In: Planetary
　　　Satellites. University of Arizona Press, Tucson, pp. 363 – 378.

[31]　Noyelles, B. , Vienne, A. , Descamps, P. , 2003. Astrometric reduction of lightcurves observed
　　　during the PHESAT95 campaign of Saturnian satellites. Astronomy and Astrophysics 401,
　　　1159 – 1175.

[32]　Prokof'eva – Mikhailovskaya, V. V. , Abramenko, A. N. , Baida, G. V. , Zakrevskii, A. V. ,
　　　Karachkina, L. G. , Sergeeva, E. A. , Zhuzhulina, E. A. , 2010. On the cause of the discrepancy
　　　between groundbased and spaceborne LIghtcurves of Ganymede and Callisto in the V band. Bulletin
　　　of the Crimean Astrophysical Observatory 106, 68 – 81.

[33]　Saquet, E. , Emelyanov, N. , Robert, V. , Arlot, J. – E. , Anbazhagan, P. , Baillie, K. ,
　　　Bardecker, J. , Berezhnoy, A. A. , et al. , 2018. The PHEMU15 catalogue and astrometric results of
　　　the Jupiter's Galilean satellite mutual occultation and eclipse observationsmade in 2014 –
　　　2015. Monthly Notices of the Royal Astronomical Society 474 (4), 4730 – 4739.

[34]　Vasundhara, R. , 1994. Mutual phenomena of the Galilean satellites: an analysis of the 1991
　　　observations from VBO. Astronomy and Astrophysics 281, 565 – 575.

[35]　Vasundhara, R. , Arlot, J. E. , Lainey, V. , Thuillot, W. , 2003. Astrometry from mutual events
　　　of Jovian satellites in 1997. Astronomy and Astrophysics 410, 337 – 341.

第8章 行星卫星星历表的精度估计

8.1 决定星历表精度的因素

首先注意到，星历表是指行星卫星在给定时间的坐标及相应的坐标转换，且总是基于观测的。根据前面章节中描述的方案和方法，可以生成基于观测的行星卫星星历表。

描述星历表精度是一个复杂的问题。天文年鉴中提供的星历表没有提供精度数据，用户通常假设天文年鉴中的星历表是完全准确的，其余与天文年鉴星历不同的星历均是不准确的。事实上，星历表的准确性是有限的，且很多情况下是未知的。

分析引起卫星坐标计算误差的原因可以发现，误差出现在星历表创建的不同阶段。首先，测量不准确会引入观测误差。此外，我们认为的测量值，其实是对原始测量量进行某些处理后的结果，而处理不准确也会引入误差。然后在构建卫星运动模型阶段，对运动微分方程进行数值积分，则会产生数值积分误差。在构建天体运动的分析解时，对方程的展开解仅保留了有限阶，丢弃了高阶项，这也会引入误差。为了将测量值与卫星坐标联系起来，需要建立一些简化的测量模型，这些简化会引入额外的误差。当卫星的理论位置与真实的观测具有相同的接近性，并建立一整套完整参数值时，测量量不再依赖于运动参数。在这些情况下，评估星历精度的可靠性变低。

天体轨道运动的一个特点就是运动均发生在某个平面附近。在将轨迹投影到该平面上时，径向矢量以几乎恒定的角速度旋转。径向矢量与某个固定方向之间的夹角 λ 称为轨道经度。随着时间的推移，这个角度几乎单调均匀地增加，不断地"向上旋转"。假设在一定的时间间隔 (t_1, t_2) 内，可以确定这些极端时间点的 λ 值，观测误差为 σ_λ。从这些值可以获得 t_f 时刻的轨道经度误差为 $\Delta\lambda$。轨道运动的性质使我们能够推导出一个近似公式，用于计算星历精度 $\Delta\lambda$ 与初始时刻 t_1、最终时刻 t_2、计算时刻 t_f 三者之间的关系表达式为

$$\Delta\lambda = \frac{t_f - \dfrac{t_1 + t_2}{2}}{t_2 - t_1}\sigma_\lambda \tag{8-1}$$

显然，我们不能直接从观测数据中测量轨道经度，只能观察到轨道运动在天平面上的投影。然而，从前面给出的经度精度近似公式得出一些结论，如星历的准确度与观测值的准确度成正比，但也与观测值的时间间隔成反比等。

从上述分析中可以清楚地看出，为了提高星历的准确度，我们应该提高观测的准确性，并进行连续性的常规观测。

公式（8-1）只给出了星历精度所依赖的主要因素的大致概念。实际上，我们感兴趣

的是测量值或卫星坐标及星历精度更详细的描述。在这种情况下，人们引入了统计学有效性估计。

直到 20 世纪末和 21 世纪初，人们才对天体星历的精度进行了专门研究。事实证明，给出或多或少的可靠性和精度估计的方法都相当复杂。下面介绍关于这个问题的一些重要研究。穆伊诺宁和鲍威尔（Muinonen，Bowell，1993）提出了一种特殊的统计方法来解决从观测数据中确定轨道的问题。米拉尼（Milani，1999）提出了一种新的算法，用于确定丢失类星体的可能位置区域。维尔塔宁等人（Virtanen et al.，2001）研究了小行星轨道的后验分布，并提出了一种在主带和接近地球的小行星中搜索失稳类星体的方法。

在参考文献（Desmars et al.，2009）中，基于人工生成的观测阵列，获得了评估土星两个主要卫星星历精度的一些结果。大约在同一时间，埃梅利亚诺夫（Emelyanov，2010）研究了主要行星的所有远距离卫星星历的精度。在这项工作中，使用了三种不同的统计方法来评估星历的准确性。所有这些都是基于观测数据的变化。这些方法被认为是解决这个问题的基本方法，将在后续章节中予以详细讨论。

8.2　基于蒙特卡罗方法获取观测误差方差的星历精度估计

该方法非常简单，总体方案如下：利用蒙特卡罗方法生成一系列误差，将生成的误差加到观测数据上，得到与真实观测不同的虚拟观测。对于每次蒙特卡罗打靶数据，再次确定轨道，得到相应时刻的星历。统计各次星历的误差，提供了一种精度估计的方法。

假设有一组真实的卫星观测数据，要求评估在给定时刻基于有偏观测和计算构建起的星历精度。算法步骤如下：

1）根据可用的观测数据改进运动参数；

2）改进参数后，得到测量值与基于运动模型计算值之间的偏差均方值 σ；

3）计算需要评估其精度时刻的卫星星历，称为参考星历；

4）计算观测时刻的测量坐标值，该集合称为参考观测；

5）创建一组人工观测，将根据正态概率定律分布的随机误差与给定的均方根值 σ 添加到参考观测中，使用随机数生成器在计算程序中获得随机值，将此集合称为误差观测；

6）根据一组具有误差变化的观测数据，利用微分修正法确定卫星的运动参数；

7）计算需确定精度时刻的参考星历，计算并存储与参考星历的偏差 Δx；

8）返回步骤 5），更换一组新的随机数；

9）在多次返回步骤 5）后，退出该循环，并对 Δx 的计算偏差进行统计分析，以获得观测误差方差的变化；

10）以 Δx 的标准偏差作为星历的精度。

通过这种方法，根据之前从实际观测中发现的运动参数，获得了一组实际观测时刻的参考观测值。这组参考观测值被视为精确观测值的变量，人为产生的随机误差被添加到测量量的精确值中。

所述算法的方案如图 8-1 所示。参考星历的计算与参考观测值的计算同时进行。"向参考观测值添加误差""精化参数"和"计算星历"的操作在一个周期内进行多次。与参考星历的偏差和标准差的计算及星历的计算同时进行。使用第 6.6 节中给出的递推公式计算标准偏差。退出循环后，获得的标准偏差作为星历的精度，可以同时评估多个时间点的星历精度。然后，可以绘制星历精度与时间的关系。通过将计算过程中某个时间点的星历与参考星历的偏差保存在单独的文件中，可以构造误差的分布。

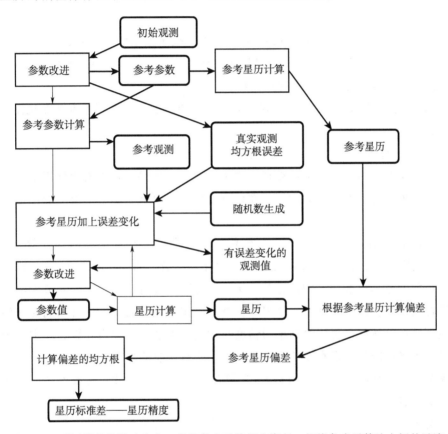

图 8-1　观测误差的算法方案。粗线条表示数据和资料，细线条表示算法之间的过渡

上述算法有两个显著特征。为了确定误差变化，必须对观测的准确性进行估计。这些估计可能并不完全可靠，尤其是在观测结果精度不一致的情况下。第二个特点是计算时间较长，因为要想对星历的精度进行较好的统计估计，必须多次计算星历与参考星历的偏差。

8.3　通过使用"bootstrap"样本改变观测值的组成来估计星历精度

该方法的一般方案类似于使用蒙特卡罗方法的观测误差方差方案。我们从一组真实的观测数据中形成大量随机样本的虚拟数据，样本是由随机数生成器驱动"bootstrap"算法生成的。对于每组随机数，再次确定轨道，通过该轨道计算给定时间点的星历，对星历变化的统计估计提供了精度估计。

展开来说，假设我们有一组对卫星的真实观测数据，要求评估在给定时刻基于有偏观测和计算构建起的星历精度。解决这个问题的算法包括以下步骤：

1）根据可用的观测数据精化运动参数；

2）计算需要评估其精度时刻的卫星星历，称为参考星历；

3）用"bootstrap"方法从真实的观测数据中抽取一个样本，称之为"bootstrap"观测样本；

4）利用微分修正法和"bootstrap"观测样本，确定卫星的运动参数；

5）计算需要评估其精度时刻的卫星星历，计算并保存与参考星历的偏差 Δx；

6）返回步骤 3），更换一组新的随机数；

7）在多次返回步骤 3）后，退出循环，统计分析所有因观测误差方差变化而产生的星历偏差 Δx；

8）以 Δx 的标准差作为星历的精度。

在该方法中，一组参考观测值被视为样本变量。在偏差 Δx 的统计分析中，直接计算平均值和平均值的标准偏差作为初值，在计算过程中使用第 6.6 节中给出的递推关系来确定这两个值。

所述算法的方案如图 8-2 所示。参考星历的计算与参考观测值的计算同时进行。"bootstrap 观测样本的形成""精化参数"和"计算星历"的操作在一个周期内进行多次。与参考星历的偏差和标准偏差的计算及星历的计算同时进行。使用第 6.6 节中给出的递推公式计算标准偏差。退出循环后，获得的标准偏差作为星历的精度，可以同时评估多个时间点的星历精度。然后，可以绘制星历精度与时间的关系。通过将计算过程中某个时间点的星历与参考星历的偏差保存在单独的文件中，构造误差的分布。

与观测误差变异法相比，"bootstrap"算法有一个优点，就是实现该算法不需要关于观测精度的信息。

下面解释什么是"bootstrap"采样。假设有一组任意编号的元素，数量为 N。考虑一个随机变量，它可以以恒定的概率密度取 1 到 N 的值。设置该随机变量 N 次。在每种情况下，可随机从 1 到 N 中获得一个特定的值 n，然后从初始集合中选择一个编号为 n 的元素。将该元素复制到结果集合后，放回初始集合。于是结果集合中得到了 N 个元素。然而，在结果集合中，初始集合中的一些元素可能会被多次选择，而有些元素则从未被选择，这种方法也称为带返回的采样。在本例子中，N 个初始卫星观测值的每个"bootstrap"采样再次为我们提供了一组 N 个观测值，这些观测值与估算星历精度的算法有关。

在应用本文所述的"bootstrap"采样观测值的方法时，应考虑其特定性质；我们不改变个别的观测误差，而是完整的重组。由于在某些样本中，观测时间间隔结束时可能没有观测，因此缩短时间间隔可能会导致参数精度和星历精度下降。该方法的这个缺点可以通过以下方式进行纠正。首先，有必要计算所有观测误差，即根据指定参数计算观测时刻实

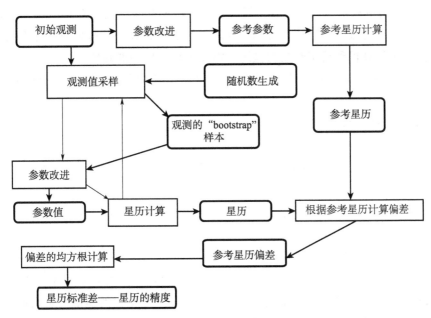

图 8-2　利用观测值的"bootstrap"样本估计星历精度的算法方案。粗线条表示数据和数据流。
细线条表示算法之间的过渡

际观测值与参考观测值的偏差。然后，在计算中，我们可以对观测误差而不是观测量本身
进行"bootstrap"采样。因此，所有的测量时刻都将被保存。然而，一些测量的误差可能
与其他观测有关，导致有些观测误差可以增加几倍而有些则近似为零。作者对这项技术进
行了测试，并得出了一些积极的结果。

8.4　通过运动参数变异法估计星历的精度

　　该方法的主要思想如下：基于初始观测值，使用微分修正法确定天体运动的参数，得
到参数 P_0 的列向量和相应误差协方差矩阵 D 。定义参数的向量包含 n 个元素，矩阵 D 的
维数为 $n \times n$ 。利用参数 P_0 计算参考星历。反过来，通过随机数生成器，生成参数 P_0 的
变异参数 P 。因此，可生成大量与运动参数有关的随机变异参数。对于每组随机数，可计
算给定时刻的星历，通过统计这些星历的差异估计星历的精度。

　　如何生成随机变异参数是一个重要的问题。由概率论可知，对于已知参数的协方差矩
阵 D ，Cholesky 分解矩阵 L 可写为

$$LL^T = D$$

　　使用随机数生成器，我们形成一个由 n 个分量组成的随机向量 η 。每个分量应独立于
其他分量，按照正态分布取随机值，数学期望为 0，离散度等于 1。然后计算一组随机参
数值

$$P = P_0 + L_0$$

　　注意，矩阵 L 其实是一个下三角矩阵。对于它的计算，在著名的 MATLAB. Maple、

Mathematica 和其他数学软件包中有专门的程序。附录 E 中给出用 C 语言编译的程序。

让我们更详细地考虑解决这个问题的算法。假设我们有一组真实的卫星观测数据，根据这些观测结果计算得到给定时刻的星历，需要评估星历的准确性。

1）根据可用的观测数据精化运动参数，得到参数向量 P。和相应的误差协方差矩阵 D；

2）计算需要评估精度的卫星星历，称为参考星历；

3）使用随机数生成器生成上述参数向量 P。的随机变异版本；

4）计算需要评估其精度时刻的卫星星历，计算并保存与参考星历的偏差 $\triangle x$；

5）返回步骤 3），更换一组新的随机数；

6）在多次执行步骤 3）后，退出该循环，并统计分析所有因观测误差方差变化导致的星历偏差 $\triangle x$；

7）以 $\triangle x$ 的标准差作为星历的精度。

在偏差 $\triangle x$ 的统计分析中，参考星历被视为精确星历，因为它是根据一组实际观测值计算的。$\triangle x$ 的均方根偏差可在计算过程中使用第 6.6 节中给出的递推关系确定。

上述算法的方案如图 8-3 所示。参考星历的计算与参考观测值的计算同时进行。"参数变异"和"计算星历"的操作在一个周期内进行多次。在计算星历的同时，使用递推公式计算与参考星历的偏差和标准差。退出循环后，获得的标准差作为星历的精度，可以同时评估多个时间点的星历精度。然后，可以绘制星历精度与时间的关系。通过将计算过程中某个时间点的星历与参考星历的偏差保存在单独的文件中，构造误差的分布。

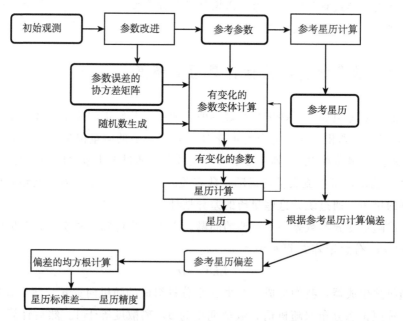

图 8-3　利用参数变化估计星历精度的算法方案。粗箭头表示数据和数据流，
细箭头表示各流程之间的转换

与上述其他方法相比，本算法具有独特优势。由于只需对观测值中的参数进行一次细化，因此计算时间显著缩短。另一个优点是，通过使用参数误差的协方差矩阵，可以自动考虑观测误差的统计特性。

8.5　主要行星远距离卫星星历的精度

主要行星的远距离卫星对太阳系的动力学非常重要。对这些卫星轨道的了解有助于建立该系统演化的全景，并提供关于卫星起源假设相关的信息。

行星的远距离卫星受到太阳的强烈扰动。虽然在过去的几个世纪里进行过相关的尝试，但通过解析法确定这些扰动是非常困难的。

20 世纪末和 21 世纪初，许多新的行星远距离卫星被发现。最近，已知的远距离卫星总数已从 10 颗增加到 148 颗。这些卫星的星历表是已有和新的观测的基础。为了达到这些目的，必须事先知道星历的先验精度。

远距离卫星与行星的距离为 1 000～3 000 万 km，轨道周期为 2～4 年。海王星上只有两颗遥远的卫星在距离其行星 4 600 万 km 的地方运行。

世界上一些科学中心正在研发远距离行星卫星的星历表。雅各布森（Jacobson，2000）和布罗佐维奇（Brozovic，Jacobson，2009）的研究结果被用于生成 JPL 星历服务器上可用的星历（Giorgini et al.，1997）。主要行星远距离卫星的运动模型和星历表是由埃梅利亚诺夫（Emelyanov，2005；2007）和坎特（Emelyanov，Kanter，2005）建立的。德斯马尔斯等人（Desmars et al.，2013）建立了土星卫星菲比最精确的运动和星历模型。对于遥远的海王星卫星涅瑞伊得斯，埃梅利亚诺夫和阿洛特（Emelyanov，Arlot，2011）建立了一个运动模型。所有这些星历都可以在行星卫星星历服务器上获得（Emelyanov，Arlot，2008）

1997 年以后发现的所有新卫星亮度都很低，它们的光度在 21～24 之间。这些卫星只有在非常强大的望远镜的帮助下才能被观测到。

分析表明，对于所有远距离卫星和所有的地基观测站，观测精度主要为 $0.2''\sim0.6''$（Emelyanov，2005，2007；Emelyanov，Kanter，2005）。

基于埃梅利亚诺夫 2010 年的观测工作，首次确定了大行星所有远距离卫星的星历精度。他详细描述了计算方法，并给出了估计结果。对于许多远距离卫星来说，与之前发表的文献相比，此项工作基于一系列更长的观测进一步改进了轨道。

实际上，20 世纪早期和中期发现的远距离卫星，星历精度到 2020 年仍保持在 $0.06''$ 级。对于其他卫星来说，星历的精度要差得多，并且随着观测时间间隔的缩短而急剧下降。有些卫星的观测时间间隔为 30 天，即轨道周期的 0.04～0.07。其中一些卫星星历的精度与轨道的视尺寸相当，这意味着这些卫星可能跟丢了，它们需要被搜索和重新发现。根据埃梅利亚诺夫（Emelyanov，2010）的研究结果，有 21 颗这样的卫星丢失。

埃梅利亚诺夫（Emelyanov，2010）卫星星历的精度由 2020 年之前的大量时间段内确

定，在大多数情况下包括了观测时间间隔。所有卫星的计算都使用了上述三种方法。通过
比较三种方法对星历精度的估计，结果显示，对于观测时间间隔足够长的卫星，这三种方
法给出的结果完全相同。然而，在观测时间间隔较短的情况下，观测样本的"bootstrap"
方法给出了完全失真的估计。在这种情况下，观测误差变异的方法和参数变异的方法是一
致的。

　　星历精度估计的几个例子如图 8-4、图 8-5 和图 8-6 所示。在图的说明中，给出了
观测间隔与卫星轨道周期的关系，与理论结论一致。

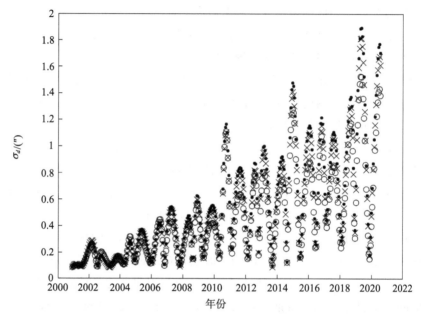

图 8-4　对木卫二十三（J23），Kalike 的星历精度进行评估："•"表示观测误差方差，"○"
表示"bootstrap"样本，"×"表示参数的变化。观测间隔与卫星轨道周期的比值为 1.52

　　2012 年雅克布森等人根据当时可用的所有观测结果，确定了木星、土星、天王星和
海王星的所有远距离卫星的轨道和星历。对卫星星历的准确性进行了估计，所获得的结果
与埃梅利亚诺夫（Emelyanov，2010）的结果相似。因为使用了更长的观测序列，所以对
于一些卫星星历更加准确。雅各布森等人（Jacobson et al.，2012）进行了新的观测，搜
索了之前因星历不准确而丢失的卫星，又重新发现了几颗卫星。然而，雅各布森等人
（Jacobson et al. 2012）表示，之前发现的 16 颗木星和土星的远距离卫星仍然下落不明。
改进遥远行星卫星轨道的新工作仍在继续。布罗佐维奇和雅克布森（Brozovic，Jacobson，
2017）利用新的观测结果对木星远距离卫星的轨道做出了新的定义。但即使在这项工作完
成后，71 颗木星远距离卫星中仍有 11 颗丢失。

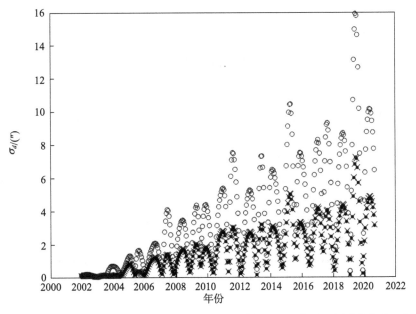

图 8-5 对木卫三十一（J31），Etne 的星历精度进行评估："•"表示观测误差方差，"○"表示"bootstrap"样本，"×"表示参数的变化。观测间隔与卫星轨道周期的比值为 1.02

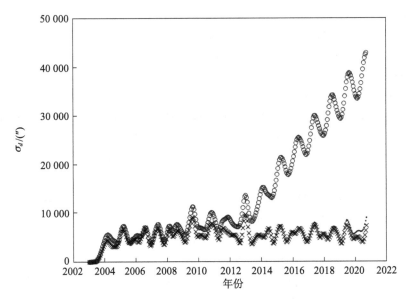

图 8-6 对木星卫星 S/J2000 J3 的星历精度进行评估："•"表示观测误差方差，"○"表示"bootsrap"样本，"×"表示参数的变化。观测间隔与卫星轨道周期的比值为 0.04。这个图上的大多数情况都是点与点合并

参 考 文 献

［1］ Brozovic, M., Jacobson, R. A., 2009. The orbits of the outer Uranian satellites. Astronomical Journal 137, 3834 - 3842.

［2］ Chapter 8 Estimation of the accuracy of planetary satellite ephemeris 291 Brozovic, M., Jacobson, R. A., 2017. The orbits of Jupiter's irregular satellites. Astronomical Journal 153 (4), 147.

［3］ Desmars, J., Arlot, S., Arlot, J. - E., Lainey, V., Vienne, A., 2009. Estimating the accuracy of satellite ephemerides using the bootstrapmethod. Astronomy and Astrophysics 499, 321 - 330.

［4］ Desmars, J., Li, S. N., Tajeddine, R., Peng, Q. Y., Tang, Z. H., 2013. Phoebe's orbit from ground - based and space - based observations. Astronomy and Astrophysics 553, A36. 10 pp.

［5］ Emelyanov, N. V., 2005. Ephemerides of the outer Jovian satellites. Astronomy and Astrophysics 435, 1173 - 1179.

［6］ Emelyanov, N. V., Kanter, A. A., 2005. Orbits of new outer planetary satellites based on observations. Solar System Research 39, 112 - 123.

［7］ Emelyanov, N. V., 2007. Updated ephemeris of Phoebe, ninth satellite of Saturn. Astronomy and Astrophysics 473, 343 - 346.

［8］ Emelyanov, N. V., Arlot, J. - E., 2008. The natural satellites ephemerides facility MULTI - SAT. Astronomy and Astrophysics 487, 759 - 765.

［9］ Emelyanov, N. V., 2010. Precision of the ephemerides of outer planetary satellites. Planetary and Space Science 58, 411 - 420.

［10］ Emelyanov, N. V., Arlot, J. - E., 2011. The orbit of Nereid based on observations. Monthly Notices of the Royal Astronomical Society 417 (1), 458 - 463.

［11］ Jacobson, R. A., 2000. The orbits of the outer Jovian satellites. Astronomical Journal 120, 2679 - 2686.

［12］ Jacobson, R., Brozovic, M., Gladman, B., Alexandersen, M., Nicholson, P. D., Veillet, C., 2012. Irregular satellites of the outer planets: orbital uncertainties and astrometric recoveries in 2009 - 2011. Astronomical Journal 144, 132. 8 pp.

［13］ Giorgini, J. D., Yeomans, D. K., Chamberlin, A. B., Chodas, P. W., Jacobson, R. A., Keesey, M. S., Lieske, J. H., Ostro, S. J., Standish, E. M., Wimberly, R. N., 1997. JPL's on - line solar system data service. American Astronomical Society DPS meeting N. 28, N. 25. 04. Bulletin - American Astronomical Society 28, 1158 (1997).

［14］ Milani, A., 1999. The asteroid identification problem. I. Recovery of lost asteroids. Icarus 137, 269 - 292.

［15］ Muinonen, K., Bowell, E., 1993. Asteroid orbit determination using Bayesian probabilities. Icarus 104, 255 - 279.

［16］ Virtanen, J., Muinonen, K., Bowell, E., 2001. Statistical ranging of asteroid orbits. Icarus 154, 412 - 431.

第 9 章　行星卫星的自转

9.1　行星卫星自转的一般特性

卫星在围绕其行星的轨道上运行时，也会围绕其质量中心自转。自转动力学非常复杂，自转和轨道运动是相互联系的。自转主要受保守引力的影响，但也受耗散力的影响。

卫星根据自转方式可分为三类。第一类卫星的自转与轨道运动同步，这意味着卫星总是面向同一侧的行星。几乎所有的主要行星卫星都是这样自转的，土星的卫星土卫七是个例外，它的自转是不寻常的。通常，同步自转的卫星为椭长的形状，且椭长轴始终指向行星。卫星同步自转时并不总是精确地指向行星的方向，它们的本体相对于这个方向产生微小的振动，即所谓的平动。这是由于行星和卫星的相互吸引力造成的，这些卫星精确的平动理论非常复杂。第二类是自转异常的卫星，通常是混沌状态的。土星的主要卫星之一土卫七就是这样的卫星。1984 年威兹德姆等人（Wisdom et al.，1984）分析揭示了在土卫七的轨旋共振状态周围可能存在大量的混沌自转状态。更早时候，1983 年戈根等人（Goguen et al.，1983）在对土卫七的光度观测和光曲线分析中，就已经发现了它的混沌自转状态。行星卫星的随机自转和土卫七的自转将在下面的章节中单独讨论。第三类包括自转未知的卫星，主要是大行星非常小的远距离卫星。

在解决太阳系动力学的许多实际问题时，对行星天然卫星自转参数的了解是非常必要的。因此，有一些与自转参数相关的、能反映现代知识的特定数据源是很重要的，随着新的观测结果的出现，这些数据源会不断更新观测数据。国际天文学联合会坐标与自转参数工作组（IAU WG CCRE）正在研究这个问题。直到最近，该工作组每三年定期发布一次报告，其中概述了行星和卫星自转的最新信息。我们稍后将要介绍最近的一次由阿奇纳尔等人（Archinal et al.，2018）发表的研究报告。尽管如此，在这样一份报告发表后，人们还会再次进行研究，以完善过去的模型。

天然卫星和行星的自转参数取自 IAU WG CCRE 的最新报告，见附录 F。本章还提供了报告发布后出现的新数据，并提供专门的评论。

在描述行星或卫星的自转时，北极和初始子午线等公认定义可能会出现差异。因此，在下一节中，我们将给出国际天文学联合会（IAU）采用的基本概念的定义。

卫星的自转是用航天器来观测的，自转的光度指示信息在地面观测中也可以找到，自转在很大程度上取决于卫星的内部结构。根据观测，可以建立关于内部结构的假设，并可以模拟卫星内部的质量分布。通常，卫星的引力场是通过将引力作用展开为一系列球谐函数来建模的。在此基础上，建立了卫星绕质心旋转的微分方程，方程的右侧考虑了影响旋转的因素，主要是中心行星和其他卫星的吸引力，微分方程使用了最精确的卫星轨道运动模型。卫星图像是通过航天器获得的，它们的本体形状由成像图片确定，结果与自转模型一致。

为了求解自转运动的微分方程，需要使用观测确定的初始条件。卫星的位置由通过航天器获得的图像确定。为了研究卫星的自转，还使用了地基卫星综合亮度光度测量。在这种情况下，结合某种卫星表面反射率分布模型，可得到一个能够确定任何给定时刻的平动角的卫星自转模型。在对自转进行建模时，考虑了绝对刚体、可变形弹性体或粘弹性体的模型。

所有这些模型都是在科学期刊上发表的众多著作的主题。以下介绍基于观测的主要行星天然卫星自转研究工作和结果的简要概述。

9.2　行星和卫星自转的基本概念

为了避免潜在的混淆，IAU WG CCRE 在定义行星和卫星自转的基本概念方面提出建议。

行星和天然卫星上的坐标系是相对于平自转轴定义的。经度的概念取决于天体的类型，对于大多数表面上具有可观测细节的天体，经度是相对于细节确定的。经度的其他定义也适用，将在下面讨论。人们给出了相对于国际天球参考系（ICRF）的自转角的近似表达式，其中时间在 TDB 量表中计算，参考历元为 J2000，即 JD＝24 515 450（2000 年 1 月 1 日 12 小时）的 TDB。时间以天（国际单位制的 86 400 s）为单位，或以 TDB 量表上的 36 525 天为单位。

自转轴的北极，位于不变的太阳系自转平面的北半球。因此，自转轴的北向与太阳系自转固定的角动量矢量之间的夹角始终小于 90°。

自转轴北极的坐标由 ICRF 中的赤经 α_0 和赤纬 δ_0 确定。

根据北极的定义，可以得到本体赤道和 ICRF 主平面的两个交点。我们称其中一个为升交点 Q，它的赤经为 $\alpha_0＋90°$，天体赤道面相对于 ICRF 赤道面的倾角为 $90°－\delta_0$。

假设本初子午线随时间单调变化且几乎均匀地旋转，设本初子午线与本体赤道的交点为 B，以升交点 Q 与交点 B 的夹角 ω 来表示本初子午线在给定时刻的位置，向东为正，如图 9-1 所示。

如果 ω 随时间增加，行星或卫星是顺行的自转；如果 ω 减小，则认为自转是逆行的。角度 ω 决定了零子午线的星历位置。对于表面上没有明显细节的行星或卫星，可以随意选定一条本初子午线，并给出 ω 与 t 的关系式。

在一些论文中，与物体刚性连接的坐标轴不是指自转轴，而是指惯性主轴，有些文献中对此做出了强调。

对于一些行星卫星，子午线的位置与指向行星中心的平均方向有关。

根据上述行星北极的定义，天王星与其主要卫星一起发生了逆行自转。在一些论文中，行星自转的角速度方向被当作轴的主方向。然而除非另有规定，否则采用 IAU WG

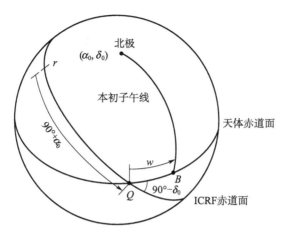

图 9-1　用来确定行星或卫星方向的坐标系

CCRE 建议的定义。

请注意，上面对天体北极的定义不适用于一些小行星和彗星。事实上，由于自转轴的快速进动，磁极可能会发生相反的变化。

因此，对于小行星、矮行星和彗星来说，所谓的"正极点"与自转的角速度矢量有关，遵循右手法则。这样的极点可能与北方或南方位置的概念没有任何联系。

在这方面，与 IAU WG CCRE 之前的报告中采用的冥王星极点的方向相比，2011 年的报告（Archinal et al.，2018）中已经颠倒了冥王星极点的位置，因为与矮行星有关。在阿奇纳尔等人 2018 年的报告中，冥王星及其卫星卡戎的极点位置是根据矮行星所采用的规则确定的。

天然卫星和行星的自转参数取自 IAU WG CCRE（Archinal et al.，2018）的最新报告，见附录 F。本报告发布后出现的新数据也将给出，并附有特别评论。

特别值得注意的是 2017 年发布的新火星卫星自转模型（Jacobson，2017）。自转参数将在附录 F 中给出。

9.3　海王星的自转和海卫一的轨道

海王星的卫星系统具有特殊的性质。海王星有一个巨大的卫星海卫一，以及几个非常小的远距离和近距离卫星，其中一个远距离卫星是海卫一，它在一个非常细长的轨道上旋转，偏心率约为 0.745。小卫星对大质量海卫一运动的影响相当微弱，在最新公布的旋转运动模型中，这种影响仍然被忽略。

考虑一个由自转的海王星及其卫星海卫一组成的动力系统。太阳和其他卫星的引力可以忽略不计，而海卫一可以被视为一个质点。系统的质心是固定的，系统相对于质心的恒定角动量将等于自转行星的角动量和围绕系统质心运行的海卫一的角动量之和。

由于海王星的动力学扁率，海卫一的轨道将发生变化。忽略这种扁率的短周期扰动，可以得出结论，轨道进动将以恒定的角速度发生，并与垂直于系统角动量矢量的恒定平面保持恒定的倾角。

　　海王星自转的结构和海卫一的轨道运动如图 9-2 所示。原点位于系统的质心，z 轴沿着总角动量的矢量方向。海王星的旋转力矩矢量用 N 表示，海卫一的轨道运动力矩矢量用 T 表示。矢量和 z 轴都位于同一平面上。矢量 N 和 z 轴之间的角度 ε 为 0.461 627°，海卫一轨道相对于恒定平面的倾角 $i = 156.870°$（Jacobson，2009）。为了便于说明，故意增大角度 ε。在图 9-2 中，海卫一轨道升交点的方向用 Ω 表示，箭头标出了矢量的进动方向和轨道平面。

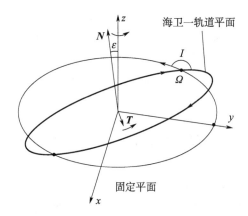

图 9-2　海王星自转和海卫一轨道运动的构型。N 表示海王星转动力矩的矢量，T 表示轨道
运动的力矩矢量，z 轴沿总矢量 $N + T$ 的方向

　　这里讨论的海王星系统的结构类似于月球的自转及其轨道运动的结构。对于月球来说，这些性质是由法国科学家吉安·多梅尼科·卡西尼（1625—1712）发现的，现在将其称为卡西尼定律。

　　雅克布森（Jacobson，1990）对所考虑的动力系统进行了详细的定量描述，并给出表征运动的量之间的关系。基于这样一个模型，雅克布森（Jacobson，2009）导出了海王星极点的赤道坐标，包括赤经 α_0 和赤纬 δ_0 关于时间的近似公式。这些公式中的常数参数是：系统总角动量的角度 ε、赤经 α_r 和赤纬 δ_r。时间变量隐含在海卫一轨道相对于不变平面的升交点经度 $\Omega：\Omega = \Omega_0 + \dot{\Omega}(t - t_0)$，随时间线性变化。雅克布森（Jacobson，2009）文章中表明，这些参数由截至 2008 年的所有观测结果直接获得。通过数值积分方法求解的运动方程也考虑了来自其他天体的扰动。

　　海王星极点赤道坐标的公式如下（Jacobson，2009）

$$\alpha_0 = \alpha_r + \varepsilon \sec\delta_r \sin\Omega_T - \frac{1}{2}\varepsilon^2 \sec\delta_r \tan\delta_r \sin 2\Omega_T$$

$$\delta_0 = \delta_r - \varepsilon \cos\Omega_T - \frac{1}{4}\varepsilon^2 \tan\delta_r (1 - \cos 2\Omega_T) \tag{9-1}$$

式中，Ω_T 是海王星赤道相对于固定平面的升交点经度。当行星的旋转轴和海卫一轨道运动的力矩矢量位于 z 轴两侧时，Ω_T 和 Ω 之间的关系如下

$$\Omega_T = \Omega + 180°$$

在公式（9-1）中，大于二阶的展开项被舍弃。

将雅克布森（Jacobson，2009）获得的参数值替换为式（9-1）中的观测值。$\alpha_r =$ 299.460 861 6，$\delta_r = 43.404\ 811$，$\varepsilon = 0.461\ 627$。此处采用 ICRF 坐标系，角度以度为单位。对于海王星极点的坐标，我们得到以下关系式

$$\alpha_0 = 299.460\ 861 + 0.635\ 397 \sin\Omega_T - 0.002\ 421 \sin2\Omega_T$$

$$\delta_0 = 43.403\ 932 - 0.461\ 627 \cos\Omega_T + 0.000\ 879 \cos2\Omega_T \qquad (9-2)$$

Ω_T 的表达式取自文献（Jacobson，2009），简化为初始纪元 J2000。因此得到

$$\Omega_T = 358.177\ 292 + 52.383\ 621\ 844\ 611T$$

式中，角度以度为单位；T 是当前时刻和 J2000 历元之间的时间间隔，以 36 525 天的儒略世纪数表示。

请注意，从文献中获得的角度值，其形式如公式中所示，有效位数过多。事实上，在雅克布森（Jacobson，2009）的论文中，确定角度 α_r 的精度为 $0.14°$，角度 δ_r 的精度为 $0.03°$。式（9-2）中的极点坐标分别具有相同的精度。

海卫一运动模型也由埃梅利亚诺夫和萨莫罗多夫（Emelyanov，Samorodov，2015）独立构建，他们对这颗卫星的运动提出一种分析理论，该分析方法考虑了太阳引力的扰动。与文献（Jacobson，2009）中的方法相比，该方法的一个优点是，使用的观测时间段延长到 2012 年。除了海卫一轨道的参数外，埃梅利亚诺夫和萨莫罗多夫（Emelyanov，Samorodov，2015）直接从观测值中得到系统恒定运动矢量的赤道坐标 α_r 和 δ_r（本文中用 α_0 和 δ_0 表示），未指定角度 ε。升交点经度的线性变化也由观测结果确定，两个参数由不同观测数据源联合确定：不使用旅行者 2 号航天器的数据，使用公共数据库中的观测数据。

使用埃梅利亚诺夫和萨莫罗多夫（Emelyanov，Samorodov，2015）获得的参数值，给出海王星极点坐标的公式。角度 ε 可以从雅克布森（Jacobson，2009）论文中得出。由于在这项工作中使用了旅行者 2 号航天器的观测结果，我们将以埃梅利亚诺夫和萨莫罗多夫（Emelyanov，Samorodov，2015）的结果作为一个参考，计算得到 $\alpha_r = 299.090°$ 和 $\delta_r = 43.019°$。对于 ICRF 系统中海王星极点的坐标，得到以下关系式

$$\alpha_0 = 299.090 + 0.631\ 391 \sin\Omega_T - 0.002\ 373 \sin2\Omega_T$$

$$\delta_0 = 43.018\ 132 - 0.461\ 627 \cos\Omega_T + 0.000\ 868 \cos2\Omega_T \qquad (9-3)$$

Ω_T 的表达式基于埃梅利亚诺夫和萨莫罗多夫（Emelyanov，Samorodov，2015）的结果，简化为初始纪元 J2000，其形式如下

$$\Omega_T = 359.460\ 800\ 221 + 53.051\ 028\ 45T$$

雅克布森（Jacobson，2009）、埃梅利亚诺夫和萨莫罗多夫（Emelyanov，Samorodov，2015）得出的海王星极点坐标表达式可替代 IAU WG CCRE 报告（Archinal et al.，2018）中建议的公式。

9.4　火卫一的自转理论

在已知的两颗火星卫星中，对天然卫星火卫一福布斯是研究最多的，关于其自转的详细内容发表在兰博等人（Rambaux et al.，2012）的研究中。这项研究的动机是高精度测量火卫一的自转，主要任务是获取有关卫星内部结构的信息。众所周知，自转的变化很大程度上取决于内部结构。火星快车（MEX）航天器获得了大量火卫一的高分辨率图像。关于卫星天平动的新数据来自威尔纳等人（Willner et al.，2010）获取的图像。天平动的振幅为 1.2°，精度为 0.15°。为了提高这一分析的准确性，也为了火星探索新任务，需要开发一种新的、更精确的火卫一自转理论，并研究从预期的 0.000 1° 精度平动测量中可以获得哪些信息。

火卫一相对于质心的自转与围绕火星的轨道运动发生同步共振。由于轨道的非零偏心率，轨道运动的速度会发生变化。因此，卫星 52% 的表面朝向火星。行星通过自身的引力产生一个力矩，该力矩与时间相关，并影响自转。火卫一对这种效应的反应是物理天平动，即偏离均匀自转。天平动取决于卫星体内质量的分布。早在 20 世纪 90 年代，火卫一平动的分析理论是基于维京航天器获得的数据以及福布斯-2 项目的结果而发展起来的，这些理论由博尔德里、约德（Borderies，Yoder，1990）、查普朗特-图泽（Chapront-Touze，1990）和佩塞克（Pesek，1991）发表。

兰博等人（Rambaux et al.，2012）通过数值积分卫星自转的欧拉微分方程，对火卫一相对于质心的自转进行建模。欧拉角指定了历元 J2000 火星赤道相关的非旋转坐标系与卫星主惯量相关的坐标系之间的关系。

威尔纳等人（Willner et al.，2010）基于 MEX 航天器图像计算了火卫一惯性矩值。为了模拟火卫一的旋转，兰博等人（Rambaux et al.，2012）采用了威尔纳等人（Willner et al.，2010）由卫星地形确定出的惯性矩：$A=0.361\ 5$，$B=0.426\ 5$ 和 $C=0.502\ 4$。火卫一的平均半径为 11.27 km，火卫一引力势球谐函数精确到三阶。

火卫一通常被认为是一个均匀天体。然而，威尔纳等人（Willner et al.，2010）对天平动的测量不能排除火卫一内部的不均匀性。了解沿地表的密度变化可以为理解卫星的起源提供重要帮助。

研究使用了莱妮等人（Lainey et al.，2007）的轨道运动模型和火卫一星历，精度为 1 km。在该运动理论中，考虑了太阳、木星、土星、地月系统的扰动、火星引力场的非球形以及火星火卫一系统中的潮汐效应。

为了研究火星引力对卫星自转的影响，有必要在火星历元平赤道系中对火卫一的轨道运动进行分析描述，因为决定轨道进动和卫星自转的主要因素是行星的动力学扁率。在兰博等人（Rambaux et al.，2012）的工作中，使用了火星历元平赤道系的德洛奈根数。用于描述火星轨道近心点运动和其自转的角度作为参数出现在三角函数中，文中还给出与这些角度对应的频率数值。

与解析解相比，使用数值积分的优点在于考虑了各种扰动因素的综合影响。从而简化了由于自身振动频率和外力频率接近而产生的非线性变化的计算。

兰博等人（Rambaux et al.，2012）的研究表明，火卫一引力势展开式中的三阶项的影响和火星扁率的影响具有大致相同的量级。

求解火卫一自转方程的初始条件是火卫一自转的本征模态（又称自由振动）等于零。因此，假设潮汐耗散足以抑制自由振动，并且没有任何机制可以激发它。由于自由振动和强迫振动的频率很接近，寻找初始条件的经典方法在这里被证明是不适用的。因此，在数值积分中加入了自由振动的人工退火算法，并通过迭代选择退火时长。

火卫一的自转角度用已知参数的三角函数之和表示。通过对数值积分结果进行频率分析，可以得到三角函数的振幅和相位。

参考文献给出了对火卫一在经度上的平动和空间上的自转的描述，以经度表示的平动角描述了卫星实际自转和均匀自转之间的差异。经度平动的基波周期为 0.319 0 天，振幅为 1.099 8°。

火卫一极轴相对于火星平赤道，运行轨迹为附加轻微波动的一条近似椭圆轨道，该轨迹与主惯量有关。距离卫星中心约 11.3 km 的自转轴末端的椭圆轨迹半径约为 220 m。自转轴的旋转周期等于卫星轨道运动的交点周期，主惯量沿圆锥体移动，与平均位置的角距离约为 1.078°。

兰博等人（Rambaux et al.，2012）在描述经度天平动时给出了 10 个三角函数项，在描述火卫一极点运动时给出了 12 项。对于展开式中的每个项，给出了频率、相位和振幅。极点坐标展开式中，主项的振幅比其他项大 100 倍，这些项主要是由于火卫一轨道倾角扰动引起的。文章同时详细分析了描述卫星自转随时间变化的角度，特别是各种扰动对天平动运动的影响。

兰博等人（Rambaux et al.，2012）提出火卫一自转理论，勒迈斯特等人（LeMaistre et al.，2013）基于该理论，研究从观测结果中精炼平动模型的可能性。假设有两种类型的测量，第一种测量为直接对地（DTE）多普勒，是在地面对火星卫星上航天器发出的无线电信号的多普勒频率变化进行测量；第二种方法通过跟踪恒星，即通过航天器对恒星直接进行天文测量。这两种方法给出的信号直接取决于火卫一的自转角度。由于这些观测只是计划的，以这种方式评估自转参数的确定精度是在模拟观测的基础上初步进行的。同时，还评估了在这种实验中构建卫星内部结构模型的可能性。勒迈斯特等人（LeMaistre et al.，2013）考虑了火卫一本体粘弹性变形的影响，以及根据观测结果确定相应参数的可能性。

兰博等人（Rambaux et al.，2012）发现了火卫一的自转参数，勒迈斯特等人（LeMaistre et al.，2013）将其中火卫一自转轴极点的赤经和赤纬转换为时间函数的形式，这些函数表示为时间的线性项和周期项之和的形式。请注意，这里卫星极轴设为本体的特征轴方向，但文章并没有具体说明该轴与自转轴之间的关系，只是说火卫一的极移可以忽略不计。结合上下文，可以得出这些轴相互重合的结论。

如果我们接受文献（LeMaistre et al.，2013）中表 1 和表 2 关于火卫一自转轴运动的假设，与 IAU WG CCRE 报告中的数据相比较（Archinal et al.，2018），那么表格中的数据可以作为火卫一自转参数的替代。根据勒迈斯特等人 2013 年的研究工作，火卫一旋转参数见附录 F。

9.5　木星的伽利略卫星、土星卫星和冥王星卫星的自转

在最近关于木星伽利略卫星自转的研究中，卫星内部结构的所谓"平动响应"成为焦点，卫星轨道运动引起的自转效应吸引了很多关注。人们考察了卫星内部结构的各种模型，据推测，欧洲号、木卫三号、木卫四号卫星的表面下有多层液体（海洋）。兰博等人（Rambaux et al.，2011）构建了卫星平动频率的频谱，与各种外部效应相关的谐波已经被确定，包括轨道运动、其他卫星的引力以及太阳的引力。结果表明，天平动中的短周期项的振幅携带着有关内部结构的信息。

诺耶尔斯（Noyelles，2010a）通过分析和数值方法建立了木星伽利略卫星的自转模型，研究了卫星内部结构对自转特性的影响，但没有给出与时间相关的自转角的函数。结果表明，通过对自转的观测，可以得出有关卫星内部结构的一些结论。

在过去的十年里，许多关于土星卫星自转的研究已经发表。这是因为使用卡西尼号航天器进行了新的高精度观测。特别是，获得了有关卫星引力场的新数据。

诺耶尔斯（Noyelles，2008；Noyelles et al.，2008）、范·胡斯特（Van Hoolst et al.，2009）以及理查德和兰博（Richard，Rambaux，2014）等都研究了土卫六的自转。他们详细分析了振动的频谱以及振动运动与各种外部因素和卫星的物理特性的依赖关系，特别是天体物质粘度的影响。

诺耶尔斯（Noyelles et al.，2011；Noyelles，2017）、塔吉丁（Tajeddine et al.，2014）对土卫一的自转及其自转特性与内部结构的关系进行了分析。

诺耶尔斯（Noyelles，2010b）和罗布特尔等人（Robutel et al.，2010，2012）对土卫十和土卫十一的天平动进行了描述和分析。

"新视野"号（New Horizons）任务表明，冥王星的小卫星冥卫二、冥卫三、冥卫四和冥卫五在自转的潮汐演化中没有达到同步自转状态，并且自转轴相对于大质量的冥卫一轨道面法线有明显的倾角（Weaver et al.，2016）。在冥卫一、冥卫五和冥卫二卫星系统中，检测到了它们轨道运动之间的共振关系，科雷亚（Correia et al.，2015）和奎伦（Quillen et al.，2017a，b）等对此进行了分析。具有"阻尼弹簧"效应的运动变异（模拟）方法被用于研究有限维多体问题中。有潮汐耗散的模型没有呈现出明显的自转轴倾角变化，这可以用较大的旋转速度值和卫星轨道的小偏心率来解释。然而，潮汐演变中的冥卫五呈现出倾角和翻滚角的间歇性变化。随着冥卫一不断远离冥王星，冥卫五可能会与冥卫一的平运动发生共振，这可能会导致冥卫五和冥卫二的自转轴倾角发生变化，发生这一现象的可能原因是冥卫一轨道运动和小卫星自转轴进动之间的共振。

9.6 行星卫星的混沌自转——土卫七的自转

对行星卫星的自转进行建模是一个特殊的问题，有很多的解决方法，也有很多的相关论文发表。研究主要集中在两个相互关联的方向上，第一个方向是非球形卫星自转的理论问题，包括发展自转动力学的研究方法、评估自转特性标准等；第二个方向是进行观测并解释现象，人们基于卫星亮度的地基光度测量，以及使用航天器在行星附近飞行时获得的图像来研究卫星的自转。

非球形的卫星在椭圆轨道上不均匀运动时，会在行星的力矩作用下发生自转。在某些情况下，将模型与观测值进行比较时，也会考虑其他卫星的引力影响。

不同行星卫星的自转具有不同的特征，其中一种自转模式是同步共振，即平均自转角速度恰好等于卫星绕行星轨道运动的平均角速度。最简单的一类是，自转轴与轨道平面正交并与卫星的中心最大惯性主轴重合。在这种情况下，卫星本体的最长轴轴线始终沿卫星到行星的方向，于是卫星总是以同一侧面对行星。

在自转运动的长期演化过程中，大多数大型卫星的形状最终接近于球形。

在同步共振中，由于卫星在椭圆轨道上的不均匀运动，天体的长轴轴线被迫偏离了行星方向。因此，即使卫星在非旋转坐标系中均匀自转，卫星本体也会因为该方向矢量的不均匀自转而相对于行星方向摇摆。

在实际情况下，自转轴可能略微偏离与轨道平面垂直的方向，在非旋转坐标系中测量的卫星自转角也可能偏离平均自转角。这些偏离随时间的变化具有非常复杂的特性，需要通过求解相当复杂的方程来描述。这两种偏离定义了一种称为卫星物理天平动的现象。

对于规则自转的卫星，自转角度可由周期函数描述。在这种模式下，对于单个角度值，角速度有几个可能的固定值。在其他情况下，当一个角度的变化率在一定范围内随机变化时，卫星的自转可能是混沌的。

对于非球形非常明显的小卫星，自转可以是三维翻转。

在迄今发现的 170 多颗卫星中，有 33 颗卫星通过观测确定了自转状态，它们几乎都处于同步共振状态。

大量的研究工作致力于行星卫星的自转，不可能写一篇综述就能全面介绍这一科学领域，这里只考虑与混沌自转相关的研究。在这些综述中，只提到典型的问题和解决这些问题的个人尝试，主要关注那些被证明随机自转或可能处于混沌状态的卫星。

IAU WG CCRE 的第一份报告根据轨道数据给出了土卫七的自转参数。然而，威斯特等人（Wisdom et al.，1984）的理论分析揭示了在土卫七共振自旋轨道状态周围，可能有一大片混沌自转状态区域。这种混沌自转是由卫星的强非球形性及其轨道的显著椭圆性导致的。

早在 1983 年通过对这颗卫星的光度观测和分析，戈根等人（Goguen et al.，1983）建立了它的混沌自转模型，混沌自转导致该卫星在 8 个公转周期内光度的变化周期及亮度振幅呈现不稳定变化。

土卫七的方向和自转速度随时间随机变化。混沌的原因在于自转与公转共振的"重叠"，这是由于土卫七形状的强非球形性以及其轨道与圆形之间的显著差异而产生的。共振重叠的现象可在奇里科夫（Chirikov，1979）、威兹德姆（Wisdom et al.，1984）等的论文中找到。

1989 年克拉维特（Klavetter，1989）发布了长达 64 天的观测数据，土卫七的亮度变化幅度为 0.6 星等，没有发现周期性的振荡，由此得出关于自转随机性的结论。

由于这些原因，自 1986 年以来，土卫七被排除在 IAU WG CCRE 的报告之外。

布莱克等人（Black et al.，1995）针对多种初始条件，对土卫七自转微分方程进行了数值积分。结论是，土卫七从混沌的"翻筋斗"到准规则自转状态来回转换，与其说是一个例外，不如说是一个规则。

1999 年 9 月—2000 年 3 月和 2000 年 9 月—10 月，在俄罗斯科学院（普尔科沃）国立天文台对土卫七进行了光度观测（Devyatkin et al.，2002）。对卫星的光度曲线进行了分析，得出其自转动力学性质的结论。在观测期间，土卫七处于混沌自转模式。通过寻找隐藏周期的尝试表明，光度曲线中并没有周期性成分。

卡西尼号飞船对土卫七的观测提供了有关卫星自转的新信息。2005 年，航天器在卫星附近经过了三次，观测间隔分别为 40 天和 67 天。在这三个过程中，卫星的自转频率分别是其轨道运动旋转频率的 4.2 倍和 4.5 倍（Harbison et al.，2011）。这种情况下，自转轴在卫星体内和太空中都发生了移动。在这三种情况下，自转轴都沿着最长轴轴线方向大致均匀地位于卫星体内（30°以内）。这与当时的动力学建模结果相矛盾，这意味着土卫七的惯性矩值一开始就设置错误。哈比森（Harbison，2011）根据卫星形状产生的惯性矩及其修正值，建立了卫星自转模型。反过来，通过观察土卫七的自转和形状，来确定惯性矩的问题。结果取决于目前尚不清楚的卫星内部质量分布模型，仍然需要假设密度分布的均匀性。目前人们给出了好几组惯性矩的值，没有足够的说服力。哈比森等人（Harbison et al.，2011）认为现有数据不足以给出惯性矩准确的数值。

根据从卡西尼号航天器收到的数据分析，土卫七的平均密度为（544±50）kg/m³（Thomas et al.，2007），内部有很多空隙，看起来像海绵。

除了土卫七之外，太阳系中还有其他卫星随机围绕自己的质心旋转吗？库普里亚诺夫和舍甫琴科（Kouprianov，Shevchenko，2006）认为没有答案。

梅尔尼科夫和舍甫琴科（Melnikov，Shevchenko，2010）研究了小型行星卫星可能的同步自转的稳定性，这些卫星的自转特性尚未从观测中获得。结果表明，大多数自转状态未知的卫星不能与轨道运动同步旋转，因为它们不存在稳定的同步旋转状态。它们的自转速度要么比轨道运动快（这不太可能），要么经历混沌自转。

库普里亚诺夫和舍甫琴科（Kouprianov，Shevchenko，2005）的研究以及梅尔尼科夫和舍甫琴科（Melnikov，Shevchenko，2008）的研究表明，除了土卫七外，土卫十六（普罗米修斯）和土卫十七（潘多拉）也处于混沌自转状态，它们的自旋性质目前尚不清楚。

在混沌自转期间，卫星是否有一个优先方向，或者在这种情况下，卫星的所有方向都是同样可能的吗？梅尔尼科夫和舍甫琴科（Melnikov，Shevchenko，2008）的计算表明，在土卫十六和土卫十七混沌自转的情况下，卫星的最长轴主要朝向土星。这使得很难从观测中得出关于这些卫星自转性质的结论，因为这种混沌状态在某种程度上类似于普通的同步自转。

根据实验和分析估计（Kouprianov，Shevchenko，2002；Kouprianov，Shevchenko，2005），太阳系行星的小卫星混沌自转应该是在短时间内即可表现出来，并且可以通过观测发现。然而迄今为止，只有土卫七被观测到混沌自转。

在建立卫星实际自转模型时，人们试图对可能的自转运动性质进行一般性研究。首先，研究所谓的平面自转。当自转轴在空间中是恒定的，并且自转仅由一个角度的时间变化来描述，自转模式取决于两个参数：$\omega_0 = \sqrt{3(BA)/C}$ 和轨道的偏心率 e，其中 A，B，C 是卫星的主要中心转动惯量（$A < B < C$）。自转由最小主转动惯量轴线与卫星行星中心半径矢量之间的角度 θ 来描述。两种同步旋转模式在"角度变化率"相平面上的值范围不同。威斯特等人（Wisdom et al.，1984）在分析土卫七自转动力学方面的数值实验结果时，首先提出这两种不同类型的同步共振。梅尔尼科夫和舍甫琴科（Melnikov，Shevchenko，1998；2000）的论文中对这两种不同共振的发生进行了准确描述，揭示了两种自转类型下，参数 ω_0 和 e 的取值范围。这些结果被应用于木卫五，木卫五的这两个参数正好在这两种共振的取值范围内。他们还研究了同步自转的稳定性与自转轴相对于轨道平面倾角的关系。研究发现，对于木卫五而言，上述两种类型中的一种是不稳定自转。

梅尔尼科夫和舍甫琴科（Melnikov，Shevchenko，2000）指出，火星、火卫一和火卫二的同步共振稳定性与卫星自转轴倾角的相关性为 1。

梅尔尼科夫和舍甫琴科（Melnikov，Shevchenko，2007）对 2007 年已知的所有行星卫星的可能动力学进行了分析，特别指出木卫五和土卫十六可能存在三种不同类型的同步共振。

在混沌运动的研究中，使用一个表征随机性程度的参数——最大李雅普诺夫特征指数（MLCI）。这个参数是指数中的时间系数，它描述了初始条件变化很小时，运动或自转方程解的发散性。假设在规则运动的情况下，解的发散按照线性规律发生，且特征指数为零。MLCI 的倒数表示运动的可预测性。

在混沌运动研究中，MLCI 的计算是一个非常费时费力的问题。关于自转运动这个主题的参考文献可以在舍甫琴科（Shevchenko，2002）的论文中找到。在舍甫琴科和库普里亚诺夫（Shevchenko，Kouprianov，2002；Kouprianov，Shevchenko，2005）的论文中，通过一个复杂的程序计算了李雅普诺夫特征指数。

舍甫琴科（Shevchenko，2002）的主要研究结果是，提出并证明了一种估计非线性共振分界线附近混沌层中 MLCI 的简单方法，并得到多颗自然行星卫星同步共振分界线附近主混沌层中混沌自转的 MLCI 估计，该参数很大程度上取决于卫星轨道的偏心率及其动态不对称性。舍甫琴科（Shevchenko，2002）推导的用于估计椭圆轨道上非球形卫星混沌自转的 MLCI 的公式，使得找到自转运动可预测性的时间尺度成为可能。

根据舍甫琴科（Shevchenko，2002）的说法，理论估计土卫七的李雅普诺夫时间约为30 天，这只是卫星轨道周期的 1.5 倍，这一估计与威兹德姆等人（Wisdom et al.，1984）利用土卫七参数计算出的混沌自转情况一致。

舍甫琴科（Shevchenko，2002）的方法给出了最大李雅普诺夫指数。库普里亚诺夫和舍甫琴科（Kouprianov，Shevchenko，2006）在建模土星远距离卫星土卫九的光度曲线时，通过计算最大李雅普诺夫指数，得出土卫九的 MLCI 为零，证明了土卫九的自转是有规律的。

梅尔尼科夫和舍甫琴科（Melnikov，Shevchenko，2007）根据大量关于卫星形状参数的数据，得出土卫十六有三种可能的不同类型同步自转共振。还表明，对于其中一种类型的自转，自转轴的倾角不稳定。

需要注意的是，海王星卫星海卫二的轨道偏心率非常重要，这是假设其自转随机性的基础。然而，格拉夫等人（Grav et al.，2003）对这颗卫星的观测表明，其自转其实是有规律的。

参 考 文 献

[1]   Archinal, B. A. , Acton, C. H. , A' hearn, M. F. , Conrad, A. , Consolmagno, G. J. , Duxbury,
         T. , Hestroffer, D. , Hilton, J. L. , Kirk, R. L. , Klioner, S. A. , McCarthy, D. , Meech, K. ,
         Oberst, J. , Ping, J. , Seidelmann, P. K. , Tholen, D. J. , Thomas, P. C. , Williams, I. P. , 2018.
         Report of the IAU working group on cartographic coordinates and rotational elements: 2015.
         CelestialMechanics and Dynamical Astronomy 130, 22.

[2]   Black, G. J. , Nicholson, P. D. , Thomas, P. C. , 1995. Hyperion: Rotational dynamics. Icarus 117
         (1), 149 – 161.

[3]   Borderies, N. , Yoder, C. F. , 1990. Phobos' gravity field and its influence on its orbit and physical
         librations. Astronomy & Astrophysics 233, 235 – 251.

[4]   Chapront – Touze, M. , 1990. Phobos' physical libration and complements to the ESAPHO theory
         for the orbitalmotion of PHOBOS. Astronomy & Astrophysics 235, 447 – 458.

[5]   Chirikov, B. V. , 1979. A universal instability ofmany – dimensional oscillator systems. Physics
         Reports 52 (5), 263 – 379.

[6]   Correia, A. C. M. , Leleu, A. , Rambaux, N. , Robutel, P. , 2015. Spin – orbit coupling and chaotic
         rotation for circumbinary bodies. Application to the small satellites of the Pluto – Charon system.
         Astronomy & Astrophysics 580, L14.

[7]   Devyatkin, A. V. , Gorshanov, D. L. , Gritsuk, A. N. , Mel' nikov, A. V. , Sidorov, M. Yu,
         Shevchenko, I. I. , 2002. Observations and theoretical analysis of lightcurves of natural satellites of
         planets. Solar System Research 36 (3), 248 – 259.

[8]   Emelyanov, N. V. , Samorodov, M. Yu. , 2015. Analytical theory of motion and new ephemeris of
         Triton fromobservations. Monthly Notices of the Royal Astronomical Society 454, 2205 – 2215.

[9]   Jacobson, R. A. , 1990. The orbits of the satellites of Neptune. Astronomy & Astrophysics 231
         (1), 241 – 250.

[10]   Jacobson, R. A. , 2009. The orbits of the neptunian satellites and the orientation of the pole of
         Neptune. Astronomical Journal 137, 4322 – 4329.

[11]   Jacobson, R. A. , 2017. The Orientations of the Martian Satellites froma Fit to Ephemeris MAR097.
         Jet Propulsion Laboratory, Interoffice Memorandum 392R – 17 – 004, April 20, 2017.

[12]   Goguen, J. , Cruikshank, D. P. , Hammel, H. , Hartmann, W. K. , 1983. The rotational
         lightcurve of Hyperion during 1983. Bulletin – American Astronomical Society 15, 854.

[13]   Grav, T. , Holman, M. J. , Klavetter, J. J. , 2003. The short rotation period of Nereid.
         Astrophysical Journal 591, L71 – L74.

[14]   Harbison, R. A. , Thomas, P. C. , Nicholson, P. C. , 2011. Rotational modeling of Hyperion.
         CelestialMechanics and Dynamical Astronomy 110 (1), 1 – 16.

[15]   Klavetter, J. J. , 1989. Rotation of Hyperion. I. Observations. Astronomical Journal 97, 570 – 579.

[16]　Kouprianov, V. V. , Shevchenko, I. I. , 2005. Rotational dynamics of planetary satellites: a survey of regular and chaotic behavior. Icarus 176, 224 – 234.

[17]　Kouprianov, V. V. , Shevchenko, I. I. , 2006. The shapes and rotational dynamics of minor planetary satellites. Solar System Research 40 (5), 393 – 399.

[18]　Lainey, V. , Dehant, V. , Patzold, M. , 2007. First numerical ephemerides of the Martianmoons. Astronomy & Astrophysics 465 (3), 1075 – 1084.

[19]　LeMaistre, S. , Rosenblatt, P. , Rambaux, N. , Castillo – Rogez, J. C. , Dehant, V. , Marty, J. – C. , 2013. Phobos interior from librations determination using Doppler and star trackermeasurements. Planetary and Space Science 85, 106 – 122.

[20]　Mel'nikov, A. V. , Shevchenko, I. I. , 1998. The stability of the rotationalmotion of nonspherical natural satellites, with respect to tilting the axis of rotation. Solar System Research 32 (6), 480 – 490.

[21]　Mel'nikov, A. V. , Shevchenko, I. I. , 2000. On the stability of the rotationalmotion of nonspherical natural satellites in a synchronous resonance. Solar System Research 34 (5), 434 – 442.

[22]　Mel'nikov, A. V. , Shevchenko, I. I. , 2007. Unusual rotationmodes of minor planetary satellites. Solar System Research 41 (6), 483 – 491.

[23]　Melnikov, A. V. , Shevchenko, I. I. , 2008. On the rotational dynamics of Prometheus and Pandora. CelestialMechanics and Dynamical Astronomy 101, 31 – 47.

[24]　Melnikov, A. V. , Shevchenko, I. I. , 2010. The rotation states predominant among the planetary satellites. Icarus 209, 786 – 794.

[25]　Noyelles, B. , Lemaitre, A. , Vienne, A. , 2008. Titan's rotation. A 3 – dimensional theory. Astronomy & Astrophysics 478, 959 – 970.

[26]　Noyelles, B. , 2008. Titan's rotational state. CelestialMechanics and Dynamical Astronomy 101, 13 – 30.

[27]　Noyelles, B. , 2010a. Theory of the rotation of the Galilean satellites. In: Barbieri, C. , Chakrabarti, S. , Coradini, M. , Lazzarin, M. (Eds.), Proceedings IAU Symposium No. 269. International Astronomical Union, pp. 240 – 244.

[28]　Noyelles, B. , 2010b. Theory of the rotation of Janus and Epimetheus. Icarus 207, 887 – 902.

[29]　Noyelles, B. , Karatekin, O. , Rambaux, N. , 2011. The rotation ofMimas. Astronomy & Astrophysics 536. A61.

[30]　Noyelles, B. , 2017. Interpreting the librations of a synchronous satellite – how their phase assesses Mimas' global ocean. Icarus 282, 276 – 289.

[31]　Pesek, I. , 1991. Theory of rotation of PHOBOS. Bulletin of the Astronomical Institutes of Czechoslovakia 42 (5), 271 – 282.

[32]　Quillen, A. C. , Nichols – Fleming, F. , Chen, Y. – Y. , Noyelles, B. , 2017a. Obliquity evolution of the minor satellites of Pluto and Charon. Icarus 293, 94 – 113.

[33]　Quillen, A. C. , Chen, Y. – Y. , Noyelles, B. , Loanel, S. , 2017b. Tilting Styx and Nix but not Uranus with a Spin – Precession – Mean – motion resonance. arXiv: 1707. 03180.

[34]　Rambaux, N. , Van Hoolst, T. , Karatekin, O. , 2011. Librational response of Europa, Ganymede and Callisto with an ocean for a non – Keplerian orbit. Astronomy & Astrophysics 527, A118.

[35] Rambaux, N. , Castillo – Rogez, J. C. , LeMaistre, S. , Rosenblatt, P. , 2012. Rotational motion of Phobos. Astronomy & Astrophysics 548, A14. 11 pp.

[36] Richard, A. , Rambaux, N. , 2014. Complements to the longitudinal librations of an elastic 3 – layer titan on a non – Keplerian orbit. Proceedings IAU Symposium 310, 21 – 24.

[37] Robutel, P. , Rambaux, N. , Castillo – Rogez, J. , 2010. Analytical description of physical librations of saturnian coorbital satellites Janus and Epimetheus. Icarus 211, 758 – 769.

[38] Robutel, P. , Rambaux, N. , ElMoutamid, M. , 2012. Influence of the coorbital resonance on the rotation of the Trojan satellites of Saturn. Celestial Mechanics and Dynamical Astronomy 113, 1 – 22.

[39] Shevchenko, I. I. , 2002. Maximum Lyapunov exponents for chaotic rotation of natural planetary satellites. Cosmic Research 40 (3), 296 – 304.

[40] Shevchenko, I. I. , Kouprianov, V. V. , 2002. On the chaotic rotation of planetary satellites: the Lyapunov spectra and the maximum Lyapunov exponents. Astronomy & Astrophysics 394, 663 – 674.

[41] Tajeddine, R. , Rambaux, N. , Lainey, V. , Charnoz, S. , Richard, A. , Rivoldini, A. , Noyelles, B. , 2014. Constraints on Mimas' interior fromCassini ISS libration measurements. Science 346, 322 – 324.

[42] Thomas, P. C. , Armstrong, J. W. , Asmar, S. W. , Burns, J. A. , Denk, T. , Giese, B. , Helfenstein, P. , Iess, L. , Johnson, T. V. , McEwen, A. , Nicolaisen, L. , Porco, C. C. , Rappaport, N. J. , Richardson, J. , Somenzi, L. , Tortora, P. , Turtle, E. P. , Veverka, J. , 2007. Hyperion's sponge – like appearance. Nature 448, 50.

[43] Van Hoolst, T. , Rambaux, N. , Karatekin, O. , Balanda, R. – M. , 2009. The effect of gravitational and pressure torques on Titan's length – of – day variations. Icarus 200, 256 – 264.

[44] Weaver, H. A. , Buie, M. W. , Buratti, B. J. , Grundy, W. M. , Lauer, T. R. , Olkin, C. B. , Parker, A. H. , Porte, S. B. , et al. , 2016. The small satellites of Pluto as observed by new horizons. Science 351 (6279) . Id. aae0030.

[45] Willner, K. , Oberst, J. , Hussmann, H. , et al. , 2010. Phobos control point network, rotation, and shape. Earth and Planetary Science Letters 294 (3 – 4), 541 – 546.

[46] Wisdom, J. , Peale, S. J. , Mignard, F. , 1984. The chaotic rotation of Hyperion. Icarus 58, 137 – 152.

第 10 章　行星卫星轨道的演化

10.1　各种因素对行星卫星轨道演化的影响

在大时间尺度上，行星卫星轨道的演化可以理解为轨道根数的缓慢变化。轨道演化的研究直接关系到太阳系的起源和未来，但这不是本书的中心话题，本章仅限于带领读者回顾这方面的一些成就。然而，为了模拟行星卫星轨道的演化，需要一些可靠的参数值，而这些参数值只能从观测中找到。因此，在研究轨道演化问题中，观测的作用至关重要。

通过构建开普勒卫星轨道演化模型，可以描述太阳系行星卫星的运动演化。演化特性是指基于观测构建的运动模型在大时间尺度上的特征。在这里，忽略了模型运动与真实运动之间的微小周期性偏差，主要关注的是轨道平均参数的变化在长时间间隔内与真实运动的相符性。若将模型的演化特性扩展到无限长的时间间隔内，则运动微分方程的解是不精确的，因此所有关于轨道演化的结论都是基于有限时间的。

在行星引力的影响下，卫星以开普勒轨道围绕行星旋转，同时运动受到其他因素的影响。大多数情况下，主要影响包括行星的非球形引力、太阳引力和卫星的相互吸引等。在大多数情况下，对于一颗特定的卫星，其中一种效应占主导地位，轨道的演变可以只考虑一个最重要的因素进行建模。然而综合考虑几个因素，可以显著改变我们对轨道演化的认识。

下面依次研究每个因素对大行星天然卫星轨道演化的影响，以及不同卫星的轨道演化过程。

10.2　受行星扁率主要影响的卫星轨道演化

行星的非球形主要在于它们的动力学扁率。扁率的影响通过非球形引力球谐函数中的二阶带谐项表示。在模拟卫星轨道的演化中通常只考虑该项。

请注意，行星的动力学扁率仅是近距离卫星轨道演化的决定因素。行星主卫星的轨道演化则受行星扁率和卫星之间的相互吸引共同作用影响。

如果只考虑行星的扁率，在上文第 3 章讨论过轨道是如何演化的，这里再次给出轨道演化公式。

同样使用第 3 章中开普勒轨道根数的符号：

n ——平均运动，单位为 rad/时间；

e ——偏心率，无量纲单位；

i ——倾角（轨道平面和主平面 Oxy 之间的夹角），单位为 rad；

M_0 ——历元时刻的平近点角（初始历元时刻的平近点角为 M），单位为 rad；

ω ——轨迹升交点起算的近心点角距，单位为 rad；

Ω ——轨道升交点赤经（平面 Oxy 中 x 轴和升交点之间的角度），单位为 rad；

t_0 ——初始历元时刻，即初始轨道根数的历元；

t ——计算天体坐标的当前时刻。

除了平均运动 n，还考虑了开普勒第三定律的轨道半长轴 a

$$n = \sqrt{\frac{\mu}{a^3}}$$

式中，μ 是行星的引力参数。

考虑到行星的扁率是轨道演化的主导因素，定义坐标主平面垂直于行星动力学对称轴。

在研究行星卫星轨道演化时，需要对快变参数的摄动函数进行平均，在这里，这个参数就是平近点角 M。摄动理论应用了小参数摄动函数的展开式，因此，它的表达式采用平近点角 M、近心点幅角 ω 和升交点赤经 Ω 的多重展开形式。对 M 进行平均意味着舍弃包含 M 的三角函数短周期项。

大行星的动力学结构，普遍存在非球形扁率，并且大致可近似为轴对称体。然后在摄动函数 R 的展开式中，只取系数为 J_2 的二阶带谐项，对 M 进行平均后得到

$$R = -\mu\, \frac{r_0^2}{a^3} J_2 \sum_{p=0}^{2} F_{20p}(i) X_0^{-3,2-2p}(e) \cos\big[(2-2p)\omega\big]$$

式中，$F_{20p}(i)$ 和 $X_0^{-3,\,2-2p}(e)$ 是倾角和偏心率的函数；r_0 是行星的平均赤道半径。事实证明，它们的性质相当规律，以至于偏心率的函数 $X_0^{3,\,-2}(e)$ 和 $X_0^{3,\,2}(e)$ 等于零。因此，由二阶带谐项引起的平均摄动函数形式为

$$R = -\mu\, \frac{r_0^2}{a^3} J_2 F_{201}(i) X_0^{-3,0}(e)$$

用附录 C 中的显式表达式代替倾角和偏心函数后，得到

$$R = -\mu\, \frac{r_0^2}{a^3} J_2 (1-e^2)^{-3/2} \left(\frac{3}{4}\sin^2 i - \frac{1}{2}\right)$$

因此，只有长期项保留在摄动函数中。为了确定摄动量，必须将其替换为关于卫星轨道根数的拉格朗日方程。

由于长期项独立于根数 M，ω 和 Ω，根数 a，e 和 i 的拉格朗日方程的右侧等于零，并且这些根数本身不包含长期摄动。同时，如第 3.10 节所述，应将摄动的常数部分加到半长轴上。

在确定长期摄动时，假设

$$M = M_0 + (n + n_1)(t - t_0), \quad \omega = \omega_0 + n_2(t - t_0), \quad \Omega = \Omega_0 + n_3(t - t_0)$$

如果在摄动理论中仅考虑一阶摄动，那么 M，ω 和 Ω 拉格朗日方程右侧的 n_1，n_2 和 n_3 可以在代入常数 a，e 和 i 后相应求得。

在考虑二阶带谐项摄动的情况下，n_1、n_2 和 n_3 的表达式具有以下形式

$$n_1 = n\,\frac{3}{4}J_2\left(\frac{r_0}{a}\right)^2\frac{2-3\sin^2 i}{(1-e^2)^{3/2}} \qquad (10-1)$$

$$n_2 = n\,\frac{3}{4}J_2\left(\frac{r_0}{a}\right)^2\frac{4-5\sin^2 i}{(1-e^2)^2} \qquad (10-2)$$

$$n_3 = -n\,\frac{3}{2}J_2\left(\frac{r_0}{a}\right)^2\frac{\cos i}{(1-e^2)^2} \qquad (10-3)$$

需要提醒读者的是，根数 i，ω 和 Ω 是相对于行星赤道计算的。行星赤道是垂直于行星动力学对称轴，包含主轴 Ox 和节点线的平面。

轨道三要素长期变化的一个基本特性是，与平均运动 n 相比，系数 n_1，n_2，n_3 很小。

从上述公式可以看出，轨道仅在以上摄动因素影响下的演化规律。如果忽略某个开普勒轨道的微小偏差，结果表明，卫星的轨道平面以几乎恒定的倾角缓慢地绕行星对称轴进动，拱线也缓慢地进动。卫星沿着该轨道围绕行星旋转，频率与开普勒平运动的频率相比略有变化。岁差的性质使轨道节点始终沿与卫星运动相反的方向移动，而拱线根据倾角的不同，可以正向或反向旋转，并在轨道倾角接近 63°时保持静止。

行星的非球形特性并不局限于扁率，其引力场函数的其他展开项也会影响轨道的演化。在研究的这个阶段，摄动理论的一个重要事实是，无论计算出的行星非球形微小摄动多么精确，在根数 a，e，i 中都不会有长期甚至混合的摄动。这一结论可以通过数学归纳法证明，本文仅给出阿克谢诺夫（Aksenov，1966）的研究结论。

小偏心率情况

此处描述的椭球行星卫星轨道的演化特性仅在偏心率较大的情况下才有效。如果偏心率很小，量级与 $J_2\left(\frac{r_0}{a}\right)^2$ 近似，则轨道演化的特性会发生质的变化。随着偏心率的减小，包含近心点参数 ω 的短周期摄动振幅越来越大，其变化与卫星绕行星运动的速度呈单调变化。同时，平近点角 M 的短周期摄动将从单调变化转变为 $M=0$ 附近的平动变化。埃梅利亚诺夫（Emelyanov，2015）首次详细研究了一颗椭球行星卫星的运动情况，第 3 章中重点介绍了这一研究。

10.3　太阳引力作用下行星卫星轨道的演化

10.3.1　摄动函数的平均化

在解析理论中，考虑太阳引力对行星卫星运动的影响较为困难，尤其是在太阳引力占主导地位的情况下。困难在于，根数 M，ω 和 Ω 的长期摄动系数与摄动函数展开的长周期项量级近似，通常摄动理论中的小参数方法不再有效。此外，到目前为止，还不能证明如行星扁率摄动的情况那样，不存在高阶长期摄动和混合摄动。然而，我们通过研究轨道演化的近似模型，即使没有获得运动方程的精确解，也可以揭示一些演化的性质。

当然，在研究太阳引力影响下的轨道演化时，行星卫星的运动是在限制性三体问题的

框架内考虑的。原点位于行星的中心，假设太阳以给定的未受干扰的开普勒轨道绕行星运行，直角坐标系下的卫星运动方程见第 3 章。

解决这类问题的常用方法是摄动理论方法，第 3 章描述了用摄动理论方法求解的一般过程。运动方程中的力函数 U 分为两项 $U = V + W$，其中函数 V 是开普勒问题的主要受力函数，W 为摄动函数。

根据摄动理论，我们将直角坐标系下的运动方程转化为关于开普勒吻切根数的拉格朗日方程。这些方程包含相同的摄动函数 W，但必须用吻切轨道所需的根数来表示，这只能通过将摄动函数以各种小参数的幂级数展开来实现。外部天体引力摄动函数的一般展开式已在第 3 章中给出。为了简化对卫星轨道演化理论的理解，这里使用开普勒根数的公认符号 a，e，i，M，ω 和 Ω，以及其他相关量 n，$\lambda = M + \omega + \Omega$ 和 $\bar{\omega} = \omega + \Omega$ 表示。与摄动天体有关的符号，用带撇的相同字母标记。摄动天体的引力常数（万有引力常数与其质量的乘积）用 μ' 表示。摄动函数具有以下形式（Brumberg，1967）。

$$
\begin{aligned}
W = \frac{\mu'}{a} & \sum_{k=2}^{\infty} \sum_{m=0}^{k} \sum_{p=0}^{k} \sum_{p'=0}^{k} \sum_{q=-\infty}^{\infty} \sum_{q'=-\infty}^{\infty} (2 - \delta_m, 0) \left(\frac{a}{a'}\right)^{k+1} \frac{(k-m)!}{(k+m)!} \times \\
& F_{kmp}(i) F_{kmp'}(i') X_{k-2p+q}^{k, k-2p}(e) X_{k-2p'+q'}^{k, k-2p'}(e') \times \\
& \cos\big[(k-2p+q)M - (k-2p'+q')M' + \\
& (k-2p)\omega - (k-2p')\omega' + m(\Omega - \Omega')\big]
\end{aligned}
\tag{10-4}
$$

其中，余弦符号下的参数可以用平经度和近心点经度表示

$$
(k-2p+q)M - (k-2p'+q')M' + (k-2p)\omega - (k-2p')\omega' + m(\Omega - \Omega')
$$
$$
= (k-2p+q)\lambda - (k-2p'+q')\lambda' - q\bar{\omega} + q'\bar{\omega}' + (m-k+2p)\Omega - (m-k+2p')\Omega'
$$

展开式包括倾角的函数 $F_{kmp}(i)$ 和偏心率的函数 $X_{k-2p+q}^{k, k-2p}(e)$。为了构建卫星轨道演化的模型，用到了这些函数的以下特性

1）对于小倾角轨道，（Brumberg，1967）证明了倾角函数的以下性质，即

$$
F_{kmp}(i) = O\left(\left(\sin\frac{i}{2}\right)^{|k-2p-m|}, \left(\cos\frac{i}{2}\right)^{|k-2p-m|}\right)
$$

因此，如果选择的主平面与外部天体轨道面重合，则有 $i' = 0$，并且只剩下 $|k-2p'-m| = 0$ 的项。

2）在零偏心率下，只有 $q = 0$ 时的偏心率函数 $X_{k-2p+q}^{k, k-2p}(e)$ 为非零。因此，外部天体为圆轨道时，只保留 $q' = 0$ 的项。

3）对于 $k-2p+q = 0$，函数 $X_{k-2p+q}^{k, k-2p}(e)$ 以最终形式表示，不使用偏心率高阶级数展开。

由于本书只研究卫星的轨道演化，轨道根数的短周期变化可以忽略不计。为了简化问题，忽略了所有包含卫星和太阳平经度的项，这些项是展开式中周期最短（快速振荡）的。通常，这种方法也称为平均平经度法，它表明了"对摄动函数的二次平均"。平均平经度 λ，λ' 需令 $k-2p+q = 0$，$k-2p'+q' = 0$。

随着摄动函数的平均化，在圆形限制性三体问题的框架内考虑行星卫星的运动可以简化问题，这意味着假设太阳在一个平面不变的圆形轨道上运动。由于只考虑在太阳引力影

响下卫星轨道的演化，这里选择与太阳轨道平面重合的主坐标平面。通过这些简化可得，$i'=0$，$e'=0$。根据上述倾角和偏心率函数的性质可知，只有 $|k-2p'-m|=0$ 和 $q'=0$ 的项被保留下来。

综合上述对求和指数的限制，摄动函数可简化为

$$W(a,e,i,\omega)=\frac{\mu'}{a}\sum_{k=2}^{\infty}{}'\sum_{p=0}^{k}\left(\frac{a}{a'}\right)^{k+1}\times F_{k0p}(i)F_{k,0,k/2}(0)X_0^{k,k-2p}(e)X_0^{k,0}(0)\cos[(k-2p)\omega]$$

$$(10-5)$$

式中，求和符号处的标志表示仅对指数 k 偶数值求和。

由此获得的摄动函数表达式具有以下特性：

1）它仅取决于根数 a，e，i，ω；

2）最终形式仅包含 e，i，ω；

3）保持卫星半长轴与太阳轨道半长轴之比 a/a' 的偶数幂级数。

现在考虑拉格朗日方程的形式。给定摄动函数的第一个性质，得到

$$\frac{da}{dt}=0,\quad\frac{de}{dt}=-\frac{\sqrt{1-e^2}}{na^2e}\frac{\partial W}{\partial\omega}$$

$$\frac{di}{dt}=\frac{\cos i}{na^2\sin i\sqrt{1-e^2}}\frac{\partial W}{\partial\omega},\quad\frac{d\Omega}{dt}=\frac{1}{na^2\sin i\sqrt{1-e^2}}\frac{\partial W}{\partial i}\quad(10-6)$$

$$\frac{d\omega}{dt}=\frac{\sqrt{1-e^2}}{na^2e}\frac{\partial W}{\partial e}-\frac{\cos i}{na^2\sin i\sqrt{1-e^2}}\frac{\partial W}{\partial i}$$

摄动函数现在只依赖于 a，e，i，ω，由此推导拉格朗日方程（10-6）的前三个积分。

第一个方程式可得

$$a=\text{const}$$

为了推导第二个积分，进行以下操作：将第二个方程逐项乘以 $-\dfrac{e\cos i}{\sqrt{1-e^2}}$，将第三个方程乘以 $-\sqrt{1-e^2}\sin i$，并将结果相加，得到

$$-\frac{e\cos i}{\sqrt{1-e^2}}\frac{de}{dt}-\sqrt{1-e^2}\sin i\frac{di}{dt}=0$$

这个等式的左侧表示为分别依赖于 e 和 i 的两个函数乘积对时间的全微分，可整理为

$$\frac{d}{dt}\left(\sqrt{1-e^2}\cos i\right)=0$$

对时间积分得到

$$\sqrt{1-e^2}\cos i=c_1'\quad(10-7)$$

式中，c' 是一个独立的任意积分常数。积分式（10-7）的物理意义在于卫星动量矢量（以 $\sqrt{a}$ 归一化）太阳轨道平面法线上的投影为常数，这是双平均问题轴对称的结果（即函数 W 与 Ω 相互独立的结果）。

第三个积分是通过拉格朗日微分方程（10 - 6）确定摄动函数 W 的总时间导数获得的。W 通过它的参数 a，e，i，ω 依赖于时间，有

$$\frac{\mathrm{d}W}{\mathrm{d}t} = \frac{\partial W}{\partial a}\frac{\mathrm{d}a}{\mathrm{d}t} + \frac{\partial W}{\partial e}\frac{\mathrm{d}e}{\mathrm{d}t} + \frac{\partial W}{\partial i}\frac{\mathrm{d}i}{\mathrm{d}t} + \frac{\partial W}{\partial \omega}\frac{\mathrm{d}\omega}{\mathrm{d}t}$$

根据拉格朗日方程将此处输入的表达式替换为根数对时间的导数，并进行求和，得到

$$\frac{\mathrm{d}W}{\mathrm{d}t} = 0$$

由此，随着时间积分，得到拉格朗日方程的另一个一阶积分

$$W(a,e,i,\omega) = c_\omega \tag{10 - 8}$$

式中，c_ω 是另一个独立的任意常数，W 由等式（10 - 5）定义。式（10 - 6）是对著名雅可比积分定义的圆形限制性三体问题的双平均修正。

请注意，该问题中前三个积分首次由莫伊谢耶夫（Moiseev，1945）推导，而双平均本身被称为高斯形式。

积分式（10 - 7）可以将倾角 i 表示为偏心率 e 和 c_1' 的函数，将这个倾角表达式代入函数 W 的参数，得到

$$\Phi(e,\omega,a,c_1',c_\omega) = 0$$

式中，定义了固定常数 a，c_1'，c_ω，偏心率 e 是 ω 的隐函数，或 ω 为 e 的函数。利用初始条件确定常数 a，c_1'，c_ω，得到在太阳引力影响下，与时间无关的特定卫星轨道根数变化的性质。尚未开展对轨道根数与时间依赖关系的研究，以及任意比例的 a/a' 对方程的特殊影响的研究。

10.3.2　一个特例——希尔问题

对于一个尚未解决的难题，试图用精度较低的方程替换精度较高的方程来简化问题是很自然的。由于所有行星卫星的轨道半长轴远小于行星与太阳的距离，这为简化提供了可能。通过研究这些卫星的轨道参数，可以发现 a/a' 值最大的是木星的远距离卫星 S/2003 J2，为 0.036。对于目前已知的其他所有卫星，这一比例要小得多。

此外，将摄动函数的展开限制为半长轴比的幂函数，以便只留下包含该比值三次方的主项，这种形式的摄动函数称为希尔类型。由于在摄动函数（10 - 5）的展开中，求和仅在指数 k 的偶数值上进行，主项之后的下一项展开包含轨道半长轴比率的 5 次方，因此 $(a/a')^2$ 以上的项可忽略。对于木星卫星 S/2003 J2，比值 $(a/a')^2 = 0.001\ 3$。因此，希尔类型下的摄动函数具有以下形式

$$W_2 = \frac{\mu'}{a}\left(\frac{a}{a'}\right)^3 F_{2,0,1}(0) X_0^{2,0}(0) \sum_{p=0}^{2} F_{20p}(i) X_0^{2,2-2p}(e) \cos[(2 - 2p)\omega] \tag{10 - 9}$$

将此处的倾角和偏心率函数的显式表达式替换为附录 C 中的相应函数，得到

$$W_2 = \frac{\mu'}{a}\left(\frac{a}{a'}\right)^3 \frac{3}{16}\left[2e^2 - \sin^2 i(2 + 3e^2) + 5e^2\sin^2 i\cos 2\omega + \frac{4}{3}\right] \tag{10 - 10}$$

方程（10 - 10）右侧方括号中的常数项 4/3 可以忽略，因为摄动函数只涉及关于 e，i，ω

的偏导数，常数项微分为零。

　　推导摄动函数（10-10）时做了如下假设：

　　1）该函数对卫星和太阳的平经度取平均值；

　　2）忽略了 $(a/a')^2$；

　　3）认为行星绕日的圆轨道平面是主平面。

　　在以上假设下，拉格朗日方程的第一个积分仍然有效

$$W_2 = c'_2$$

式中，c'_2 是一个独立的任意积分常数。

10.3.3　希尔类型二次平均摄动函数在偏心率 e 和近心点幅角 ω 变化下的轨道族类分析

　　利多夫（Lidov，1961；1962；1963）和古在（Kozai，1962）首次且几乎同时对积分

$$a = \text{const}, \quad \sqrt{1-e^2}\cos i = c'_1, \quad W_2 = c'_2$$

进行了详细分析，描述了根数满足拉格朗日方程（10-6）的轨道演化。此外，利多夫（Lidov，1961；1962；1963）研究了人造地球卫星轨道的演化；在木星摄动下小行星轨道演化方程的积分中，古在（Kozai，1962）在函数（10-5）中考虑了 $k=2$，4，6，8 的项。

　　利多夫（Lidov，1961）通过组合第二和第三个积分，得到了关系式

$$e^2 \left(\frac{2}{5} - \sin^2 i \sin^2 \omega \right) = c_2 \tag{10-11}$$

式中，c_2 是一个独立的任意常数，积分（10-7）写为

$$(1-e^2)(1-\sin^2 i) = c_1 \tag{10-12}$$

式中，c_1 是一个独立的任意常数。

　　由拉格朗日方程（10-11）、方程（10-12），可以用 e，i，ω 中的一个变量表达另外两个变量。将它们的表达式代入方程中，得到其中一个变量 e 的微分方程

$$\frac{\mathrm{d}e}{\mathrm{d}t} = E(e)$$

式中，$E(e)$ 是参数已知的函数。该方程简化为求积以及求积的逆，例如函数 $e(t)$ 的表达式可以由椭圆函数表示，下面介绍如何实现：

　　联立方程（10-11）、方程（10-12）以及积分

$$a = \text{const}$$

即使不求解拉格朗日方程，也能推导出轨道演化的一些有趣性质。利多夫（Lidov，1961）首次研究了人造卫星轨道在月球-太阳摄动影响下的演变。我们结合舍甫琴科（Shevchenko，2017）的一些解释，再现这项工作的主要和最有趣的结果。

　　首先，确定常数 c_1 和 c_2 的取值范围。显然 $0 \leqslant \sin^2 i \sin^2 \omega \leqslant 1$，这意味着 $-3/5 \leqslant c_2 \leqslant 2/5$。很明显，$0 \leqslant c_1 \leqslant 10$。然而，公式（10-11）和公式（10-12）给出了更严格的限制。c_1 和 c_2 的取值范围如图 10-1 所示，这些区域以三角形 $0AB$ 和 $ED0$ 为边界。在这种情况下，边 ED 的曲线函数为

$$c_1 = \frac{5}{3}\left(\frac{3}{5} - \sqrt{-\frac{3}{5}c_2}\right)^2 \tag{10-13}$$

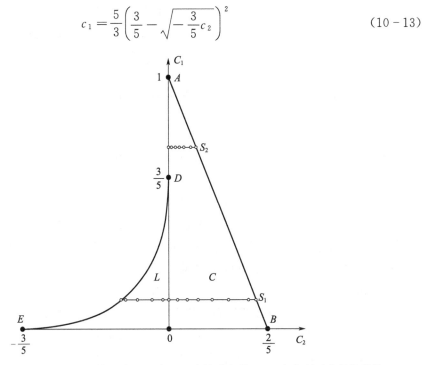

图 10-1　常数 c_1 和 c_2 的可能取值区域。区域 L 包含轨道根数 e，ω 变化所对应的常数值，

区域 C 包含了 ω 的循环变化，点 S_1 和 S_2 对应后图所示的轨道族

分析表明，近心点幅角 ω 具有时间变化的两个特性之一：相对于 90°或 270°的一个值，具有有限振幅的单调循环变化或振荡，这种振动被称为平动变化，其振幅不超过 $\arccos\sqrt{2/5}$。利多夫（Lidov，1961）和古在（Kozai，1962）首次发现并研究了该问题中近心点幅角 ω 的平动变化，因此这种变化现在被称为利多夫-古在共振。

下面给出近心点幅角 ω 和偏心率 e 变化的一些特殊情况，主要考察 $0 \leqslant c_1 \leqslant 1$，$-3/5 \leqslant c_2 \leqslant 2/5$ 区域边界线的情况。

图 10-1 中垂线 $0A$ 分割了 $c_2 < 0$ 时 ω 的平动变化区域和 $c_2 > 0$ 时的循环变化区域。平动轨道只在 $0 \leqslant c_1 \leqslant 3/5$ 时存在，循环运动可能存在于 $0 \leqslant c_1 \leqslant 1$ 的整个可能范围内。

曲线 ED 对应于 e 和 i 为常数且满足 $e^2 = 1 - \dfrac{5}{3}\cos^2 i$ 的轨道。在这种情况下，$\omega = \pm 90°$，这些平衡点对应利多夫-古在共振中心。这些轨道相对主平面的轴，以恒定的倾角进动。

AB 段对应于具有恒定偏心率的椭圆轨道，轨道位于外部天体的运动平面上，倾角为 0°或 180°，拱线随 ω 的增加而均匀旋转。对于这些轨道，关系式 $2c_1 + 5c_2 = 2$ 成立，因此，使用积分表达式（10-11）和式（10-12），得出

$$(5e^2\sin^2\omega + 2 - 2e^2)\sin^2 i = 0$$

式中，括弧中的第一项仅在点 B 处等于零，该处 $e = 1$ 和 $\sin\omega = 0$ 同时满足。对于线段 AB，除了点 B 之外的其余部分为 $\sin i = 0$。

线段 BE 对应于 $c_1 = 0$ 时的轨道，该条件适用于极轨（$\cos i = 0$）或抛物线轨道（$e = 1$）。在 $c_1 = 0$ 的极轨情况下，偏心率 e 和近心点幅角 ω 之间的关系由以下关系描述

$$e^2 \left(\frac{2}{5} - \sin^2 \omega \right) = c_2 \qquad (10-14)$$

在 $c_1 = 0$ 的抛物线轨道情况下，倾角 i 和近心点幅角 ω 之间的关系由以下关系式描述

$$\frac{2}{5} - \sin^2 i \sin^2 \omega = c_2 \qquad (10-15)$$

图 10-4 和图 10-5 给出了这些依赖关系的曲线图。

DA 段（$c_2 = 0$，$3/5 < c_1 < 1$）对应于圆轨道（$e = 0$）。

$0D$ 段（$c_2 = 0$，$c_1 < 3/5$）对应分界线解，分界线解将近心点幅角 ω 中的平动和循环变化区域分开。在这些分界线上，偏心率逐渐趋于零。如果 ω 的初始值小于 90°，偏心率演化可能先达到其最大值再趋近于零。这些轨道满足 $\sin^2 i \sin^2 \omega = 2/5$ 的关系。

点 A，B 和 E 确定以下可能的变化。点 A（$c_1 = 1$，$c_2 = 0$）对应于圆形赤道轨道（$e = 0$，$\sin i = 0$）。点 B（$c_1 = 0$，$c_2 = 2/5$）对应于具有任意倾角且 $\sin \omega = 0$ 的抛物线轨道（$e = 1$）。点 E 对应于具有任意偏心率的极轨（$\cos i = 0$），ω 值满足关系 $e^2 (5 \sin^2 \omega - 2) = 3$，并且在 $e = 1$ 的情况下，退化为一个 $\sin \omega = \pm 1$ 的抛物线轨道。

点 D（$c_1 = 3/5$，$c_2 = 0$）对应于圆轨道（$e = 0$），其临界倾角由关系式 $\cos^2 i = 3/5$ 定义。由于点 D 是一个分岔点，因此这种倾角 i 被称为临界倾角，当 c_1 从 3/5 往下减小，且 $c_2 < 0$ 时，会出现 ω 平动变化的轨道。

点 0（$c_1 = 0$，$c_2 = 0$）对应以下三种类型的轨道：

1）任意 ω 的圆极轨道（$e = 0$，$\cos i = 0$）；

2）任意 e 且常值 ω（$\sin^2 \omega = 2/5$）的椭圆极轨（$\cos i = 0$）；

3）在 $\sin^2 i \sin^2 \omega = 2/5$ 的条件下，具有任意轨道倾角的直线轨道（$e = 1$）。

除了常数 c_1 和 c_2 可能值区域边界处的轨道演化特征外，还有轨道演化的其他特殊情况。倾角大于临界值（$\cos^2 i = 3/5$）的轨道可能会经历较大的偏心率变化，尤其是当轨道靠近分界线时。发生这种现象的原因是，当倾角大于临界值时，存在利多夫-古在共振。在倾角为 90°的情况下，无论偏心率初始值是多少，其演化总是趋于定值。由于近心距离趋于零，这样的轨道只能存在有限的时间。

请注意，与此处考虑的常数 c_1 和 c_2 可能的边界值相对应的卫星轨道根数变化特性的所有特殊情况，都是纯理论意义上的。在现有真实卫星及可能的运动状态中，未曾发生。

式（10-11）和式（10-12）允许我们在坐标平面（ω，e）上构造线来描述轨道的演化。常数 c_1 和 c_2 的每对固定值对应于图表上的一条线，在一幅图中，可以为常数 c_1 的一个值和 c_2 的一系列值构造一系列曲线。

下面考虑这类曲线族的两个例子。

图 10-2 显示了 ω 和 e 变化的线族，这些线对应于值 $c_1 = 0.114\,570\,821$ 和在整个可能值范围内的 c_2 系列。常数族由图 10-1 中的 S_1 表示。位于 ED 曲线上的最左侧点对应于根数 $e = 0.750\,346\,703$、$i = 59.2°$ 和 $c_2 = -0.190\,195\,030$。在图 10-2 中，该轨道对应利多

夫-古在共振中心点。围绕该点，同心闭合曲线显示了该族其他轨道的轨道根数 ω 和 e 的平动变化。这些轨道对应于图 10 - 1 中族 S_1 的点，从左到右分布。图 10 - 2 中，$c_2 = 0$ 的虚线表示两种轨道的分界线。

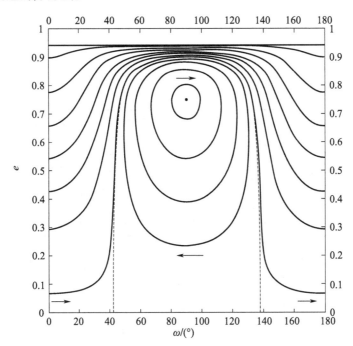

图 10 - 2　轨道族 $c_1 = 0.114\,570\,821$，$- 0.190\,195\,030 \leqslant c_2 \leqslant 0.354\,171\,672$，横轴表示 ω 的值（°），纵轴表示偏心率 e 的值。在图 10 - 1 中，这个族对应直线上的点 S_1

$e = 0.899\,471\,307$ 和 $i = 34.608\,222\,020\,2°$ 对应于分界线。该轨道族随着根数 ω 和 e 的循环变化而演化。最后，对于图 10 - 1 中 AB 边界上 $c_2 = 0.354\,171\,672$ 的点，图 10 - 2 显示了偏心率为常数 $e = 0.940\,972\,465$ 时，ω 的水平变化线，这代表了位于 $i = 0$ 的外部天体运动平面上的轨道。

请注意，图 10 - 2 仅显示角度 ω 变化范围的一半，后半部分相对于 $\omega = 180°$ 对称地重复前半部分。

另一轨道族如图 10 - 3 所示，这些仅是根数 ω 和 e 循环变化的轨道，该族对应于图 10 - 1 中 $c_1 = 0.719\,185\,573$ 的点 S_2。$c_2 = 0$ 对应于 $e = 0$ 和 $i = 32.0°$ 的圆形轨道，图 10 - 3 中与水平轴重合的线。此外，对于图 10 - 1 中从左到右的族点，对应图 10 - 3 中的从下至上的线族。该族以直线 AB 上 $c_2 = 0.112\,325\,771$ 的点和图 10 - 3 中对应 $e = 0.529\,919\,264$ 的水平线结束。图 10 - 2 和图 10 - 3 中的水平线，对应于偏心率等于 $\sqrt{1 - c_1}$ 的边界值。

图 10 - 3 仅显示了角度变化范围 ω 的一半，后半部分相对于 $\omega = 180°$ 的值对称地重复前半部分。

注意，可以选择此类初始条件以及常数 c_1 和 c_2 的相应值，在轨道演化过程中，偏心率 e 将从非常小的值变为接近统一的值。

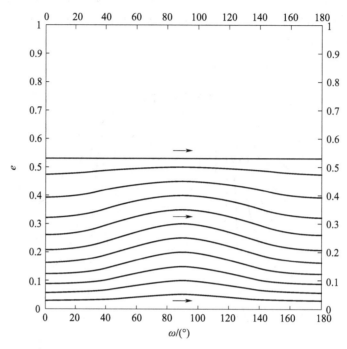

图 10 - 3　轨道族 $c_1 = 0.719\,185\,573$，$-0 \leqslant c_2 \leqslant 0.112\,325\,771$，横轴表示 ω 的值（°），

纵轴表示偏心率 e 的值。在图 10 - 1 中，这个族对应直线上的点 S_2

　　一种特殊情况由初始条件为 $c_1 = 0$ 的轨道表示，将生成极轨道（$\sin i = 1$）或直线轨道（$e = 1$）。式（10 - 14）和式（10 - 15）给出了这些特殊情况下 e 与 ω 的关系。不同 c_2 值的极轨 e 和 ω 的可能值的曲线图如图 10 - 4 所示。对于 c_2 的每个值，有三个图：在分隔带之间的区域、从 0°到分隔带的侧面、从 180°到分隔带的侧面。从图中可以看出，所有这样的极地轨道在演化过程中都达到了 $e = 1$ 的值，这意味着不管 e 和 ω 的初始值如何，卫星将在有限的时间内坠落到行星上。文献中极/近极轨道的这种性质被称为利多夫-古在效应。

　　对于 $c_1 = 0$ 的抛物线轨道，$\sin i$ 对 ω 的依赖关系如图 10 - 5 所示。卫星的直线轨道没有实际意义，因为如果是这样的话，这些卫星早就落在行星上了。考察 $c_1 = 0$ 的情况只是为了补齐该理论的完备性。

　　上面给出的 e 对 ω 的依赖性并不能说明轨道演化的方向，还有待于找出 ω 在图中哪些部分增加，哪些部分减少，最后一个微分方程（10 - 6）给出了答案。将参数 W 替换后，得到摄动函数（10 - 10）的简化表达式，方程 ω 的显式形式为

$$\frac{\mathrm{d}\omega}{\mathrm{d}t} = \frac{15}{4} \frac{\mu'}{\mu} \left(\frac{a}{a'}\right)^3 n \left[(e^2 - \sin^2 i)\sin^2\omega + \frac{2}{5}(1 - e^2)\right] \qquad (10 - 16)$$

式中，$\mu = n^2 a^3$。将其代入式（10 - 11），上式可写为

$$\frac{\mathrm{d}\omega}{\mathrm{d}t} = \frac{15}{4} \frac{\mu'}{\mu} \left(\frac{a}{a'}\right)^3 n \left[\frac{c_2}{e^2} + e^2\left(\sin^2\omega - \frac{2}{5}\right)\right]$$

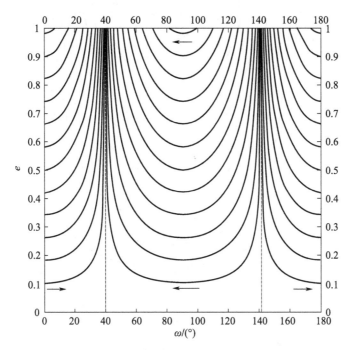

图 10 - 4　$c_1 = 0$ 和不同 c_2 值的极轨道族，横轴表示 ω 的值（°），纵轴表示偏心率 e 的值，
虚线表示两个族的分界线

下面计算当 $\omega = \pi/2$ 时导数 $\dfrac{\mathrm{d}\omega}{\mathrm{d}t}$ 的值，得到

$$\frac{\mathrm{d}\omega}{\mathrm{d}t} = \frac{15}{4} \frac{\mu'}{\mu} \left(\frac{a}{a'}\right)^3 n \left(\frac{c_2}{e^2} + \frac{3}{5} e^2\right)$$

从最后一个等式和曲线图可以看出，在 $c_2 > 0$ 的所有循环变化情况下，包括分界线（$c_2 = 0$），ω 值都是增加的。在所有 $c_2 < 0$ 且不包括式（10 - 13）的情况下，偏心率 e 可以取最小值和最大值，其中 $\dfrac{\mathrm{d}\omega}{\mathrm{d}t}$ 具有不同的符号。偏心率最小时，ω 减小；偏心率最大时，ω 增大，ω 的所有变化方向如图 10 - 2 和图 10 - 3 所示。

对于极轨道（$c_1 = 0$）的特殊情况，$\sin i = 1$，式（10 - 16）表述的 ω 方程形式为

$$\frac{\mathrm{d}\omega}{\mathrm{d}t} = \frac{15}{4} \frac{\mu'}{\mu} \left(\frac{a}{a'}\right)^3 n (1 - e^2) \left(\frac{2}{5} - \sin^2 \omega\right)$$

依次将 $\omega = 0$ 和 $\omega = \pi/2$ 代入，得到图 10 - 4 中所示的变化方向。

对于抛物线轨道（$c_1 = 0$），ω 的变化方向也是类似的。在这种情况（$e = 1$）下，ω 的方程式采用以下形式

$$\frac{\mathrm{d}\omega}{\mathrm{d}t} = \frac{15}{4} \frac{\mu'}{\mu} \left(\frac{a}{a'}\right)^3 n (1 - \sin^2 i) \sin^2 \omega > 0$$

在这种情况下，ω 的变化方向如图 10 - 5 所示。

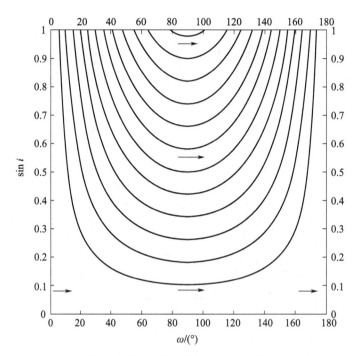

图 10-5　$c_1 = 1$ 和不同 c_2 值的轨道族，横轴表示 ω 的值（°），纵轴表示 $\sin i$ 的值

10.3.4　希尔情形下双平均摄动函数的时间轨道演化

在希尔问题的条件下，如何获得描述轨道根数随时间变化的函数。结果表明，求解方程需要积分，而积分的逆只能借助于椭圆函数进行。古在（Kozai，1962）证明了希尔近似（$k = 2$）中问题的解可以用椭圆韦尔斯特拉斯函数表示。戈尔杰耶娃（Gordeeva，1968）对于初始值 $\omega = 0$，$\pm \pi/2$ 的特殊情况，给出了根数 e，i 和 ω 的解。瓦什科夫亚克（Vashkovyak，1999）、木下和中井（Kinoshita，Nakai，1999）几乎同时构建了所有 4 个根数 e，i，ω 和 Ω 的一般解。

下面介绍瓦什科夫亚克（Vashkovyak，1999）的结果。

为了获得所需的函数，需要求解根数 e，i，ω 和 Ω 的拉格朗日方程，进行如下简化转换。将摄动函数（10-10）的表达式代入等式（10-6），并通过公式将独立时间变量 t 替换为无量纲变量 τ。

$$\tau = \frac{3}{16} \frac{\mu'}{\mu} \left(\frac{a}{a'} \right)^3 n(t - t_0)$$

式中，$\mu = n^2 a^3$，将瞬时轨道根数方程拓展为如下格式

$$\frac{\mathrm{d}e}{\mathrm{d}\tau} = 10 e \sqrt{1 - e^2} \sin^2 i \sin 2\omega \qquad (10-17)$$

$$\frac{\mathrm{d}i}{\mathrm{d}\tau} = -10 e \sqrt{1 - e^2} \sin i \cos i \sin 2\omega \qquad (10-18)$$

$$\frac{\mathrm{d}\omega}{\mathrm{d}\tau}=\frac{2}{\sqrt{1-e^2}}\left[5\cos^2 i-1+e^2+5(\sin^2 i-e^2)\cos2\omega\right] \tag{10-19}$$

$$\frac{\mathrm{d}\Omega}{\mathrm{d}\tau}=2\frac{\cos i}{\sqrt{1-e^2}}(5e^2\cos2\omega-3e^2-2) \tag{10-20}$$

借助式（10-11）和式（10-12）两个积分，从等式（10-17）中排除变量 i，ω，并引入新变量

$$Z=e^2$$

得到了确定 τ 为 z 函数的积分

$$\tau=\frac{\operatorname{sign}(\sin2\omega_0)}{8\sqrt{6}}\int_{z_0}^{z}\frac{\mathrm{d}\zeta}{\sqrt{Q(\zeta)}} \tag{10-21}$$

其中

$$Q(z)=(z_1-z)(z-z_2)(z-z_3)\geqslant 0$$

z_0 是 e^2 在 $\tau=0$（$t=t_0$）时的初值。

$$z_1=\frac{1}{2}\left[1-c_3+\sqrt{(1+c_3)^2-(20/3)c_1}\right]$$

$$z_2=\frac{1}{2}\left[1-c_3-\sqrt{(1+c_3)^2-(20/3)c_1}\right]$$

$$z_3=\frac{5}{2}c_2$$

$$c_3=\frac{5}{3}(c_1+c_2)$$

方程（10-17）～方程（10-20）的通解将取决于 4 个任意常数 e_0，i_0，ω_0，Ω_0，即初始时间点 t_0（$\tau=0$）对应函数的值。将用与第一个关系式相关的另外 3 个独立常数 z_0，c_1，c_2 替换 3 个独立常数 e_0，i_0，ω_0

$$z_0=e_0^2 \tag{10-22}$$

$$(1-e_0^2)(1-\sin^2 i_0)=c_1 \tag{10-23}$$

$$e_0^2\left(\frac{2}{5}-\sin^2 i_0\sin^2\omega_0\right)=c_2 \tag{10-24}$$

方案后继将使用常数 z_0，c_1，c_2。

根据 c_2 值的不同，以不同的方式计算积分式（10-21）。

（1）$0<c_2<2/5$ 的情况

这是 ω 循环变化的情况，多项式 $Q(z)$ 的根满足不等式

$$z_2<0<z_3\leqslant z(\tau)\leqslant z_1$$

式中，z_1 和 z_3 分别是 e^2 的最大值和最小值。偏心率由下式确定

$$e(\tau)=\sqrt{z(\tau)}=\sqrt{\frac{z_3-z_2k^2\operatorname{sn}^2 u}{1-k^2\operatorname{sn}^2 u}} \tag{10-25}$$

其中

$$u = 4\sqrt{6(z_1 - z_2)}\,\tau + u_0$$

$$k^2 = \frac{z_1 - z_3}{z_1 - z_2} < 1 \tag{10-26}$$

$$u_0 = \mathrm{sign}(\sin 2\omega_0) F(\varphi_0, k^2)$$

$$\sin^2\varphi_0 = \frac{(z_1 - z_2)(z_0 - z_3)}{(z_1 - z_3)(z_0 - z_2)}$$

$\mathrm{sn}u$ 和 $F(\varphi, k^2)$ 分别是模为 k 的第一类雅可比椭圆正弦和不完全椭圆积分。

偏心率 e 的振荡周期由以下公式给出

$$T_e = \frac{K(k^2)}{2\sqrt{6(z_1 - z_2)}} \tag{10-27}$$

式中，$K(k^2)$ 是模为 k 的第一类完全椭圆积分。

循环周期 ω 是偏心率 e 振荡周期的 2 倍

$$T_\omega = \frac{K(k^2)}{\sqrt{6(z_1 - z_2)}} \tag{10-28}$$

根据积分式（10-12），倾角 i 的振荡周期等于 e 的振荡周期。

（2）$-3/5 < c_2 < 0$ 的情况

这种情况的特点是 ω 的平动变化，这里

$$z_3 < 0 < z_2 \leqslant z(\tau) \leqslant z_1$$

式中，z_1 和 z_2 分别是 e^2 的最大值和最小值。偏心率由以下公式确定

$$e(\tau) = \sqrt{z(\tau)} = \sqrt{\frac{z_2 - z_3 H^2 \mathrm{sn}^2 u}{1 - H^2 \mathrm{sn}^2 u}} \tag{10-29}$$

其中

$$u = 4\sqrt{6(z_1 - z_3)}\,\tau + u_0$$

$$H^2 = \frac{z_1 - z_2}{z_1 - z_3} < 1$$

$$u_0 = \mathrm{sign}(\sin 2\omega_0) F(\Psi_0, H^2)$$

$$\sin^2\Psi_0 = \frac{(z_1 - z_3)(z_0 - z_2)}{(z_1 - z_2)(z_0 - z_3)} \tag{10-30}$$

式中，H 为椭圆函数的模。

偏心率 e、倾角 i 和近心点幅角 ω 的振荡周期重合，并由以下公式确定

$$T_e = T_i = T_\omega = \frac{K(H^2)}{2\sqrt{6(z_1 - z_3)}} \tag{10-31}$$

通过用 z_2 替换 z_3，用 z_3 替换 z_2，由式（10-25）～式（10-27）可以过渡到式（10-29）～式（10-31），这对编程计算很重要。

（3）$c_2 = 0$ 且 $c_1 < 3/5$ 的特殊情况

这是上述两种解决方案之间的边界，根数 e 和 ω 沿分界线的变化符合以下方程式

$$\frac{2}{5} - \left(1 - \frac{c_1}{1-e^2}\right)\sin^2\omega = 0$$

最大偏心率

$$e_{\max} = \sqrt{1 - \frac{5}{3}c_1}$$

在 ω 满足如下条件时达到最大偏心率

$$\sin^2\omega = 1$$

当偏心率为 0 时，近心点幅角 ω 满足如下关系

$$\sin^2\omega = \frac{2}{5}(1 - c_1)$$

瓦什科夫亚克和利多夫（Vashkovyak，Lidov，1991）获得了这种特殊情况下根数 e，ω 和 i 和时间的关系。在不影响问题陈述一般性的前提下简化公式，假设初始时刻为 t_0，根数 $e = e_{\max}$，$\omega = 90°$，并引入参数

$$\beta = -\frac{3\sqrt{6}}{4}\frac{\mu'}{na'^3}e_{\max} = -\frac{3\sqrt{6}}{4}\frac{\mu'}{\mu}\left(\frac{a}{a'}\right)^3 e_{\max}$$

现在，这种特殊情况下偏心率与时间的关系如下

$$e(t) = \frac{e_{\max}}{\cosh[\beta(t-t_0)]}$$

当偏心率达到最大值 $e = e_{\max} = \sqrt{1 - \frac{5}{3}c_1}$ 时，确定近心点幅角 ω 在 t_0 时刻向哪个方向变化很重要。此时，$\omega = 90°$，将这些值代入式（10-19），得到

$$\frac{\mathrm{d}\omega}{\mathrm{d}t} = 12\sqrt{\frac{3}{5c_1}}\left(1 - \frac{5}{3}c_1\right) > 0$$

因此，当 $e = e_{\max}$ 时，ω 增加。如图 10-2 中的分界线所示，ω 在所有时刻都增加。

（4）$c_1 = 0$ 的特殊情况

在这种情况下，轨道属于两种类型之一：极轨（$\sin i = 1$）或线性（$e = 1$）。$c_1 = 0$ 和 c_2 的不同值对应的根数可能值如图 10-5 所示。卫星在所有这些轨道上的运动导致卫星落在行星上，这种轨道没有实际意义。因此，无须考虑根数和时间的关系。

（5）其他特殊情况

1）如果 $c_2 = 0$ 且 $c_1 > 3/5$，则偏心率始终为 0，近心点幅角参数无意义。

2）如果初始条件是常数 c_1 和 c_2 之间的关系

$$c_2 = -\frac{3}{5}\left(1 - \sqrt{\frac{5}{3}c_1}\right)^2$$

同时 $c_1 < 3/5$，那么所有 3 个根数 e，ω 和 i 都保持不变：$\omega = \pm 90°$ 和 $e = \sqrt{1 - \sqrt{\frac{5}{3}c_1}}$ 。

3）$c_1 = 1$ 的情况对应于 $e = 0$，$i = 0°$ 或 180°的情况，此时卫星是位于行星公转平面上

的圆形轨道。

4）在 $c_2 = 2/5(1-c_1)$ 的情况下，得到倾角 $i=0$，偏心率为常数 $e_m = \sqrt{1-c_1}$ ，以及随角速度增加而增加的近心点幅角。近心点幅角在 $\omega = k \cdot 180°$ 时为 $8\sqrt{c_1}$ ，在 $\omega = 90 + k \cdot 180°$ 时为 $20(1-3/5c_1)/\sqrt{c_1}$ ，其中 k 为任意整数。与一般情况一样，循环周期 ω 由等式（10-28）得出。

$e(\tau)$ 作为常数 c_1, c_2 和 z_0 的所有可能值的时间函数。函数 $i(\tau)$ 和 $\omega(\tau)$ 的表达式如下

$$i(\tau) = \arccos \sqrt{\frac{c_1}{1-e^2(\tau)}}$$

$$\omega(\tau) = \arcsin \sqrt{\frac{\dfrac{2}{5} - \dfrac{c_2}{e^2(\tau)}}{\sin^2 i(\tau)}}$$

现在只需要找到函数 $\Omega(\tau)$ ，这里继续引用瓦什科夫亚克（Vashkovyak，1999）的研究结果。

首先，对 $0 < c_2 < 2/5$ 的情况进行如下操作。

使用公式（10-26）确定变量 u 与 t 的关系。然后定义一个新变量 $\bar{u}$ ，使得 $u = mK(k^2) + \bar{u}$ ，其中 m 是最接近且不超过 $u/K(k^2)$ 的整数，为全局变量。

接下来，依次计算常数

$$l^2 = k^2 \frac{1-c_1-z_2}{1-c_1-z_3}$$

$$C = \frac{(5c_2 - 2z_2)k^2}{(1-c_1-z_3)K(k^2)} \tag{10-32}$$

$$I(l^2, k^2) = \frac{\Pi(l^2, k^2) - K(k^2)}{l^2}$$

式中，$\Pi(l^2, k^2)$ 是第三类完全椭圆积分。

现在，根据其参数 x 定义函数 $J(x, l^2, k^2)$ ，如下所示

$$J(x, l^2, k^2) = \frac{\Pi(\varphi, l^2, k^2) - F(\varphi, k^2)}{l^2} \tag{10-33}$$

式中，$\varphi = \arcsin(\mathrm{sn}x)$ ，$\Pi(\varphi, l^2, k^2)$ 和 $F(\varphi, k^2)$ 分别是第三类和第一类不完全椭圆积分。

接下来，我们定义函数 $J_m(\bar{u}, l^2, k^2)$ ，它取决于 m 的奇偶性

$$J(\bar{u}, l^2, k^2) = \begin{cases} J(\bar{u}, l^2, k^2), & m \text{ 为偶数} \\ I(l^2, k^2) - J(K(k^2) - \bar{u}, l^2, k^2), & m \text{ 为奇数} \end{cases} \tag{10-34}$$

最后，通过以下公式计算函数 $\Omega(\tau)$

$$\Omega(\tau) = \Omega_0 - 4\sqrt{c_1}\, \mathrm{sign}[\cos i(\tau)]\left\{[1 + CI(l^2, k^2)]\tau + \frac{C}{4\sqrt{6(z_1 - z_2)}}\{(u_0 - \bar{u})I(l^2, k^2) + \right.$$

$$\left. [J_m(\bar{u}, l^2, k^2) - J(u_0, l^2, k^2)]K(k^2)\}\right\} \tag{10-35}$$

式中，Ω_0 是另一个独立的任意常数。

可以看出，在考虑 ω 循环变化的情况下

$$k^2 < l^2 < 1$$

循环变化周期 Ω 由近似公式确定

$$T_\Omega = \frac{\pi}{2\sqrt{c_1}\left[1 + CI(l^2, k^2)\right]}$$

在 $-3/5 < c_2 < 0$（进动 ω）的情况下，依赖关系 $\Omega(\tau)$ 由式（10-32）～式（10-35）定义，其中 z_2 必须替换为 z_1，z_3 替换为 z_2，k^2 替换为 H^2，φ_0 替换为 ψ_0，并使用等式（10-30）表示 u 与 τ 的关系。

因此，在初始时刻 $t = t_0 (t = 0)$ 的任意常数 e_0，i_0，ω_0，Ω_0，以及与时间相关的 $e(\tau)$，$i(\tau)$，$\omega(\tau)$，$\Omega(\tau)$ 描述了卫星轨道的演化。

在此，让我们回顾一下在这一问题陈述中所做的假设：

—只有太阳引力的摄动作用于卫星；

—摄动函数在卫星和太阳的平均经度上取平均值；

—忽略 $(a/a')^2$ 二阶以上的项；

—认为太阳的行星中心圆轨道的平面是主轨道。

根据利多夫（Lidov，1961）构造的理论，发现了卫星轨道演化的一个重要性质：对于 $c_1 \approx 0$ 且 $i \approx \pi/2$，偏心率接近 1，近心距离等于行星的物理半径，卫星将不可避免地坠落到行星表面。利多夫（Lidov，1963）通过行星扁率对卫星轨道稳定性的影响，解释了天王星主要卫星的存在。

10.3.5　构建的轨道演化理论在研究真实行星卫星动力学中的应用

所构建的太阳引力下的卫星轨道演化模型可以在行星的实际遥远卫星上进行测试，因为它确实是这些卫星的主导因素。应记住，构建的模型是近似的，因为使用了一些假设。因此，必须用不同的方法对该理论的结论进行验证。

请注意，瓦什科夫亚克（Vashkovyak，1999）提出的确定卫星轨道随时间变化的问题的解决方案在同一篇论文中被用于研究 1997 年发现的天王星两颗遥远卫星的轨道演化，这些卫星后来被命名为天卫十六（U16）和天卫十七（U17）。

上述轨道演化理论在木下和中井（Kinoshita，Nakai，1999）的文献中也被应用于天王星的远距离卫星天卫十七（U17）和海王星的远距离卫星海卫二（N2）。

在上述两项工作中，这两颗卫星轨道偏心率的振幅和周期是根据观测发现的轨道根数值确定的，表 10-1 给出了此类研究的初始数据和结果。轨道根数的初始值取自 IAU 联合会的报告（Marsden，1998）。结果表明，两颗卫星的近心点幅角 ω 都发生了循环变化。瓦什科夫亚克（Vashkovyak，1999）指出，使用演化分析模型获得的结果与演化方程（10-17）～方程（10-20）的控制数值积分的结果"本质上"一致，后者添加了与天王星扁率效应相对应的项。

　　木下和中井（Kinoshita，Nakai，1999）也获得了天卫十七的类似结果，表 10 - 1 给出了这些结果以及通过数值积分方程得到的结果。

表 10 - 1　卫星参数和轨道演变结果

参数	天卫十六	天卫十七
根数历元	1998，July 6.0	1998，July 6.0
半长轴/AU	0.047 921	0.081 643
轨道周期/天	0.047 921	0.081 643
偏心率	0.823 47	0.509 386
倾角（地球黄道）/(°)	139.681 3	152.668 6
近心点幅角 ω/(°)	339.462 1	18.005 5
升交点经度 Ω/(°)	174.992 8	255.808 5
来源于文献（Vashkovyak，1999）		
最小偏心率 e_{min}	0.076 86	0.496 4
最大偏心率 e_{max}	0.286 1	0.584 8
最小倾角 i_{min}/(°)	139.65	151.72
最大倾角 i_{max}/(°)	142.47	160.46
拱点周期 T_{ω}/年	8 272.1	1239.2
交点周期 T_{Ω}/年	6 577.4	1 734.1
来源于文献（Kinoshita，Nakai，1999）		
最大偏心率 e_{max}	—	0.603
最大倾角 i_{max}/(°)	—	160.5
拱点周期 T_{ω}/年	—	1 220
交点周期 T_{Ω}/年	—	1 780
来源于文献（Kinoshita，Nakai 1999）		
最大偏心率 e_{max}	—	0.605
最大倾角 i_{max}/(°)	—	160.8
拱点周期 T_{ω}/年	—	1 350
交点周期 T_{Ω}/年	—	1 770

　　木下和中井（Kinoshita，Nakai，1999）对于海王星的远距离卫星海卫二，也使用上述理论公式获得了轨道演化参数。卫星 Nereid 的轨道偏心率非常大（约为 0.76），它的运动除了受到太阳引力的摄动外，还受到附近大质量卫星海卫一引力的影响。将获得的海卫二演化参数与数值积分结果以及米尼亚德（Mignard，1981）构建的卫星运动分析理论进行了比较，表 10 - 2 给出了比较结果。海卫二的轨道具有近心点幅角 ω 循环变化的特性。

表 10 - 2　海王星轨道演化参数

参数	Num. integr.	Mignard (1981)	K.，N.，1999
拱点周期 T_{ω}/年	13 600	13 400	13 670

续表

参数	Num. integr.	Mignard（1981）	K. ,N. , 1999
交点周期 T_Ω/ 年	17 690	15 000	17 980
偏心率振幅	0.005 46	0.006 0	0.005 48
倾角振幅/(°)	3.123	3.09	3.137

后来，在木下和中井（Kinoshita，Nakai，1999）的研究之后，瓦什科夫亚克和特斯连科（Vashkovyak，Teslenko，2010）对海卫二的轨道演化进行了研究，使用更先进的方法建立了一个更详细的演化模型。

10.4　行星卫星轨道演化的精细模型——数值分析法

瓦什科夫亚克（Vashkovyak，2005）开发了一种用于模拟巨型行星遥远卫星轨道演化的组合数值分析方法。这种方法是很久以前提出的，帮助解决了卫星动力学的许多问题。文献（Lidov，1978）介绍了该方法的思想以及利多夫与他的学生一起进行的相关研究。该方法的实质是，采用微分方程描述考虑太阳引力摄动的开普勒轨道六根数。对于卫星和太阳的半长轴比的幂展开，只取主项，即希尔近似。太阳的直角坐标根据行星开普勒轨道根数计算而得。

瓦什科夫亚克（Vashkovyak，2005）以标准形式编写了卫星轨道根数方程，原始方程包含所有 6 个变量。接下来，使用蔡佩尔方法从具有卫星运行周期和太阳运行周期的方程中消除项。由于这些短周期项在蔡佩尔方法中没有被预先舍弃，因此方程中出现了关于表征摄动因子小参数的不同阶数的项。上述工作使用了如下的小参数 m

$$m^2 = \frac{\mu'}{\mu}\left(\frac{a}{a'}\right)^3 = \left(\frac{n'}{n}\right)^2$$

在正则变换之后，卫星轨道的半长轴为常数，保持不变，其他 4 个函数也保持不变。

对于太阳，平近点角消失，轨道的半长轴假定为常数，还使用了小量 e' 和 i' 的幂展开式。太阳轨道根数 e'，i'，ω'，Ω' 被认为是时间的给定函数，这些时间函数是从长期摄动的拉格朗日理论中发现的，其中与 e'，i'，ω'，Ω' 有关的拉格朗日根数符合如下关系

$$h' = e'\sin(\omega' + \Omega'), \quad k' = e'\cos(\omega' + \Omega')$$
$$p' = \sin i'\sin\Omega', \quad q' = \sin i'\cos\Omega'$$

对于以上每一个根数，其三角函数和的形式为

$$e'_j = \sum_{k=1}^{N} A_k^{(j)}\binom{\sin}{\cos}(v_k^{(j)}t + \beta_k^{(j)}) \tag{10-36}$$

式中，$e'_j(j = 1，2，3，4)$ 是某一拉格朗日根数；N 是理论上的行星数；$A_k^{(j)}$，$v_k^{(j)}$，$\beta_k^{(j)}(k = 1，2，\cdots，N)$ 是基于观测的行星运动理论常数。方程（10-36）对根数 h'，p' 采用正弦函数，对根数 k'，q' 采用余弦函数。

瓦什科夫亚克（Vashkovyak，2005）以这种方式获得的演化方程并未给出解，但据

说在上述卫星数千个轨道周期的时间间隔内可以通过数值积分方法进行求解。

由于平均根数的方程右侧不包含快速振荡函数，因此它们的数值积分以卫星运行的几个轨道周期的数量级进行，即比直角坐标或吻切根数中的方程更有效。

注意，以这种方式获得的方程包含小参数幂级数展开式，这些项与以下小量的组合成比例：m^2，m^3，m^4，$m^2 e'$，$m^2 i'$。还注意到，因为在摄动函数的原始展开式中只考虑了希尔主项，并非所有与 m^4 成比例的项都以这种方式被考虑在方程中。

在上述工作以及后续使用该方法对演化方程数值积分的论文中，使用了布劳尔-伍尔科姆的长期摄动理论来表示太阳的运动，行星运动理论常数的数值取自沙拉夫和布德尼科娃（Sharaf，Budnikova，1967）的著作。文献（Vashkovyak，2005）以及瓦什科夫亚克的后续研究中，卫星轨道根数的初始值取自出版物 MPECS（小行星电子通告，Minor Planets Electronic Circulars）。

在 $10^5 \sim 10^6$ 年的时间间隔内，获得了一些主要行星遥远卫星的偏心率和倾角的极值，以及它们轨道近心点幅角和升交点经度的变化周期。

在交点经度循环周期的时间（$10^2 \sim 10^3$ 年）量级上，将与相对于卫星和太阳直角坐标编写的运动方程的数值积分结果进行比较。在数值积分中，太阳的直角坐标是由开普勒轨道的平均根数计算出来的，表示为时间幂级数。布列塔尼翁和弗兰库（Bretagnon，Francou，1988）给出了该系列的数值。

瓦什科夫亚克和特斯连科（Vashkovyak，Teslenko，2005；2008a，b）公布了行星远距离卫星轨道的此类建模结果。

瓦什科夫亚克和特斯连科（Vashkovyak，Teslenko，2009；Vashkovyak，2010）通过考虑摄动函数展开的附加项，改进了分析方法。除了与 m^2 成比例的主项外，还分别考虑了与 m^3 和 m^4 成比例的项。

利用所提出的解，与两次平均希尔问题的解相比，许多巨行星远距离卫星的轨道演化分析解得到了改进，从而与直角坐标系下卫星摄动运动方程的数值积分结果达到了最佳的一致性。

10.5　在各种因素综合影响下行星卫星轨道的演化

试图在各种因素的综合影响下构建卫星轨道演化理论是一个非常困难的问题。

进一步只考虑相对于行星主要卫星，运行于外层轨道的那些卫星。

行星卫星轨道的演化问题中，主要因素有：

—行星的非球形性（主要是其动力学扁率）；

—太阳的吸引力；

—主要卫星（质量最大的卫星，其运动被认为是给定的）的吸引力。

获得演化方程组的基础是全摄动函数 W 的长期部分，该长期部分是通过对所有"快速变量"独立平均获得的。"快速变量"包括太阳、主要卫星和所研究（真实或假设）卫星的平均（不包括短周期部分）行星中心经度。因此，函数 W 仅取决于 5 个行星中心开普勒轨道根数：

　　a：半长轴；e：偏心率；i：倾角；ω：近心点幅角；Ω：升交点经度。

　　由拉格朗日方程可知，由于 W 与探测卫星的平均经度无关，其轨道的半长轴保持不变，该函数本身提供了演化系统的第一个积分 $W = \text{const}$。

　　根据摄动因子，将整个摄动函数分为 3 项

$$W = W_0 + W_1 + W_2$$

式中，W_0 是由于行星的扁率（二次带谐项）引起的；W_1 是由于太阳引力引起的；W_2 是由于主要卫星的引力引起的。

　　在主平面与太阳轨道平面或行星赤道平面重合的坐标系中，摄动 W_0 和 W_2 取决于卫星轨道的 5 个根数 a，e，i，ω，Ω。因此，拉格朗日方程只有前两个积分 $a = \text{const}$ 和 $W = \text{const}$。在任意初始条件下，没有找到关于轨道根数的一般解析解。

　　其中，W_0 项与取决于卫星轨道相对于行星赤道的倾角及偏心率的长期项相关。在函数 W_1 中，只采用了卫星半长轴与太阳圆轨道半径之比的幂次展开的主项（希尔近似）。至于函数 W_2，它是关于这个主题的最先进的工作，瓦什科夫亚克等人（Vashkovyak et al.，2015）使用摄动主卫星轨道半长轴与目标卫星半长轴之比的幂级数展开计算 W_2。

　　由于问题的复杂性和主题的庞杂性，这里仅限于回顾 1961 年至今所开展的工作，并描述主要结果。

　　利多夫（Lidov，1961）和古在（Kozai，1962）揭示了仅在外部点质量引力长期摄动影响下卫星轨道演化的主要特征。尤其是由于半长轴不变，轨道偏心率大幅增加，同时近心距离减小，直到卫星落到行星表面。这种效应称为利多夫-古在机制，当卫星轨道与摄动点的运动平面倾角接近 90° 时会发生。由于绝大多数已知卫星的轨道与行星日心轨道平面的正交位置相差甚远，因此它们的坠落效应无法显现。天王星的主要卫星和近距离卫星是个例外，这些卫星的近赤道和近圆轨道与行星轨道平面的倾角与直角相差仅约 8°。

　　利多夫（Lidov，1963）考虑了在太阳引力和行星扁率共同影响下卫星轨道的演化问题，得到了在两个摄动因子存在时偏心率最小值和最大值的估计值。这些值在很大程度上取决于表征行星扁率效应的参数与外部天体吸引力之间的关系。利多夫（Lidov，1963）以天王星最遥远的主要卫星 Oberon 为例进行研究。对于这颗卫星，考虑到太阳引力的综合效应和行星扁率的主要效应，偏心率的长周期振荡幅度约为 10^{-5}。天王星的扁率充分补偿了太阳的长期摄动。

　　利多夫（Lidov，1963）指出，"当考虑到非开普勒主引力场时，演化性质的重大变化不是太阳系行星的典型特征"。本文考虑了一个假设的地球卫星的例子，该卫星类似于月球，但轨道与黄道面的夹角为 90°。据估计，这样一颗卫星只能转 52 圈，也就是说，它将在轨道上存在大约 4 年。这个问题的精确解，通过对运动方程的数值积分得到，卫星轨道的最小距离在 55 圈后小于地球的半径。

　　在太阳引力和行星扁率的共同影响下，卫星轨道演化的研究继续进行。当平均方程可

以积分时，尝试寻找问题的特殊情况。在文献（Lidov，Yarskaya，1974）中，列出了该问题拉格朗日方程可积性的所有特殊情况，包括太阳轨道、行星赤道和卫星轨道平面相互定向（共面性、正交性）的极端情况，还考虑了卫星圆形轨道的一个特例。

对于表征行星扁率效应的参数与外部天体吸引力之间具有特殊关系的解的探索仍在继续。见瓦什科夫亚克和特斯连科（Vashkovyak，1996；1998a；1998b；Vashkovyak，Teslenko，2001）的研究工作以及其中给出的参考文献，他们考虑了以下关系的特殊情况：

——卫星轨道的初始要素；

——太阳轨道面和行星赤道面之间的角度；

——参数

$$\gamma = \frac{\mu r_0^2 J_2 a'^3}{\mu' a'^5}$$

他们找到了根数 e 和 ω 的特殊定态解，发现了这些根数的周期变化族，并且研究了这些解的稳定性。

天王星卫星系统的一些特征在文献（Vashkovyak，2001a，c；Vashkovyak，Teslenko，2002）中进行了研究，考虑了太阳引力和行星扁率的综合影响，揭示了天王星周围某些地区赤道面缺少卫星的原因。值得注意的是，同样的原理无法解释木星和土星遥远卫星的轨道分布。

瓦什科夫亚克等人（Vashkovyak et al.，2015）在 3 个摄动因素（中心行星的扁率、其主要卫星的吸引力和太阳的吸引力）的综合影响下，获得了卫星轨道长期摄动问题的演化方程，描述了可积情况，并概述了其可能的研究方法。在这一新的演化受限多体问题中，最热门的是对近行星空间区域的研究，其中指出摄动对卫星成对或整体的影响在量级上具有可比性。根据理论发现，考察了天王星的卫星系统。对于大范围的轨道半长轴，利用所获得的近似分析依赖关系和数值估计，揭示了天王星主要卫星对一些真实和假设卫星轨道演化的影响。

10.6　根据轨道演化的类型和性质对木星、土星、天王星和海王星等远距离卫星的轨道进行分类

随着 1997 年天王星的第一颗远距离卫星，海王星、木星和土星新的远距离卫星的发现，人们开始对其轨道演化类型进行分类。以希尔情形下平均摄动函数的演化方程解的性质为基础，即其在卫星轨道半长轴和太阳轨道的关系中展开的主项，第 10.3.2～10.3.5 节详细讨论了这种情况。

这里简要回顾在这个问题上所做的工作和取得的结果。

瓦什科夫亚克（Vashkovyak，1999）首次得到根数 e，i，ω，Ω 的解之后，他继续对新发现的卫星进行分析。他分析了天王星新外层卫星（Vashkovyak，201a；2001c）、土星新外层卫星（Vashkovyak，2001b）和木星新外层卫星（Vashkovyak，2001d）的轨道

演化。瓦什科夫亚克（Vashkovyak，2003）分析了海王星新远距离卫星的轨道演变，还比较了木星、土星和海王星等远距离卫星的轨道平动类型，揭示了这些轨道演化的有趣特征。瓦什科夫亚克（Vashkovyak，2016）描述了天王星假想卫星轨道的长期演化特征。

除了将轨道分为随着近心点幅角的平动变化及周期变化两种类型的演化，还有其他演化性质的参数。库克和伯恩斯（Cuk，Burns，2004）对轨道演化类型进行了非常详细的分析，还考虑了这一分析在大行星远距离卫星起源问题上的应用。

一个特例是木卫三十四（J34）的轨道演化。根据希尔简化及太阳圆轨道假设下的解的分类（见第 10.3.2～10.3.5 节），由于已观测到的轨道根数得出的积分（10 - 11）中的常数 c_2 值为正值，因此近心点幅角的变化应具有循环特征。然而，从直角坐标系下运动方程的数值积分中获得的吻切根数 ω 的时变分析表明，在 1 000 年的时间间隔内，该根数经历了 90° 的波动，振幅约为 20°。瓦什科夫亚克和特斯连科（Vashkovyak，Teslenko，2007）研究了这一现象，利用仅在卫星平均经度上平均摄动函数的方法，构建了卫星轨道演化模型，得到了轨道根数对太阳平均经度的依赖关系。事实证明，对于根数 ω，与太阳绕行星公转周期相关的摄动占主导地位，正是这些周期性摄动引起了吻切根数 ω 的变化。

布罗佐维奇和雅克布森（Brozovic，Jacobson，2017）根据观测结果对目前已知的所有木星远距离卫星的轨道进行了细化。作者通过对运动方程的数值积分进行运动建模，不仅对观测的时段和必要的星历时段进行了积分，还对 1 000 年的时段进行了积分，以确定卫星轨道的演化类型。估计了近心点幅角的变化，如果近心点幅角的变化率小于轨道节点的进动速度，则称为反向环绕（RC）；在相反的情况下，被称为直接环绕（DC）。作者考虑了卫星近心经度变化率与行星经度之间的关系，如果这些速度相等，表明卫星与行星发生长期共振。库克和伯恩斯（Cuk，Burns，2004）、布罗佐维奇和雅克布森（Brozovic，Jacobson，2017）还计算了一个参数，该参数表征了轨道演化状态与长期共振的接近程度。文章以表格的形式给出包含木星所有远距离卫星的吻切轨道根数值：平均值、最小值、最大值，以及近心经度和交点经度的变化周期，每颗卫星都标记了一种演变类型。

对于本书而言，列出所有遥远卫星的演化类型，数量太多，在此略过。如有必要，可在上述文章中找到。本书只关注这些卫星被分为一些具有类似轨道演化类型的"集群"。

10.7　行星远距离卫星的轨道演化和交会

10.7.1　关于行星远距离卫星轨道演化的现代知识

研究远距离卫星的轨道演化和交会发生率有助于确定其起源，这对于理解太阳系演化早期的物质传播也很重要。由于卫星的体积和质量很小，它们之间的相互吸引力很弱。然而，在非常大的时间间隔内，相互之间的距离可以足够近，从而显著改变卫星的轨道。

行星远距离卫星的运动因其轨道的许多特征而备受关注。远距离卫星的轨道运动受到太阳引力的强烈影响，这些卫星的轨道面不断改变其在空间中的位置，与赤道面或行星轨道面均无关。这些卫星中，大多数绕飞方向与行星公转方向相反。轨道的偏心率很大，而且会发生显著的变化。列出的属性表明，远距离的卫星是行星从日心轨道捕获的。在三体问题模型（太阳-行星-卫星）的框架内，这种捕获只能是暂时的。因此，为了证实捕获假设，有必要找出这些天体从暂时捕获状态过渡到稳定状态的原因。格拉夫和鲍尔（Grav，Bauer，2007）至少提到了 5 个可能导致这种过渡的过程。

第一个可能的原因是一个临时被捕获的天体与行星已经存在的另一颗卫星发生碰撞；第二个可能的原因是由于行星质量的增加而被捕获；第三个可能的原因是行星周围行星际气体或气体云的抑制效应；第四个可能的原因是两个相互吸引的物体同时被捕获；第五个可能的原因是在卫星轨道运动与行星轨道运动的共振过程中被捕获。

近年来进行了许多研究以调查各种特定的捕获机制，其中包括加斯帕等人（Gaspar et al.，2011）建立的四体问题（太阳、行星、双小行星）框架中的捕获机制；麦格莱姆等人（McGleam et al.，2007）给出了三体模型中的捕获以及气体阻力的额外影响；奥利维拉等人（de Oliveira et al.，2007）研究了行星质量的变化；菲尔波特等人（Philpott et al.，2010）分析了捕获时较小天体的潮汐干扰；马等人（Ma et al.，2009）认为在形成常规卫星后立即因小天体相互碰撞而捕获；库克和格拉德曼（Cuk，Gladman，2006）认为在共振过程中捕获；内斯沃尼等人（Nesvorny et al.，2007a，b）认为在木星群行星近距离飞行期间从星子盘捕获天体；德威特和哈盖普尔（Jewitt，Haghighipour，2007）则认为在太阳系主要行星形成的早期阶段，捕获了彗星型天体。

在这里我们无意对与巨行星不规则卫星轨道动力学相关的工作进行详尽的回顾，但会简要介绍此类领域的一些研究。2004 年，库克和伯恩斯（Cuk，Burns，2004）提出了一个土星不规则卫星长期演化的新模型，同年，伯恩斯等人（Burns et al.，2004）致力于研究接近土卫二十四（S24）轨道的拱点进动演化，2003 年，内斯沃尼等人（Nesvorny et al.，2003）主要通过数值方法研究了 6 万颗巨行星虚拟卫星以及 50 颗真正远距离卫星的"轨道和碰撞演化"。特别是，利用 108 年时间间隔进行计算，确定了不规则卫星及类似于小行星族的单个分组的轨道稳定区。许多研究涉及不规则卫星运动的天体力学方面的问题，包括轨道共振和长期共振（Beauge，Nesvorny，2007；Correa et al.，2010），以及具有周期、条件周期和混沌运动的相空间区域的存在（Hinse et al.，2010；Frouard et al.，2009，2010；Tsirogiannis et al.，2009）。

研究不规则卫星轨道演化的分析方法即对著名的二次平均希尔问题模型进行改进（Lidov，1961，1962，1963；Kozai，1962），包括考虑增加小参数的三阶项，小参数即行星和卫星平均运动的比率（Kovalevsky，1964；Orlov，1965a，b；Beauge et al.，2006；Vashkovyak，Teslenko，2009）。为了研究超远距离卫星的轨道演化，例如海卫十（N10）和海卫十三（N13），瓦什科夫亚克（Vashkovyak，2010）提出了一种非标准的四阶构造性分析方法。

针对最远的规则卫星轨道和最近的不规则卫星轨道之间的近行星空间中间区域，人们对卫星轨道的不稳定性开展了研究。在这些区域，虽然假设卫星的寿命因其轨道的偏心率和倾角不同而不同，但这些差异在宇宙演化的角度来看非常小（Vashkovyak，2001c；

Vashkovyak，Teslenko，2002；Haghighi pour，Jewitt，2006）。此外，我们还提到乌拉尔斯卡亚（Uralskaya，2003）对行星天然卫星动力学开展的调查和文献研究。

在前面提到的 5 个永久捕获的原因中，有 2 个与卫星的相互引力有关。由于这些天体的质量很小，只有在卫星相互接近的情况下，运动特性才会发生重大变化，卫星的运动可以看作是沿开普勒轨道的运动。由于太阳引力的强烈影响，空间吻切轨道的偏心率和方向发生了显著变化，这可能导致交会，甚至导致不同卫星轨迹的交叉。为了探测这些现象，有必要模拟卫星在很长时间间隔内的运动。

由于观测精度有限，而且对最遥远的行星卫星的观测时间间隔很短，因此不可能计算出足够精确的长期星历来验证卫星的交会。埃梅利亚诺夫（Emelyanov，2010）对远距离卫星星历的准确性进行的分析证实了这一点。然而，在长时间间隔内，椭圆吻切轨道的空间方向、偏心率和半长轴能够以可接受的精度确定。在这种情况下，可以知道卫星在行星中心轨道上的位置，精度为 180°。因此，只能在长时间间隔内模拟大的轨道尺寸、形状和方向，不用考察卫星本身在轨道上的位置，只研究轨道的演化。然后，在卫星的接近问题中，考虑到卫星的接近只发生在"接近轨道"中，可以仅确定轨道之间的最小距离。卫星本身的交会只能被视为一个随机过程。

许多远距离卫星的轨道是在很短的时间间隔内确定的，因此，与卫星位置的计算精度一样，长时间间隔的卫星轨道建模可靠性也很低。在这种情况下，轨道本身的接近也可以视为一个随机过程，只能估计其概率特性。当对远距离行星卫星的新观测方法出现时，人们还可以指望提高轨道构型描述的可靠性。

在很长的时间间隔内，卫星交会的事实当然也会影响轨道构型的演化，对这些过程的研究是一个特殊的问题。

行星卫星轨道演化的全景必须不断更新，人们离最终确认这些假设还很远。

10.7.2　计算和检测行星远距离卫星的交会事件的问题

上述情况引起了研究轨道演变和远距离行星卫星可能出现交会的迫切需求。埃梅利亚诺夫和瓦什科夫亚克（Emelyanov，Vashkovyak，2012）试图解决这个问题，他们开发了一种方法和计算程序，能够以长时间间隔预先计算远距离行星卫星的相互配对"轨道结连"。

公式化问题的解决方案包括以下步骤：首先，必须根据观测值或解运动方程的初始条件来确定卫星的运动参数。然后，根据找到的参数，在可接受的时间间隔内对卫星运动方程进行数值积分。接下来，选择合适的简单解析函数来表示数值积分的结果，并使计算长时间间隔内任何时刻的轨道参数成为可能。最后，需要开发一种方法计算任何时候轨道之间的最小距离。这些工具可用于搜索行星远距离卫星轨道的"结连时刻"，以及卫星可能出现交会的情况。

第一阶段是埃梅利亚诺夫（Emelyanov，2005）的早期研究；埃梅利亚诺夫和坎特（Emelyanov，Kanter，2005）研究了木星、土星、天王星和海王星的所有 107 颗远距离卫星。MULTI - SAT 行星卫星星历服务器上提供了求解卫星运动方程的初始条件（Emelyanov，Arlot，2008），网址为：http：//www. sai. msu. ru/neb/nss/html/multisat/index. html。具体链接路径为："介绍""数据源""远距离行星卫星运动的原始数值模型"以及"积分初始条件…"。请注意，随着新观测结果的出现，卫星轨道参数会定期更新，该数据的最新版本是埃梅利亚诺夫和瓦什科夫亚克（Emelyanov，Vashkovyak，2012）获得的。

瓦什科夫亚克和特斯连科（Vashkovyak，Teslenko，2008a，b）对运动方程进行数值积分，发现木星、土星、天王星和海王星等远距离卫星的轨道在数千年的时间间隔内发生了变化。在这项研究中，还用解析和半解析方法研究了卫星轨道的演化。鉴于 3 种不同方法所得结果之间的微小差异，我们认为使用数值积分的结果是合适的。由于上述论文发表后，人们重新计算了多颗卫星的初始运动条件，因此埃梅利亚诺夫和瓦什科夫亚克（Emelyanov，Vashkovyak，2012）根据初始条件的新值对运动方程重新进行了独立的数值积分。

根据数值积分的结果，以 300～15 000 年为间隔（针对不同行星的卫星），人们以恒定的时间步长编制了 107 颗远距离卫星 5 个吻切轨道根数的表格。选择了合适的时间间隔和步长，以便在卫星演化的每个周期中至少有几条表格数据，整个间隔包括一个或多个轨道交点线和拱线的运动周期。编制的表格包含开普勒吻切轨道的以下要素：半长轴、偏心率、黄道面倾角、升交点经度以及黄道坐标系中的拱线与升交点的角距离。

10.7.3　卫星轨道演化的一种解析描述

根据行星远距离卫星的运动理论，所考虑的轨道吻切根数在时间上的变化可以用三角级数表示，这些级数的项称为"谐波"。谐波频率是一组生成频率的整数系数的线性组合，这些频率是由卫星、行星和其他天体轨道的平均经度、交点经度和近心点幅角的长期和周期性变化引起的，这些变化会干扰卫星的运动。卫星吻切轨道根数的球谐展开中，有少量主谐波和许多其他振幅较小但阶数大致相同的谐波。通常，黄道坐标系中升交点经度和近心点幅角具有长期项。有趣的是，在一个相当大的巨行星远距离卫星轨道集合中，只有少数轨道的近心点幅角发生了进动变化，最早确定的欧米茄天平动是土卫二十四（S24）和土卫二十二（S22）。

行星远距离卫星吻切轨道根数变化的性质，实际上不允许将所有谐波频率表示为产生频率的组合。在这种情况下，广泛使用的傅里叶分析方法无法给出可接受的结果。因此，埃梅利亚诺夫和瓦什科夫亚克（Emelyanov，Vashkovyak，2012）试图开发一种构建函数的方法，该函数以不同、不相关频率的三角和的形式近似轨道根数的变化，这种方法被开发、算法化并应用。

事实上，该研究工作提出了一种新颖的频率分析方法。这种方法有一个显著的特点。当所研究的信号中存在大量频率和振幅精确已知的谐波时，这些谐波会被准确识别，它们的频率和振幅是用计算机中精确表示的数字来计算的。

10.7.4　确定行星远距离卫星轨道之间的最小距离

根据上述频率分析，找到了木星、土星、天王星和海王星所有 107 颗远距离卫星的吻切轨道 5 个根数的近似函数，这些函数可用于研究长时间间隔内卫星轨道的演化。在这个时间间隔之外，吻切轨道根数表示的准确性问题仍未得到探讨。有一点可以确定，从这个时间间隔的边界开始，准确度会随着时间的推移而慢慢下降。

所得函数的一个应用是研究卫星相互交会的情况，这种情况很少发生。然而，在很长的时间间隔内，许多交会事件不断累积，它们可以决定轨道的演化，特别是将卫星的临时捕获转变为永久捕获（轨道从日心变到行星中心）。

如果某个时间点两颗卫星在吻切轨道上的区域在空间上很近，那么卫星本身就有可能发生近距离碰撞。人们关心的是，在足够长的时间间隔内确定两颗卫星轨道的"交会"或成对相交的问题。因此，提出了基于 5 个参数给出的两个共焦椭圆之间空间最小距离的计算问题，文献中使用术语"MOID"（最小轨道相交距离，Minimum Orbital Intersection Distance）来表示该值。

近似求解所需最小距离可能非常简单，用点均匀地标记每个轨道，并计算两个不同椭圆上所有点对之间的距离，然后选择获得的最小值。很明显，这种方法将需要相当长的计算时间，并且得出的结果精度有限。

巴卢耶夫和霍尔舍夫尼科夫（Baluev, Kholshevnikov, 2005）研究了确定 MOID 的问题，问题的解归结为寻找八阶三角多项式的实根。作者还提供了一个计算机程序用于实际解决这个问题。

将两颗卫星的开普勒轨道根数作为程序输入数据：半长轴 a、偏心率 e、倾角 i、拱线与升交点的角距离 ω 和升交点的经度 Ω。程序的结果是最小距离和最小距离的计算值对应的每个轨道的真近点角。

使用指定的计算程序编制了在给定时间间隔、给定步长的一系列时刻，确定成对卫星轨道之间最小距离的程序。如上所述，通过找到的近似函数计算轨道根数，该程序还可确定两个连续时刻之间轨道相交的情况，就像空间中的两条直线。

10.7.5　研究行星远距离卫星轨道演化和交会的推荐网络资源

以上描述的所有方法和过程都以计算机程序的形式实现，通过互联网访问使用。程序的接口都在互联网上一个特定站点的页面上，根据行星的名称选择卫星系统后，用户可以执行以下操作：

1）在单独的页面上显示三角多项式的参数，这些参数可以描述从推荐列表中选择的该行星的一颗远距离卫星 5 个开普勒吻切轨道根数的变化。除了系数和频率外，还发布了其他一些相关数据。

2）屏幕上的一个单独页面显示所选卫星 5 个开普勒吻切轨道根数的数值表，以给定的时间间隔显示给定的时间步长。应用户要求，可以使用根数 $e\sin\omega$、$e\cos\omega$、$\sin i\sin\Omega$ 和

$\sin i \cos \Omega$ ，代替根数 e ，i ，ω ，Ω 。

3）单独的一张表格显示两颗选定卫星在给定时间步长和给定间隔下轨道之间的最小距离，该表还给出了两个轨道的相互倾角值。在这张表格之后，给出指定时间间隔内，两条轨道的交点时刻，这些时刻的计算精度为最小距离表中的时间步长。

推荐的网络资源可在"行星天然卫星服务"中获得，网址为：

http：//www. sai. msu. ru/neb/nss/html/multisat/index. html

"外层天然卫星轨道星历表"的超链接位于页面末尾。

10.7.6　计算卫星轨道之间最小距离的示例

下面介绍一个计算两颗卫星轨道之间最小距离与时间关系的例子，对于一对卫星木卫六（J6）和木卫七（J7），其关系如图 10 - 6 所示。木卫六（J6）和木卫八（J8）如图 10 - 7 所示，时间轴上的点表示轨道交点时刻。

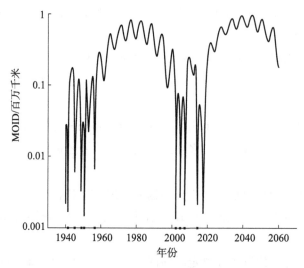

图 10 - 6　木卫六（J6）和木卫七（J7）之间最小距离的变化，x 轴上的黑点表示两个轨道的相交时刻，由于图中参考点的离散性，所以线并没有到 0

请注意，木卫六（J6）和木卫八（J8）属于木星远距离卫星的不同轨道族，它们轨道的半长轴相差约一半。结果表明，这些卫星轨道的交点与木卫六（J6）和木卫七（J7）轨道的交点一样频繁，后者轨道的半长轴大致相等，属于同一族。

对于木星的 54 颗远距离卫星，计算了 2010—3010 年 1 000 年时间间隔内所有 1 431 对卫星组合的相互距离和轨道交点时刻。在这段时间间隔内，1 431 对卫星组合中只有 155 对没有轨道相交。对于其余的组合，产生了 2～330 个交叉点。在木卫三十三（J33）和木卫四十（J40）的轨道上发现了 330 个交点。从瓦什科夫亚克和特斯连科（Vashkovyak，Teslenko，2008a）提供的数据可以看出，这些卫星演化轨道根数的极值以及交点和近心点幅角的循环周期彼此非常接近。对于所有考虑的成对卫星，计算了轨道间相互距离不超过 10^5 km 的总时间间隔。在 1 431 颗卫星中，只有 214 对卫星的轨道在

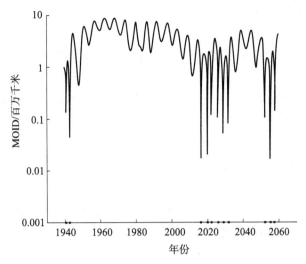

图 10-7　木卫六（J6）和木卫八（J8）之间最小距离的变化，x 轴上的黑点表示两个轨道的
相交时刻，由于图中参考点的离散性，所以线并没有到 0

1 000 年的时间间隔内彼此之间的距离不超过 10^5 km。在剩下的组合中，轨道距离较近的
总时间为 2～313 年。木卫二十三（J23）和 S/2003 J9 这一对卫星的最大总接近距离小于
10^5 km 的时间为 313 年。对于这一对，倾角的极值以及交点和近心点幅角的循环周期都
非常接近，分别为 $160° \leqslant i \leqslant 168°$、87.4 年、80.4 年和 $158° \leqslant i \leqslant 167°$、86.8 年和
76.6 年。

　　在 1 000 年的同一时间间隔内，对土星 38 颗远距离卫星进行了类似的计算。703 对卫
星组合中，只有 46 对没有轨道交点。瓦什科夫亚克和特斯连科（Vashkovyak，Teslenko，
2008b）的研究表明，土卫十九（S19）和 S/2007 S3 轨道交点最多，为 124 个。它们只有
极端倾角足够近，分别为 $169° \leqslant i \leqslant 176°$ 和 $171° \leqslant i \leqslant 177°$。在 41 对中，轨道的接近距
离不到 10 万千米。对于卫星 S/2004 S12 和 S/2004 S13，轨道交会的最长总时间为
149 年。

　　对于天王星 9 颗远距离卫星的类似分析应在更长的时间间隔内进行，因为这些卫星轨
道的交点线和拱线的旋转周期远远大于木星和土星卫星的轨道。从 2010 年开始，计算了
4 000 年的时间间隔。在 36 个卫星对组合中，仅有 10 对卫星的轨道没有相交，距离也没
有小于 10 万千米。天卫十九（U19）和天卫二十一（U21）的轨道交叉次数最多（91
次）。有趣的是，U19 卫星轨道半长轴的极值是 U21 的两倍以上。显然，天王星系统这对
轨道的最大交点数是由于 U19 轨道的偏心率可能显著增加至 0.7。在 4 000 年的研究间隔
中，发现天卫十六（U16）和天卫二十一（U21）的最长总轨道会聚时间为 485 年。

　　海王星的 6 颗远距离卫星，包括海卫二（N2）的轨道经历的交点和交会要少得多。这
些研究是在 8 000 年的时间间隔内进行的，因为海王星遥远卫星轨道的交点线和拱线的旋
转周期非常大。海卫二（N2）的轨道与海卫九（N9）的轨道有 6 个交点，其他 5 颗远距
离卫星的轨道在距离不到 10 万千米的地方相互交叉并"结连"。在 8 000 年的时间间隔内，

交点最多（73 个）的为海卫十（N10）和海卫十三（N13），它们是距离海王星最远的卫星，太阳摄动导致其轨道发生了非常明显的演化，特别是偏心率增加到约为 0.87。请注意，在著名的利多夫-古在共振条件下，海卫十三（N13）的轨道在近心点上发生进动变化。相反，海卫十（N10）轨道的近心点幅角循环变化。显然，轨道演化过程中这种质的差异，以及它们强烈"拉伸"的可能性，促成了这对卫星相对频繁的轨道相交。在距离不到 10^5 km 的地方，"结连"的最长时间为 167 年，发生在海卫九（N9）和海卫十二（N12）的轨道上。有趣的是，与上述所有反向运动的卫星对不同，海卫十二（N12）在轨道上以小于 90° 的倾角移动，导致轨道节点的"迎面"运动，这显然也有助于它们在进化过程中频繁相交。

因此，所开发的方法和计算程序使人们能够对相互空间位移以及木星、土星、天王星和海王星等远距离卫星演化轨道的大小和形状的变化进行广泛研究。

10.7.7　结论

行星远距离卫星的轨道演化主要是由太阳摄动决定的，这些摄动导致开普勒吻切轨道根数发生重大变化。然而，轨道偏心率和倾角的变化受到已知极限的限制。由于卫星的体积和质量很小，它们之间的相互吸引很小。然而，在非常长的时间间隔内，卫星之间可能非常近，以至于它们的轨道可能会发生很大的变化。交会事件可以影响这样一个天体作为行星卫星的状态。由于无法在很长的时间间隔内对卫星的位置进行足够精确的计算，因此卫星交会的检测非常困难。在这方面，一种有希望的研究方法是对远距离行星卫星轨道的相互构型进行预计算，使用前面介绍的工具旨在帮助沿着这条研究道路前进。

至少现在，我们可以得出结论，在数千年的多个时间间隔内，远距离卫星群的轨道有多个交点和交会事件，在这些交点和交会事件中，卫星本身可以聚集在一起。

将卫星划分为不同的组，与属于不同组的卫星可能出现的交会情况没有直接关系。

10.8　拉普拉斯-拉格朗日长期摄动理论的改进

尼康丘克（Nikonchuk，2012）提出了一种计算大型中心体周围小型天体系统运动问题中长期摄动的方法。与基于线性方程组的经典拉普拉斯-拉格朗日理论相比，考虑了偏心率和轨道倾角的三次项。在研究长时间间隔内轨道的演化时，对解进行相应的细化是非常重要的。将该方法应用于天王星主要卫星的运动研究，结果表明，在 100 多年的时间间隔内，Miranda 卫星新获得的长期摄动的贡献与轨道的偏心率的量级相当，相当于几千千米。对于其他卫星，非线性项的影响较小。显然，在构建天王星主要卫星运动的一般解析理论时，有必要考虑长期摄动方程中的非线性项。尼康丘克（Nikonchuk，2012）构建、研究并提出了相应的方法。

参 考 文 献

[1] Aksenov, E. P. , 1966. Odin vid differentsialnykh uravnenii dvizheniia sputnika. Trudy Gosudarstvennogo astronomicheskogo instituta im. P. K. Sternberga, Moscow 35, 44 – 58. In Russian.

[2] Baluev, R. V. , Kholshevnikov, K. V. , 2005. Distance between two arbitrary unperturbed orbits. Celestial Mechanics and Dynamical Astronomy 91, 287 – 300.

[3] Beauge, C. , Nesvorny, D. , Dones, L. , 2006. A high – order analyticalmodel for the secular dynamics of irregular satellites. Astronomical Journal 131 (4), 2299 – 2313.

[4] Beauge, C. , Nesvorny, D. , 2007. Proper elements and secular resonances for irregular satellites. Astronomical Journal 133 (6), 2537 – 2558.

[5] Bretagnon, P. , Francou, G. , 1988. Planetary theories in rectangular and spherical variables—VSOP 87 solutions. Astronomy and Astrophysics 202, 309 – 315.

[6] Brozovic, M. , Jacobson, R. A. , 2017. The orbits of Jupiter's irregular satellites. Astronomical Journal 153, 147.

[7] Brumberg, V. A. , 1967. Development of the perturbation function in satellite problems. Bulletin of the Institute of theoretical astronomy, Leningrad 11 (2), 73 – 83. In Russian.

[8] Burns, J. A. , Carruba, V. , Nesvorny, D. , Cuk, M. , Tsiganis, K. , 2004. Chaos effects of planetarymigration for the saturnian satellite Kiviuq. American Astronomical Society, DDA meeting ♯ 35, ♯ 07. 06 Bulletin of the American Astronomical Society 36, 860.

[9] Correa, O. J. , Leiva, A. M. , Giuppone, C. A. , Beauge, C. , 2010. Mapping the vsolar secular resonance for retrograde irregular satellites. Monthly Notices of the Royal Astronomical Society 402 (3), 1959 – 1968.

[10] Cuk, M. , Burns, J. A. , 2004. On the secular behavior of irregular satellites. Astronomical Journal 128, 2518 – 2541.

[11] Cuk, M. , Gladman, B. J. , 2006. Irregular satellite capture during planetary resonance passage. Icarus 183, 362 – 372.

[12] de Oliveira, D. S. , Winter, O. C. , Neto, E. V. , de Felipe, G. , 2007. Irregular satellites of Jupiter: a study of the capture direction. Earth, Moon, and Planets 100 (3 – 4), 233 – 239.

[13] Emelyanov, N. V. , 2005. Ephemerides of the outer Jovian satellites. Astronomy and Astrophysics 435, 1173 – 1179.

[14] Emelyanov, N. V. , Kanter, A. A. , 2005. Orbits of new outer planetary satellites based on observations. Solar System Research 39 (2), 112 – 123.

[15] Emelyanov, N. V. , Arlot, J. – E. , 2008. The natural satellites ephemerides facility MULTI – SAT. Astronomy and Astrophysics 487, 759 – 765.

[16] Emelyanov, N. V. , 2010. Precision of the ephemerides of outer planetary satellites. Planetary and Space Science 58, 411 – 420.

[17]　Emelyanov, N. V., Vashkovyak, M. A., 2012. Evolution of orbits and encounters of distant planetary satellites. Study tools and examples. Solar System Research 46 (6), 423 – 435.

[18]　Emelyanov, N. V., 2015. Perturbedmotion at small eccentricities. Solar System Research 49 (5), 346 – 359.

[19]　Frouard, J., Fouchard, M., Vienne, A., 2009. Chaoticity of the jovian irregular satellites. In: American Astronomical Society, DPSMeeting ♯ 41, ♯ 38. 08.

[20]　Frouard, J., Fouchard, M., Vienne, A., 2010. The Long – termevolution of the Jovian irregular satellites. American Astronomical Society, DDA meeting ♯ 41, ♯ 9. 11 Bulletin of the American Astronomical Society 41, 936.

[21]　Gaspar, H. S., Winter, O. C., Vieira Neto, E., 2011. Irregular satellites of Jupiter: capture configurations of binary – asteroids. Monthly Notices of the Royal Astronomical Society 415, 1999 – 2008.

[22]　Gordeeva, Yu. F., 1968. The time – dependence of orbital elements in long – period oscillations in the restricted three – body problem. Cosmic Research 6 (4), 450 – 453.

[23]　Grav, T., Bauer, J., 2007. A deeper look at the colors of the saturnian irregular satellites. Icarus 191, 267 – 285.

[24]　Haghighipour, N., Jewitt, D., 2006. Stability of Jovian irregular satellites between Callisto and Themisto. American Astronomical Society, DPS meeting ♯ 38, ♯ 64. 09 Bulletin of the American Astronomical Society 38, 613.

[25]　Hinse, T. C., Christou, A. A., Alvarellos, J. L. A., Gozdziewski, K., 2010. Application of theMEGNO technique to the dynamics of jovian irregular satellites. Monthly Notices of the Royal Astronomical Society 404, 837 – 857.

[26]　Jewitt, D., Haghighipour, N., 2007. Irregular satellites of the planets: products of capture in the early solar system. Annual Review of Astronomy and Astrophysics 45 (1), 261 – 295.

[27]　Kinoshita, H., Nakai, H., 1999. Analytical solution of the Kozai resonance and its application. CelestialMechanics and Dynamical Astronomy 75 (2), 125 – 147.

[28]　Kovalevsky, J., 1964. Sur la theorie du mouvement d'un satellite a fortes inclinaison et excentricite. The Theory of Orbits in the Solar System and in Stellar Systems. In: Kontopoulos, Georgios Ioannou (Ed.), Proceedings From Symposium No. 25, Held in Thessaloniki. August 17 – 22, 1964. In: International Astronomical Union. Symposium, vol. 25. Academic Press, London, p. 326.

[29]　Kozai, Y., 1962. Secular perturbations of asteroids with the high inclination and eccentricities. Astronomical Journal 67, 591 – 598.

[30]　Lidov, M. L., 1961. An approximate analysis of the evolution of artificial satellites. In: Problems ofMotion of Artificial Celestial Bodies: Reports at the Conference on General and Applied Problems of Theoretical Astronomy. Moscow, November 20 – 25, 1961, pp. 119 – 141. In Russian.

[31]　Lidov, M. L., 1962. The evolution of orbits of artificial satellites of planets under the action of gravitational perturbations of external bodies. Planetary and Space Science 9 (10), 719 – 759.

[32]　Lidov, M. L., 1963. On the approximated analysis of the orbit evolution of artificial satellites. In: Roy, M. (Ed.), Dynamics of Satellites. Symposium Paris, May 28 – 30, 1962. Springer – Verlag, Berlin, pp. 168 – 179.

[33]　Lidov，M. L. ，Yarskaya，M. V. ，1974. Integrable cases in the problem of the evolution of a satellite orbit under the joint effect of an outside body and of the noncentrality of the planetary field. Cosmic Research 12 (2)，139 – 152.

[34]　Lidov，M. L. ，1978. Semi – analytical methods for computation of satellite motion. Tr. Inst. Teor. Astron. Leningrad. 17，54 – 61. In Russian.

[35]　Ma，Y. ，Zheng，J. ，Shen，X. ，2009. On the origin of retrograde orbit satellites around Saturn and Jupiter. In：Icy Bodies of the Solar System，Proceedings of the Int. Astron. Union. IAU Symposium，vol. 263，pp. 157 – 160.

[36]　Marsden，B. G. ，1998. Central Bureau for Astronomical Telegrams，6869，p. 6870.

[37]　McGleam，C. ，Hamilton，D. P. ，Agnor，C. B. ，2007. Three – body capture of irregular satellites. In：American Astronomical Society，DDAMeeting ♯ 38，♯ 3. 01.

[38]　Mignard，F. ，1981. Themean elements of Nereid. Astronomical Journal 86，1728 – 1729.

[39]　Moiseev，N. D. ，1945. On nekotorykh osnovnykh uproshchennykh skhemakh nebesnoi mekhaniki，poluchaemykh pri pomoshchi osredneniia ogranichennoi krugovoi problemy trekh tochek. 2. Ob osrednennykh variantakh prostranstevennoi ogranichennoi krugovoi problemy trekh tochek. Trudy Gosudarstvennogo astronomicheskogo instituta imP. K. Sternberga 15 (1)，100 – 117. Publications of the Sternberg State Astronomical Institute，Izd. MGU，Moskva. In Russian.

[40]　Nesvorny，D. ，Alvarellos，J. L. A. ，Dones，L. ，Levison，H. E. ，2003. Orbital and collisional evolution of the irregular satellites. Astronomical Journal 126，398 – 429.

[41]　Nesvorny，D. ，Vokrouhlicky，D. ，Morbidelli，A. ，2007a. Capture of irregular satellites during planetary encounters. American Astronomical Society，DPSmeeting ♯ 39，♯ 32. 11 Bulletin of the American Astronomical Society 39，475.

[42]　Nesvorny，D. ，Vokrouhlicky，D. ，Morbidelli，A. ，2007b. Capture of irregular satellites during planetary encounters. Astronomical Journal 133，1962 – 1976.

[43]　Nikonchuk，D. V. ，2012. Nonlinear theory of secular perturbations of satellites of an oblate planet. Astronomy Letters 38 (12)，813 – 828.

[44]　Orlov，A. A. ，1965a. Luni – solar perturbations in themoving of the artificial Earth satellites. In：Proc. of 15th Intern. Congr. on Astronaut. Paris：Gautier – Villard，vol. 1. PWN – Polish Sci. Publ. ，Warstzawa，pp. 141 – 157.

[45]　Orlov，A. A. ，1965b. An approximate analytical representation of spatial motions in the Hill problem. Bulletin ITA (Leningrad) 10 (5)，360 – 378. In Russian.

[46]　Philpott，C. M. ，Hamilton，D. P. ，Agnor，C. B. ，2010. Three – body capture of irregular satellites：application to Jupiter. Icarus 208 (2)，824 – 836.

[47]　Sharaf，S. G. ，Budnikova，N. A. ，1967. On the secular changes in the elements of the Earth's orbit，affecting the climates of the geological past. Bulletin ITA (Leningrad) 11 (4)，231. In Russian.

[48]　Shevchenko，I. I. ，2017. The Lidov – Kozai Effect—Applications in Exoplanet Research and Dynamical Astronomy. Astrophysics and Space Science Library，vol. 441. Springer International Publishing，Switzerland. ISBN 978 – 3 – 319 – 43520 – 6.

[49]　Tsirogiannis，G. A. ，Perdios，E. A. ，Markellos，V. V. ，2009. Improved grid search method：an efficient tool for global computation of periodic orbits. Application to Hill's problem. Celestial

Mechanics and Dynamical Astronomy 103 (1), 49 – 78.

[50] Ural'skaya, V. S., 2003. Dynamics of planetary satellites in the solar system. Solar System Research 37 (5), 337 – 365.

[51] Vashkovyak, M. A., Lidov, M. L., 1991. Evolution of certain types of satellite orbits. Cosmic Research 28, 689 – 692.

[52] Vashkovyak, M. A., 1996. On the special particular solutions of a double – averaged Hill's problem with allowance for flattening of the central planet. Astronomy Letters 22 (2), 207 – 216.

[53] Vashkovyak, M. A., 1998a. On the families of periodically evolving orbits in Hill's averaged problem with allowance for oblateness of the central planet. Astronomy Letters 24 (2), 185 – 192.

[54] Vashkovyak, M. A., 1998b. On the stability of stationary solutions of the double – averaged hill's problem with an oblate central planet. Astronomy Letters 24 (5), 682 – 691.

[55] Vashkovyak, M. A., 1999. Evolution of the orbits of distant satellites of Uranus. Astronomy Letters 25 (7), 476 – 481.

[56] Vashkovyak, M. A., Teslenko, N. M., 2001. Stability of periodic solutions for Hill's averaged problem with allowance for planetary oblateness. Astronomy Letters 27 (3), 198 – 205.

[57] Vashkovyak, M. A., 2001a. Orbital evolution of Uranus's new outer satellites. Astronomy Letters 27 (6), 404 – 409.

[58] Vashkovyak, M. A., 2001b. Orbital evolution of Saturn's new outer satellites and their classification. Astronomy Letters 27 (7), 455 – 463.

[59] Vashkovyak, M. A., 2001c. Celestial – mechanical peculiarities of Uranus's satellite system. Astronomy Letters 27 (7), 464 – 469.

[60] Vashkovyak, M. A., 2001d. Orbital evolution of Jupiter's new outer satellites. Astronomy Letters 27 (10), 671 – 677.

[61] Vashkovyak, M. A., Teslenko, N. M., 2002. Peculiarities of Uranus's satellite system. Astronomy Letters 28 (9), 641 – 650.

[62] Vashkovyak, M. A., 2003. Orbital evolution of new distant neptunian satellites and omega – librators in the satellite systems of Saturn and Jupiter. Astronomy Letters 29 (10), 695 – 703.

[63] Vashkov'Yak, M. A., 2005. A numerical – analyticalmethod for studying the orbital evolution of distant planetary satellites. Astronomy Letters 31 (1), 64 – 72.

[64] Vashkov'Yak, M. A., Teslenko, N. M., 2005. Orbital evolution of the distant satellites of the giant planets. Astronomy Letters 31 (2), 140 – 146.

[65] Vashkovyak, M. A., Teslenko, N. M., 2007. Peculiarities of the orbital evolution of the Jovian satellite J34 (Euporie). Astronomy Letters 33 (11), 780 – 787.

[66] Vashkovyak, M. A., Teslenko, N. M., 2008a. Evolution characteristics of Jupiter's outer satellites orbits. Solar System Research 42 (4), 281 – 295.

[67] Vashkovyak, M. A., Teslenko, N. M., 2008b. Evolutionary characteristics of the orbits of outer Saturnian, Uranian, and Neptunian satellites. Solar System Research 42 (6), 488 – 504.

[68] Vashkovyak, M. A., Teslenko, N. M., 2009. Refined model for the evolution of distant satellite orbits. Astronomy Letters 35 (12), 850 – 865.

[69] Vashkovyak, M. A., Teslenko, N. M., 2010. On the evolution of the orbit of Nereid. Solar System

Research 44 (1), 44 - 54.

[70]　Vashkovyak，M. A. ，2010. Constructive analytical solution of the evolution Hill problem. Solar System Research 44 (6), 527 - 540.

[71]　Vashkovyak，M. A. ，Vashkovyak，S. N. ，Emelyanov，N. V. ，2015. On the evolution of satellite orbits under the action of the planet's oblateness and attraction by its massive satellites and the sun. Solar System Research 49 (4)，247 - 262.

[72]　Vashkovyak，M. A. ，2016. Secular evolution of the orbits of hypothetical satellites of Uranus. Solar System Research 50 (6)，390 - 401.

第 11 章　行星卫星的物理参数

11.1　引言

关于行星卫星的物理参数，主要有两种信息来源：在行星空间飞行任务之前，利用地面观测来获取信息；在行星空间飞行任务中，利用航天器观测来获取大量有关行星卫星物理特性的新信息。此类航天器上安装了光学和无线电技术测量仪器，并且航天器的地面定位精度非常高，这使我们能够通过行星卫星对航天器运动的引力影响来确定卫星的质量。每一次新的空间任务都会刷新行星卫星的物理参数。相比而言，第二种信息来源的主要缺点是使用航天器进行测量的时间很短，但某些数据只能通过长期的系统测量才能获得；而对于第一种信息来源，地面观测可以连续进行。

获取卫星物理特性数据有两种原理不同的方法：第一种是直接测量物理参数，例如人们使用各种滤光片测量天体光度的亮度或大小，光谱测量提供有关表面材料特性的信息；另一种是间接方法，例如通过卫星在运动中的物理特性表现来获取卫星的引力质量。

由于引力的相互作用，通过对一颗卫星的天文观测，可以确定附近另一颗卫星的质量。实现原理为：在根据观测结果确定运动参数时，将卫星的质量包含在精化参数中（第 6 章给出了所需的方程式）。事实上，由于卫星的质量非常小，它们在观测结果中相互吸引的现象受到观测精度的制约。目前仅有一个成功案例，依据对一颗卫星的天体测量确定出了另一颗卫星的质量，这将在下面章节中介绍。

通过对卫星运动的天文观测，还可以获得行星的物理参数：行星的质量和引力场参数，这也可以通过将所需参数包含在精化参数中来实现。此外，有必要考虑所有重要的扰动因素，以便在确定所需参数时，排除这些扰动的影响。由卫星运动的天体测量不仅可以确定行星的引力场参数，还可以确定行星和卫星之间粘弹性的参数，第 3 章末尾给出了相关的等式。

卫星表面的反射特性也与物理参数有关，根据光度观测对这些特性进行建模是比较困难的。第 7 章给出了一些卫星反射特性的参数，并描述了反射特性的应用情况。

本书中行星卫星的物理参数属于背景信息，随着新信息的出现，这些参数会不断更新。附录 G 给出了各参数的当前版本，以及对应的信息源。

卫星光度参数的确定与其动力学没有直接关系，但由于光度数据通常与天体测量结果相关联，并随测量结果一起公布，因此卫星光度的确定有时伴随着动力学研究。本章利用一个单独章节对此做了介绍。

11.2　行星卫星物理参数手册

附录 G 给出了几乎所有已知行星卫星的以下物理参数：近似椭球体的半径或半长轴、卫星的引力参数以及从地球看到的卫星光度。每个参数值都附有对应的数据源，并且在附录末尾给出了相应的参考书目。

参数值的测量方法包括基于地面的尺寸测量、基于航天器的测量以及通过卫星对航天器或其他卫星运动的影响间接确定的参数，这些测量方法可在引用文献中找到。

值得一提的是，对于许多遥远的行星卫星，其大小和质量非常接近，这主要是由于关于反照率和卫星材料密度的假设过于粗糙造成的。

对于性质相似的卫星，按组将数据分成了各自独立的表格。

11.3　使用地面光度法在木卫一上探测火山

众所周知，在相互掩星和日食期间，卫星亮度会有规律地下降，相关研究见本书第 7 章。通过对木卫一的光度观测，人们发现了一种不寻常的现象，即亮度急剧下降，随后又恢复到原来的水平。例如 1991 年 2 月 20 日，欧洲南方天文台（ESO）观测到木星另一颗卫星木卫二掩蚀木卫一的过程。掩蚀过程中，光通量的测量是用一个滤光片完成的，滤光片可以传输波长为 3.8 μm 的红外光。图 11 - 1 所示为德康等人（Descamps et al.，1992）的测量结果曲线图，显示了木卫一和木卫二的总光通量。对曲线图呈现的规律说明如下：旅行者号航天器之前的观测表明，木卫一上有活火山，其中最大的一个是洛基，它用红外光"照"在卫星上，就像一个大手电筒。在被另一颗卫星遮挡的瞬间，光通量急剧减少；遮挡消失后光通量又急剧恢复。该图还显示了卫星上另一座火山佩莱被掩星时亮度的变化。

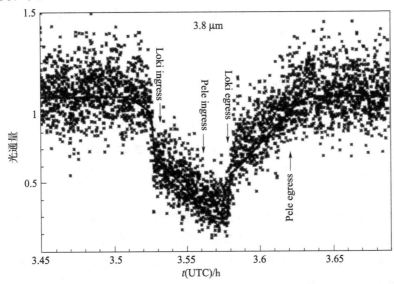

图 11 - 1　木卫一在木卫二遮挡下的光度测定结果

我们注意到，木卫一上的火山在光度观测中的表现更早地被注意到，并发表在戈根等人（Goguen et al.，1988）的文章中。洛基火山的坐标通过卫星构造的光度曲线进行了细化（Descamps et al.，1992）。

关于这些研究的更多细节可以在这里引用的文献中找到。

11.4 行星远距离卫星物理参数的估计

11.4.1 行星远距离卫星的特征

很显然，行星远距离卫星是太阳系中非常特殊的天体。第一，迄今为止已知木星、土星、天王星和海王星的 148 颗远距离卫星中，138 颗（93%）是在 1998 年后发现的。第二，对于 11 颗遥远的行星卫星，目前已知的星历精度相当于卫星绕行星运行轨道尺寸的一半（Emelyanov，2010；Brozovic，Jacobson，2017），因此，把它们归为丢失的卫星也不为过。第三，除了土卫九和木卫六外，航天器没有接近任何一颗远距离的卫星，以查看其大小或通过对航天器运动的引力影响确定其质量。第四，常规卫星是由原行星的气尘盘和行星一起形成的，轨道几乎是圆形的，相对行星赤道平面的倾角很小；而远距离卫星的轨道具有较大的偏心率，且与行星轨道平面的倾角较大。因此，远距离卫星通常被称为不规则卫星。大多数远距离卫星的轨道运动与行星的轨道运动相反，这说明不规则卫星不可能由原行星云形成。因此，一种假设认为它们是在太阳系形成的早期从绕日轨道上被行星捕获的。

除了土卫九和木卫六，其他远距离卫星由于缺乏观测，尺寸和质量均没有直接测量数据。然而，在一些参考资料中，例如 JPL 太阳系动力学公告（https：//ssd. jpl. nasa. gov/），可以找到大行星的所有远距离卫星的直径和质量值。这些值是如何得到的？从直接观测中，我们只能测量它们的亮度，但如果对卫星表面反射特性（反照率）做大胆假设后，就可以估算它们的大小。如果更大胆一些，对构成卫星的物质密度进行假设，那么就可以估算卫星的质量。这样估计出的质量误差可达 100%～200%，因此据此获取到的远距离卫星的质量仅供参考。

埃梅利亚诺夫（Emelyanov，2005a）对木卫六的质量进行确定；这是唯一一次通过地面观测本卫星对另一颗卫星的引力影响而得到的结果。计算得到木卫六的引力参数为 (0.28 ± 0.04) km^3/s^2，这与 JPL 太阳系动力学公告中给出的 0.45 km^3/s^2 有显著差异（https：//ssd. jpl. nasa. gov/），这项工作将在下一个章节详细介绍。埃梅利亚诺夫等人（Emelyanov et al.，2007）的研究表明，通过地面观测，不可能以同样的方式获得任何其他卫星的质量。

对于一些不规则卫星，可以通过特殊的光度观测来获得其表面的光反射特性。这些结果已发表在公开的科学期刊上，但仅涉及迄今为止发现的所有行星远距离卫星中的一小部分（31%）。对于 1998 年以后发现的大多数远距离卫星，尚未在科学期刊上发表基于观测的绝对光度和其他光度参数。

鉴于埃梅利亚诺夫和乌拉尔斯卡亚 (Emelyanov, Uralskaya, 2011) 提供的行星远距离卫星光度测量的分析结果不完整，尝试根据 MPC 网站公布的光度测量数据确定卫星的光度参数。这些数据的价值在于它包含了所有的远距离卫星。

本章介绍了根据 MPC 网站发表的观测结果，确定木星、土星、天王星、海王星等所有远距离卫星光度参数的方法和结果。格拉夫和鲍尔 (Grav, Bauer, 2007) 的研究表明，这些结果"对于严肃的应用来说不是非常可靠"，但是在缺乏所有行星远距离卫星的其他数据源的情况下，人们只能满足于埃梅利亚诺夫和乌拉尔斯卡亚 (Emelyanov, Uralskaya, 2011) 所获得的结果。

下一节简要概述行星远距离卫星光度参数的发布情况。

11.4.2 行星远距离卫星可用光度数据综述

这里引用一下文献 (Emelyanov, Uralskaya, 2011) 的综述。

早在 1998 年之前发现的 10 颗行星远距离卫星，其物理特征已经在许多参考文献中发表。

两颗不规则卫星木卫六 (J6) 和土卫九 (S9) 被航天器拍摄过。简单地介绍一下这两颗卫星的物理特性：由 K. 波尔科带领的卡西尼号观测处理小组，根据卡西尼号航天器拍摄到的木卫六图像，确定了其沿两条轴线的尺寸为 (150±20) km 和 (120±20) km (Porco et al., 2003)。木卫六 (J6) 的反射率 (反照率) 非常低，仅为 0.05±0.01，该值与费尔南德斯等人 (Fernandez et al., 2003) 定义的大型木星小行星的反照率相当。结合德格维等人 (Degewij et al., 1980a, b) 发现的卫星表面为灰色，证明其表面富含碳。这是 C 型小行星的特征，主要分布在主小行星带的外围。

在土星系统的不规则卫星中，对土卫九 (S9) 的研究较多。旅行者号和卡西尼号航天器的掠飞使我们能够确定它的引力参数，结果是 (0.551 7±0.000 7) km^3/s^2 (Rappaport, 2005)。它的表面相当暗，光谱 V 波段的几何平均反照率等于 0.081±0.002 (Simonelli et al., 1999)。然而，反照率随地表的变化幅度达到两倍，表明构成这颗卫星的材料存在显著差异。旅行者号航天器探知卫星的平均半径约为 110 km，据此可确定其密度为 (1 630±45) kg/m^3，这比土星常规卫星的密度大得多 (约为 1 300 kg/m^3)，但比海卫一和冥王星的密度小 (1 900 kg/m^3)。

这种平均密度是水、冰和石头混合物的典型密度。其他研究表明，土卫九中存在铁和硅矿物、二氧化碳和有机化合物 (Buratti et al., 2008)。土卫九的照片显示了一个高度凹坑化的旧表面，与土星表面明显不同，这表明它起源于土星系统之外。土卫九显然来自太阳系的外部区域，比如柯伊伯带。

格拉夫等人 (Grav et al., 2003) 对木星的 13 颗远距离卫星进行了 BVRI 测光，其中只有 8 颗是 1998 年后发现的新卫星。利用从观测中获得的光谱，作者将木卫八和木卫六确定为 C 型小行星，木卫十二和木卫十八确定为 P 型小行星，而木卫十一、木卫九和木卫十七类似于 D 型小行星。被归类为 D 型和 P 型 (D 型天体更红) 的小行星，是太阳系中最古老、未经改变的天体，具有低反照率，颜色为淡红色，这些性质源于富含碳或有机物质的硅酸盐。这些类型的小行星具有主带小行星带外围小行星的特征，反照率低至 0.04～0.06，类似于特洛伊小行星和"死亡"的彗星。对于木星最明亮的外部卫星的颜色研究表明，顺行运动的卫星比逆行运动的卫星颜色更红、更紧凑。红外光度法还表明，木卫六家族的四个成员（木卫六、木卫七、木卫十三和木卫十）的颜色均匀，平均颜色为 $J-H=0.34\pm0.02$，$H-K=0.27\pm0.02$ 和 $J-K=0.65\pm0.02$。对于光度超过 24 星等的微弱卫星，由于光度过低，不可能获得准确的测光数据。

2005 年，鲍尔等人（Bauer et al.，2006）对土星的 7 颗远距离卫星（S9，S19，S20，S21，S22，S26 和 S29）进行了一系列独特的光度观测。观测使用了巴乐马山 200 英寸望远镜和塔洛洛山美洲天文台 4 m 布兰科望远镜的 B 和 R 两个通道。

格拉夫等人在 2003 年和 2007 年给出了包括土卫九在内的土星 13 颗远距离卫星的光度观测结果，即 S9，S19，S20，S21，S22，S23，S24，S25，S26，S27，S28，S29 和 S30。对土星不规则卫星的研究表明，从土卫九（S9）和土卫二十五（S25）的中性色到土卫二十六（S26）和土卫二十二（S22）的中等红色，颜色差异很大。平均而言，它们比木星的不规则卫星更红，但在它们表面没有发现类似于柯伊伯带观察到的非常红的物质存在，它们的颜色类似于活跃的彗星核和"死亡"彗星。

迄今为止，天王星已经发现了 9 颗远距离卫星，对其中 6 个（U16，U17，U18，U19，U20，U21）进行了光度测定。这些不规则的天王星卫星从最蓝到最红，有着广泛的颜色范围。马里斯等人（Maris et al.，2001）对天卫十六（U16）和天卫十七（U17）进行了研究，两颗卫星的平均颜色都是红色，其中天卫十七（U17）比天卫十六（U16）的颜色略蓝。罗蒙等人（Romon et al.，2001）认为，天卫十七（U17）卫星更类似于在天王星-海王星之间转移的天体或半人马小行星，而不是特洛伊小行星或木星的不规则卫星。马里斯等人（Maris et al.，2007）还在继续对天王星远距离卫星进行光度研究。

格拉夫等人（Grav et al.，2004）测定了天王星 6 颗远距离卫星的光谱 V 波段绝对光度和颜色指数 B－V 和 V－R，结果证明与木星和土星卫星光度相似。它们的颜色分为两组，一组包括天卫十八（U18）和天卫十九（U19），为中性色；另一组包含两颗天王星的大型卫星——天卫十六（U16）和天卫十七（U17），略带红色。

在海王星的 6 颗不规则卫星中，只有 1949 年发现的海卫二（N2）拥有可靠的光度数据。海卫二（N2）的反照率是 0.2（Thomos et al.，1991），这明显高于海王星内部卫星（0.06）、天王星小型内部卫星（0.07）、木卫六（0.05）和土卫九（0.08）的反照率。谢弗（Schaefer，2000）根据 224 次 VBRI 频段海卫二（N2）光度测量结果确定了卫星的颜色。布朗等人（Brown et al.，1999）通过红外光谱证明海卫二（N2）含有水冰。

格拉夫等人（Grav et al.，2004）测定了海卫二（N2）的光度参数，以及海王星 5 颗新的不规则卫星之一的海卫九（N9）的光度参数。观察到海卫二（N2）和海卫九（N9）的颜色大致相同，表明它们的表面组成相似。对海王星不规则卫星之间碰撞可能性的研究表明，海卫二（N2）和海卫九（N9）在大约 45 亿年前发生碰撞的概率很高，海卫九

（N9）可能是海卫二（N2）的一部分（Grav，Holman，2004）。两颗卫星都是中性色，颜色、反照率和光谱与天卫四（U4）和天卫二（U2）以及柯伊伯带的一些天体的相同特征相似。

综上，在木星 46 颗新的不规则卫星中，只有 8 颗（17%）已知光度参数；在土星 37 颗新的不规则卫星中，只有 12 颗（32%）已知光度参数；在天王星 9 颗不规则卫星中有 6 颗已知光度参数；在海王星 5 颗新的不规则卫星中有 1 颗已知光度参数。对于 97 颗行星远距离卫星，只有冥王星卫星还没有关于光度参数的研究论文发表。

由于行星远距离卫星的光度测量数据有限，埃梅利亚诺夫和乌拉尔斯卡亚（Emelyanov，Uralskaya，2011）试图根据 MPC 网站上公布的光度数据确定所有卫星的光度参数。

11.4.3　行星远距离卫星的光度模型

在行星卫星的天体测量观测期间，还可以进行卫星光学观测。MPC 中发布了卫星的天文坐标，此外，在一个特别专栏中，观测者给出了卫星的视尺寸估计，这些估计值仅针对某些时间点的测量坐标给出。光度报告还带有进行观测的光谱频带标志，大多数情况下使用 R 波段，但个别观测使用 V 波段。

通过某个光谱波段测量的观测结果，可以获得卫星的光度 m，该值取决于观测者与卫星的距离 Δ、卫星与太阳的距离 r 以及相位角 α（以卫星中心为顶点，与观察者、光源之间的夹角）。因此，卫星的测量光度应写成含有 3 个参数的函数 $m(r,\Delta,\alpha)$。卫星的绝对光度 $m(1,1,\alpha)$ 与距离无关，可通过以下公式计算

$$m(1,1,\alpha)=m(r,\Delta,\alpha)-5\log(r\Delta) \tag{11-1}$$

式中，距离 r 和 Δ 以天文单位表示。

下面给出任意两个天体的光度 m_1 和 m_2 的差异与相应光通量 E_1 和 E_2 的比率之间的关系

$$m_1-m_2=-2.5\log\frac{E_1}{E_2} \tag{11-2}$$

这对光度研究有所帮助，还注意到式（11-2）的一个有趣性质，如果将光通量 E_1 增加 $1+\varepsilon$ 倍，那么对于足够小的 ε，光度的差值 m_1-m_2 将减少 ε。

卫星的绝对大小与相位角的关系由可视盘面未发光部分的比例和表面的反射特性决定。太阳系的天体具有多种物理性质，对于有大气层的行星和卫星，反射光的强度对相位角依赖较弱；对于粗糙表面，在零相位角下卫星亮度会急剧波动。

关于行星远距离卫星的起源，主流假设认为它们捕获自日心轨道（Gladman et al.，2001；Grav，Bauer，2007）。如果这一假设成立，那么卫星的物理性质可以被认为与小行星的性质相似。对于这些卫星，可以应用国际天文学联合会第 20 委员会 1985 年采用的小行星双参数光度系统（Marsden，1986）。鲍厄尔等人（Bowell et al.，1989）将该模型描述如下

$$m(1,1,\alpha)=H-2.5\log[(1-G)\Phi_1(\alpha)+G\Phi_2(\alpha)] \tag{11-3}$$

对每个特定的卫星，使用两个参数 H 和 G。 假设卫星的反射特性与自转角度无关，如果卫星的表面是不均匀的，那么反射参数取某个平均值。

函数 $\Phi_1(\alpha)$ 描述卫星亮度对相位角的强依赖性，通常反照率较低，函数 $\Phi_2(\alpha)$ 则描述其弱依赖性，通常反照率较高

$$\Phi_i = W\Phi_i' + (1-W)\Phi_i'' \quad (i=1,2)$$

$$W = \exp[-90.56\tan^2(\alpha/2)]$$

$$\Phi_i' = 1 - \frac{C_i\sin\alpha}{0.119 + 1.341\sin\alpha - 0.754\sin^2\alpha}$$

$$\Phi_i'' = \exp\{-A_i[\tan(\alpha/2)]^{B_i}\}$$

$$A_1 = 3.332, \quad B_1 = 0.631, \quad C_1 = 0.986$$

$$A_2 = 1.862, \quad B_2 = 1.218, \quad C_2 = 0.238$$

函数 Φ_1 和 Φ_2 是根据经验确定的。利用参数 H 和 G，光度模型可以计算卫星在任何相位角的光度大小。

图 11-2 直观展示了光度模型，在不同参数 G 的条件下，光度与相位角 α 成正相关关系。

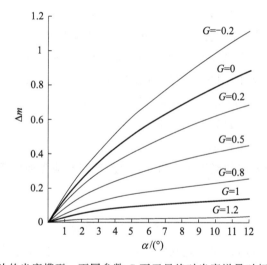

图 11-2　公认的光度模型：不同参数 G 下卫星绝对光度增量对相位角的依赖性

$$\Delta m = -2.5\log[(1-G)\Phi_1(\alpha) + G\Phi_2(\alpha)]$$

如果在频带 R，V 或 B 中测量光度 $m(r, \Delta, \alpha)$，则根据光度模型（11-3），将对应的参数 H 和 G 设定为 H_R、G_R、H_V、G_V 或 H_B、G_B。

11.4.4　用光度法测定卫星的光度参数

参数 G 和 H 可以通过卫星的光度观测来确定。理论上，在不同相位角下测量两次光度就足够了。但实际上，光度测量是有误差的，因此，在不同相位角上应进行尽可能多的均匀分布的测量，为每个测量建立所需参数的条件方程，并使用最小二乘法进行参数估

计，通过多组观测值确定参数 G 和 H。关于参数 G 和 H，其条件方程是非线性的，需进行以下变量替换

$$H = -2.5\log(a_1 + a_2), \quad G = \frac{a_1}{a_1 + a_2} \tag{11-4}$$

关于 a_1 和 a_2，条件方程为

$$10^{-0.4m(1,1,\alpha^{(i)})} = a_1 \Phi_1(\alpha^{(i)}) + a_2 \Phi_2(\alpha^{(i)})(i=1,2,\cdots,N)$$

式中，$m(1, 1, \alpha^{(i)})$ 是在相位角 $\alpha^{(i)}$ 处获得的卫星的绝对量值；N 是测量次数。绝对光度是根据每次测量的结果使用等式（11-1）计算得出的。

一旦条件方程列出，就可以通过最小二乘法进行参数估计。在这种情况下，不仅可以获得参数值，而且还可以确定所有观测的绝对光度与其模型值的标准偏差，记为 σ。σ 可认为是由卫星光度观测量得到的卫星光度的精度。

在使用最小二乘法确定参数 a_1 和 a_2 后，可以使用等式（11-4）计算参数 G 和 H。此外，σ 用来衡量参数 H 以及计算的绝对光度的准确性。

11.4.5　确定卫星光度参数的原始数据和结果

所有行星远距离卫星的天体测量观测结果都发表在 MPC 上，也收集在自然卫星数据中心（Natural Satellites Data Center，NSDC）数据库中（Arlot，Emelyanov，2009）。NSDC 数据库的网址如下：

http：//www. sai. msu. ru/neb/nss/html/obspos/index. html

http：//nsdb. imcce. fr/obspos/

一些天体测量提供了卫星的观测光度值，根据观测数据，对卫星的光度进行了估算。估算结果主要依靠光谱 R 波段，光谱 V 波段的测量较少，不适合确定所需的参数。对于每次观测，根据星历确定距离 r，Δ 和相位角 α，计算卫星的绝对光度，并如上节所述列出条件方程。然后使用最小二乘法，即可得到光度参数的估计值。

对于木星的卫星 J6～J13、土卫九（S9）和海卫二（N2），已公布了相当可靠的光度参数值，因此，这里不再对这些卫星进行参数估计。

对于某些卫星，由于缺少不同相位角下的光度测量值，因此无法确定光度参数。在这些情况下，我们仅根据可用数据确定卫星的平均绝对光度。

总之，目前为木星、土星和天王星的 70 颗远距离卫星确定了参数 G 和 H，对于剩余的 27 颗远距离卫星，确定了平均绝对光度。

对行星卫星各种观测结果的分析表明，在某些平均相位角 α^* 附近进行的观测次数最多。对于木星，该平均相位角大约等于 $6°$；对于土星大约为 $3°$，天王星为 $1°$，海王星为 $0.8°$。因此，使用所构建的光度卫星模型，绝对光度 $m(1, 1, \alpha^*)$ 可以减化为关于平均相位角、卫星的视在光度以及行星平均距离的函数 $m_0(\alpha^*)$，可以用这个函数来方便地估计卫星最可能的视光度。

对于已确定平均绝对光度而非参数的卫星，可使用 $m(1, 1, \alpha^*)$ 来标记，同时计算

出该卫星在平均行星距离上的绝对光度 $m_0(\alpha^*)$。

从 NSDC 网站上可以获得木星、土星、天王星和海王星的 97 颗远距离卫星的所有光度参数，网址为：

http：//www. sai. msu. ru/neb/nss/html/multisat/index. html

http：//nsdb. imcce. fr/multisat/index. html

光度参数在网页的"参数和常数"部分。

请注意，此处提到的绝对光度已知的卫星数量（如上所述）与论文（Emelyanov, Uralskaya, 2011）中一致。未来，随着 NSDC 网站上的数据更新，具有特定参数的卫星数量可能会增加。

$m(1, 1, \alpha)$ 模型与观测结果的符合情况如图 11-3～图 11-6 所示。

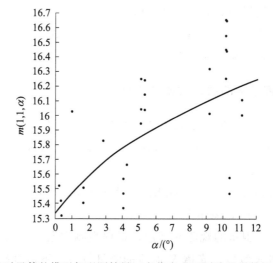

图 11-3　J22 卫星的绝对星等的模型与观测结果。点代表由不同阶段的数据得到的 J22 卫星的星等，线表示该卫星的精化光度模型

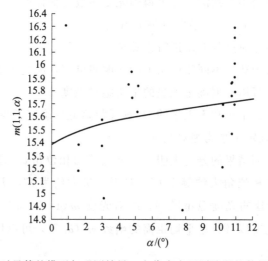

图 11-4　J28 卫星的绝对星等的模型与观测结果。点代表由不同阶段的数据得到的 J28 卫星的星等，线表示该卫星更新的精化光度模型

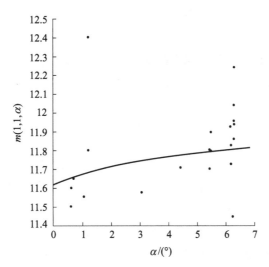

图 11 - 5　S20 卫星绝对星等的模型与观测结果。点代表由不同阶段的数据得到的 S20 卫星的星等，
线表示该卫星的精化光度模型

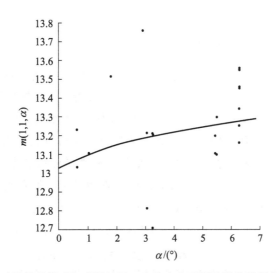

图 11 - 6　S22 卫星绝对星等的模型与观测结果。点代表由不同阶段的数据得到的 S22 卫星的星等，
线表示该卫星的精化光度模型

如果我们有独立确定的卫星反照率，那么光度参数 H 可以用来估计它们的大小。为
了估算球形物体的半径，鲍厄尔等人（Bowell，1989）提出如下关系式

$$\log P_B = 6.521 - 2\log(2R_s) - 0.4H_B$$

$$\log P_V = 6.259 - 2\log(2R_s) - 0.4H_V$$

式中，R_s 是卫星半径；P_B 和 P_V 是光谱带 B 和 V 中卫星几何反照率的可能值；H_B 和 H_V 是
相应光谱带中的光度参数。在这些公式中，几何反照率为零相位角的情况。

在光谱 R 波段进行观测的情况下，可以使用类似的关系

$$\log P_R = 6.114 - 2\log(2R_s) - 0.4H_R \tag{11 - 5}$$

这很容易从杰威特和哈加尼普尔（Jewitt，Haghighipour，2007）提出的相应公式中推导出来。

根据获得的卫星半径值，如果我们假设卫星物质密度为 ρ，就可以确定它们的引力参数或质量。卫星的引力参数 Gm 可以通过以下公式获得

$$Gm = \frac{4}{3} G\rho\pi R_s^3 \tag{11-6}$$

式中，G 是引力常数。

根据一系列假设，使用等式（11-5）和等式（11-6）就可以估算出卫星大小和引力参数。因为 P_R 和 ρ 的值只能是假设的，所以使用了文献中的值，对于木星卫星 $P_R = 0.04$，$\rho = 2.6 \text{ g/cm}^3$；对于土星卫星 $P_R = 0.06$，$\rho = 2.3 \text{ g/cm}^3$；对于天王星卫星 $P_R = 0.04$，$\rho = 1.5 \text{ g/cm}^3$；对于海王星卫星 $P_R = 0.04$，$\rho = 1.5 \text{ g/cm}^3$。如果有必要获得某些卫星的尺寸和引力参数，通过这些假设值 P_R 和 ρ，就可以轻松使用上述公式来计算。

所有计算结果均可在 NSDC（Arlot，Emelyanov，2009）中获得，网址如下：

http：//www. sai. msu. ru/neb/nss/html/multisat/paramhr. html

http：//nsdb. imcce. fr/multisat/paramhr. html

11.4.6　不同作者所得结果的比较

根据 MPC 上公布的对主要行星远距离卫星的天体测量观测，文献（Emelyanov，Uralskaya，2011）确定了木星、土星、天王星和海王星的 70 颗远距离卫星的参数 G 和 H，并通过对 27 颗远距离卫星的观测，得到了它们的平均绝对光度。

另外，获取了木星 46 颗远距离卫星的光度参数。在格拉夫等人（Grav et al.，2003）的论文中，只给出了 8 颗卫星的光度数据，确定了光谱 V 波段的参数 H。为了比较结果，表 11-1 给出了格拉夫等人（Grav et al.，2003）获得的 H_V 值和颜色指数 V-R，以及埃梅利亚诺夫和乌拉尔斯卡亚（Emelyanov，Uralskaya，2011）获得的木星 8 颗远距离卫星的参数 H_R 和 G_R。表 11-1 和表 11-2 中给出的误差是相应参数的标准误差（1σ）。

表 11-1　木星的 8 个远距离卫星的光度参数

卫星名称	Emelyanov, 2003		Emelyanov,Uralskaya,2011	
	H_V	$V-R$	H_R	G_R
木卫十七(J17)	13.92 ± 0.02	0.50 ± 0.02	14.00 ± 0.17	0.40
木卫十八(J18)	12.94 ± 0.01	0.46 ± 0.01	$14.30 \pm 0.40^*$	—
木卫十九(J19)	15.12 ± 0.05	0.41 ± 0.07	14.65 ± 0.18	0.17
木卫二十(J20)	15.63 ± 0.04	0.52 ± 0.04	15.10 ± 0.25	0.21
木卫二十二(J22)	16.03 ± 0.12	0.62 ± 0.22	15.33 ± 0.29	-0.03
木卫二十三(J23)	15.28 ± 0.04	0.70 ± 0.05	14.88 ± 0.21	-0.08
木卫二十四(J24)	15.27 ± 0.03	0.36 ± 0.03	14.96 ± 0.21	0.03
木卫二十七(J27)	15.24 ± 0.03	0.34 ± 0.03	14.44 ± 0.45	-0.20

这三篇文献（Grav et al.，2003；Bowell et al.，2006；Grav，Bowell，2007）分别确定了土星 37 颗远距离卫星的光度参数，只有 12 颗卫星的参数相似。参考数据（Grav，Bowell，2007）以及参考结果（Emelyanov，Uralskaya，2011）见表 11-2。

表 11-2　土星的 21 颗远距离卫星的光度参数

卫星名称	Emelyanov，2003		Emelyanov，Uralskaya，2011	
	H_V	$V-R$	H_R	G_R
土卫十九(S19)	11.81 ±0.02	0.01 ±0.06	11.97 ±0.14	0.25
土卫二十(S20)	11.27 ±0.04	−0.04 ± 0.12	11.62 ±0.20	0.78
土卫二十一(S21)	12.61 ±0.07	0.19 ±0.15	12.65 ±0.22	0.77
土卫二十二(S22)	12.85 ±0.12	−0.14 ± 0.22	13.03 ±0.27	0.64
土卫二十三(S23)	14.08 ±0.08	0.68 ±0.46	14.50 ±0.22	1.69
土卫二十四(S24)	12.43 ±0.16	0.27 ±0.32	12.32 ±0.29	0.61
土卫二十五(S25)	14.28 ±0.08	0.95 ±0.52	14.43 ±0.29	1.48
土卫二十六(S26)	10.87 ±0.01	0.42 ±0.06	11.15 ±0.39	0.81
土卫二十七(S27)	14.04 ±0.11	0.64 ±0.52	14.26 ± 0.14	1.20
土卫二十八(S28)	13.27 ±0.15	0.57 ±0.34	13.28 ±0.25	0.27
土卫二十九(S29)	10.24 ±0.02	0.27 ±0.04	9.91 ±0.10	−0.30
土卫三十(S30)	13.73 ±0.08	−0.22 ± 0.30	14.01 ±0.19	0.48

根据 MPC 中的观测结果，可以确定天王星 9 颗远距离卫星和海王星 5 颗远距离卫星的光度参数。在这些卫星中，格拉夫等人（Grav et al.，2004）给出了天王星的 6 颗卫星和海王星的 1 颗卫星的 H_V 和颜色指数 $V-R$ 的值。表 11-3 给出了与文献（Emelyanov，Uralskaya，2011）的比对结果。对于海卫九，格拉夫等人（Grav et al.，2004）发表了两个版本的参数，第一个是由麦哲伦天文台 6.5 m 克莱望远镜观测获得的；第二个版本（表 11-3 中用 ∗∗ 标记）是使用 10 m 凯克Ⅱ望远镜获得的。

表 11-3　天王星 6 颗远距离卫星和海王星 1 颗卫星的光度参数

卫星名称	Grav et al.，2003		Emelyanov，Uralskaya，2011	
	H_V	$V-R$	H_R	G_R
天卫十六(U16)	9.16 ± 0.04	0.57 ± 0.03	8.86 ± 0.21	1.14
天卫十七(U17)	7.50 ± 0.04	0.62 ± 0.01	7.59 ± 0.19	1.45
天卫十八(U18)	10.56 ± 0.05	0.39 ± 0.04	10.28 ± 0.14	1.22
天卫十九(U19)	10.57 ± 0.05	0.35 ± 0.03	10.12 ± 0.21	−0.28
天卫二十(U20)	11.69 ± 0.17	0.67 ± 0.22	11.13 ± 0.20	−0.13
天卫二十一(U21)	11.92 ± 0.18	0.35 ± 0.19	12.42 ± 0.22	1.25
海卫九(N9)	9.01 ± 0.07	0.29 ± 0.08	9.44 ± 0.29 ∗	—
—	9.74 ± 0.08	0.47 ± 0.12 ∗∗	—	—

在表 11-1 和表 11-3 中，我们用 ∗ 标记了未确定参数 G 的情况，并且这里的 H_R 实

际上是 $m(1, 1, \alpha^*)$。

根据表 11-1、表 11-2 和表 11-3 中数据的比较，可以看出，不同作者关于卫星的 H_R 参数在 3σ 误差内基本一致。文献（Emelyanov，Uralskaya，2011）将参数 G_R 作为模型的匹配参数，这意味着在大多数情况下，其值不能用于得出有关卫星表面特性的结论。从模型与观测值匹配示例图中可以看出，所用光度测量的精度显然不足以可靠地确定参数 G。

11.4.7　关于行星远距离卫星光度参数估计的结论

由于埃梅利亚诺夫和乌拉尔斯卡亚（Emelyanov，Uralskaya，2011）所做的工作，从 MPC 中发布的观测数据可以得到木星、土星、天王星和海王星的所有 97 颗远距离卫星光度模型的相关参数，即零相位角下的绝对星等 H 和匹配参数 G。所得的参数与光谱 R 波段有关。大多数卫星绝对光度的确定精度为 $0.1 \sim 0.3$，所用观测值的准确性不足以可靠地确定参数 G。将获得的 H 值与其他作者发表的 27 颗卫星的光度测定结果进行比较，结果差异在 3σ 以内。根据获得的参数值 H、反照率和物质密度的假设值，可以确定卫星的大小及其引力参数。这些参数可在如下网址中查到：

http：//www. sai. msu. ru/neb/nss/html/multisat/paramhe. html

http：//nsdb. imcce. fr/multisat/paramhe. html

11.5　通过其他卫星的天体测量观测确定木卫六的质量

为了解决太阳系的起源和演化问题，需要了解行星和卫星的物理参数，以及它们的轨道运动特性。

行星的远距离卫星是非常小的天体，从地球上观测只能确定它们的光度，但质量、大小和反照率仍然未知。然而，如果接受关于卫星表面反射特性的假设，那么就可以计算出它们的大小。进一步，如果也接受关于卫星组成物质密度的假设，那么还可以计算卫星的质量。

了解远距离卫星的物理特性非常重要，特别是当人们在 20 世纪末和 21 世纪初发现了大量新的此类卫星时。2004 年 6 月，卡西尼航天器在通过土星附近时，直接测定了土星的一颗远距离卫星土卫九（S9）的质量（Jacobson et al.，2004）。

克里斯多夫（Christou，2005）关于木星的远距离卫星木卫六质量的研究受到了特别关注。这项工作证明了木卫六在长期引力作用下具有使一组近轨道卫星分散开的能力，并表明这种分散在很大程度上取决于木卫六的质量。

研究人员知道一种确定卫星质量的独立方法，这些卫星的运动受到其他卫星吸引力的影响。这种方法尤其适用于确定相互掩星期间小行星的质量（Michalak，2001）。以这种方式确定质量的可靠性，在很大程度上取决于观测的准确性和天体相互扰动的大小。

埃梅利亚诺夫（Emelyanov，2005a）曾试图通过木卫六对另一颗卫星的引力影响来直接确定木卫六的质量，另一颗卫星的运动是从地球上观测到的。

　　首先，从原理上评估了以引力的方式确定木星远距离卫星质量的可能性。最近发现的卫星被排除在考虑范围之外，因为它们的质量非常小。这里选取了两个独立的卫星组，第一组是距离木星 $10^7 \sim 1.3 \times 10^7$ km 的卫星，包括木卫六（J6）、木卫七（J7）、木卫十（J10）和木卫十三（J13）；第二组是距离木星 $2 \times 10^7 \sim 2.5 \times 10^7$ km 的卫星，包括木卫八（J8）、木卫九（J9）、木卫十一（J11）和木卫十二（J12）。然后，可以根据对其他卫星运动的扰动来确定每组中质量最大的那颗卫星的质量。木卫六（J6）就是第一组中质量最大的卫星，木卫八（J8）就是第二组中质量最大的卫星。

　　利用仿真数据，埃梅利亚诺夫（Emelyanov，2005b）基于所有可用的观测结果，构建了木星远距离卫星的运动模型。

　　基于运动模型，对于这两组卫星中的每一颗卫星，以 90 天为步长，计算其从 1905—2003 年的地心赤经和赤纬。这种仿真结果使用随机数生成器来产生随机误差，随机误差的数学期望为零，离散度一定。假设只有质量最大的卫星的质量不为零，对于木卫六（J6），引力参数的值取为 0.45 km³/s²，对于木卫八（J8），则为 0.013 km³/s²，这些值是之前文献中给出的。

　　使用第 6 章中所述的通过观测数据对运动参数进行精化的方法，在精化的参数中，包括了求解卫星运动微分方程的初始条件参数以及其中质量最大天体的引力参数 Gm，同时联合求解了每组 4 颗卫星的参数。观测误差的残差在 0.2″内，并用最小二乘法对参数的精度进行了估计。

　　基于该仿真，获得的卫星质量与其模型值的差异小于最小二乘法估计的误差。同时，确定了模型观测误差与扰动卫星质量误差之间的关系。观测误差定义为卫星精确位置与带误差的位置之间的角度误差。同时，计算了这些误差的均方根值 σ_d。用最小二乘法确定了扰动卫星重力参数的误差 σ_{Gm} 的均方根值与 σ_d 的关系，对于木卫六（J6）

$$\sigma_{Gm} = 0.031 \sigma_d$$

对于木卫八（J8）

$$\sigma_{Gm} = 0.032 \sigma_d$$

式中，σ_d 的单位为角秒；σ_{Gm} 的单位为 km³/s²。

　　从这些关系可以得出，如果观测误差为 0.2″，那么确定木卫六引力参数的误差将为 0.006 2 km³/s²，即模型值的 1.4%。对于木卫八（J8），在这种情况下，误差将为 0.064 km³/s²，是 Gm 估计值的 5 倍。

　　基于仿真进行的研究是一种理想情况，在根据实际观测确定参数时，得到的结果会更差些。考虑到目前远距离卫星的地面观测精度约为 0.2″，显然不可能用这种方法确定木卫八（J8）的质量。然而，对于木卫六来说，仍有希望确定其质量。

　　此外，埃梅利亚诺夫（Emelyanov，2005a）研究了观测对扰动卫星质量变化的敏感性，结果表明，灵敏度函数 $\Phi(t)$ 依赖于时间 t

$$\Phi(t) = \sqrt{\left(\frac{\partial \alpha}{\partial m}\right)^2 + \left(\frac{\partial \delta}{\partial m}\right)^2} \tag{11-7}$$

灵敏度函数值越大则质量确定的可能性越高。事实证明，在两颗卫星接近的情况下，灵敏度函数会急剧增加。当木卫六（J6）和木卫七（J7）之间的距离降至 65 031 km 时，灵敏度函数显著增加，该事件发生在 1949 年 7 月 15 日。这是一次重要的交会事件，因为两颗卫星到该行星的平均距离只有 1 200 万 km。1938 年发现的木卫十（J10）与木卫六（J6）发生了两次交会，分别是 1954 年 7 月 9 日，最近距离 454 216 km，以及 1954 年 11 月 19 日，最近距离 168 891 km。

仿真实验表明，当观测时刻在交会时刻附近时，最有利于扰动卫星质量的确定。质量确定的准确度随着这些观测时刻的增加而提高。显然，交会距离越近，质量确定结果越准确。

关于木卫六（J6）质量的确定，将木卫十（J10）的观测值与木卫七（J7）的观测值相加后，质量的精确度没有变化。这一结果的一个重要原因是 1949 年 7 月 15 日木卫六（J6）和木卫七（J7）之间的交会距离非常近。

测定木卫六（J6）质量的观测数据与埃梅利亚诺夫（Emelyanov，2005b）测定卫星轨道参数所用的数据相同。由于一些数据明显不准确，少数观测结果被排除在外。这里研究了卫星质量确定与不同观测结果组合的关系，结果见表 11 - 4。可以得出结论：质量误差对观测组合的依赖性相当弱，这表明了计算结果的可靠性。

表 11 - 4　重力参数结果

N J7	N' J7	N J10	σ_d/($''$)	σ_{Gm}/(km^3/s^2)	Gm/(km^3/s^2)
326	38	143	0.564	0.039	0.270
326	38	—	0.551	0.041	0.310
315	36	136	0.529	0.038	0.278
315	36	—	0.521	0.039	0.297
280	24	120	0.454	0.037	0.278
280	24	—	0.442	0.039	0.284

埃梅利亚诺夫（Emelyanov，2005a）得出结论，从观测中得到的木星远距离卫星木卫六（J6）的引力参数的最可靠值为（0.28 ±0.04）km^3/s^2。该值与 JPL 太阳系动力学公告给出的值 0.45 km^3/s^2 存在显著差异（https：//ssd.jpl.nasa.gov/）。

另外，埃梅利亚诺夫等人（Emelyanov et al.，2007）的研究表明，通过地面观测，不可能以同样的方式获得木星、土星、天王星和海王星的任何其他远距离卫星的质量。

文献（Emelyanov et al.，2005a）发表 12 年后，布罗佐维奇和雅各布森（Brozovic，Jacobson，2017）完成了确定远距离卫星木卫六（J6）质量的工作。与埃梅利亚诺夫（Emelyanov，2005a）的研究相比，他们使用了一组非常长时间间隔的观测结果，包括 1949 年之前对木卫七（J7）进行的 129 次观测，以及 1905—2016 年间的总共 1 876 次观测。这些观测包括木卫十（J10）与木卫六（J6）交会前的 44 次观测，以及从 1938—2016 年时间间隔内的 772 次观测，最终得到木卫六（J6）的引力参数为：Gm =（0.13 ±

0.02)km^3/s^2(1σ)。然而，布罗佐维奇和雅各布森（Brozovic，Jacobson，2017）得出结论，木卫六（J6）的引力参数在 0.13 ~ 0.28 km^3/s^2 范围内。

波尔科等人（Porco et al.，2003）利用卡西尼航天器观测到的卫星平均尺寸，估算了木卫六（J6）的密度。木卫六（J6）的半径取为 67.5 km，如果取 $Gm = 0.13$ km^3/s^2，则密度等于 1.55 g/cm^3。如果取 $Gm = 0.28$ km^3/s^2，相应的密度为 2.26 g/cm^3。

参 考 文 献

[1] Arlot, J. - E. , Emelyanov, N. V. , 2009. The NSDB natural satellites astrometric database. Astronomy and Astrophysics 503, 631 - 638.

[2] Bauer, J. M. , Grav, T. , Buratti, B. J. , Hicks, M. D. , 2006. The phase curve survey of the irregular saturnian satellites: a possiblemethod of physical classification. Icarus 184, 181 - 197.

[3] Bowell, E. , Hapke, B. , Domingue, D. , Lumme, K. , Peltoniemi, J. , Harris, A. W. , 1989. Application of photometric models to asteroids. In: Binzel, R. P. (Ed.), Asteroids II. Univ. Arizona Press, Tucson, pp. 524 - 556.

[4] Brown, R. H. , Cruikshank, D. P. , Pendleton, Y. , Veeder, G. J. , 1999. NOTE: water ice on Nereid. Icarus 139 (2), 374 - 378.

[5] Brozovic, M. , Jacobson, R. , 2017. The orbits of Jupiter's irregular satellites. Astronomical Journal 153 (4), 147.

[6] Buratti, B. J. , Soderlund, K. , Bauer, J. , et al. , 2008. Infrared (0. 83 - 5. 1 μm) photometry of Phoebe from the Cassini visual infrared mapping spectrometer. Icarus 193 (2), 309 - 322.

[7] Christou, A. A. , 2005. Gravitational scattering within the Himalia group of Jovian prograde irregular satellites. Icarus 174 (1), 215 - 229.

[8] Degewij, J. , Zellner, B. , Andersson, L. E. , 1980a. Photometric properties of outer planetary satellites. Icarus 44, 520 - 540.

[9] Degewij, J. , Cruikshank, D. P. , Hartmann, W. K. , 1980b. Near - infrared colorimetry of J6 Himalia and S9 Phoebe - a summary of 0. 3 - to 2. 2 - micron reflectances. Icarus 44, 541 - 547.

[10] Descamps, P. , Arlot, J. E. , Thuillot, W. , Colas, F. , Vu, D. T. , Bouchet, P. , Hainaut, O. , 1992. Observations of the volcanoes of Io, Loki and Pele, made in 1991 at the ESO during an occultation by Europa. Icarus 100 (1), 235 - 244.

[11] Emelyanov, N. V. , 2005a. The mass of Himalia fromthe perturbations on other satellites. Astronomy and Astrophysics 438, L33 - L36.

[12] Emelyanov, N. V. , 2005b. Ephemerides of the outer Jovian satellites. Astronomy and Astrophysics 435, 1173 - 1179.

[13] Emelyanov, N. V. , Vashkovyak, S. N. , Sheremet'ev, K. Yu, 2007. Determination of themasses of planetary satellites fromtheir mutual gravitational perturbations. Solar System Research 41 (3), 203 - 210.

[14] Emelyanov, N. , 2010. Precision of the ephemerides of outer planetary satellites. Planetary and Space Science 58 (3), 411 - 420.

[15] Emelyanov, N. V. , Uralskaya, V. S. , 2011. Estimates of the physical parameters of remote planetary satellites. Solar System Research 45 (5), 377 - 385.

[16] Fernandez, Y. R. , Sheppard, S. S. , Jewitt, D. C. , 2003. The Albedo distribution of Jovian Trojan

asteroids. Astronomical Journal 126 (3), 1563 - 1574.

[17] Gladman, B. , Kavelaars, J. J. , Holman, M. , et al. , 2001. Discovery of 12 satellites of Saturn exhibiting orbital clustering. Nature 412 (6843), 163 - 166.

[18] Goguen, J. D. , Sinton, W. M. , Matson, D. L. , Howell, R. R. , Dick, H. M. , Johnson, T. V. , Brown, R. H. , Veeder, G. J. , Lane, A. L. , Nelson, R. M. , Mclarren, R. A. , 1988. Io hot spots: infrared photometry of satellite occultations. Icarus 76, 465 - 484.

[19] Grav, T. , Holman, M. J. , Gladman, B. J. , Aksnes, K. , 2003. Photometric survey of the irregular satellites. Icarus 166 (1), 33 - 45.

[20] Grav, T. , Holman, M. J. , 2004. Near - infrared photometry of the irregular satellites of Jupiter and Saturn. Astrophysical Journal 605 (2), L141 - L144.

[21] Grav, T. , Holman, M. J. , Fraser, W. C. , 2004. Photometry of irregular satellites of Uranus and Neptune. Astrophysical Journal 613 (1), L77 - L80.

[22] Grav, T. , Bauer, J. , 2007. A deeper look at the colors of the saturnian irregular satellites. Icarus 191 (1), 267 - 285.

[23] Jacobson, R. A. , Antreasian, P. G. , Bordi, J. J. , Criddle, K. E. , Ionasescu, R. , Jones, J. B. , Meek, M. C. , Owen Jr. , W. M. , Roth, D. C. , Roundhill, I. M. , Stauch, J. R. , 2004. The orbits of themajor Saturnian satellites and the gravity field of the Saturnian system. American Astronomical Society, DPS meeting N36, id. 15. 02 Bulletin of the American Astronomical Society 36, 1097.

[24] Jewitt, D. , Haghighipour, N. , 2007. Irregular satellites of the planets: products of capture in the early solar system. Annual Review of Astronomy and Astrophysics 45 (1), 261 - 295.

[25] Maris, M. , Carraro, G. , Cremonese, G. , Fulle, M. , 2001. Multicolor photometry of the Uranus irregular satellites Sycorax and Caliban. Astronomical Journal 121, 2800 - 2803.

[26] Maris, M. , Carraro, G. , Parisi, M. G. , 2007. Light curves and colours of the faint Uranian irregular satellites Sycorax, Prospero, Stephano, Setebos and Trinculo. Astronomy and Astrophysics 472 (1), 311 - 319.

[27] Marsden, B. G. , 1986. Notes fromthe IAU General Assembly. Minor Planet Circulars. Nos. 10193 and 10194.

[28] Michalak, G. , 2001. Determination of asteroidmasses. II (6) Hebe, (10) Hygiea, (15) Eunomia, (52) Europa, (88) Thisbe, (444) Gyptis, (511) Davida and (704) Interamnia. Astronomy and Astrophysics 374, 703 - 711.

[29] Porco, C. C. , West, R. A. , McEven, A. , et al. , 2003. Cassini imaging of Jupiter's atmosphere, satellites, and rings. Science 299 (5612), 1541 - 1547.

[30] Rappaport, N. J. , Iess, L. , Tortora, P. , et al. , 2005. Gravity science in the saturnian system: the masses of Phoebe, Iapetus, Dione, and Enceladus. Bulletin of the American Astronomical Society 37, 704.

[31] Romon, J. , Bergh, C. , Barucci, M. A. , et al. , 2001. Photometric and spectroscopic observations of Sycorax, satellite of Uranus. Astronomy and Astrophysics 376, 310 - 315.

[32] Schaefer, B. E. , Schaefer, M. W. , 2000. Nereid has complex large - amplitude photometric variability. Icarus 146 (2), 541 - 555.

[33]　Simonelli, D. P. , Kay, J. , Adinolfi, D. , Veverka, J. , Thomas, P. C. , Helfenstein, P. , 1999. Phoebe: Albedomap and photometric properties. Icarus 138, 249 - 258.

[34]　Thomas, P. , Veverka, J. , Helfenstein, P. , 1991. Voyager observations of Nereid. Journal of Geophysical Research Supplement 96, 19253 - 19259.

第 12 章　行星卫星运动的最新模型和信息资源

12.1　行星卫星运动理论和星历的变体和版本变化

太阳系主要行星卫星运动理论具有很长的发展历史。从卫星被发现的那一刻起，人们就开始尝试对卫星的运动进行建模。在过去的几个世纪中，这些理论依赖于开普勒运动模型。在发展该理论的过程中，开普勒运动模型加入了各种因素的扰动。摄动椭圆模型已被广泛使用，并仍在不断发展。为了构建最精确的行星卫星运动的分析理论，研究人员推导了大量公式，这些分析模型同时用于计算星历和描述轨道的演化。

随着高速计算机的出现，行星卫星运动建模的一般问题根据目标分为两种不同的问题。

第一个也是最直接的目标是获得在不久的将来用于新观测和空间任务的星历。在这种情况下，卫星运动建模的时间间隔相对较小。因此，在高速计算机上对运动微分方程进行数值积分是非常有效的。当只需要对运动方程右侧的计算进行编程时，这些方法的实现非常简单。这让许多研究人员选择了这种方式。

当试图从观测值中改进运动参数时，会出现一个更复杂的问题，因为要对卫星在整个观测时间间隔内的运动进行建模，所以需要计算测量量相对于指定参数的偏导数。对于一些卫星来说，这个间隔已经达到 300 年。但即使是这些问题，也主要通过数值积分方法来解决。

行星卫星运动建模的另一个目标是描述轨道在最大可能时间间隔内的演化，这对于弄清楚行星和卫星的形成历史以及它们在未来的命运是必要的。在这种情况下，用数值积分方法求解是非常困难的，在某些情况下是不可能的。令人望而却步的计算时间成本、不可能可靠地估计解的精度，以及通常有限的精度，都是障碍。在这种情况下，我们不得不去尝试构造运动微分方程的解析解。然而，除了几个简单的力学模型外，几乎不可能得到一般问题的精确解析解。此外，在无限的时间间隔内，不存在有效的近似解析解。然而，分析方法使我们有可能建立轨道在很长时间间隔内演化的模型。

上面第 10 章讨论了行星卫星的运动演化问题，本章将致力于建立能计算行星卫星最精确的星历的运动理论和模型。在这方面取得进展的途径如下，在某个时刻，基于当时可用的所有观测数据，已经存在一个运动模型。观测者继续观测，获取新的天体测量数据，并将其发表在科学出版物上。这使得建立一组特定卫星的一个新版本运动模型和星历成为可能。通常，它是以可用的计算星历方式实现的，并可供所有想要使用它的人使用。有时，观测者会与能够构建运动理论的同事合作，共同发表新的运动模型。在这些情况下，有观测数据的人比同样有能力的同事有优势。在版本更迭中，某种运动模型保持最精确和最好的时间是非常不同的，有些理论在一两年内被新理论取代，有些却"活"了 20 年。

在卫星运动模型版本的更迭中，有两种情况非常重要。首先，同时存在两个或三个独立构建的模型，使我们能够检查和评估计算星历方法的准确性。如果有三个模型，其中两个给出了相似的结果，而第三个模型的结果与前两个模型的结果显著不同，那么第三个模型就值得怀疑。其次，需要保存以前的卫星运动模型。根据某些卫星运动理论获得的许多新的科学成果有时需要重生成和验证，为了使计算结果一致，需要使用之前的结果进行对照。

运动模型的构建者不时通过扩大观测数据范围来改进他们的工作，导致同一模型的多个版本出现。在某个时间，可能存在两个或两个以上由不同作者构建的卫星运动模型，这时我们讨论的不是版本，而是模型的不同变体。

至于所考虑的摄动因素和计算方法的精度，必须对其进行评估，以便理论和近似计算方法的应用假设不会使模型恶化超过观测误差。此外，仅评估已确定参数的精度是不够的，对于每个被舍弃的摄动因素，还需要确定其对星历精度的影响。通常情况下，运动模型的实现者试图使理论比观测更准确。

现在很清楚，一旦需要应用运动理论或计算特定卫星星历表进行研究，就有必要找出目前最准确可靠的模型。可靠性由所使用的观测值集合和观测时间间隔决定，还有模型是否容易应用，下节我们专门讨论如何获取特定卫星运动模型。

12.2　获得行星卫星数据库、运动模型和星历的方式

在现代信息技术时代，利用行星卫星运动模型建立者劳动成果的方式是非常多样化的。当然，数据库是一种技术性的合并，是解决问题和展示结果的手段，下面介绍一下这在实践中是如何实现的。

首先，我们指出了解决数据库和星历计算工具相关问题的三种基本方法。在初始状态下，这些工具由两个元素组成：数据文件和使用这些数据的计算机程序。用户的使用流程如图 12-1 所示。

第一种方法是，用户将所有必要的文件复制到本地计算机上，并将读取这些数据的子程序插入用于解决问题的用户程序中，用户程序在必要时调用获取星历数据的子程序，所有计算都发生在解决问题的程序中。美国喷气推进实验室（Acton et al.，2015）开发的 SPICE 程序和数据系统就是此类工具一个很好的例子，它的网址为 https：//naif. jpl. nasa. gov/naif/toolkit. html。

第二种方法是，数据库只位于世界上的一台计算机上，还有一个计算机程序可以通过互联网被访问，这就是所谓的 Web 服务器。用户从本地启动一个 Web 浏览器，通过页面与相应的 Web 服务器进行通信。网络浏览器程序（Internet Explorer、Microsoft Edge）允许用户生成请求并以文件的形式接收他/她感兴趣的数据。然后用户可以运行一个程序

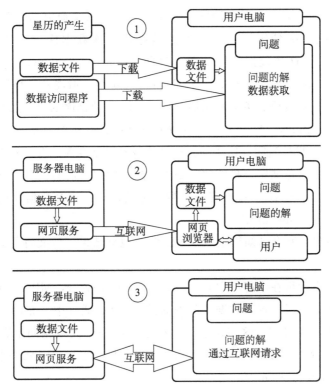

图 12-1　三种处理数据库和行星卫星星历服务的方法

来解决他的问题，该程序将使用由互联网获得的文件。

第三种方法是，当用户的计算机程序在其工作中通过互联网访问另一台计算机甚至另一个国家的数据库，从远程计算机获取必要的数据并继续计算时，这种方法是有效的。要做到这一点，一个名为 Web 服务的程序必须在远程计算机上运行，这种技术主要由计算机能力强的用户使用。

请注意，所描述的三种方法既用于从数据库提取数据，也用于计算行星卫星的星历。

最根源的元素是数据库。就我们而言，这些数据库主要是卫星观测数据库。同时有两种方法，第一个是希望自动化使用观测结果，这不可避免地导致需要观测结果的归一化。归一化与基于坐标系和时间尺度的某些方法和模型的一些初步数据处理有关，因此数据变得依赖于模型，这会导致困难，有时会产生误解。例如，在 B1950 历元赤道坐标系中转换使用旧星历表获得的卫星源坐标时，需要使用各种进动模型转到 J2000 历元坐标系。如果已经在数据库中校正了进动坐标，那么就不能再用另一个进动模型对其进行修改。更糟糕的是，在将结果存入数据库之前，该结果进行了什么简化。出于这些原因，还使用了另一种方法，观测者按照自己的方式将行星卫星的观测结果存入数据库，同时附上对这些数据的注释。

目前，通过互联网提供的行星卫星观测数据库并不多。在不深入介绍数据构成细节的情况下，我们列出了互联网上可用的观测数据库。

首先，我们给出一个由莫斯科国立大学斯特恩伯格天文研究所（SAI MSU）和法国巴黎梅卡尼科学院（IMCCE）合作开发的数据库。该数据库缩写为 NSDB（Natural Satellites Database）。这些数据的地址可通过网址（http：//www. sai. msu. ru/neb/nss/indexr htm）和（http：//nsdb. imcce. fr/obspos/）获得。请注意，该数据库在互联网页面上以三种语言提供：俄语、英语和法语。创建 NSDB 数据库的公告及其简要说明可查阅文献（Arlot，Emelyanov，2009）。观测数据库由两部分组成。第一部分暂定名为 NSDB1，已经编译了很长时间，使用的原则是将观测数据准确地按其发布时的组成和形式存储。事实上，这些是论文中表格的数字副本，附有使用所需的说明。第二部分是标准天体测量数据，简写为 NSDB2，数据有一个标准化的形式，这个数据库的网址为 http：//nsdb. imcce. fr/nsdb/home. html。

NSDB 数据库包含所有已知行星卫星的已发布观测结果，后文将更详细地介绍 NSDB 数据库。

另一个观测数据库可在小行星中心（Minor Planet Center，MPC）网站上获得，该数据库仅有行星远距离卫星的观测数据。此处提供了 MPC 通告中公布的结果，该数据库中的观测数据格式为标准格式，这与发表的小行星观测报告大致相同。有关数据格式的说明，请访问 MPC 网站。该网站上的页面地址有时会更改，因此我们提供共享地址 http：//minorplanetcenter. net/iau/mpc. html。

有关大行星远距离卫星观测的文件可从以下页面获得 http：//www. minorplanetcenter. net/iau/ECS/MPCAT－OBS/MPCAT－OBS. html。

巨行星外部的自然不规则卫星

一些天文台有自己的行星卫星观测数据库，像普尔科沃天文台就有行星及其卫星观测数据的数据库。此数据库地址为 http：//puldb. ru/db/sdb. php，该天文台关于太阳系天体观测数据的另一个更通用的数据库地址为 http：//puldb. ru/db/index. php，该数据库的访问页面允许我们选择特定卫星在给定观测年份或所有年份的观测结果。

美国海军天文台（USNO）的弗拉格斯塔夫站拥有自己的行星和卫星观测数据库，网址为 http：//www. usno. navy. mil/USNO/astrometry/optical－IR－prod/sols－ys/fastt－plansat。弗拉格斯塔夫站天文扫描凌日望远镜的观测数据，可以通过相应年份的超链接进行访问。

美国加利福尼亚州的桌山天文台对行星和卫星的天体观测数据网址为 https：//ssd. jpl. nasa. gov/dat/planets/ccdl. tmo. html。

除了行星卫星观测数据库外，卫星物理参数数据库也很有用。互联网上也有少量这样的数据库，下面列出了其中一些。在 NSDB 数据库（SAI MSU－IMCCE）的"参数和常量"页面。首先输入 NSDB 网址，然后点击"数据库"—"参数和常量"，就可以访问如下关于卫星物理参数的内容了：

—卫星的质量；

——卫星的大小；

——卫星的光度特性；

——卫星旋转参数。

行星卫星物理参数的另一个数据来源是美国加利福尼亚技术研究所喷气推进实验室的太阳系参考和信息系统动力学，网址为 https：//ssd. jpl. nasa. gov/。

NSDB（SAI MSU – IMCCE）内创建了唯一一个专门的自然行星卫星目录数据库。必须首先进到 NSDB 网址，然后选择数据库——目录。

当然，天文学文献数据库涵盖了关于自然行星卫星研究的全部内容：SAO/NASA 天体物理数据系统摘要服务，网址为 http：//adsabs. harvard. edu/abstract_ service. html。

下面考虑一下通过互联网计算自然行星卫星星历的可用方法，也称为星历服务器或简称为星历。

计算行星卫星星历的最先进工具之一是 MULTI – SAT 服务器，它是由法国巴黎的天文星历计算研究所（Institut de Mécanique céleste et de calcul des éphémérides）和俄罗斯莫斯科国立大学斯特恩伯格天文研究所天体力学系共同创建、维护的。埃梅利亚诺夫和阿洛特（Emelyanov，Arlot，2008）发布了包括 MULTI – SAT 服务器创建的公告和简要说明。MULTI – SAT 服务器的地址可在 IMCCE 网站（http：//nsdb. imcce. fr/multisat/），以及 SAI MSU 网站（http：//www. sai. msu. ru/neb/nss/html/multisat/）上查询。

下面将详细介绍该工具：

美国（Giorgini et al.，1996）为计算行星卫星星历而开发的另一个工具是 HORIZONS JPL 星历服务器，该服务器使得可以通过网页来获取星历，网址为 http：//ssd. jpl. nasa. gov/horizons. cgi。

该工具不仅可以计算行星天然卫星的星历，还能计算太阳系中几乎所有天体的星历。

小行星中心（MPC）有一个用于计算行星远距离卫星星历的 Web 服务，网址为 http：//www. minorplanetcenter. net/iau/NatSats/NaturalSatellites. html。

位于俄罗斯圣彼得堡的俄罗斯科学院应用天文学研究所（IAA RAS）开发了主要行星卫星的原始运动模型（Kosmodamianskii，2009；Poroshina，2013）。

在基于观测的行星运动建模方面的一项重大成就是 IAA RAS 开展的一系列行星和月球星历（Ephemeris of Planets and Moon，EPM）研究工作，包括太阳系各大行星、太阳、月球、3 颗最大的小行星（谷神星、帕拉斯和灶神星）和 4 颗横贯海王星的天体（厄里斯、马克梅克、豪梅亚和塞德纳）。此外，EPM 还包括月球物理天平动的星历，以及动力学时和地球时差 TT – TDB。EPM 星历覆盖的时间间隔超过 400 年（1787—2214 年），详细的星历描述见网址 http：//iaaras. ru/en/dept/ephemeris/epm/。

IAA RAS 创建了一个交互网站，用于计算行星和天然卫星的星历，网址为 http：//iaaras. ru/en/dept/ephemeris/online/。选择计算值时支持多组值：观测日期和不同格式的计算值，开始日期和步长，地球上各个点的地心和地心坐标等。为了计算木星、土星、天王星和海王星及其天然卫星的星历，使用了基于 IAA RAS 开发的运动微分方程数值积分的模型。此外，还提供了相应卫星的各种其他作者的理论，以及 DE 和 INPOP 行星星历的不同变体版本（在网站末尾的"参考资料"中给出）。

请注意，MULTI－SAT、HORIZONS、MPC 和 TAA 星历服务器页面上的星历申请表有显著不同，一个重要的区别是计算星历时给出的有效位数。MPC 服务器以角秒为单位给出卫星的地心坐标，HORIZONS 服务器以 0.001 角秒为单位给出。MULTI－SAT 和 LAA 服务器在小数点后给出 6 位有效数字（以角秒为单位）。这些属性不能反映不同服务发布的星历的准确性，只是展示的局限性而已。

12.3　MULTI－SAT 星历服务器功能

提供行星卫星星历最先进的工具之一是 MULTI－SAT 服务器，它是从 2002 年开始在罗蒙诺索夫莫斯科国立大学斯滕伯格天文研究所开发的。在与法国巴黎的天文星历计算研究所的合作下，该行星卫星星历服务不断得到支持和发展。当发现新的卫星时，它们的星历会被添加到该服务器中。随着新的、更先进的运动模型的出现，它们也被添加到服务工具中。关于 MULTI－SAT 星历服务器创建的报告发表在文献（Emelyanov，Arlot，2008）中。

MULTI－SAT 服务器的一个重要特性是，它不仅允许我们计算卫星的星历，还允许我们计算从水星到冥王星的所有主要行星的星历，以及太阳和月球的星历。

世界上有各种行星卫星星历服务。MULTI－SAT 星历服务器与我们在这里列出的其他类似服务器相比，具有下列特点和优势：

1）星历是为火星、木星、土星、天王星、海王星和冥王星的所有天然卫星计算的，人们根据观测结果构建了这些卫星的运动模型。

2）以方便的形式从互联网页面上访问星历，可以选择各种坐标系、时间尺度、输出值类型。

3）可以输入卫星观测结果表，获得"O－C"的结果——将观测结果与理论进行比较的结果。观测值数量不受限制。

4）可以用图形显示卫星相对于行星的明显位置。

5）可以获得卫星在行星中心坐标系中的坐标、开普勒吻切轨道根数及平根数。

6）除了卫星的坐标，还可以计算行星的天体坐标。

7）可以从 IMCCE、JPL 和俄罗斯科学院应用天文学研究所（Pitjeva，2013；Pitjeva，Pavlov，2017）开发的 10 种现代行星理论中任意选择一种。

8）计算了卫星相互掩蚀的星历。在这种情况下，卫星的日心相对坐标是用一种特殊的方法来计算光行时的。

9）可以得到所有行星相互掩蚀，以及卫星被行星掩蚀的星历和情况。

10）给出了卫星星历的各种值：卫星的视星等，卫星、地球和太阳的行星中心角坐标，太阳相位，行星的视尺寸，卫星的测站系坐标。

　　下面更详细地介绍选择时间尺度和坐标系选项的可能性。

　　时间可以选择 UTC 尺度或 TT 尺度。

　　用于确定赤道天球坐标系的赤道和春分点的菜单提供以下选项：

　　J2000——坐 标 系 由 行 星 理 论 的 选 择 决 定。对 于 在 JPL（DE405/LE405，DE406/LE406，…）、IMCCE（INPOP）或 IAA. RAS（EPM‑2015）中开发的理论，J2000 坐标系与 ICRF 系统一致。如果选择行星理论 VSOP87 或 DE200，坐标系统将与这些理论一致。

　　ICRF——将所有源坐标转换为该坐标系下的坐标。如果选择行星理论 DE200/LE200 或 VSOP87，则卫星或行星的坐标首先转换到文献（Standish，1982）中描述的 FK5 坐标系，然后使用文献（Feissel，Mignard，1998）中描述的转换公式转移到 ICRF 坐标系。

　　FK5——按照上面的规定对坐标系统进行转换。

　　Mean of the date（IAU76）——首先，将坐标转换为 FK5 坐标系，然后根据 1976 年 IAU 决议规定的进动公式转换为该历元赤道和春分点坐标系。

　　True of the date（IAU76，IAU80）——首先，将坐标转换为上一段所述日期纪元的平均赤道和平春分点对应的坐标系，然后根据 IAU 法规 1980（Seidelmann，1980）规定的算法，考虑章动，将坐标转换为历元真赤道和真春分点对应的坐标系。

　　Apparent（IAU76，IAU80）——这与上一段中描述的对真赤道和真春分点的变换相同，但坐标不再是天体测量的，而是瞬时的。参考文献（Seidelmann，1992；Simon et al.，1997）中描述了如何获得视坐标。请注意，在 MULTI‑SAT 服务器中，当我们根据 IAU80 标准启用章动计算时，实际上使用了更精确的地球自转数据。如何做到这一点，在第 5 章末尾进行了描述。

　　B1950——坐标转换为基于 FK4 星表的系统。IAU 决议推荐了相关公式和算法（Aoki et al.，1983）。这种转换考虑了像差表达式中的 E 项，并取决于观测时间或星历。

　　B1900——与上一段类似，只有在 FK4 系统中进行坐标变换后，才根据 Newcomb 进动公式将它们额外转移到 B1900 纪元的中间赤道和春分点系统。

　　还有一些菜单项提供了与前几段类似的转换，但根据 1948 年的 IAU 决议，使用了 Newcomb 进动模型和章动。包括以下项目：历元平均（Newcomb）、当年 1 月 1 日平均值（Newcomb）、历元真（Newcomb，IAU1948）、瞬时真（Newcomb，IAU1948）。

　　应该注意的是，在 MULTI‑SAT 服务器中，瞬时坐标系中的所有星历都是在不考虑太阳引力引起的光束曲率的情况下计算的。

　　请注意，除 ICRF 外，其他坐标系最近尚未使用。然而，MULTI‑SAT 服务器使得将星历转换成过去几个世纪使用的系统成为可能。这样做是为了能够将过去几个世纪发表在论文中的旧观测结果与星历进行比较。

　　MULTI‑SAT 服务器的行星卫星星历服务在给定时间点，会发布选定卫星或行星的赤经和赤纬，或两个天体（卫星和行星或两颗卫星）的坐标差，称为相对坐标。此外，如第 5 章所述，相对坐标可以是微分坐标或切向坐标。

　　在 MULTI‑SAT 服务器的特殊菜单中，提供了以下输出数据类型选项：

Alpha，Delta（时，分，秒的小数部分）——给定时间的赤经和赤纬。

Delta（Alpha），Delta（Delta）（″）——给定时间两个天体的赤经和赤纬的差。

Diff. X，Y（″）——相对坐标 $X = \Delta\alpha\cos\delta$，$Y = \Delta\delta$，其中 $\Delta\alpha$，$\Delta\delta$ 是两个天体赤经和赤纬的差值，δ 是确定相对坐标的天体赤纬。

Diff. S（″），Position angle（°）——与上一段类似，但不是 X、Y，是角距离和角位置。

Diff. Inclination（°）、A、B（″）——在通过行星极点 I 旋转一定的位置角，得到天体相对坐标系 A 和 B，坐标关系由公式 $X = A \cdot \cos I + B \cdot \sin I$，$Y = -A \cdot \sin I + B \cdot \cos I$ 给出。行星极点 I 的角位置在 A 和 B 之前给出。

Tang. X，Y（″），Tang. S（″），Position angle（″），Tang. Inclination（°），A，B（″）——与前面的段落类似，但坐标是相切的（见第 5 章中的说明）。

Pseudo‑heliocentric X，Y，Pseudo‑heliocentric S，Position angle——与前几段类似，但坐标是日心的，有一个确定光时的特殊程序，以模拟两颗卫星的相互掩蚀。第 5 章给出了这种坐标的解释。

x，y，z，Vx，Vy，Vz Geo‑equatorial——生成选定卫星相对于行星中心或相对于另一选定卫星的地球赤道直角位置和速度分量，坐标轴与地心赤道坐标系的轴相互平行。

x，y，z，Vx，Vy，Vz Geo‑ecliptic——与上一段类似，但坐标轴对应于地心黄道。

x，y，z，Vx，Vy，Vz Geo‑planetocentric——与上一段类似，但坐标轴对应于行星赤道的平面。在这个系统中，x 轴指向质心赤道上行星赤道的升交点。

Kepler osculat. orbit（geo‑equat.）——开普勒瞬根，其吻切时刻对应于给定的时间点。轨道根数在质心赤道坐标系。在表格的末尾，将呈现轨道的平均运动，半长轴，偏心率和倾角的最小值、平均值和最大值。

Kepler osculat. orbit（geo‑eclipt.）——与上一段类似，但坐标系是质心黄道。

Kepler osculat. orbit（planeto‑equat.）——与上一段类似，但使用行星赤道坐标系。

R，Alpha，Delta Geo‑planetocentric ——地球赤道坐标系中的行星中心距离（单位：km）、赤经和赤纬［单位为（°）］。

Plan‑equat. lat.，long.，sideral of sat. ——卫星相对于行星赤道的恒星纬度和经度。经度是从地球赤道平面上行星赤道的升交点开始测量的。

Plan‑equat. lat. Earth.，lat. long. synodic of sat. ——地球相对于行星赤道的行星中心纬度，行星赤道坐标系中卫星的同向行星中心纬度和经度。卫星的经度是相对于地球矢量在行星赤道上的投影来测量的。

Plan‑equat. lat. Sun，lat. long. heliocentr. of sat. ——太阳相对于行星赤道的行星中心纬度，行星赤道坐标系中卫星的行星中心纬度和经度。卫星的经度是相对于太阳矢量在行星赤道上的投影来测量的。

Topoc. alt.，azim. of sat.，alt.，azim. of the Sun——卫星的站心角坐标：高度、方

位角以及时角，太阳的站心俯仰角和方位角，月相（新月为 0.0，满月为 1.0）。如果选择行星质心作为观测点，则坐标值为零。应该注意的是，当将坐标转换为给定地面点的水平系统时，只考虑地球自转轴的进动，大气折射没有被考虑在内，光束的引力曲率也没有考虑在内。

Dist. Sun. - Plan.，app. plan. R，Phase，magn. of sat. ——行星和太阳之间的地心角距离、行星的视角半径以及所选卫星的大小。

下面就 MULTI - SAT 行星卫星星历服务器发布的各种数据类型进行一些说明。

1）地球和太阳行星质心的行星赤道坐标允许我们计算主要行星的主要卫星可能相互掩星和日食的周期。由于这些卫星的轨道位于行星赤道平面附近，相互掩蚀现象正好发生在地球和太阳的纬度接近于零的时间段。

2）在卫星同步旋转的情况下，卫星的同向行星中心经度（相对于地球方向测量）能立即确定卫星哪一面朝向观测者。事实上，在任何给定时间，卫星上的中心视子午线的卫星图经度等于卫星的同向行星中心经度加上 180°。同步卫星的卫星图经度是在卫星体上从行星反方向测量到卫星旋转方向。简单地说，如果卫星的同向行星中心经度为 0°，那么对于地球上的观测者来说，卫星位于行星的前方。如果这个经度是 180°，那么卫星就在行星后面。

3）行星自转轴相对于地球观测者的方向可以通过两个给定的角度来确定。在坐标 A、B（见前述）之前，显示行星极点 I 的位置角。行星自转轴与天平面的倾角等于地球的行星中心赤道纬度（见前述）。如果这个角度是正的，意味着行星的北极向观测者偏转。特别是，可以确定从地球上可见的土星环的指向。

4）对于卫星观测来说，了解太阳和月亮的相位角以及卫星的大小是很重要的，选择菜单项时会显示这些值（见前述）。

12.4　MULTI - SAT 星历服务器中的理论和模型

行星大然卫星运动理论和模型的创建者们一直在致力于不断开发新版本，这方面的进展主要是由新观测结果的出现所保证的。当然，研究人员更想使用最新的版本。然而，在比较文献中的结果时，有时还需要使用行星卫星运动模型的早期版本。因此，在 MULTI - SAT 星历服务（SAI MSU - IMCCE）中，依然可以使用以前的一些模型版本计算星历。

MULTI - SAT 星历服务（SAI MSU - IMCCE）（Emelyanov 和 Arlot，2008）和美国的 HORIZONS JPL（Giorgini et al.，1996）服务中使用了行星卫星运动最新和最先进的模型。

在 MULTI - SAT 星历服务的页面上有一个表，其中列出了所有可能的卫星运动模型。当然，默认情况下，该服务包括每个卫星模型最新和最先进的版本。运动模型最显著的特征如下：

——所用观测的时间段和类型；

　　——星历表显示的时间段；

　　——模型类型。

　　其中，模型的类型可以是下面所述的某一种：运动方程的数值积分、运动分析理论、数值积分结果的分析表示、进动椭圆或更复杂的方法组合。

　　以下仅介绍默认情况下 MULTI - SAT 星历服务中使用的最先进的模型。在某些情况下，还考虑了替代模型。一些模型是为某些卫星的发现而建立的，该模型序列将对应从木星到冥王星及其卫星类型：主要卫星、近距离卫星和远距离卫星。某些模型的名称显示在 MULTI - SAT 星历服务的选项中，模型的作者在随后的模型描述部分给出。日期以 YYYY/MM/DD（年、月、日）的形式给出。

火星卫星火卫一和火卫二

　　从菜单中选择"Lainey（2015）"模式，这是由 IMCCE（法国巴黎）的研究员莱妮建立。运动微分方程通过数值积分方法求解，使用了 1877—2014 年间的所有地面观测数据，以及来自航天器的观测数据，包括来自火星探路者（MEX）航天器的最新数据。给出的星历表的时间段为 1869 年 12 月 31 日至 2123 年 7 月 3 日。关于模型创建的报告发表在阿洛特等人 2017 年的一篇文章中。与文献（Lainey et al.，2007）相比，这一模型仅在观测数据组成上有所不同。

木星的伽利略卫星

　　可从菜单 J1 - J4 中选择"Lainey 2009，V2.0"模式，该模型由 IMCCE（法国巴黎）的研究员莱妮构建。运动微分方程采用数值积分法求解，模型使用了 1891—2007 年间的所有地面摄影观测数据和子午线圈观测数据，以及 1973—2003 年间（每 6 年）卫星相互掩蚀的天文光度测量结果。给出的星历表的时间段为 1903 年 6 月 1 日至 2043 年 2 月 13 日。莱妮等人（Lainey et al.，2009）发表了一份关于创建该模型的报告。

木星的近距离卫星

　　该选项来自 J5、J14 - J16 菜单，作为"Adjusted on（Jacobson，2009）"选项。埃梅利亚诺夫（Emelyanov，2015）根据雅克布森（Jacobson，2013）的理论计算出这些卫星的星历，通过精化进动椭圆的参数构建了该模型。卫星星历时间跨度仅受行星星历时间跨度的限制。

木星的远距离卫星

　　木星的 8 颗远距离卫星，选项为 J6 - J13，该模型由埃梅利亚诺夫（Emelyanov，2005）发表。运动微分方程采用数值积分法求解。该模型发表后，根据更广泛的一系列观测结果进行了反复修订。当前版本的星历，使用了 1905—2016 年间的地面观测数据，给出的星历的时间间隔为 1905—2049 年。

新的木星远距离卫星

　　该模型由埃梅利亚诺夫和坎特（Emelyanov，Kanter，2005）发表，运动微分方程采用数值积分法求解。在发表后，该模型根据更广泛的一系列观测结果进行了反复修订。对不同卫星，使用了从 30 天到 12 年不同时间间隔的地面观测数据，最新的观测结果是在

2018 年获得的。大多数卫星的星历表时间间隔为 1974—2049 年，对于部分卫星，时间间隔要小一些。

土星的主要卫星

可从 S1 - S8 菜单中选择"Lainey et al.（2015）"模式，该模型由 IMCCE（法国巴黎）的研究员莱妮建立。运动微分方程采用数值积分法求解。所有地面观测均在 1885—2009 年观测的，其中包括 1995 年和 2009 年相互掩蚀现象的光度测量结果，以及 2004—2012 年卡西尼号航天器的观测结果。阿洛特等人（Arlot et al.，2017）发表了关于该模型构建的文章，给出的星历表的时间段为 1950 年 1 月 1 日至 2048 年 1 月 1 日。

土星的卫星，共轨运行的主要卫星

Helene S12、Telesto S13、Calypso S14 和 Polydeuce S34 菜单上的选项为"Lainey et al.（2015）"，由阿洛特等人（Arlot et al.，2017）发布。采用数值积分法求解运动微分方程，使用了地面观测数据（1980—1996 年）和卡西尼号航天器（2004—2012 年）的观测数据。显示星历表的时间段为 1950 年 1 月 1 日至 2049 年 5 月 16 日。阿洛特等人（Arlot et al.，2017）发表了一份关于创建模型的报告。

土星的近距离共轨卫星

从 S10、S11 菜单中选择"Nicholson et al.（1992）"项，卫星 Janus S10，Epimetheus S11。分析理论表明，卫星星历的时间间隔仅受行星星历时间间隔的限制，发表于文献（Nicholson et al.，1992）中。

土星的近距离卫星

可从 S15 - S18 菜单中选择"Jacobson et al.（2008）"项，卫星 Atlas S15，Prometheus S16，Pandora S17，Pan S18，Methone S32，Pallene S33 和 Daphnis S35。进动椭圆模型基于卡西尼号航天器（2004—2012 年）的观测数据。卫星星历的时间间隔仅受行星星历的时间间隔的限制，由雅克布森等人（Jacobson et al.，2008）发表。

土星的远距离卫星土卫九

运动微分方程采用数值积分法求解，使用了地面观测数据（1898—2012 年）和卡西尼号航天器的观测数据（2004—2012 年）。给出的星历表的时间段为 1875 年 7 月 1 日至 2022 年 6 月 30 日。文献（Desmars et al.，2013）是一份关于创建模型的报告。

土星新的远距离卫星

该模型由埃梅利亚诺夫和坎特（Emelyanov，Kanter，2005）发表，运动微分方程采用数值积分法求解。我们对不同的卫星，以不同的时间间隔（从 30 天到 12 年）使用地面观测数据。模型发布后，根据更广泛的系列观测，对模型进行了反复修订。给出的大多数卫星的星历表时间间隔为 1974—2049 年，对于某些卫星，间隔较小。

天王星的主要卫星

从菜单中选择项目"Lainey et al.（2015）"。采用数值积分法求解运动微分方程，该模型使用了 1874—2012 年的地面观测，旅行者 2 号（Voyager 2）航天器的观测数据，以及 2007—2008 年相互掩蚀现象的天文光度测量结果。星历表的时间跨度为 1847 年 1 月 0

日至 2145 年 1 月 2 日。该模型的第一个版本由莱妮（Lainey，2008）发表，阿洛特等人（Arlot et al.，2017）发表了基于更广泛观测数据的修订模型。

天王星的主要卫星

另一种模式是选择菜单上的"Emelyanov，Nikonchuk（2013）"项，该模型由埃梅利亚诺夫等人（Emelyanov，Nikonchuk，2013）发表。运动微分方程采用数值积分法求解，使用了地面观测数据（1787—2008 年）、旅行者 2 号航天器的观测数据以及相互掩蚀现象光度观测的天体测量结果（2007—2008 年）。星历表的时间跨度从 1787 年 2 月 12 日到 2032 年 1 月 9 日。

天王星的近距离卫星

进动椭圆模型参数发表在文献（Jacobson，1998）和文献（Pascu et al.，1998）中。该模型基于 1994 年哈勃太空望远镜（HST）和 1985—1986 年旅行者 2 号航天器的观测数据。星历的长度仅限于行星星历的长度。

天王星新的远距离卫星

该模型由埃梅利亚诺夫和坎特（Emelyanov，Kanter，2005）发表，运动微分方程采用数值积分法求解。不同的卫星使用不同时间间隔的地面观测。发布后，这些模型可以根据更广泛的一系列观测结果进行修订。观测的最后一年是 2016 年。给出的 U16 和 U17 卫星星历表的时间段为 1974—2049 年，其余的是 1974—2026 年。

海王星的卫星海卫一

菜单上的选项为"Jriton by Emelyanov，Samorodov（2015）"。该卫星的分析理论基于 1847—2012 年进行的所有地面观测和旅行者 2 号航天器的观测建立。星历的显示仅受限于行星星历，由埃梅利亚诺夫和萨莫罗多夫（Emelyanov，Samorodov，2015）发布。

海王星的远距离卫星 Nereid

该模型由埃梅利亚诺夫和阿洛特（Emelyanov，Arlot，2011）发布。运动微分方程采用数值积分法求解。该模型在发布后进行了更新，使用了 1949—2017 年的地面观测数据和旅行者 2 号航天器的观测数据。给出的星历表的时间段为 1920—2049 年。

海王星的近距离卫星

进动椭圆模型参数发表在文献（Owen et al.，1991）、文献（Pascu et al.，2004）和文献（Jacobson，2009）中。模型基于 1997 年 HST 空间望远镜的观测和旅行者 2 号航天器的观测。星历的长度仅受限于行星星历的长度。

冥王星卫星

该模型由博瓦莱塔等人（Beauvalet et al.，2013）发布。运动微分方程采用数值积分法求解，模型使用了 VLT‐UT4 地面望远镜和 HST 空间望远镜的观测数据，其中冥卫一为 1992—2010 年的数据，Nikta 和 Hydra 卫星为 2002—2006 年的数据。星历表的时间段为 1950 年 1 月 1 日至 2029 年 12 月 31 日。

12.5　JPL 星历服务器中的理论和模型

在美国 JPL 开发的新视野（HORIZONS）太阳系星历服务器中使用了行星卫星运动最先进的模型（Giorgini et al.，1996）。描述运动模型所有文献的列表可在网址 https：//ssd. jpl. nasa. gov/？ sat－ephem 上获得。下面我们将简要回顾这些模型。

模型是基于所有可用的地面观测数据和航天器的观测数据建立的。雅克布森和布罗佐维奇创建的大多数模型未提供参考文献，仅给出了用于识别星历的模型标识符。

对于火星的卫星火卫一和火卫二，使用了雅克布森和莱尼（Jacobson，Lainey，2014）描述的理论，该理论基于所有可用的地面观测和航天器观测建立。运动方程采用数值积分法求解。

对于木星的伽利略卫星和近距离卫星，使用 JUP310 模型，未提供参考文献的链接。

布罗佐维奇和雅克布森（Brozovic，Jacobson，2017）描述了木星远距离卫星的运动模型，运动方程采用数值积分法求解。

对于土星的主要卫星、近距离卫星和远距离卫星，使用原始模型 SAT389、SAT393 和 SAT368，未提供参考文献。

天王星主要卫星的运动模型由雅克布森（Jacobson，2014）发表，运动方程采用数值积分法求解。

对于天王星的近距离卫星建立了 URA091 模型，对于远距离卫星建立了 URA112 模型，未提供参考文献。

海王星的卫星海卫一、普罗秋斯和涅瑞伊得斯的运动模型由雅各布森（Jacobson，2009）发表。

对于海王星的近距离卫星，使用原始的 NEP088 模型，未提供参考资料。

布罗佐维奇等人（Brozovic et al.，2011）发表了海王星远距离卫星的运动模型。

根据从新视野（New Horizons）航天器获得的数据，构建了冥王星卫星新的运动模型（Jacobson et al.，2015）。

12.6　虚拟天文台中的行星卫星

世界上正在开发所谓的虚拟天文台（VOS）。迄今为止，人们对这个词还没有明确的理解。通常情况下，虚拟天文台是一组用于处理天文数据资源的工具，这些数据是由天文学家以及相关领域专家创造的。虚拟天文台收集有关这些资源的信息，描述它们，分类并开发访问它们的方法、格式、标准等。

包含行星卫星的虚拟天文台仅有一个，那就是法国巴黎星历计算研究所的虚拟天文台，网址为 http：//vo. imcce. fr/。

该虚拟天文台的大部分组件正在开发中，与行星卫星相关的工具以表格形式给出行星卫星的星历，网址为 http：//vo. imcce. fr/webservices/skybot/? forms＝resolver。

这个虚拟天文台的卫星数量非常有限，主要有火星的 2 颗卫星、木星的 4 颗伽利略卫星、土星的 8 颗主要卫星、天王星的 5 颗主要卫星、海王星的海卫一和涅瑞伊得斯卫星、天王星的 3 颗近距离卫星和海王星的 6 颗近距离卫星。这 30 个天体只占已知的 209 颗行星卫星的一小部分。

12.7　基础天文学标准

太阳系动力学领域的科学活动主要集中在世界上许多大型科学中心和各个独立实验室。现代科学研究技术包括以下主要的实践活动：

—产生观测数据；

—积累和维护数据库；

—编译用于数据处理的计算机程序。

上述每一项活动都是在一个由大大小小的研究团队组成的庞大网络中进行的。大家建立起相互合作同时又相互竞争的关系。这些研究活动的开展有两个主要动机：经济支持和实现抱负。在全球范围内进行最佳实践活动的先决条件是科学研究的灵活协调，为此，需要国际中心、理事会和学会等协调组织。这些中心的职能之一是制定各种标准。标准对于研究的一致性、结果的比较是必要的。通常，标准由一些最强大、最具主导地位的研究中心制定。有时，根据大型观测数据库创建大型复杂的天体动力学模型，进而制定标准。

下面列出了太阳系天体动力学领域最大的科学组织：

国际天文学联合会（International Astronomical Union，IAU）在其会上批准天文标准提案，它的网址为 https：//www. iau. org/。

MPC 包含并维护一个所有小天体观测数据的数据库：小行星、矮行星、彗星和遥远的行星卫星。MPC 收集数据模拟小天体的运动，还为国际社会提供大量研究工具：星历计算程序和数据分析工具。作为一家占主导地位的科学机构，MPC 是其领域标准的来源和指导者。MPC 的网址为 https：//minorplanetcenter. net/iau/mpc. html。

特别地，MPC 建立了小天体观测的标准格式和分配天文台代码的标准，这些标准可在以下网址中找到：

https：//minorplanetcenter. net/iau/info/ObsFormat. html

https：//minorplanetcenter. net/iau/lists/ObsCodesF. html

美国国家航空航天局（NASA）的导航和辅助信息中心（Navigation and Ancillary Information Facility，NAIF）由加州理工学院喷气推进实验室（JPL）创建，用于指导 SPICE 信息系统（SPICE 工具包）的开发和实现。SPICE 在 NASAS 行星科学任务的整个生命周期中都被使用，以帮助科学家和工程师设计任务、规划科学观测、分析科学数据以及执行与飞行项目相关的各种工程功能。NAIF 团队参与制作科学家和工程师所需的高度准确、记录清晰且易于使用的信息，这些是 NAIF 团队的主要任务。

　　SPICE 工具包是一个数据库和计算程序系统，用于解决基础天文学问题。NAIF 和 SPICE 可分别通过以下网址获取：

　　https：//naif. jpl. nasa. gov/naif/about. html

　　https：//naif. jpl. nasa. gov/naif/aboutspice. html

　　自然地，NALF - SPICE 系统为数据库和软件设定了完全明确和严格的标准，这些标准保证了系统所有部分的功能。SPICE 系统中提供了 Fortran、C 等多个编程语言版本。当然，世界各地使用这些工具的研究人员必须遵循 NAIF - SPICE 标准。

　　基础天文学标准（Standards of Fundamental Astronomy，SOFA）是一项服务，其任务是建立和维护一套可访问且权威的算法和程序，以实现基础天文学中使用的标准模型。这项服务由 IAU 基础天文学 A 分部（也称为 SOFA 理事会）负责管理。SOFA 还与国际地球自转和参考系统（IERS）密切合作。SOFA 服务中的算法和程序用的是 Fortran 和 C 编程语言（ANSI C），其网址为 http：//www. iausofa. org/。

　　国际地球自转和参考系统服务（International Earth Rotation and Reference System Service，IERS）的主要目标是提供与地球自转和参考系统有关的数据和标准，为天文学、大地测量学和地球物理学界服务，网址为：

　　https：//www. iers. org/IERS/EN/Home/home _ node. html

参 考 文 献

[1] Acton, C. , Bachman, N. , Folkner, W. M. , Hilton, J. , 2015. SPICE as an IAU recommendation for planetary ephemerides. In: IAU General Assembly Meeting #29, #2240327.

[2] Aoki, S. , Soma, M. , Kinoshita, H. , Inoue, K. , 1983. Conversion matrix of epoch B 1950. 0 FK 4 - based positions of stars to epoch J2000. 0 positions in accordance with the new IAU resolutions. Astronomy & Astrophysics 128, 263 - 267.

[3] Arlot, J. - E. , Emelyanov, N. V. , 2009. The NSDB natural satellites astrometric database. Astronomy & Astrophysics 503, 631 - 638.

[4] Arlot, J. E. , Cooper, N. , Emelyanov, N. , Lainey, V. , Meunier, L. E. , Murray, C. , Oberst, J. , Pascu, D. , Pasewaldt, A. , Robert, V. , Tajeddine, R. , Willner, K. , 2017. Natural satellites astrometric data from either space probes and ground - based observatories produced by the European consortium "ESPaCE" . Notes scientifiques et techniques de l' Institut de Mécanique céleste et de calcul des éphémérides S105.

[5] Beauvalet, L. , Robert, V. , Lainey, V. , Arlot, J. - E. , Colas, F. , 2013. ODIN: a newmodel and ephemeris for the Pluto system. Astronomy & Astrophysics 553, A14. 22 pp.

[6] Brozovic, M. , Jacobson, R. A. , Sheppard, S. S. , 2011. The orbits of Neptune' s outer satellites. Astronomical Journal 141 (4), 135. 9 pp.

[7] Brozovic, M. , Jacobson, R. A. , 2017. The orbits of Jupiter' s irregular satellites. Astronomical Journal 1531 (4), 147. 10 pp.

[8] Desmars, J. , Li, S. N. , Tajeddine, R. , Peng, Q. Y. , Tang, Z. H. , 2013. Phoebe' s orbit from ground - based and space - based observations. Astronomy & Astrophysics 553, A36. 10 pp.

[9] Emelyanov, N. V. , 2005. Ephemerides of the outer Jovian satellites. Astronomy & Astrophysics 435, 1173 - 1179.

[10] Emelyanov, N. V. , Kanter, A. A. , 2005. Orbits of new outer planetary satellites based on observations. Solar System Research 39 (2), 112 - 123.

[11] Emelyanov, N. V. , Arlot, J. - E. , 2008. The natural satellites ephemerides facility MULTI - SAT. Astronomy & Astrophysics 487, 759 - 765.

[12] Emelyanov, N. V. , Arlot, J. - E. , 2011. The orbit of Nereid based on observations. Monthly Notices of the Royal Astronomical Society 417 (1), 458 - 463.

[13] Emelyanov, N. V. , Nikonchuk, D. V. , 2013. Ephemerides of the main Uranian satellites. Monthly Notices of the Royal Astronomical Society 436, 3668 - 3679.

[14] Emelyanov, N. V. , 2015. Perturbedmotion at small eccentricities. Solar System Research 49 (5), 346 - 359.

[15] Emelyanov, N. V. , Samorodov, M. Yu. , 2015. Analytical theory of motion and new ephemeris of Triton fromobservations. Monthly Notices of the Royal Astronomical Society 454, 2205 - 2215.

[16] Feissel, M., Mignard, F., 1998. The adoption of ICRS on 1 January 1998: meaning and consequences. Astronomy & Astrophysics 331, L33 – L36.

[17] Giorgini, J. D., Yeomans, D. K., Chamberlin, A. B., Chodas, P. W., Jacobson, R. A., Keesey, M. S., Lieske, J. H., Ostro, S. J., Standish, E. M., Wimberly, R. N., 1996. 0 JPL' s on – line solar system data service. Bulletin – American Astronomical Society 28, 1158.

[18] Jacobson, R. A., 1998. The orbits of the inner Uranian satellites from Hubble space telescope and voyager 2 observations. Astronomical Journal 115 (3), 1195 – 1199.

[19] Jacobson, R. A., Spitale, J., Porco, C. C., Beurle, K., Cooper, N. J., Evans, M. W., Murray, C. D., 2008. Revised orbits of Saturn' s small inner satellites. Astronomical Journal 135, 261 – 263.

[20] Jacobson, R. A., 2009. The orbits of the neptunian satellites and the orientation of the pole of Neptune. Astronomical Journal 137, 4322 – 4329.

[21] Jacobson, R. A., 2013. The orbits of the regular Jovian satellites, theirmasses, and the gravity field of Jupiter. In: American Astronomical Society, DDAMeeting, #44, #402. 04.

[22] Jacobson, R. A., 2014. The orbits of the Uranian satellites and rings, the gravity field of the Uranian system, and the orientation of the pole of Uranus. Astronomical Journal 148 (5), 76.

[23] Jacobson, R. A., Lainey, V., 2014. Martian satellite orbits and ephemerides. Planetary and Space Science 102, 35 – 44.

[24] Jacobson, R. A., Brozovic, M., Buie, M., Porter, S., Showalter, M., Spencer, J., Stern, S. A., Weaver, H., Young, L., Ennico, K., Olkin, C., 2015. The orbits and masses of Pluto' s satellites after new horizons. In: American Astronomical Society. DPSMeeting #47. id. 102. 08.

[25] Kosmodamianskii, G. A., 2009. Numerical theory of the motion of Jupiter' s Galilean satellites. Solar System Research 43 (6), 465 – 474.

[26] Lainey, V., Dehant, V., Patzold, M., 2007. First numerical ephemerides of the Martianmoons. Astronomy & Astrophysics 465, 1075 – 1084.

[27] Lainey, V., 2008. A new dynamicalmodel for the Uranian satellites. Planetary and Space Science 56, 1766 – 1772.

[28] Lainey, V., Arlot, J. – E., Karatekin, O., van Hoolst, T., 2009. Strong tidal dissipation in Io and Jupiter from astrometric observations. Nature 459 (7249), 957 – 959.

[29] Nicholson, P. D., Hamilton, D. P., Matthews, K., Yoder, C. F., 1992. New observations of Saturn' s coorbital satellites. Icarus 100, 464 – 484.

[30] Owen, W. M., Vaughan, R. M., Synnott, S. P., 1991. Orbits of the six new satellites of Neptune. Astronomical Journal 101, 1511 – 1515.

[31] Pascu, D., Rohde, J. R., Seidelmann, P. K., Wells, E. N., Kowal, C. T., Zellner, B. H., Storrs, A. D., Currie, D. G., Dowling, D. M., 1998. Hubble space telescope astrometric observations and orbitalmean motion corrections for the inner uranian satellites. Astronomical Journal 115 (3), 1190 – 1194.

[32] Pascu, D., Rohde, J. R., Seidelmann, P. K., Wells, E. N., Hershey John, L., Storrs, A. D., Zellner, B. H., Bosh, A. S., Hubble, Currie D. G., 2004. Space telescope astrometric observations and orbitalmean motion corrections for the inner satellites of neptune. Astronomical Journal 127 (5), 2988 – 2996.

[33]　Pitjeva, E. V. , 2013. Updated IAA RAS planetary ephemerides – EPM2011 and their use in scientific research. Solar System Research 47 (5), 386 – 402.

[34]　Pitjeva, E. V. , Pavlov, D. A, 2017. EPM2017 and EPM2017H. http: // iaaras. ru/en/dept/ ephemeris/epm/2017/. (Accessed 7 November 2017) .

[35]　Poroshina, A. L. , 2013. Numerical theories of motion of Triton and Nereid. Astronomy Letters 39 (12), 876 – 881.

[36]　Seidelmann, P. K. , 1980. IAU theory of nutation—the final report of the IAU working group on nutation. CelestialMechanics 1982 (27), 79 – 106.

[37]　Seidelmann, P. K. (Ed.), 1992. Explanatory Supplement to the Astronomical Almanac. University Science Books, Mill Valley, California.

[38]　Simon, J. - L. , Chapront - Touzé, M. , Morando, B. , Thuillot, W. (Eds.), 1997. Introduction aux éphémérides Astronomiques. Supplément explicatif à la connaissance des temps. Bureau des Longitudes, Paris. Les éditions dephysique, France. 450 pp.

[39]　Standish Jr. , E. M. , 1982. Orientation of the JPL ephemerides, DE200/LE200, to the dynamical equinox of J2000. Astronomy & Astrophysics 114, 297 – 302.

附　录

附录 A　行星的命名

　　本附录提供了国际天文学联合会（IAU）公布的行星名称和数量，包含每颗行星的来源、发现年份、相关参考文献以及半长轴近似值。根据 IAU 规定的顺行和逆行轨道规则（见第 9 章），在表 A-1～表 A-6 中已将逆行卫星特别标明。

A.1　火星卫星的命名

表 A-1　火星卫星列表

名称	拉丁名	发现年份	半长轴/km
M1	Phobos	1877	9 380
M2	Deimos	1877	23 460

参 考 文 献

[1]　Rodgers John, Thompson R. W., Hall Asaph, 1877. Letter to the Hon. R. W. Thompson, Secretary of the Navy, Acing the discovery of satellites of Mars, by Rodgers, John; Thompson, R. W.; Hall, Asaph. Washington: U. S. Naval Observatory, [1877]. United States Naval Observatory.

[2]　Hall A., 1877. Observations of the satellites of Mars, made with the 26 - inch refractor of the U. S. Naval Observatory, Washington. Astronomische Nachrichten 91 (2161), 11 - 14.

A.2　木星卫星的命名

表 A-2　木星卫星列表

名称	拉丁名	发现年份	半长轴/km
J1	Io	1610 G. 伽利略	421 800—
J2	Europa	1610 G. 伽利略	671 100—
J3	Ganymede	1610 G. 伽利略	1 070 400—

续表

名称	拉丁名	发现年份	半长轴/km
J4	Callisto	1610 G. 伽利略	1 882 700 —
J5	Amalthea	1892[1]	181 400 —
J6	Himalia	1904[2]	11 461 000 —
J7	Elara	1904[2]	11 741 000 —
J8	Pasiphae	1908[3]	23 624 000 r
J9	Sinope	1914[4]	23 939 000 r
J10	Lysithea	1938[5]	11 717 000 —
J11	Carme	1938[5]	23 404 000 r
J12	Ananke	1951[6]	21 276 000 r
J13	Leda	1975[7]	11 165 000 —
J14	Thebe	1979[8]	221 900 —
J15	Adrastea	1979[9]	129 000 —
J16	Metis	1979[10]	128 000 —
J17	Callirrhoe	1999[11]	24 103 000 r
J18	Themisto	2000[12]	7 400 000 —
J19	Megaclite	2000[12]	23 493 000 r
J20	Taygete	2000[12]	23 280 000 r
J21	Chaldene	2000[12]	23 100 000 r
J22	Harpalyke	2000[12]	20 858 000 r
J23	Kalyke	2000[12]	23 566 000 r
J24	Iocaste	2000[12]	21 061 000 r
J25	Erinome	2000[12]	23 196 000 r
J26	Isonoe	2000[12]	23 155 000 r
J27	Praxidike	2000[12]	20 907 000 r
J28	Autonoe	2001[13]	24 046 000 r
J29	Thyone	2001[13]	20 939 000 r
J30	Hermippe	2001[13]	21 131 000 r
J31	Aitne	2001[13]	23 229 000 r
J32	Eurydome	2001[13]	22 865 000 r
J33	Euanthe	2001[13]	20 797 000 r
J34	Euporie	2001[13]	19 304 000 r
J35	Orthosie	2001[13]	20 720 000 r
J36	Sponde	2001[13]	23 487 000 r
J37	Kale	2001[13]	23 217 000 r
J38	Pasithee	2001[13]	23 004 000 r

续表

名称	拉丁名	发现年份	半长轴/km
J39	Hegemone	2003[14]	23 947 000 r
J40	Mneme	2003[15]	21 069 000 r
J41	Aoede	2003[16]	23 981 000 r
J42	Thelxinoe	2003[17]	21 162 000 r
J43	Arche	2002[18]	22 931 000 r
J44	Kallichore	2003[19]	24 043 000 r
J45	Helike	2003[16]	21 263 000 r
J46	Carpo	2003[20]	16 989 000 —
J47	Eukelade	2003[16]	23 661 000 r
J48	Cyllene	2003[21]	23 951 000 r
J49	Kore	2003[21]	24 011 000 r
J50	Herse	2003[21]	22 992 000 r
J51	S/2010 J1	2010[22]	23 189 718 r
J52	S/2010 J2	2010[23]	20 790 825 r
J53	Dia	2000[24]	12 297 000 —
—	S/2003 J2	2003[16]	29 541 000 r
J60	Eupheme	2003[16]	20 221 000 r
—	S/2003 J4	2003[16]	23 930 000 r
J57	Eirene	2003[16]	23 495 000 r
—	S/2003 J9	2003[19]	23 384 000 r
—	S/2003 J10	2003[19]	23 041 000 r
—	S/2003 J12	2003[19]	17 582 000 r
J58	Philophrosyne	2003[21]	22 627 000 r
—	S/2003 J16	2003[21]	20 957 000 r
J55	S/2003 J18	2003[21]	20 514 000 r
J61	S/2003 J19	2003[20]	23 533 000 r
—	S/2003 J23	2003[25]	23 563 000 r
J72	S/2011 J1	2012[26]	20 691 211 r
J56	S/2011 J2	2012[26]	23 233 215 r
J54	S/2016 J1	2017[27]	20 595 483 r
J62	Valetudo	2018[29]	18 928 094 —
J59	S/2017 J1	2017[28]	23 483 978 r
J63	S/2017 J2	2018[30]	23 240 956 r
J64	S/2017 J3	2018[31]	20 639 315 r
J65	Pandia	2018[32]	11 494 801 —

续表

名称	拉丁名	发现年份	半长轴/km
J66	S/2017 J5	2018[33]	23 169 389 r
J67	S/2017 J6	2018[34]	22 394 681 r
J68	S/2017 J7	2018[35]	20 571 457 r
J69	S/2017 J8	2018[36]	23 174 445 r
J70	S/2017 J9	2018[37]	21 429 954 r
J71	Ersa	2018[38]	11 453 003 r

注:表中部分卫星没有名称,临时指定了名称;在"半长轴"一栏中,r表示卫星逆行。

参 考 文 献

[1] Barnard E. E. , 1892. Discovery of a Fifth Satellite of Jupiter, September 8, 1892. Publications of the Astronomical Society of the Pacific 4 (25), 199 – 199.

[2] Perrine C. D. , 1904. Discovery, observations and approximate orbits of two new satellites of Jupiter. Lick Observatory Bulletin 3 (64) 52 – 52.

[3] Melotte J. , Perrine C. D. 1908. Recent Observations of the Moving Object Near Jupiter, Discovered at Greenwich. Publications of the Astronomical Society of the Pacific 20 (120), 184 – 184.

[4] Nicholson S. B. , 1914. Discovery of the Ninth Satellite of Jupiter. Publications of the Astronomical Society of the Pacific 26 (155), 197 – 197.

[5] Nicholson S. B. , 1938. Two New Satellites of Jupiter. Publications of the Astronomical Society of the Pacific 50 (297), 292 – 292.

[6] Nicholson S. B. , 1951. An Unidentified Object Near Jupiter, Probably a New Satellite. Publications of the Astronomical Society of the Pacific 63 (375) 297 – 297.

[7] Kowal C. , 1975. Probable New Satellite of Jupiter. IAUC. 2845.

[8] Synnott S. P. , 1980. 1979J2—Discovery of a previously unknown Jovian satellite. Science 210, 786 – 788.

[9] Jewitt D. C. , Danielson G. E. , Synnott S. P. , 1979. Discovery of a new Jupiter satellite. Science 206, 951 – 951.

[10] Synnott S. P. , 1981. 1979J3—Discovery of a previously unknown satellite of Jupiter. Science 212, 1392 – 1392.

[11] Scotti J. V. , Spahr T. B. , McMillan R. S. , Larsen J. A. , Montani J. , Gleason A. E. , Gehrels T. , 1999. IAUC*.7460.

[12] Sheppard S. S. , Jewitt D. C. , Fernandez Y. , Magnier G. , 2000. IAUC*.7525.

[13] Sheppard S. S. , Jewitt D. C. , Kleyna J. , 2002. MPEC2002 – J54**.

[14] Sheppard S. S. , 2003. IAUC*.8088.

[15] Sheppard S. S. , Gladman B. , 2003. IAUC*.8138.

[16] Sheppard S. S. , 2003. IAUC*. 8087.

[17] Sheppard S. S. , Gladman B. , 2003. IAUC*. 8276.

[18] Sheppard S. S. , 2002. IAUC*. 8035.

[19] Sheppard S. S. , 2003. IAUC*. 8089.

[20] Sheppard S. S. , 2003. IAUC*. 8125.

[21] Sheppard S. S. , 2003. IAUC*. 8116.

[22] Jacobson R. , Brozovic M. , Gladman B. , Alexandersen M. , 2011. CBAT IAU**. 2734.

[23] Veillet C. , 2011. CBAT IAU***. 2734.

[24] Sheppard S. S. , Jewitt D. C. , Fernandez Y. , Magnier G. , 2000. IAUC*. 7525.

[25] Sheppard S. S. , 2003. IAUC*. 8281.

[26] Sheppard S. S. , 2012. CBAT IAU***. 3002.

[27] Sheppard S. S. , 2017. MPEC**. 2017 - L08.

[28] Sheppard S. S. , 2017. MPEC**. 2017 - L47.

[29] Sheppard S. S. , 2018. MPEC**. 2018 - O09.

[30] Sheppard S. S. , 2018. MPEC**. 2018 - O10.

[31] Sheppard S. S. , 2018. MPEC**. 2018 - O11.

[32] Sheppard S. S. , 2018. MPEC**. 2018 - O12.

[33] Sheppard S. S. , 2018. MPEC**. 2018 - O13.

[34] Sheppard S. S. , 2018. MPEC**. 2018 - O14.

[35] Sheppard S. S. , 2018. MPEC**. 2018 - O15.

[36] Sheppard S. S. , 2018. MPEC**. 2018 - O16.

[37] Sheppard S. S. , 2018. MPEC**. 2018 - O17.

[38] Sheppard S. S. , 2018. MPEC**. 2018 - O18.

* IAUC—International Astronomical Union Circular.

* * MPEC—Minor Planet Electronic Circulars – IAU Minor Planet Center.

* * * CBAT IAU—Central Bureau for Astronomical Telegrams IAU Circular.

A. 3 土星卫星的命名

表 A - 3 土星卫星列表

名称	拉丁名	发现年份	半长轴/km
S1	Mimas	1789	185 600 —
S2	Enceladus	1789	238 100 —
S3	Tethys	1684	294 700 —
S4	Dione	1684	377 400 —
S5	Rhea	1672	527 100 —
S6	Titan	1655	1 221 900 —
S7	Hyperion	1848[1]	1 464 100 —
S8	Iapetus	1671	3 560 800 —

续表

名称	拉丁名	发现年份	半长轴/km
S9	Phoebe	1898[2]	12 944 300 r
S10	Janus	1966[3]	151 500 —
S11	Epimetheus	1977[4]	151 400 —
S12	Helene	1980[5,6]	377 400 —
S13	Telesto	1980[7,8]	294 700 —
S14	Calypso	1980[7,8]	294 700 —
S15	Atlas	1980[9,10]	137 700 —
S16	Prometheus	1980[9,10]	139 400 —
S17	Pandora	1980[9,10]	141 700 —
S18	Pan	1990[11]	133 600 —
S19	Ymir	2000[12,13]	23 130 000 r
S20	Paaliaq	2000[12,13]	15 198 000 —
S21	Tarvos	2000[14,13]	18 239 000 —
S22	Ijiraq	2000[15,13]	11 442 000 —
S23	Suttungr	2000[16,13]	19 465 000 r
S24	Kiviuq	2000[15,13]	11 365 000 —
S25	Mundilfari	2000[17,13]	18 722 000 r
S26	Albiorix	2000[18,13]	16 394 000 —
S27	Skathi	2000[17,13]	15 641 000 r
S28	Erriapo	2000[19,13]	17 604 000 —
S29	Siarnaq	2000[14,13]	18 195 000 —
S30	Thrymr	2000[17,13]	20 219 000 r
S31	Narvi	2003[20,21]	18 719 000 r
S32	Methone	2004[22,21]	194 000 —
S33	Pallene	2004[22,21]	211 000 —
S34	Polydeuce	2004[23,21]	377 400 —
S35	Daphnis	2005[24]	136 500 —
S36	Aegir	2005[25,26]	19 460 000 r
S37	Bebhionn	2005[25,26]	17 040 000 —
S38	Bergelmir	2005[25,26]	19 610 000 r
S39	Bestla	2005[25,26]	19 890 000 r
S40	Farbauti	2005[25,26]	20 580 000 r
S41	Fenrir	2005[25,26]	23 050 000 r
S42	Fornjot	2005[25,26]	24 030 000 r
S43	Hati	2005[25,26]	20 670 000 r

续表

名称	拉丁名	发现年份	半长轴/km
S44	Hyrrokkin	2006[27,26]	18 170 000 r
S45	Kari	2006[27,26]	22 320 000 r
S46	Loge	2006[27,26]	22 980 000 r
S47	Skoll	2006[27,26]	17 470 000 r
S48	Surtur	2006[27,26]	22 290 000 r
S49	Anthe	2007[28,29]	197 700 —
S50	Jarnsaxa	2006[27,29]	18 560 000 r
S51	Greip	2006[27,29]	18 070 000 r
S52	Tarqeq	2007[30,29]	17 960 000 —
S53	Aegaeon	2008[31]	167 500 —
—	S/2004 S7	2005[25]	20 880 000 r
—	S/2004 S12	2005[25]	20 010 000 r
—	S/2004 S13	2005[25]	18 280 000 r
—	S/2004 S17	2005[25]	19 130 000 r
—	S/2006 S1	2006[27]	18 930 000 r
—	S/2006 S3	2006[27]	21 080 000 r
—	S/2007 S2	2007[30]	16 520 000 r
—	S/2007 S3	2007[30]	19 180 000 r
—	S/2009 S1	2009[32]	117 000 —
—	S/2004 S20	2020[33]	19 211 000 r
—	S/2004 S21	2020[33]	23 810 400 r
—	S/2004 S22	2020[33]	20 379 900 r
—	S/2004 S23	2020[33]	21 427 000 r
—	S/2004 S24	2020[33]	23 231 300 —
—	S/2004 S25	2020[33]	20 544 500 r
—	S/2004 S26	2020[33]	26 737 800 r
—	S/2004 S27	2020[33]	19 776 700 r
—	S/2004 S28	2020[33]	21 791 300 r
—	S/2004 S29	2020[33]	17 470 700 —
—	S/2004 S30	2020[33]	20 424 000 r
—	S/2004 S31	2020[33]	17 402 800 —
—	S/2004 S32	2020[33]	21 564 200 r
—	S/2004 S33	2020[33]	26 737 800 r
—	S/2004 S34	2020[33]	24 358 900 r
—	S/2004 S35	2020[33]	21 953 200 r

续表

名称	拉丁名	发现年份	半长轴/km
—	S/2004 S36	2020[33]	23 698 700 r
—	S/2004 S37	2020[33]	16 003 300 r
—	S/2004 S38	2020[33]	23 006 200 r
—	S/2004 S39	2020[33]	22 790 400 r

注:表中部分卫星没有名称,临时指定了名称;在"半长轴"一栏中,r 表示卫星逆行。土卫六(S6)是由克里斯蒂安·惠更斯·范·祖利切姆发现的。土卫三(S3)、土卫四(S4)、土卫五(S5)和土卫八(S8)是由卡西尼·乔瓦尼·多梅尼科发现的。土卫一(S1)和土卫二(S2)是赫歇尔·威廉姆发现的。

参 考 文 献

[1]　Bond W. C. , 1848. Discovery of a new satellite of Saturn. Monthly Notices of the Royal Astronomical Society 9, 1 - 1.

[2]　Pickering E. C. , 1899. Phoebe, ninth Satellite of Saturn discovered by W. W. Pickering. Harvard College Observatory Bulletin No. 49, pp. 1 - 1.

[3]　Dollfus A. , 1967. Probable New Satellite of Saturn. IAUC. 1987.

[4]　Fountain J. W. , Larson S. M. , 1977. A. new satellite of Saturn. Science 197, 915 - 917.

[5]　Harris, A. W. , Gibson J. , Lecacheux J. , Fort B. et al. , 1980. IAUC. 3463.

[6]　Lecacheux J. , Laques P. , Wierick G. , Lelievre G. et al. , 1980. IAUC. 3483.

[7]　Smith B. A. , Reitsema H. J. , Larson S. M. , 1980. 1980 S 2. IAUC. 3456.

[8]　Cruikshank D. , Smith B. A. , Reitsema H. J. , Larson S. M. et al. , 1980. Saturn. IAUC. 3457.

[9]　Collins S. A. , Cook A. F. , Cuzzi J. N. , Danielson G. E. et al. , 1980. First Voyager view of the rings of Saturn. Nature 288, 439 - 442.

[10]　Smith B. A. , Soderblom L. , Beebe R. F. , Boyce J. M. et al. , 1981. Encounter with Saturn - Voyager 1 imaging science results. Science 212, 163 - 191.

[11]　Showalter M. R. , Colas F. , Lecacheux J. , Laques P. , Despiau R. , 1990. Saturn. IAUC. 5052.

[12]　Gladman B. , 2000. S/2000 S 1 AND. S/2000 S 2. IAUC. 7512.

[13]　Satellites of Jupiter, Saturn, Uranus. IAUC. 8177.

[14]　Gladman B. , 2003. S/2000 S 3 AND. S/2000 S 4. IAUC. 7513.

[15]　Gladman B. , 2000. S/2000 S 5 AND. S/2000 S 6. IAUC. 7521.

[16]　Gladman B. , 2000. S/2000 S 12. IAUC. 7548. 2000.

[17]　Gladman B. , 2000. S/2000 S 7, S/2000 S 8, S/2000 S 9. IAUC 7538.

[18]　Gladman B. , 2000. S/2000 S 11. IAUC. 7545.

[19]　Gladman B. , 2000. S/2000 S 10. IAUC. 7539.

[20]　Sheppard S. S. , 2003. S/2000 S 12. IAUC. 8116.

[21]　Satellites of Saturn. IAUC. 8471. 2005.

[22]　Porco C. C. , 2004. S/2004 S 1 AND. S/2004 S 2. IAUC. 8389.

[23]　Porco C. C. , 2004. S/2004 S 3, S/2004 S 4, AND. R/2004 S 1. IAUC. 8401.

[24]　Porco C. C. , 2005. S/2005 S 1. IAUC. 8524.

[25]　Jewitt D. Sheppard S, Kleyna J. , 2005. New satellites of Saturn. IAUC. 8523.

[26]　Satellites of Jupiter and Saturn. IAUC. 8826. 2007.

[27]　Jewitt D. , Sheppard S. , Kleyna J. , 2006. New satellites of Saturn. IAUC. 8727.

[28]　Porco C. C. , 2007. S/2007 S 4. IAUC. 8857.

[29]　Satellites of Saturn. IAUC. 8873. 2007.

[30]　Jewitt D. , Sheppard S. , Kleyna J. , 2007. S/2007 S 1, S/2007 S 2, AND. S/2007 S 3. IAUC. 8836.

[31]　Porco C. C. , 2009. S/2008 S 1. IAUC. 9023.

[32]　Sheppard S. S. , MPEC. 2019 - T126 - MPEC. 2019 - T161.

　＊ IAUC—International Astronomical Union Circular.

　＊＊MPEC—Minor Planet Electronic Circulars—IAU Minor Planet Center.

A.4　天王星卫星的命名

表 A - 4　天王星卫星列表

名称	拉丁名	发现年份	半长轴/km
U1	Ariel	1851[1]	190 900 —
U2	Umbriel	1851[1]	266 000 —
U3	Titania	1787[2]	436 300 —
U4	Oberon	1787[2]	583 500 —
U5	Miranda	1948[3]	129 900 —
U6	Cordelia	1986[4]	49 800 —
U7	Ophelia	1986[4]	53 800 —
U8	Bianca	1986[4]	59 200 —
U9	Cressida	1986[4]	61 800 —
U10	Desdemona	1986[4]	62 700 —
U11	Juliet	1986[4]	64 400 —
U12	Portia	1986[4]	66 100 —
U13	Rosalind	1986[4]	69 900 —
U14	Belinda	1986[4]	75 300 —
U15	Puck	1986[4]	86 000 —
U16	Caliban	1997[5]	7 231 000 r
U17	Sycorax	1997[5]	12 179 000 r
U18	Prospero	1999[6]	16 256 000 r
U19	Setebos	1999[7]	17 418 000 r

续表

名称	拉丁名	发现年份	半长轴/km
U20	Stephano	1999[7]	8 004 000 r
U21	Trinculo	2001[8]	8 504 000 r
U22	Francisco	2001[9]	4 276 000 r
U23	Margaret	2003[10]	14 345 000 —
U24	Ferdinand	2001[11]	20 901 000 r
U25	Perdita	1999[12]	76 416 —
U26	Mab	2003[13]	97 734 —
U27	Cupid	2003[13]	74 800 —

注:表中部分卫星没有名称,临时指定了名称;在"半长轴"一栏中,r 表示卫星逆行。

参 考 文 献

[1]　Lassell W. , 1851. Letter to the editor discovery of two satellites of Uranus. Astronomical Journal 2,
　　　 70 – 70.

[2]　Herschel W. , 1787. An Account of the Discovery of Two Satellites Revolving Round the Georgian
　　　 Planet. By William Herschel, LLD. F. R. S. Philosophical Transactions of the Royal Society of
　　　 London 77, 125 – 129.

[3]　Kuiper G. P. , 1949. The Fifth Satellite of Uranus. Publications of the Astronomical Society of the
　　　 Pacific 61 (360), 129 – 129.

[4]　Smith B. A. , Soderblom L. A. , Beebe R. , Bliss D. et al. , 1986. Voyager 2 in the Uranian system –
　　　 Imaging science results. Science 233, 43 – 64.

[5]　Gladman B. J. , Nicholson P. D. , Burns J. A. , 1997. Satellites of Uranus. IAUC. 6764.

[6]　Gladman B. , 1999. Probable new satellites of Uranus. IAUC. 7248.

[7]　Kavelaars J. J. , Gladman B. , Holman M. , Petit J. – M. , Scholl H. , 1999. Probable new satellites
　　　 of Uranus. IAUC. 7230.

[8]　Holman M. , Kavelaars J. , Milisavljevic D. , 2002. S/2001 U 1. IAUC. 7980.

[9]　Holman M. , Kavelaars J. , Milisavljevic D. , 2003. S/2001 U 3. IAUC. 8216.

[10]　Sheppard S. S. , Jewitt D. C. , 2003. S/2003 U 3. IAUC. 8217.

[11]　Holman M. , Gladman B. , 2003. S/2001 U 2 AND. S/2002 N 4. IAUC. 8213.

[12]　E. Karkoschka, 1999. S/1986 U 10. IAUC. 7171.

[13]　Showalter M. R. , Lissauer J. J. , 2003. S/2003 U 1 AND. S/2003 U 2. IAUC. 8209.

　　　* IAUC—International Astronomical Union Circular

A. 5 海王星卫星的命名

表 A - 5 海王星卫星列表

名称	拉丁名	发现年份	半长轴/km
N1	Triton	1846[1]	354 800 —
N2	Nereid	1949[2]	5 513 400 —
N3	Naiad	1989[3]	48 200 —
N4	Thalassa	1989[3]	50 100 —
N5	Despina	1989[3]	52 500 —
N6	Galatea	1989[3]	62 000 —
N7	Larissa	1989[3]	73 500 —
N8	Proteus	1989[3]	117 600 —
N9	Halimede	2003[4]	15 686 000 r
N10	Psamathe	2003[4]	46 738 000 r
N11	Sao	2003[4]	22 452 000 —
N12	Laomedeia	2003[5]	22 580 000 —
N13	Neso	2003[6]	46 570 000 r
N14	Hippocamp	2004[7]	105 250 —

注:表中部分卫星没有名称,临时指定了名称;在"半长轴"一栏中,r 表示卫星逆行。

参 考 文 献

[1] Lassell W. , 1846. Discovery of supposed ring and satellite of Neptune. Monthly Notices of the Royal Astronomical Society 7, 157 - 157.

[2] Kuiper G. P. , 1949. Object near Neptune. IAUC. 1212.

[3] Smith B. A. , Soderblom L. A. , Banfield D. , Barnet C. , 1989. Voyager 2 at Neptune: Imaging Science Results. Science 246, 1422 - 1449.

[4] Holman M. , Kavelaars J. , Grav T. , Fraser W. , Milisavljevic D. , 2003. Satellites of Neptune. IAUC. 8047.

[5] Sheppard S. S. , Jewitt D. C. , Kleyna J. , 2003. Satellites of Neptune. IAUC. 8193.

[6] Holman M. , Gladman B. , 2003. S/2001 U 2 AND. S/2002 N 4. IAUC. 8213.

[7] Showalter M. , 2004. Press release NASA13 - 215.

A. 6　冥王星卫星的命名

表 A - 6　冥王星卫星列表

名称	拉丁名	发现年份	半长轴/km
P1	Charon	1978[1]	19 500
P2	Nix	2005[2]	49 400
P3	Hydra	2005[2]	64 700
P4	Kerberos	2011[3]	59 000
P5	Styx	2012[4]	42 400

注:表中部分卫星没有名称,临时指定了名称。

参 考 文 献

[1]　Smith J. C. , Christy J. W. , Graham J. A. , 1978. 1978 P 1. IAUC. 3241.

[2]　Weaver H. A. , Stern S. A. , Mutchler M. J. , Steffl A. J. , Buie M. W. , Merline W. J. , Spencer J. R. , Young E. F. , Young L. A. , 2005. S/2005 P 1 AND. S/2005 P 2. IAUC. 8625.

[3]　Showalter M. R. , Hamilton D. P. , Stern S. A. , Weaver H. A. , Steffl A. J. , Young L. A. , 2011. New Satellite of (134340) Pluto:S/2011 (134340) 1. IAUC. 9221.

[4]　Showalter M. R. , Weaver H. A. , Stern S. A. , Steffl A. J. , Buie M. W. , Merline W. J. , Mutchler M. J. , Soummer R. , Throop H. B. , 2012. New Satellite of (134340) Pluto:S/2012 (134340) 1. IAUC. 9253.

附录 B　行星的轨道参数

表 B-1～表 B-16 给出了行星卫星的轨道参数。

B. 1　火星卫星的轨道参数

表 B - 1　2000—2040 年火星卫星的平均轨道参数

卫星	半长轴/km	偏心率	倾角/(°)	周期/天
Phobos	9 378.536	0.015 112 86	1.076 095	0.319 155 947
Deimos	23 458.954	0.000 277 19	2.041 303	1.262 592 806 7

注:轨道倾角是相对火星赤道的倾角值,轨道周期指卫星平运动周期。数据来源于 MULTI - SAT 星历服务。

表 B - 2　福布斯（Phobos）卫星的轨道加速度

参考文献	轨道加速度/$[10^{-5}(°)/a^2]$
Jacobson et al. , 1989	124.9 ± 1.8

续表

参考文献	轨道加速度/$[10^{-5}(°)/a^2]$
Emelyanov et al. , 1993	129.0 ± 1.0
Bills et al. , 2005	136.7 ± 0.6
Lainey et al. , 2007	127.0 ± 1.5

注：第二列为 $dn/(2dt)$，其中 n 是福布斯卫星的平运动值。

B. 2　木星卫星的轨道参数

表 B - 3　2000—2040 年木星卫星的平均轨道参数

卫星	半长轴/km	偏心率	倾角/(°)	周期/天
J1 Io	421 942.424	0.004 163 55	0.036 917	1.770 620 604
J2 Europa	671 122.114	0.009 363 89	0.467 883	3.551 834 882
J3 Ganymede	1 070 399.250	0.001 962 40	0.147 563	7.154 143 807
J4 Callisto	1 882 744.546	0.007 287 06	0.249 848	16.689 013 764

注：轨道倾角是相对木星赤道的倾角值，轨道周期指卫星平运动周期。数据来源于 MULTI - SAT 星历服务。

表 B - 4　木星近距离卫星的平均轨道参数

卫星	半长轴/km	偏心率	倾角/(°)	周期/天
J5 Amalthea	181 365.552	0.003 426 00	0.376 187	0.498 179 069 7
J14 Thebe	221 888.173	0.017 531 95	1.071 790	0.674 535 907 5
J15 Adrastea	128 979.903	0.000 180 93	0.012 926	0.298 260 426 2
J16 Metis	127 978.860	0.000 504 86	0.012 230	0.294 778 804 0

注：轨道倾角是相对木星赤道的倾角值，将文献（Emelyanov,2015）中改进的进动椭圆参数应用到了卫星运动模型（Jacobson, 2013）中得到表中参数。周期指平经度的周期。

表 B - 5　1600—2600 年木星外围卫星的平均轨道参数 （Brozovic, Jacobson, 2017）

卫星	半长轴/km	偏心率	倾角/(°)	周期/天
J6 Himalia	11 460 200	0.159	28.61	250.56
J7 Elara	11 740 300	0.211	27.94	259.64
J8 Pasiphae	23 629 100	0.406	151.41	743.61
J9 Sinope	23 942 000	0.255	158.19	758.89
J10 Lysithea	11 717 000	0.116	27.66	259.20
J11 Carme	23 400 500	0.255	164.99	734.17
J12 Ananke	21 253 700	0.233	148.69	629.80
J13 Leda	11 164 400	0.162	27.88	240.93
J17 Callirrhoe	24 098 900	0.280	147.08	758.82
J18 Themisto	7 503 900	0.243	42.98	130.02

续表

卫星	半长轴/km	偏心率	倾角/(°)	周期/天
J19 Megaclite	23 813 900	0.416	152.78	752.88
J20 Taygete	23 362 900	0.252	165.25	732.41
J21 Chaldene	23 180 600	0.250	165.16	723.73
J22 Harpalyke	21 106 100	0.230	148.76	623.32
J23 Kalyke	23 564 600	0.247	165.12	742.04
J24 Iocaste	21 272 000	0.215	149.41	631.60
J25 Erinome	23 285 900	0.266	164.91	728.49
J26 Isonoe	23 231 200	0.247	165.25	726.26
J27 Praxidike	21 147 700	0.227	148.88	625.39
J28 Autonoe	24 037 200	0.315	152.37	761.01
J29 Thyone	21 197 200	0.231	148.59	627.19
J30 Hermippe	21 297 100	0.210	150.74	633.91
J31 Aitne	23 316 700	0.263	165.05	730.12
J32 Eurydome	23 146 200	0.275	150.27	717.31
J33 Euanthe	21 039 000	0.232	148.92	620.45
J34 Euporie	19 336 200	0.144	145.74	550.69
J35 Orthosie	21 158 200	0.281	146.00	622.58
J36 Sponde	23 790 100	0.311	151.00	748.32
J37 Kale	23 305 800	0.260	164.94	729.61
J38 Pasithee	23 091 500	0.268	165.12	719.47
J39 Hegemone	23 574 700	0.344	154.16	739.82
J40 Mneme	21 033 000	0.226	148.58	620.05
J41 Aoede	23 974 100	0.432	158.27	761.40
J42 Thelxinoe	21 159 700	0.220	151.39	628.03
J43 Arche	23 352 000	0.249	165.01	731.90
J44 Kallichore	23 276 300	0.251	165.10	728.24
J45 Helike	21 065 500	0.150	154.84	626.33
J46 Carpo	17 056 600	0.432	51.62	456.28
J47 Eukelade	23 322 700	0.262	165.26	730.33
J48 Cyllene	23 799 600	0.415	150.33	751.98

续表

卫星	半长轴/km	偏心率	倾角/(°)	周期/天
J49 Kore	24 481 800	0.331	145.17	776.84
J50 Herse	23 407 900	0.254	164.96	734.52
J51 2010 J1	23 448 500	0.249	165.10	736.50
J52 2010 J2	21 004 200	0.227	148.67	618.85
J53 Dia	12 297 500	0.232	28.63	278.21
2003 J2	28 348 600	0.410	157.29	980.59
J60 Eupheme	20 210 000	0.197	147.63	583.84
2003 J4	23 928 700	0.362	149.59	755.25
J57 Eirene	23 424 100	0.251	165.24	735.40
2003 J9	23 334 700	0.266	165.03	730.93
2003 J10	22 862 300	0.475	168.79	719.55
2003 J12	17 818 600	0.491	151.08	489.67
J58 Philophrosyne	22 565 200	0.191	146.90	689.79
2003 J16	21 089 700	0.228	148.74	622.89
J55 2003 J18	20 491 400	0.090	146.20	598.14
2003 J19	23 545 900	0.256	165.13	741.03
2003 J23	23 601 700	0.276	146.51	734.64
2011 J1	23 444 400	0.253	165.34	736.33
J56 2011 J2	23 124 300	0.349	153.60	718.40
J54 2016 J1	20 595 500	0.140	139.84	603.83
J59 2017 J1	23 484 000	0.397	149.20	735.21

注:轨道倾角是相对 J2000 历元黄道的倾角值。

B.3　土星卫星的轨道参数

表 B-6　2000—2040 年土星主要卫星的平根数

卫星	半长轴/km	偏心率	倾角/(°)	周期/天
S1 Mimas	186 021.35	0.019 679 66	1.572 785	0.947 353 29
S2 Enceladus	238 412.62	0.004 854 16	0.008 796	1.374 553 44
S3 Tethys	294 976.58	0.001 033 66	1.091 441	1.891 685 21
S4 Dione	377 652.23	0.002 244 33	0.029 095	2.740 346 31
S5 Rhea	527 235.48	0.001 004 97	0.334 693	4.520 368 66

续表

卫星	半长轴/km	偏心率	倾角/(°)	周期/天
S6 Titan	1 221 952.96	0.028 695 81	0.404 763	15.947 702 68
S7 Hyperion	1 481 540.33	0.105 946 69	1.010 876	21.292 781 35
S8 Iapetus	3 561 752.42	0.028 395 88	15.754 312	79.371 088 89

注:轨道倾角是相对土星赤道的倾角值。轨道周期指卫星平运动周期。数据来源于 MULTI - SAT 星历服务。

表 B - 7 土星近距离卫星的平均轨道参数

卫星	半长轴/km	偏心率	倾角/(°)	周期/天
S10 Janus	152 026.525	0.006 664 24	0.148 003	0.699 917 48
S11 Epimetheus	152 026.525	0.009 897 07	0.326 212	0.699 917 48
S12 Helene	377 557.343	0.007 597 38	0.212 697	(S4 Dione)
S13 Telesto	294 904.096	0.001 202 95	1.180 305	(S3 Tethys)
S14 Calypso	294 903.047	0.001 254 02	1.500 476	(S3 Tethys)

注:轨道倾角是相对土星赤道的倾角值。土卫十(S10)和土卫十一(S11)根数来源于文献(Nicholson et al.,1992)。土卫十二(S12)、土卫十三(S13)和土卫十四(S14)根数来源于 2000—2040 年时间间隔内获得的 MULTI - SAT 星历服务,这 3 颗卫星分别与土卫三(S3)和土卫四(S4)同轨道,故没有给出确定周期。

表 B - 8 土星近距离卫星 S15 - S18、S32 - S35、S49 和 S53 的平根数

卫星	半长轴/km	偏心率	倾角/(°)	周期/天
S15 Atlas	137 670.0	0.001 2	0.003 1	0.601 692 40
S16 Prometheus	139 380.0	0.002 2	0.007 5	0.612 990 03
S17 Pandora	141 710.0	0.004 2	0.050 7	0.628 504 14
S18 Pan	133 584.0	0.000 014 4	0.000 1	0.575 050 72
S32 Methone	194 230.0	0.000	0.013 1	1.009 576 30
S33 Pallene	212 280.0	0.004	0.181 3	1.153 745 76
S34 Polydeuce	377 200.0	0.019 2	0.177 4	2.736 919 45
S35 Daphnis	136 505.5	0.000 033 1	0.003 6	0.594 079 8 3
S49 Anthe	197 655.0	0.001 2	0.017 0	1.036 442 46
S53 Aegaeon	167 500.0	0.000 2	0.001 1	0.808 120 00

注:轨道倾角是相对土星赤道的倾角值,周期指平经度周期。轨道参数主要来源于文献(Jacobson et al.,2008),土卫四十九(S49)根数来源于文献(Cooper et al.,2008),土卫五十三(S53)根数来源于文献(Porco,2009)。

表 B - 9 2000—2022 年土星外围卫星的平均轨道参数

卫星	半长轴/km	偏心率	倾角/(°)	周期/天
S9 Phoebe	12 929 039.9	0.160 632 4	173.095 09	548.854 27
S19 Ymir	22 962 695.0	0.348 837 0	172.557 11	1 298.516 77
S20 Paaliaq	14 996 742.1	0.482 373 2	45.144 96	685.633 43
S21 Tarvos	18 216 574.2	0.573 380 7	36.713 91	917.706 13
S22 Ijiraq	11 344 466.9	0.374 347 3	49.502 31	451.115 41

续表

卫星	半长轴/km	偏心率	倾角/(°)	周期/天
S23 Suttungr	19 395 933	0. 118 598 7	174. 327 25	1 008. 363 26
S24 Kiviuq	11 307 200	0. 155 199 0	48. 854 63	448. 895 44
S25 Mundilfari	18 590 897	0. 207 799 9	169. 417 58	946. 262 06
S26 Albiorix	16 327 637	0. 543 647 6	35. 842 46	778. 835 51
S27 Skathi	15 576 511	0. 244 451 9	148. 863 19	725. 774 30
S28 Erriapo	17 511 661	0. 522 187 4	38. 160 16	865. 004 10
S29 Siarnaq	17 881 078	0. 458 133 6	45. 783 17	892. 574 43
S30 Thrymr	20 319 707	0. 478 118 2	174. 492 51	1 081. 107 95
S31 Narvi	19 283 228	0. 293 329 7	137. 564 15	999. 631 91
S36 Aegir	20 644 613	0. 259 198 9	167. 456 41	1 107. 199 16
S37 Bebhionn	17 030 786	0. 378 636 0	41. 566 39	829. 688 87
S38 Bergelmir	19 270 288	0. 134 164 6	158. 024 09	998. 604 92
S39 Bestla	20 340 498	0. 673 379 6	145. 683 11	1 082. 826 84
S40 Farbauti	20 291 660	0. 210 258 9	157. 064 70	1 078. 989 82
S41 Fenrir	22 332 629	0. 131 600 1	163. 366 78	1 245. 618 73
S42 Fornjot	24 952 935	0. 203 159 8	167. 713 20	1 470. 676 10
S43 Hati	19 680 664	0. 361 259 8	162. 608 87	1 030. 593 25
S44 Hyrrokkin	18 341 509	0. 405 146 4	154. 045 12	927. 293 33
S45 Kari	22 017 148	0. 404 711 1	147. 199 29	1 219. 248 61
S46 Loge	22 912 847	0. 189 723 9	166. 310 49	1 294. 406 33
S47 Skoll	17 621 701	0. 433 235 1	155. 244 93	873. 237 26
S48 Surtur	22 769 483	0. 432 726 9	166. 383 62	1 282. 067 19
S50 Jarnsaxa	19 283 446	0. 232 993 2	163. 744 70	999. 606 86
S51 Greip	18 365 735	0. 323 313 2	172. 735 29	929. 118 93
S52 Tarqeq	17 748 123	0. 113 488 0	50. 376 07	882. 689 59
S/2004 S7	20 935 811	0. 533 121 7	165. 595 51	1 130. 546 67
S/2004 S12	19 765 284	0. 346 016 8	163. 598 77	1 037. 251 82
S/2004 S13	18 075 271	0. 247 133 8	167. 571 46	907. 181 31
S/2004 S17	19 356 909	0. 180 482 6	167. 788 02	1 005. 323 93
S/2006 S1	18 715 128	0. 125 245 0	153. 845 62	955. 786 51
S/2006 S3	21 199 569	0. 417 255 3	153. 109 01	1 152. 074 21
S/2007 S2	16 693 361	0. 177 514 8	176. 600 45	805. 195 85
S/2007 S3	19 717 834	0. 191 693 1	177. 179 41	1 033. 543 31

续表

卫星	半长轴/km	偏心率	倾角/(°)	周期/天
S/2004 S20	19 258 627	0.190 966 2	162.653 75	997.683 25
S/2004 S21	23 137 217	0.339 492 2	153.970 72	1 313.369 99
S/2004 S22	20 590 994	0.22 366 45	177.390 60	1 102.889 94
S/2004 S23	21 441 207	0.423 582 4	177.557 44	1 171.683 89
S/2004 S24	23 325 074	0.061 032 5	35.527 78	1 329.391 62
S/2004 S25	20 956 892	0.514 685 3	173.338 98	1 132.249 63
S/2004 S26	26 093 204	0.151 358 6	171.225 30	1 572.413 28
S/2004 S27	19 842 231	0.148 421 3	167.322 80	1 043.351 46
S/2004 S28	21 833 247	0.152 361 6	170.344 79	1 204.107 29
S/2004 S29	17 062 210	0.444 602 7	42.856 40	831.961 20
S/2004 S30	20 705 485	0.102 623 6	157.138 03	1 112.144 35
S/2004 S31	17 496 508	0.215 987 5	48.812 82	863.983 98
S/2004 S32	21 157 909	0.248 277 7	158.091 59	1 148.717 54
S/2004 S33	23 553 327	0.498 349 5	160.461 26	1 348.671 35
S/2004 S34	24 148 963	0.265 020 5	165.362 25	1 400.261 38
S/2004 S35	21 969 729	0.233 987 8	176.467 58	1 215.371 18
S/2004 S36	23 421 217	0.652 938 7	152.687 46	1 337.483 36
S/2004 S37	15 942 530	0.483 192 4	163.600 92	751.484 72
S/2004 S38	22 261 654	0.486 413 6	152.582 19	1 239.521 78
S/2004 S39	23 187 204	0.101 757 7	167.212 08	1 317.730 12

注:轨道倾角是相对 J2000 历元黄道的倾角值。轨道周期指平运动周期均值。数据来源于 MULTI - SAT 星历服务。

B. 4　天王星卫星的轨道参数

表 B - 10　天王星主要卫星的轨道半径及公转周期（Emelyanov，Nikonchuk，2013）

卫星	轨道半径/km	周期/天
U1 Ariel	190 929.789	2.520 379 237 05
U2 Umbriel	265 984.008	4.144 177 163 18
U3 Titania	436 281.937	8.705 869 224 13
U4 Oberon	583 449.534	13.463 237 474 94
U5 Miranda	129 848.114	1.413 479 416 64

注:数据值是提炼了天王星赤道圆轨道根数后通过改进运动方程从 1787—2032 年数值积分而来。

表 B-11　2000—2040 年天王星主要卫星的偏心率和倾角平均值

卫星	偏心率			倾角/(°)		
	最小值	均值	最大值	最小值	均值	最大值
U1 Ariel	0.000 2	0.000 7	0.001 5	0.016	0.033	0.053
U2 Umbriel	0.003 0	0.003 8	0.004 5	0.052	0.064	0.079
U3 Titania	0.000 7	0.001 9	0.003 0	0.034	0.058	0.094
U4 Oberon	0.000 8	0.001 7	0.003 0	0.182	0.190	0.195
U5 Miranda	0.001 0	0.001 3	0.001 6	4.404	4.420	4.434

注：轨道倾角是相对天王星赤道向南极的测量值。数据来源于 MULTI-SAT 星历服务器，运动模型选自文献（Arlot et al.，2017）。

表 B-12　天王星近距离卫星轨道参数

卫星	半长轴/km	偏心率	倾角/(°)	周期/天
U6 Cordelia	49 751.722 0	0.000 260	0.084 79	0.335 033 842
U7 Ophelia	53 763.390 0	0.009 920	0.103 62	0.376 400 393
U8 Bianca	59 165.562 1	0.000 274	0.181 10	0.434 579 025
U9 Cressida	61 766.719 9	0.000 203	0.037 90	0.463 569 377
U10 Desdemona	62 658.382 5	0.000 342	0.098 20	0.473 649 687
U11 Juliet	64 358.230 7	0.000 052	0.045 40	0.493 065 462
U12 Portia	66 097.287 3	0.000 512	0.025 50	0.513 196 030
U13 Rosalind	69 926.817 9	0.000 579	0.093 40	0.558 459 595
U14 Belinda	75 255.610 2	0.000 277	0.028 20	0.623 527 138
U15 Puck	86 004.491 9	0.000 389	0.321 40	0.761 832 904
U25 Perdita	97 735.909 5	0.002 537	0.133 5	0.922 958 342
U26 Mab	74 392.340 9	0.001 335	0.098 8	0.612 824 737
U27 Cupid	76 416.730 6	0.003 287	0.067 6	0.638 019 137

注：轨道倾角是从天王星赤道向南极测量的，轨道是进动椭圆轨道，旋转周期对应于卫星平均经度的变化。天卫六（U6）和天卫七（U7）根数来源于文献（Jacobson，1998），其他卫星根数来源于文献（Showalter，Lissauer，2006）。

表 B-13　天王星外围卫星的轨道参数

卫星		半长轴/km	偏心率	倾角/(°)	周期/天
U16 Caliban	最小值	7 160 841	0.074 576	139.388	
	均值	7 166 371	0.078 742	139.726	1.586 654
	最大值	7 170 731	0.082 372	140.012	
U17 Sycorax	最小值	12 147 958	0.450 552	151.620	
	均值	12 193 460	0.492 994	153.325	3.521 717
	最大值	12 253 618	0.535 105	154.839	
U18 Prospero	最小值	16 105 679	0.316 875	143.701	
	均值	16 219 543	0.358 308	145.277	5.402 682
	最大值	16 353 362	0.400 816	146.930	

续表

卫星		半长轴/km	偏心率	倾角/(°)	周期/天
U19 Setebos	最小值	17 313 795	0.466 791	145.866	
	均值	17 520 561	0.533 485	148.114	6.066 045
	最大值	17 734 844	0.593 424	150.116	
U20 Stephano	最小值	7 946 520	0.137 591	141.323	
	均值	7 950 882	0.148 893	141.691	1.854 024
	最大值	7 956 250	0.160 579	142.039	
U21 Trinculo	最小值	8 499 736	0.201 950	165.977	
	均值	8 505 890	0.213 832	166.205	2.050 397
	最大值	8 513 782	0.224 779	166.440	
U22 Francisco	最小值	4 274 861	0.131 887	147.362	
	均值	4 275 490	0.138 173	147.500	0.731 215
	最大值	4 276 111	0.144 428	147.635	
U23 Margaret	最小值	14 363 104	0.722 039	47.782	
	均值	14 459 011	0.805 199	52.126	4.547 646
	最大值	14 564 006	0.869 983	57.380	
U24 Ferdinand	最小值	19 978 168	0.321 742	166.424	
	均值	20 330 388	0.399 019	167.679	7.580 276
	最大值	20 754 127	0.474 938	168.758	

注:轨道倾角是相对黄道的测量值,轨道周期为长期的平均值。数据通过文献(Emelyanov,Vashkovyak,2012)中描述的模型获得,参数是依托 MULTI-SAT 星历服务器参数从 1960—2060 年数值积分而得。

B.5　海王星卫星的轨道参数

表 B-14　海卫一卫星和近距离卫星的轨道参数

卫星	半长轴/km	偏心率	倾角/(°)	周期/天
N1 Triton	354 696.8	0.0	157.268 439	5.876 714 551
N3 Naiad	48 233.1	0.000 328	4.738 2	0.294 395 663
N4 Thalassa	50 069.2	0.000 156	0.205 4	0.311 484 539
N5 Despina	52 531.3	0.000 139	0.065 5	0.334 655 476
N6 Galatea	61 945.1	0.000 120	0.054 4	0.428 744 263
N7 Larissa	73 545.70	0.001 386	0.200 8	0.554 653 319
N8 Proteus	117 646.0	0.000 510	0.074 9	1.122 314 776
N14 Hippocamp	105 384.0	0.000 000	0.000 0	0.950 000 000

注:轨道的倾角是相对海王星赤道的测量值。海卫一的轨道根数来源于文献(Emelyanov,Samorodov,2015),海卫三(N3)和海卫四(N4)根数来自文献(Owen et al.,1991),海卫五(N5)、海卫六(N6)和海卫七(N7)根数来自文献(Pascu et al.,2004),海卫八(N8)来源于文献(Jacobson,2009),S/2004 N1 来源于文献(Showalter,2013)。

表 B - 15 海王星外围卫星的轨道参数

卫星		半长轴/km	偏心率	倾角/(°)	周期/天
N2 Nereid	最小值	5 516 655	0.744 831	4.856 0	
	均值	5 517 274	0.751 105	4.988 2	0.987 018
	最大值	5 518 238	0.755 896	5.105 6	
N9 Halimede	最小值	16 565 549	0.228 959	111.805 6	
	均值	16 588 715	0.250 702	112.588 2	5.144 978
	最大值	16 607 272	0.263 546	113.250 0	
N10 Psamathe	最小值	45 652 714	0.167 440	117.126 6	
	均值	47 371 107	0.279 459	120.854 5	24.829 27
	最大值	49 449 874	0.391 994	124.218 2	
N11 Sao	最小值	22 107 254	0.113 321	52.623 5	
	均值	22 211 127	0.134 501	53.678 9	7.970 776
	最大值	22 310 554	0.153 853	54.452 0	
N12 Laomedeia	最小值	23 345 855	0.347 880	37.658 5	
	均值	23 476 976	0.387 977	38.963 6	8.663 030
	最大值	23 673 374	0.426 845	40.356 6	
N13 Neso	最小值	47 889 561	0.619 595	134.559 5	
	均值	49 735 947	0.739 533	139.157 0	26.681 28
	最大值	51 483 996	0.849 778	143.845 8	

注:轨道的倾角是相对黄道测量的。轨道周期为长时间的平均值(Emelyanov,Vashkovyak,2012),其余参数来源于1960—2060 年的 MULTI - SAT 星历服务器。

B.6 冥王星卫星的轨道参数

表 B - 16 冥王星卫星的轨道参数 (Brozovic et al., 2015)

卫星	半长轴/km	偏心率	倾角/(°)	周期/天
P1 Charon	19 596	0.000 05	0.0	6.387 2
P2 Nix	48 690	0.0	0.0	24.854 8
P3 Hydra	64 721	0.005 54	0.3	38.202 1
P4 Kerberos	57 750	0.0	0.4	32.167 9
P5 Styx	42 413	0.000 01	0.0	20.161 7

注:冥卫一(P1)的轨道是相对冥王星计算的,其他卫星的轨道是相对于 Pluto - Charon 重心计算的。参考平面为轨道法线在赤经 133.03°、赤纬-6.23°(ICRF 中)的 Charon 的平均轨道。

附录 C　天体力学中的特殊函数

C. 1　倾角函数

倾角函数 $F_{kmp}(i)$ 受行星非球形性引力或第三方天体的引力扰动影响。卫星轨道半径的方向由其纬度 φ 和经度（相对轨道升交点的测量值，即 $\lambda-\Omega$）确定。卫星轨道半长轴同时还由轨道倾角 i 和纬度幅角 u（轨道半径与升交点方向之间的角度）唯一确定。这对角度之间的关系是

$$\sin\varphi = \sin i \sin u$$
$$\cos\varphi\cos(\lambda-\Omega) = \cos u$$
$$\cos\varphi\sin(\lambda-\Omega) = \cos i \sin u$$

将扰动函数展开，得到

$$Q_{km} = P_k^{(m)}(\sin\varphi)\exp\sqrt{-1}\,m(\lambda-\Omega)$$

上式取决于 φ 和 $\lambda-\Omega$，用 i 和 u 替换后公式如下

$$Q_{km} = (\sqrt{-1})^{m-k+2E\left(\frac{k-m}{2}\right)}\sum_{p=0}^{k}F_{kmp}(i)\exp\sqrt{-1}\,(k-2p)u \qquad (C-1)$$

式中，$F_{kmp}(i)$ 是天体力学的特殊函数，称为倾角函数；$E(\cdot)$ 表示取数字的整数部分。

任意指数形式的 $F_{kmp}(i)$ 表达式如下：

$$F_{kmp}(i) = \sum_t \frac{(2k-2t)!}{t!\,(t-k)!\,(t-m-2t)!\,2^{2k-2t}}\sin^{k-m-2t}i \times \sum_{s=0}^{m}\binom{m}{s}\cos^s i \times$$

$$\sum_c \binom{k-m-2t+s}{c}\binom{m-s}{p-t-c}(-1)^{c-E_{km}}$$

式中，E_{km} 为 $(k-m)/2$ 的整数部分；t 取 $0 \sim p$ 或 E_{km}（以较小值为准），并且对二项式非零系数的所有 c 值求和。

用 $\sin i/2$ 和 $\cos i/2$ 表示的 $F_{kmp}(i)$ 公式可以在文献（Brumberg，1967）中查到。鉴于需要确定大指数的倾斜函数，可以使用基于文献（Emelyanov，1985）中描述的特殊递推关系的方法。埃梅利亚诺夫和坎特（Emelyanov，Kanter，1989）提出了一种使用递推关系计算倾斜函数的有效方法。

倾科函数的显式表达式如下（$k=2$，3，4；$m=0$，1，$\cdots$，k；$p=0$，1，$\cdots$，k）

$$F_{200}(i) = -\frac{3}{8}\sin^2 i, \quad F_{201}(i) = \frac{3}{4}\sin^2 i - \frac{1}{2}$$

$$F_{202}(i) = -\frac{3}{8}\sin^2 i, \quad F_{210}(i) = \frac{3}{4}\sin i(1+\cos i)$$

$$F_{211}(i) = -\frac{3}{2}\sin i\cos i, \quad F_{212}(i) = -\frac{3}{4}\sin i(1-\cos i)$$

$$F_{220}(i) = \frac{3}{4}(1+\cos i)^2, \quad F_{221}(i) = \frac{3}{2}\sin^2 i$$

$$F_{222}(i) = \frac{3}{4}(1 - \cos i)^2$$

$$F_{300}(i) = -\frac{5}{16}\sin^3 i, \qquad F_{301}(i) = \frac{15}{16}\sin^3 i - \frac{3}{4}\sin i$$

$$F_{302}(i) = -\frac{15}{16}\sin^3 i + \frac{3}{4}\sin i, \qquad F_{303}(i) = \frac{5}{16}\sin^3 i$$

$$F_{310}(i) = -\frac{15}{16}\sin^2 i (1 + \cos i)$$

$$F_{311}(i) = \frac{15}{16}\sin^2 i (1 + 3\cos i) - \frac{3}{4}(1 + \cos i)$$

$$F_{312}(i) = \frac{15}{16}\sin^2 i (1 - 3\cos i) - \frac{3}{4}(1 - \cos i)$$

$$F_{313}(i) = -\frac{15}{16}\sin^2 i (1 - \cos i)$$

$$F_{320}(i) = \frac{15}{8}\sin i (1 + \cos i)^2$$

$$F_{321}(i) = \frac{15}{8}\sin i (1 - 2\cos i - 3\cos^2 i)$$

$$F_{322}(i) = -\frac{15}{8}\sin i (1 + 2\cos i - 3\cos^2 i)$$

$$F_{323}(i) = -\frac{15}{8}\sin i (1 - \cos i)^2$$

$$F_{330}(i) = \frac{15}{8}(1 + \cos i)^3$$

$$F_{331}(i) = \frac{45}{8}\sin^2 i (1 + \cos i)$$

$$F_{332}(i) = \frac{45}{8}\sin^2 i (1 - \cos i)$$

$$F_{333}(i) = \frac{15}{8}(1 - \cos i)^3$$

$$F_{400}(i) = \frac{35}{128}\sin^4 i$$

$$F_{401}(i) = -\frac{35}{32}\sin^4 i + \frac{15}{16}\sin^2 i$$

$$F_{402}(i) = \frac{105}{64}\sin^4 i - \frac{15}{8}\sin^2 i + \frac{3}{8}$$

$$F_{403}(i) = -\frac{35}{32}\sin^4 i + \frac{15}{16}\sin^2 i$$

$$F_{404}(i) = \frac{35}{128}\sin^4 i$$

$$F_{410}(i) = -\frac{35}{32}\sin^3 i(1+\cos i)$$

$$F_{411}(i) = \frac{35}{16}\sin^3 i(1+2\cos i) - \frac{15}{8}\sin i(1+\cos i)$$

$$F_{412}(i) = \cos i\left(\frac{15}{4}\sin i - \frac{105}{16}\sin^3 i\right)$$

$$F_{413}(i) = -\frac{35}{16}\sin^3 i(1-2\cos i) + \frac{15}{8}\sin i(1-\cos i)$$

$$F_{414}(i) = \frac{35}{32}\sin^3 i(1+\cos i)$$

$$F_{420}(i) = -\frac{105}{32}\sin^2 i(1+\cos i)^2$$

$$F_{421}(i) = \frac{105}{8}\sin^2 i\cos i(1+\cos i) - \frac{15}{8}(1+\cos i)^2$$

$$F_{422}(i) = \frac{105}{16}\sin^2 i(1-3\cos^2 i) + \frac{15}{4}\sin^2 i$$

$$F_{423}(i) = -\frac{105}{8}\sin^2 i\cos i(1-\cos i) - \frac{15}{8}(1-\cos i)^2$$

$$F_{424}(i) = -\frac{105}{32}\sin^2 i(1-\cos i)^2$$

$$F_{430}(i) = \frac{105}{16}\sin i(1+\cos i)^3$$

$$F_{431}(i) = \frac{105}{8}\sin i(1-3\cos^2 i - 2\cos^3 i)$$

$$F_{432}(i) = -\frac{315}{8}\sin^3 i\cos i$$

$$F_{433}(i) = -\frac{105}{8}\sin i(1-3\cos^2 i + 2\cos^3 i)$$

$$F_{434}(i) = -\frac{105}{16}\sin i(1-\cos i)^3$$

$$F_{440}(i) = \frac{105}{16}(1+\cos i)^4$$

$$F_{441}(i) = \frac{105}{4}\sin^2 i(1+\cos i)^2$$

$$F_{442}(i) = \frac{315}{8}\sin^4 i$$

$$F_{443}(i) = \frac{105}{4}\sin^2 i(1-\cos i)^2$$

$$F_{444}(i) = \frac{105}{16}(1-\cos i)^4$$

C. 2　偏心率函数

偏心率函数受行星非球形性引力或第三方天体的引力扰动影响。对于小偏心率 e，下式中距离 r 和真近点角 v 以平近点角 M 展开。

$$\left(\frac{r}{a}\right)^n \exp\sqrt{-1}\,jv = \sum_{q=-\infty}^{\infty} X_q^{n,j}(e)\exp\sqrt{-1}\,qM \qquad (C-2)$$

式中，$X_q^{n,j}(e)$ 为偏心率函数。偏心率函数的计算可以在文献（Brumberg，1967；Aksenov，1986）中查到。事实证明，上述所说的以平近点角展开的小偏心率值均会收敛。

此外，根据偏心率的一些性质，使用比率可以有效减少计算的次数。

$$X_{-q}^{k,-j}(e) = X_q^{k,j}(e)$$

指数展开形式如下

$$X_q^{k,j}(e) = e^{|q-j|}\sum_{s=0}^{\infty} X_{q,s}^{k,j}\,e^{2s}$$

式中，$X_{q,s}^{k,j}$ 是对于所有 $e<1$ 均收敛的级数。所有必要的系数 $X_{q,s}^{k,j}$ 都可以使用从文献（Cherniack，1972）中提取的递归关系来计算，并在文献（Fominov，Filenko，1978）中给出了简化形式。文献（Hughes，1981）中给出了类似的递归关系，并在著作（Murray，2000）中进行了相关介绍。偏心率函数在文献（Aksenov，1986）中得到了极大的关注。

当 $q=0$ 时，偏心率函数以最终形式表示，对于这种特殊情况，可以使用文献（Hughes，1981）中的递推关系进行计算。

对于所有的 $e<1$，有以下特性

$$X_0^{-3,2}(e) = X_0^{-3,-2}(e) = 0$$

对于 $k=-3，-4，-5$ 的偏心率函数在参考文献（Kaula，1966）中给出。注意在文献中 $X_{q,s}^{k,j}$ 也被称为 Newcomb 算子，偏心率函数本身也被称为 Hansen 函数。

部分 $q=0$ 时的偏心率函数的表达式为

$$X_0^{2,0} = 1+\frac{3}{2}e^2, \quad X_0^{2,1} = -2e-\frac{1}{2}e^3, \quad X_0^{2,2} = \frac{5}{2}e^2$$

$$X_0^{-3,0} = (1-e^2)^{-3/2}, \quad X_0^{-4,1} = e(1-e^2)^{-5/2}$$

$$X_0^{-5,2} = \frac{3}{4}e^2(1-e^2)^{-7/2}, \quad X_0^{-5,0} = \left(1+\frac{3}{2}e^2\right)(1-e^2)^{-7/2}$$

参 考 文 献

［1］　Aksenov，E. P.，1986. Special Functions in Celestial Mechanics. Glavnaya Redaktsiya Fiziko-Matematicheskoj Literatury，Nauka，Moscow. 320 pp. In Russian.

［2］　Brumberg，V. A.，1967. Development of the perturbation function in satellite problems. Bulletin of the Institute of Theoretical Astronomy, Leningrad 11 (2), 73—83. In Russian.

[3]　Cherniack, J. R. , 1972. Computation of Hansen coefficients. SAO Special Report, N. 346.

[4]　Emelyanov, N. V. , 1985. Computing normalised inclination functions and their derivatives with big values of indexes. Tr. Gos. Astron. Inst. Sternberg 57, 83—91. In Russian.

[5]　Emelianov, N. V. , Kanter, A. A. , 1989. A. method to compute inclination functions and their derivatives. Manuscripta Geodaetica 14, 77—83.

[6]　Fominov, A. M. , Filenko, L. L. , 1978. Computing Normalised Inclination Functions and Their Derivatives. Computing Hansen Coefficients and Their Derivatives. Algorithms of Celestial Mechanics, vol. 19. Institute of Theoretical Astronomy, Leningrad. In Russian.

[7]　Hughes, S. , 1981. The computation of tables of Hansen coefficients. Celestial Mechanics 25 (1), 101—107.

[8]　Kaula, W. M. , 1966. Theory of Satellite Geodesy. Applications of Satellites to Geodesy. Blaisdell, Waltham, Mass.

[9]　Murray, C. D. , Dermott, S. F. , 2000. Solar System Dynamics. Cambridge Univ. Press, Cambridge. 608 pp.

附录 D　时间标准

D. 1　创建时间标准

时间是我们欣然接受的自然现象。但是在天文学中，我们需要一个时间来源，这个来源通常是需要观测和测量的物理量。天文学家总是需要由某个度量值确定的统一时间，因此他们也一直在寻找最统一的时间标准。

在过去的几个世纪里，天文学家们根据地球的自转运行特性提出世界时（UT），UT1时是通用世界时的一种。

当地太阳时取决于地球上当地的经度，因此根据当地经度的不同又引入了标准时间的概念，即格林尼治子午线上的世界时间 GMT——格林尼治标准时间。

自地球自转的不均匀性被发现以后，天文学家们开始以地球绕太阳运动的过程来衡量时间。这一现象是由天文学家们发现的，因此星历时间（ET）在天文测量中被广泛使用。当前，ET 时被认为是最统一的天文学时间标准，其与世界时的差异被测量并制成表格。同时，由于地球自转的不可预测性，只有在处理天文观测数据后才能知道 UT1‐ET 时的差异。UT1‐ET 差异表发表在天文年鉴上。

1967 年开始，物理学家开始定义秒的概念。1972 年以来，原子时的概念已被用于天文活动。通过可以被观测和测量的原子中的物理过程来衡量的时间被称为 TAI—国际原子时。原子时被认为是与星历时一样统一的时间标准，星历表和原子时间（ET‐TAI）之间的差异为 32.184 s。

但原子时与人类生活中太阳东升西落的时间存在一定的矛盾，而太阳的东升西落又是普遍存在的，为解决这一问题，天文学家们提出了世界协调时（UTC），并规定原子时与

世界协调时之间的差（TAI - UTC）始终是整秒数，世界协调时与世界时差（UTC -
UT1）永远不超过 0.9 s。为了保持这项规定永远成立，国际地球自转服务（IERS）每隔
一段时间需要将 UTC 时间更改 1 s。下一节中将会介绍 UTC 时间被更改的频率。更多关
于 UTC 时间的跳变和当前 TAI - UTC 的差值可以在 https：//hpiers. obspm. fr/iers/bul/
bulc/bulletinc. dat 中查到。GMT（格林尼治标准时间）目前与 UTC 时相同。

　　20 世纪末，广义相对论模型逐渐代替牛顿力学。根据广义相对论，太阳系不同地方
的时间流动不同。因此，时间的度量开始与存放时钟的地方相关。由此，重心时间（Time
Dynamic Barycentric，TDB）和大地水准面时间（Time Terestre，TT）出现。而原子钟位于
大地水准面，假设 TT－TAI＝32. 184 s，便可认为 TT 时是星历时 ET 的延续。

　　重心时间用于描述太阳系天体的动力学。由于在太阳系的重心没有时钟和原子钟，因
此必须使用天体的质量分布、轨道和旋转运动的知识来模拟 TDB 时间的尺度。当然，时
间在重心上的流动速度与其在大地水准面上的流动速度不同，这种差异既有长期的过程，
也有周期性的变化。然而，为了方便天体测量，假设时钟位于重心，以与大地水准面时钟
平均转速相同的速度运行。考虑到太阳系许多天体的周期性运动，周期性变化的差 P＝
TDB－TT 必须以巨大的三角级数列建模。实际上，P 的值由周期项的总和表示，每个周
期项都有自己的周期。文献（Fairhead，Bretagnon，1990）中给出了其中一个三角级数
模型，该模型下周期项的最大幅度为 0. 001 656 s。

表 D - 1　每个起始日期 TT - UTC 的变化值

儒略时，JD	日历日期	TT－UTC/s
2 441 317.5	1972/01/01	42. 184
2 441 499.5	1972/07/01	43. 184
2 441 683.5	1973/01/01	44. 184
2 442 048.5	1974/01/01	45. 184
2 442 413.5	1975/01/01	46. 184
2 442 778.5	1976/01/01	47. 184
2 443 144.5	1977/01/01	48. 184
2 443 509.5	1978/01/01	49. 184
2 443 874.5	1979/01/01	50. 184
2 444 239.5	1980/01/01	51. 184
2 444 786.5	1981/07/01	52. 184
2 445 151.5	1982/07/01	53. 184
2 445 516.5	1983/07/01	54. 184
2 446 247.5	1985/07/01	55. 184
2 447 161.5	1988/01/01	56. 184
2 447 892.5	1990/01/01	57. 184
2 448 257.5	1991/01/01	58. 184

续表

儒略时,JD	日历日期	TT−UTC/s
2 448 804.5	1992/07/01	59.184
2 449 169.5	1993/07/01	60.184
2 449 534.5	1994/07/01	61.184
2 450 083.5	1996/01/01	62.184
2 450 630.5	1997/07/01	63.184
2 451 179.5	1999/01/01	64.184
2 453 736.5	2006/01/01	65.184
2 454 832.5	2009/01/01	66.184
2 456 109.5	2012/07/01	67.184
2 457 204.5	2015/07/01	68.184
2 457 754.5	2017/01/01	69.184

近年来，来自被称为脉冲星的河外射电源的信号已被用作计时器，这样的脉冲星时间被认为是最均匀的。

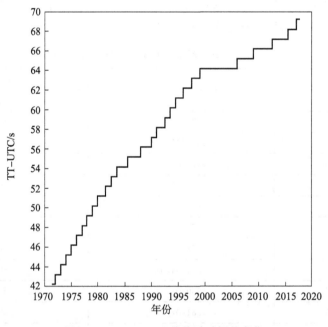

图 D-1　TT-UTC 差值随时间的变化

更多关于时间标准及其测量的信息可以在参考文献（Simon et al.，1997；IAA.RAS，2004）中查到。

D.2　UTC 与 TT 的关系

从上一节中可以看出，TT-UTC 的值是 32.184 s 加上一些整数秒。表 D-1 和图 D-

1 给出了 1972 年以来，TT – UTC 的值。国际地球自转服务（IERS）在开始日期的 0 h 设置 UTC 刻度 1 s 的突然变化。关于 1972 年之前 ET – UTC 或 ET – GMT 的值在天文年鉴中可查询到。

D. 3　其他时间标准

过去几个世纪，在行星、卫星和小行星的天文观测出版物中，使用了当地平太阳时。表 D – 2 给出了其他时间与 UTC 或 GMT 时的关系。

表 D – 2　过去使用的各种时间标准的关系

参考文献中的其他时间标准	差异：UTC –其他时间标准 （h 代表小时, m 代表分钟, s 代表秒）
Greenwich Mean Time	0 h
Washington Mean Time	5 h 8 m 12. 15 s
Central Standard Time	6h
Pacific Standard Time	8h
Pulkovo Mean Time	−（2 h 1 m 18. 576 s）
Paris Mean Time	−（9 m 21 s）
Cambridge Mean Time	−（22. 752 s）
Temps Moyen de Nice	−（29 m 12. 096 s）
Strasburg Mean Time	−（31 m 4. 248 s）
Mount Hamilton Mean Time	8 h 6 m 34. 92 s
90th Meridian Time	6 h
Leander McCormick Mean Time	5 h 14 m 5. 328 s

参 考 文 献

[1]　Fairhead, L., Bretagnon, P., 1990. An analytical formula for the time transformation TB – TT. Astronomy and Astrophysics 229, 240 – 247.

[2]　Simon, J. – L., Chapront – Touzé, M., Morando, B., Thuillot, W. (Eds.), 1997.

[3]　Introduction aux éphémérides Astronomiques. Supplément explicatif à la connaissance des temps. Bureau des Longitudes, Paris. Les éditions de physique, France. 450 pp. In French.

[4]　Works IAA. RAS, 2004. Works of the Institut of the Applied Astronomy. Russian Academy of Science, No. 10. Ephemeris astronomy, St. – Petersbourg. In Russian.

附录 E　C 语言实现的 Cholesky 分解

通过运动参数变化的方法估计星历的精度，需要计算 Cholesky 分解矩阵 $\boldsymbol{L}$ ，该矩阵满足以下关系式

$$\boldsymbol{LL}^{\mathrm{T}} = \boldsymbol{D}$$

式中，矩阵 $\boldsymbol{D}$ 是参数误差的协方差矩阵，它是通过精化观测天体的运动参数得到的。该矩阵的应用在第 8 章中已描述。

矩阵 $\boldsymbol{L}$ 是一个下三角矩阵。为了计算它，我们可以使用以下 C 语言程序：

```
#include<stdio. h>
#include<stdlib. h>
#include<math. h>
...
void decomp (double * A, int n, double  * L)
{
inti, j, k;

for (i=0; i<n; i++)
{
for (j=0; j<n; j++)
{
if (j>i) L [i * n+j] =0. 0;
else {
if (j<i)
{
L [i * n+j] =A [i * n+j];
if (j-1>=0) for (k=0; k<=j-1; k++) L [i * n+j] -=L [i * n+k]  * L [j * n+k]; L [i * n+j] =L [i * n+j] /L [j * n+j];
}
else
{
L [i * n+j] =A [i * n+j];
if (i-1>=0)
for (k=0; k<=i-1; k++) L [i * n+j] -=L [i * n+k]  * L [i * n+k];
if (L [i * n+j] <=0. 0) L [i * n+j] =0. 0;
else L [i * n+j] =sqrt (L [i * n+j] );
```

```
            }
        }
    }
}
return；
}
```

函数 decomp 中，参数 A 为原始矩阵 D 的地址，参数 n 为矩阵的维数，参数 L 为结果矩阵 L 的地址。矩阵元素按行排列在索引变量 A 和 L 中。

附录 F　行星和天然卫星的自转参数

F. 1　定义

公认的自转参数定义已在第 9 章介绍。

行星和天然卫星的自转参数定期在国际天文学联合会 IAU WG CCRE 版块发布。以下参数取自最新报告（Archinal et al. , 2018）。本附录主要介绍自转参数的来源、相关引用文章以及未来建议。

本附录除了引用了文献（Archinal et al. , 2018）的数据外，还引用了其他文献的一些新数据。

给出 J2000 赤道坐标系下每个行星和卫星的极坐标 α_0，δ_0 以及零子午线 W 的经度随时间变化的表达式。关于时间的定义如下：

T 是从标准 J2000 历元——2000 年 1 月 1 日的 12 时（JD.2 451 545.0）开始的儒略世纪间隔（36 525 天），d 是从标准纪元开始的间隔天数。

所有角度值都以度为单位，角度的变化率对应于 T 和 d 的变化情况。

F. 2　行星的自转参数

火星

火星极坐标值取自 IAU WG CCRE（Archinal et al. , 2018），相关参数来源于文献（Kuchynka et al. , 2014；Konopliv et al. , 2016），表达式定义如下。

$$
\begin{aligned}
\alpha_0 = & \ 317.269\,202 - 0.109\,275\,47T + \\
& 0.000\,068\sin(198.991\,226 + 19\,139.481\,998\,5T) + \\
& 0.000\,238\sin(226.292\,679 + 382\,80.851\,128\,1T) + \\
& 0.000\,052\sin(249.663\,391 + 57\,420.725\,159\,3T) + \\
& 0.000\,009\sin(266.183\,510 + 76\,560.636\,795\,0T) + \\
& 0.419\,057\sin(79.398\,797 + 0.504\,261\,5T)
\end{aligned}
$$

$$\delta_0 = 54.432\ 516 - 0.058\ 271\ 05T +$$
$$0.000\ 051\cos(122.433\ 576 + 19\ 139.940\ 747\ 6T) +$$
$$0.000\ 141\cos(43.058\ 401 + 38\ 280.875\ 327\ 2T) +$$
$$0.000\ 031\cos(57.663\ 379 + 57\ 420.751\ 720\ 5T) +$$
$$0.000\ 005\cos(79.476\ 401 + 76\ 560.649\ 500\ 4T) +$$
$$1.591\ 274\cos(166.325\ 722 + 0.504\ 261\ 5T)$$
$$W = 176.049\ 863 + 350.891\ 982\ 443\ 297d +$$
$$0.000\ 145\sin(129.071\ 773 + 19\ 140.032\ 824\ 4T) +$$
$$0.000\ 157\sin(36.352\ 167 + 38\ 281.047\ 359\ 1T) +$$
$$0.000\ 040\sin(56.668\ 646 + 57\ 420.929\ 536\ 0T) +$$
$$0.000\ 001\sin(67.364\ 003 + 76\ 560.255\ 221\ 5T) +$$
$$0.000\ 001\sin(104.792\ 680 + 95\ 700.438\ 757\ 8T) +$$
$$0.584\ 542\sin(95.391\ 654 + 0.504\ 261\ 5T)$$

注：火星零子午线的位置是基于维京一号着陆器的坐标，该定义与之前指定的 Airy - 0 位置相关的零子午线位置一致。

木星

极坐标取自 IAU WG CCRE （Archinal et al.，2018），摘自出版物 （Riddle，Warwick，1976）

$$\alpha_0 = 268.056\ 595 - 0.006\ 499T + 0.000\ 117\sin Ja + 0.0009\ 38\sin Jb +$$
$$0.001\ 432\sin Jc + 0.000\ 030\sin Jd + 0.002\ 150\sin Je$$
$$\delta_0 = 64.495\ 303 + 0.002\ 413T + 0.000\ 050\cos Ja + 0.000\ 404\cos Jb +$$
$$0.000\ 617\cos Jc - 0.000\ 013\cos Jd + 0.000\ 926\cos Je$$
$$W = 284.95 + 870.536\ 000\ 0d$$

其中

$$Ja = 99.360\ 714 + 4\ 850.404\ 6T, \quad Jb = 175.895\ 369 + 1\ 191.960\ 5T$$
$$Jc = 300.323\ 162 + 262.547\ 5T, \quad Jd = 114.012\ 305 + 6\ 070.247\ 6T$$
$$Je = 49.511\ 251 + 64.300\ 0T$$

注：木星的自转是指其磁场的自转。

土星

极坐标取自 IAU WG CCRE （Archinal et al.，2018） ），摘自出版物 （Hubbard et al.，1993；French et al.，1993）

$$\alpha_0 = 40.589 - 0.036T$$
$$\delta_0 = 83.537 - 0.004T$$
$$W = 38.90 + 810.793\ 902\ 4d$$

注：土星的自转是指其磁场的自转。

天王星

极坐标取自 IAU WG CCRE（Archinal et al.，2018），摘自出版物（Mason et al.，1992）

$$\alpha_0 = 257.311$$
$$\delta_0 = -15.175$$
$$W = 203.81 - 501.160\ 092\ 8d$$

注：这里的天王星自转是指其磁场的自转。

雅克布森（Jacobson，2014）发表了一个新的天王星自转模型，根据这个模型，给出 α_0 和 δ_0 的新表达式

$$\alpha_0 = 257.309\ 980 + 0.000\ 173T + 0.000\ 895\sin S1 + 0.000\ 180\sin S2 +$$
$$0.000\ 098\sin S3 + 0.000\ 075\sin S4 - 0.000\ 818\sin S5$$
$$\delta_0 = -15.172\ 395 - 0.000\ 019T - 0.000\ 851\cos S1 - 0.000\ 173\cos S2 -$$
$$0.000\ 094\cos S3 - 0.000\ 072\cos S4 - 0.000\ 818\cos S5$$

其中

$$S1 = 328.616\ 724 + 26.960\ 1T$$
$$S2 = 259.275\ 089 + 2\ 024.728\ 5T$$
$$S3 = 102.827\ 444 + 182.803\ 0T$$
$$S4 = 185.361\ 668 + 276.410\ 8T$$
$$S5 = 137.359\ 959$$

引入 $S5$ 主要是为了使三角函数项的总和在初始时期为零。

海王星

极坐标取自 IAU WG CCRE（Archinal et al.，2018），摘自出版物（Jacobson，1990；Warwicket al.，1989）。旋转速度取自文献（Karkoschka，2011）。坐标由以下表达式定义

$$\alpha_0 = 299.36 + 0.70\sin N$$
$$\delta_0 = 43.46 - 0.51\cos N$$
$$W = 249.978 + 541.139\ 775\ 7d - 0.48\sin N$$
$$N = 357.85 + 52.316T$$

雅克布森（Jacobson，2009）发表的海王星的替代旋转参数以及埃梅利亚诺夫和萨莫罗多夫（Emelyanov，Samorodov，2015）发表的改进参数均在第 9 章中已介绍。

冥王星

极坐标取自 IAU WG CCRE（Archinal et al.，2018）。根据小行星极点的确定规则，北极是沿着冥王星的旋转力矩矢量指向的。冥王星的零子午线定义在冥王星的中间方向。

$$\alpha_0 = 132.993$$

$$\delta_0 = -6.163$$

$$W = 302.695 + 56.362\ 522\ 5d$$

与太阳系不变的拉普拉斯平面相关的北极具有以下坐标（Archinal et al.，2018）

$$\alpha_0 = 273.85$$

$$\delta_0 = 66.99$$

太阳北极的坐标（Archinal et al.，2018）

$$\alpha_0 = 286.13$$

$$\delta_0 = 63.87$$

$$W = 84.176 + 14.184\ 400\ 0d$$

注：W 的公式在此处编写时考虑了光传播时间的校正（光子从太阳开始的那一刻）但没有考虑像差校正。

F.3 行星卫星的自转参数

所有角度值都以度为单位，角度的变化率对应于 T 和 d 的变化。

火星卫星

极坐标取自 IAU WG CCRE（Archinal et al.，2018），摘自文献（Stark et al.，2017）。

M1 Phobos

$$\alpha_0 = 317.670\ 716\ 57 - 0.108\ 443\ 26T -$$
$$1.784\ 283\ 99\sin M1 + 0.022\ 128\ 24\sin M2 -$$
$$0.010\ 282\ 51\sin M3 - 0.004\ 755\ 95\sin M4$$

$$\delta_0 = 52.886\ 272\ 66 - 0.061\ 347\ 06T -$$
$$1.075\ 165\ 37\cos M1 + 0.006\ 686\ 26\cos M2 -$$
$$0.006\ 487\ 40\cos M3 + 0.002\ 815\ 76\cos M4$$

$$W = 34.996\ 484\ 253\ 5 + 1\ 128.844\ 759\ 28d + 12.721\ 927\ 97T^2 +$$
$$1.424\ 217\ 69\sin M1 - 0.022\ 737\ 83\sin M2 +$$
$$0.004\ 107\ 11\sin M3 + 0.006\ 319\ 64\sin M4 + 1.143\sin M5$$

M2 Deimos

$$\alpha_0 = 316.657\ 058\ 08 - 0.105\ 180\ 14T +$$
$$3.092\ 177\ 26\sin M6 + 0.229\ 806\ 37\sin M7 +$$
$$0.064\ 186\ 55\sin M8 + 0.025\ 335\ 37\sin M9 +$$
$$0.007\ 786\ 95\sin M10$$

$$\delta_0 = 53.509\ 920\ 33 - 0.059\ 790\ 94T +$$
$$1.839\ 360\ 04\cos M6 + 0.143\ 253\ 20\cos M7 +$$
$$0.019\ 114\ 09\cos M8 - 0.014\ 825\ 90\cos M9 +$$
$$0.001\ 924\ 30\cos M10$$
$$W = 79.399\ 329\ 54 + 285.161\ 888\ 99d -$$
$$2.739\ 548\ 29\sin M6 - 0.399\ 686\ 06\sin M7 -$$
$$0.065\ 632\ 59\sin M8 - 0.029\ 129\ 40\sin M9 +$$
$$0.016\ 991\ 60\sin M10$$

其中

$$M1 = 190.726\ 466\ 43 + 15\ 917.108\ 186\ 95T$$
$$M2 = 21.468\ 924\ 70 + 31\ 834.279\ 340\ 54T$$
$$M3 = 332.860\ 827\ 93 + 19\ 139.896\ 947\ 42T$$
$$M4 = 394.932\ 564\ 37 + 38\ 280.796\ 318\ 35T$$
$$M5 = 189.632\ 715\ 60 + 41\ 215\ 158.184\ 200\ 50T + 12.711\ 923\ 22T^2$$
$$M6 = 121.468\ 936\ 64 + 660.228\ 034\ 74T$$
$$M7 = 231.050\ 285\ 81 + 660.991\ 235\ 40T$$
$$M8 = 251.373\ 140\ 25 + 1\ 320.501\ 452\ 45T$$
$$M9 = 217.986\ 359\ 55 + 38\ 279.961\ 255\ 50T$$
$$M10 = 196.197\ 294\ 02 + 19\ 139.836\ 286\ 08T$$

Phobos 的另一种旋转模型（LeMaistre et al.，2013）表达式如下

$$\alpha_0 = 317.651\ 71 - 0.108T +$$
$$0.325\ 245\cos P1_A + 1.758\ 464\sin P1_A +$$
$$3.787\ 9 \cdot 10^{-3}\cos P2_A - 9.987\ 0 \cdot 10^{-3}\sin P2_A +$$
$$8.036\ 0 \cdot 10^{-3}\cos P3_A + 2.072\ 7 \cdot 10^{-2}\sin P3_A -$$
$$5.009\ 9 \cdot 10^{-3}\cos P4_A + 1.586\ 5 \cdot 10^{-2}\sin P4_A -$$
$$1.385\ 8 \cdot 10^{-2}\cos P5_A - 2.659\ 9 \cdot 10^{-2}\sin P5_A -$$
$$3.098\ 6 \cdot 10^{-2}\cos P6_A - 3.426\ 7 \cdot 10^{-3}\sin P6_A$$
$$\delta_0 = 52.875\ 277 - 0.061T +$$
$$1.059\ 273\cos P1_D - 0.200\ 688\sin P1_D -$$
$$5.850\ 9 \cdot 10^{-3}\cos P2_D - 3.166\ 4 \cdot 10^{-3}\sin P2_D +$$
$$6.275\ 2 \cdot 10^{-3}\cos P3_D - 2.387\ 7 \cdot 10^{-3}\sin P3_D +$$
$$9.554\ 0 \cdot 10^{-3}\cos P4_D + 3.283\ 7 \cdot 10^{-3}\sin P4_D +$$
$$1.604\ 9 \cdot 10^{-2}\cos P5_D - 8.357\ 1 \cdot 10^{-3}\sin P5_D +$$
$$2.067\ 3 \cdot 10^{-2}\cos P6_D - 1.869\ 5 \cdot 10^{-2}\sin P6_D$$

$$W = 34.780\ 84 + 1\ 128.844\ 585d + 8.864T2 -$$
$$0.260\ 555\cos P1_W - 1.403\ 236\sin P1_W -$$
$$8.190\ 1 \cdot 10^{-3}\cos P2_W - 2.130\ 5 \cdot 10^{-2}\sin P2_W +$$
$$3.9954 \cdot 10^{-3}\cos P3_W - 1.265\ 0 \cdot 10^{-2}\sin P3_W +$$
$$1.105\ 1 \cdot 10^{-2}\cos P4_W + 2.121\ 0 \cdot 10^{-2}\sin P4_W +$$
$$0.177\ 178\cos P5_W + 1.085\ 406\sin P5_W +$$
$$2.470\ 9 \cdot 10^{-2}\cos P6_W + 2.732\ 4 \cdot 10^{-2}\sin P6_W -$$
$$2.763\ 8 \cdot 10^{-3}\cos P7_W - 8.230\ 9 \cdot 10^{-3}\sin P7_W$$

其中

$$P1_A = (360.0/826.209\ 3)d$$
$$P2_A = (360.0/413.103\ 4)d$$
$$P4_A = (360.0/0.843\ 0)d$$
$$P5_A = (360.0/0.513\ 3)d$$
$$P6_A = (360.0/0.231\ 3)d$$
$$P1_D = (360.0/826.209\ 8)d$$
$$P2_D = (360.0/686.960\ 3)d$$
$$P3_D = (360.0/413.099\ 6)d$$
$$P4_D = (360.0/0.843\ 0)d$$
$$P5_D = (360.0/0.513\ 3)d$$
$$P6_D = (360.0/0.231\ 3)d$$
$$P1_W = (360.0/826.208\ 2)d$$
$$P2_W = (360.0/413.105\ 0)d$$
$$P3_W = (360.0/0.843\ 0)d$$
$$P4_W = (360.0/0.513\ 3)d$$
$$P5_W = (360.0/0.319\ 0)d$$
$$P6_W = (360.0/0.231\ 3)d$$
$$P7_W = (360.0/0.159\ 5)d$$

雅克布森（Jacobson，2017）给出了火星卫星新的极坐标表达式

M1 Phobos

$$\alpha_0 = 317.670\ 722 - 0.108\ 413\ 248\ 6T - 1.784\ 328\sin M1 + 0.022\ 113\sin M2$$
$$\delta_0 = 52.886\ 261 - 0.061\ 338\ 359\ 9T - 1.075\ 191\cos M1 + 0.006\ 656\cos M2$$
$$W = 35.187\ 741 + 1\ 128.844\ 759\ 275\ 3d + 12.722T^2 +$$
$$1.424\ 227\sin M1 - 0.022\ 751\sin M2$$

M2 Deimos

$$\alpha_0 = 316.656\ 987 - 0.104\ 675\ 002\ 0T +$$
$$0.007\ 782\sin M3 + 0.025\ 076\sin M4 +$$
$$3.022\ 942\sin M5 + 0.064\ 064\sin M6 -$$
$$0.005\ 241\sin M7$$

$$\delta_0 = 53.509\ 843 - 0.059\ 987\ 446\ 2T +$$
$$0.001\ 912\cos M3 - 0.014\ 719\cos M4 +$$
$$1.796\ 415\cos M5 + 0.019\ 065\cos M6 +$$
$$0.003\ 205\cos M7$$

$$W = 79.399\ 489 + 285.161\ 888\ 967\ 9d +$$
$$0.016\ 999\sin M3 - 0.029\ 333\sin M4 -$$
$$2.626\ 250\sin M5 - 0.065\ 368\sin M6 -$$
$$0.184\ 398\sin M7$$

其中

$$M1 = 190.752\ 833 + 15\ 917.119\ 734\ 6T$$
$$M2 = 21.510\ 735 + 31\ 834.529\ 659\ 0T$$
$$M3 = 196.381\ 549 + 19\ 139.720\ 137\ 9T$$
$$M4 = 214.896\ 971 + 38\ 279.994\ 027\ 1T$$
$$M5 = 125.675\ 097 + 660.208\ 457\ 3T$$
$$M6 = 251.350\ 194 + 1\ 320.416\ 914\ 6T$$
$$M7 = 215.675\ 097 + 660.208\ 457\ 3T$$

木星卫星

极坐标取自 IAU WG CCRE（Archinal et al.，2018），此外还提供了数据的参考文献。

伽利略卫星（Lieske，1979；Smith et al.，1979）

J1 Io

$$\alpha_0 = 268.05 - 0.009T + 0.094\sin J3 + 0.024\sin J4$$
$$\delta_0 = 64.50 + 0.003T + 0.040\cos J3 + 0.011\cos J4$$
$$W = 200.39 + 203.488\ 953\ 8d - 0.085\sin J3 - 0.022\sin J4$$

注：零子午线由行星的方向决定。

J2 Europa

$$\alpha_0 = 268.08 - 0.009T + 1.086\sin J4 + 0.060\sin J5 +$$
$$0.015\sin J6 + 0.009\sin J7$$
$$\delta_0 = 64.51 + 0.003T + 0.468\cos J4 + 0.026\cos J5 +$$
$$0.007\cos J6 + 0.002\cos J7$$

$$W = 36.022 + 101.374\ 723\ 5d - 0.980\sin J\,4 - 0.054\sin J\,5 -$$
$$0.014\sin J\,6 - 0.008\sin J\,7$$

注：182°的子午线是由陨石 Clixi 决定的。

J3 Ganymede

$$\alpha_0 = 268.20 - 0.009T - 0.037\sin J\,4 + 0.431\sin J\,5 + 0.091\sin J\,6$$
$$\delta_0 = 64.57 + 0.003T - 0.016\cos J\,4 + 0.186\cos J\,5 + 0.039\cos J\,6$$
$$W = 44.064 + 50.317\ 608\ 1d + 0.033\sin J\,4 - 0.389\sin J\,5 - 0.082\sin J\,6$$

注：182°的子午线是由 Anat 决定的。

J4 Callisto

$$\alpha_0 = 268.72 - 0.009T - 0.068\sin J\,5 + 0.590\sin J\,6 + 0.010\sin J\,8$$
$$\delta_0 = 64.83 + 0.003T - 0.029\cos J\,5 + 0.254\cos J\,6 - 0.004\cos J\,8$$
$$W = 259.51 + 21.571\ 071\ 5d + 0.061\sin J\,5 - 0.533\sin J\,6 - 0.009\sin J\,8$$

注 1：326°的子午线是由 Saga 决定的。

注 2：卫星 J2、J3 和 J4 的新 W_0 值是由戴维斯·M.（Davies M.）、科尔文·T. R.（Colvin T. R.）和片山·F.（Katayama F.）的新控制网络计算得到的。

近距离卫星

J16 Metis（Lieske，1997）

$$\alpha_0 = 268.05 - 0.009T$$
$$\delta_0 = 64.49 + 0.003T$$
$$W = 346.09 + 1\ 221.254\ 730\ 1d$$

J15 Adrastea（Nicholson，Matthews，1991）

$$\alpha_0 = 268.05 - 0.009T$$
$$\delta_0 = 64.49 + 0.003T$$
$$W = 33.29 + 1\ 206.998\ 660\ 2d$$

J5 Amalthea（Smith et al.，1979）

$$\alpha_0 = 268.05 - 0.009T - 0.84\sin J\,1 + 0.01\sin 2J\,1$$
$$\delta_0 = 64.49 + 0.003T - 0.36\cos J\,1$$
$$W = 231.67 + 722.631\ 456\ 0d + 0.76\sin J\,1 - 0.01\sin 2J\,1$$

J14 Thebe（1996 年康奈尔大学的尼科尔森·P. D. 获得了精确值）

$$\alpha_0 = 268.05 - 0.009T - 2.11\sin J\,2 + 0.04\sin 2J\,2$$
$$\delta_0 = 64.49 + 0.003T - 0.91\cos J\,2 + 0.01\cos 2J\,2$$
$$W = 8.56 + 533.700\ 410\ 0d + 1.91\sin J\,2 - 0.04\sin 2J\,2$$

其中

$$J1 = 73.32 + 9\ 1472.9T$$

$$J2 = 24.62 + 45\ 137.2T$$

$$J3 = 283.90 + 4\ 850.7T$$

$$J4 = 355.80 + 1\ 191.3T$$

$$J5 = 119.90 + 262.1T$$

$$J6 = 229.80 + 64.3T$$

$$J7 = 352.25 + 2\ 382.6T$$

$$J8 = 113.35 + 6\ 070.0T$$

土星卫星

极坐标取自 IAU WG CCRE（Archinal et al.，2018），还提供了数据的参考文献。

主卫星（Roatsch et al.，2009）

S1 Mimas

$$\alpha_0 = 40.66 - 0.036T + 13.56\sin S3$$

$$\delta_0 = 83.52 - 0.004T - 1.53\cos S3$$

$$W = 333.46 + 381.994\ 555\ 0d - 13.48\sin S3 - 44.85\sin S5$$

注：162°的子午线由 Palomides 定义。

S2 Enceladus

$$\alpha_0 = 40.66 - 0.036T$$

$$\delta_0 = 83.52 - 0.004T$$

$$W = 6.32 + 262.731\ 899\ 6d$$

注：5°的子午线由 Salih 定义。

S3 Tethys

$$\alpha_0 = 40.66 - 0.036T + 9.66\sin S4$$

$$\delta_0 = 83.52 - 0.004T - 1.09\cos S4$$

$$W = 8.95 + 190.697\ 908\ 5d - 9.60\sin S4 + 2.23\sin S5$$

注：299°的子午线由 Arete 定义。

S4 Dione

$$\alpha_0 = 40.66 - 0.036T$$

$$\delta_0 = 83.52 - 0.004T$$

$$W = 357.6 + 131.534\ 931d$$

注：63°子午线由 Palinurus 定义。

S5 Rhea

$$\alpha_0 = 40.38 - 0.036T + 3.10\sin S6$$

$$\delta_0 = 83.55 - 0.004T - 0.35\cos S6$$

$$W = 235.16 + 79.690\ 047\ 8d - 3.08\sin S6$$

注：340°的子午线由 Tore 定义。

S6 Titan (Stiles et al.，2008；Lorenz et al.，2008；Stiles et al.，2010)

$$\alpha_0 = 39.482\ 7$$

$$\delta_0 = 83.427\ 9$$

$$W = 186.585\ 5 + 22.576\ 976\ 8d$$

S8 Iapetus (Davies，Katayama，1984)

$$\alpha_0 = 318.16 - 3.949T$$

$$\delta_0 = 75.03 - 1.143T$$

$$W = 355.2 + 4.537\ 957\ 2d$$

注：276°的子午线由 Almeric 定义。

土卫七的自转参数未给出，因为它有一个混乱的旋转。

近距离卫星 (Thomas et al.，1983)

S10 Janus

$$\alpha_0 = 40.58 - 0.036T - 1.623\sin S2 + 0.023\sin 2S2$$

$$\delta_0 = 83.52 - 0.004T - 0.183\cos S2 + 0.001\cos 2S2$$

$$W = 58.83 + 518.235\ 987\ 6d + 1.613\sin S2 - 0.023\sin 2S2$$

S11 Epimetheus

$$\alpha_0 = 40.58 - 0.036T - 3.153\sin S1 + 0.086\sin 2S1$$

$$\delta_0 = 83.52 - 0.004T - 0.356\cos S1 + 0.005\cos 2S1$$

$$W = 293.87 + 518.490\ 723\ 9d + 3.133\sin S1 - 0.086\sin 2S1$$

S15 Atlas

$$\alpha_0 = 40.58 - 0.036T$$

$$\delta_0 = 83.53 - 0.004T$$

$$W = 137.88 + 598.306\ 000\ 0d$$

S16 Prometheus

$$\alpha_0 = 40.58 - 0.036T$$

$$\delta_0 = 83.53 - 0.004T$$

$$W = 296.14 + 587.289\ 000d$$

S17 Pandora

$$\alpha_0 = 40.58 - 0.036T$$

$$\delta_0 = 83.53 - 0.004T$$

$$W = 162.92 + 572.7891\ 000d$$

S18 Pan (Showalter，1991)

$$\alpha_0 = 40.6 - 0.036T$$

$$\delta_0 = 83.5 - 0.004T$$

$$W = 48.8 + 626.044\ 000\ 0d$$

共轨卫星

旋转数据基于卫星轨道参数（Synnott et al.，1983）。

S12 Helene

$$\alpha_0 = 40.85 - 0.036T$$
$$\delta_0 = 83.34 - 0.004T$$
$$W = 245.12 + 131.617\ 405\ 6d$$

S13 Telesto

$$\alpha_0 = 50.51 - 0.036T$$
$$\delta_0 = 84.06 - 0.004T$$
$$W = 56.88 + 190.697\ 933\ 2d$$

S14 Calypso

$$\alpha_0 = 36.41 - 0.036T$$
$$\delta_0 = 85.04 - 0.004T$$
$$W = 153.51 + 190.674\ 237\ 3d$$

远距离卫星 S9 Phoebe（Colvin et al.，1989）

$$\alpha_0 = 356.90$$
$$\delta_0 = 77.80$$
$$W = 178.58 + 931.639d$$

其中，

$$S1 = 353.32 + 75\ 706.7T$$
$$S2 = 28.72 + 75\ 706.7T$$
$$S3 = 177.40 - 36\ 505.5T$$
$$S4 = 300.00 - 7\ 225.9T$$
$$S5 = 316.45 + 506.2T$$
$$S6 = 345.20 - 1\ 016.3T$$

天王星卫星

极坐标取自 IAU WG CCRE（Archinal et al.，2018），摘自（雅克布森，1985a，b）。

主卫星

U1 Ariel

$$\alpha_0 = 257.43 + 0.29\sin U13$$
$$\delta_0 = -15.10 + 0.28\cos U13$$
$$W = 156.22 - 142.835\ 668\ 1d + 0.05\sin U12 + 0.08\sin U13$$

U2 Umbriel

$$\alpha_0 = 257.43 + 0.21\sin U14$$
$$\delta_0 = -15.10 + 0.20\cos U14$$
$$W = 108.05 - 86.868\ 892\ 3d - 0.09\sin U12 + 0.06\sin U14$$

U3 Titania

$$\alpha_0 = 257.43 + 0.29\sin U15$$
$$\delta_0 = -15.10 + 0.28\cos U15$$
$$W = 77.74 - 41.351\ 431\ 6d + 0.08\sin U15$$

U4 Oberon

$$\alpha_0 = 257.43 + 0.16\sin U16$$
$$\delta_0 = -15.10 + 0.16\cos U16$$
$$W = 6.77 - 26.739\ 493\ 2d + 0.04\sin U16$$

U5 Miranda

$$\alpha_0 = 257.43 + 4.41\sin U11 - 0.04\sin 2U11$$
$$\delta_0 = -15.08 + 4.25\cos U11 - 0.02\cos 2U11$$
$$W = 30.70 - 254.690\ 689\ 2d - 1.27\sin U12 + 0.15\sin 2U12$$

近距离卫星

U6 Cordelia

$$\alpha_0 = 257.31 - 0.15\sin U1$$
$$\delta_0 = -15.18 + 0.14\cos U1$$
$$W = 127.69 - 1074.520\ 573\ 0d - 0.04\sin U1$$

U7 Ophelia

$$\alpha_0 = 257.31 - 0.09\sin U2$$
$$\delta_0 = -15.18 + 0.09\cos U2$$
$$W = 130.35 - 956.406\ 815\ 0d - 0.03\sin U2$$

U8 Bianca

$$\alpha_0 = 257.31 - 0.16\sin U3$$
$$\delta_0 = -15.18 + 0.16\cos U3$$
$$W = 105.46 - 828.391\ 476\ 0d - 0.04\sin U3$$

U9 Cressida

$$\alpha_0 = 257.31 - 0.04\sin U4$$
$$\delta_0 = -15.18 + 0.04\cos U4$$
$$W = 59.16 - 776.581\ 632\ 0d - 0.01\sin U4$$

U10 Desdemona

$$\alpha_0 = 257.31 - 0.17\sin U5$$
$$\delta_0 = -15.18 + 0.16\cos U5$$
$$W = 95.08 - 760.053\ 169\ 0d - 0.04\sin U5$$

U11 Juliet

$$\alpha_0 = 257.31 - 0.06\sin U6$$
$$\delta_0 = -15.18 + 0.06\cos U6$$
$$W = 302.56 - 730.125\ 366\ 0d - 0.02\sin U6$$

U12 Portia

$$\alpha_0 = 257.31 - 0.09\sin U7$$
$$\delta_0 = -15.18 + 0.09\cos U7$$
$$W = 25.03 - 701.486\ 587\ 0d - 0.02\sin U7$$

U13 Rosalind

$$\alpha_0 = 257.31 - 0.29\sin U8$$
$$\delta_0 = -15.18 + 0.28\cos U8$$
$$W = 314.90 - 644.631\ 126\ 0d - 0.08\sin U8$$

U14 Belinda

$$\alpha_0 = 257.31 - 0.03\sin U9$$
$$\delta_0 = -15.18 + 0.03\cos U9$$
$$W = 297.46 - 577.362\ 817\ 0d - 0.01\sin U9$$

U15 Puck

$$\alpha_0 = 257.31 - 0.33\sin U10$$
$$\delta_0 = -15.18 + 0.31\cos U10$$
$$W = 91.24 - 472.545\ 069\ 0d - 0.09\sin U10$$

其中

$$U1 = 115.75 + 54\ 991.87T$$
$$U2 = 141.69 + 41\ 887.66T$$
$$U3 = 135.03 + 29\ 927.35T$$
$$U4 = 61.77 + 25\ 733.59T$$
$$U5 = 249.32 + 24\ 471.46T$$
$$U6 = 43.86 + 22\ 278.41T$$
$$U7 = 77.66 + 20\ 289.42T$$
$$U8 = 157.36 + 16\ 652.76T$$
$$U9 = 101.81 + 1\ 872.63T$$
$$U10 = 138.64 + 8\ 061.81T$$
$$U11 = 102.23 - 2\ 024.22T$$
$$U12 = 316.41 + 2\ 863.96T$$
$$U13 = 304.01 - 51.94T$$
$$U14 = 308.71 - 93.17T$$
$$U15 = 340.82 - 75.32T$$
$$U16 = 259.14 - 504.81T$$

海王星卫星

数据取自 IAU WG CCRE（Archinal et al.，2018）。

N1 Triton（参数由利斯克根据（Jacobson，1990）的轨道数据计算得出）。

$$\alpha_0 = 299.36 - 32.35\sin N7 - 6.28\sin 2N7 - 2.08\sin 3N7 -$$
$$0.74\sin 4N7 - 0.28\sin 5N7 - 0.11\sin 6N7 -$$
$$0.07\sin 7N7 - 0.02\sin 8N7 - 0.01\sin 9N7$$

$$\delta_0 = 41.17 + 22.55\cos N7 + 2.10\cos 2N7 + 0.55\cos 3N7 +$$
$$0.16\cos 4N7 + 0.05\cos 5N7 + 0.02\cos 6N7 + 0.01\cos 7N7$$

$$W = 296.53 - 61.257\,263\,7d + 22.25\sin N7 + 6.73\sin 2N7 +$$
$$2.05\sin 3N7 + 0.74\sin 4N7 + 0.28\sin 5N7 +$$
$$0.11\sin 6N7 + 0.05\sin 7N7 + 0.02\sin 8N7 +$$
$$0.01\sin 9N7$$

近距离卫星（Owen et al.，1991）

N3 Naiad

$$\alpha_0 = 299.36 + 0.70\sin N - 6.49\sin N1 + 0.25\sin 2N1$$
$$\delta_0 = 43.36 - 0.51\cos N - 4.75\cos N1 + 0.09\cos 2N1$$
$$W = 254.06 + 1\,222.844\,120\,9d - 0.48\sin N +$$
$$4.40\sin N1 - 0.27\sin 2N1$$

N4 Thalassa

$$\alpha_0 = 299.36 + 0.70\sin N - 0.28\sin N2$$
$$\delta_0 = 43.45 - 0.51\cos N - 0.21\cos N2$$
$$W = 102.06 + 1\,155.755\,561\,2d - 0.48\sin N + 0.19\sin N2$$

N5 Despina

$$\alpha_0 = 299.36 + 0.70\sin N - 0.09\sin N3$$
$$\delta_0 = 43.45 - 0.51\cos N - 0.07\cos N3$$
$$W = 306.51 + 1\,075.734\,156\,2d - 0.49\sin N + 0.06\sin N3$$

N6 Galatea

$$\alpha_0 = 299.36 + 0.70\sin N - 0.07\sin N4$$
$$\delta_0 = 43.43 - 0.51\cos N - 0.05\cos N4$$
$$W = 258.09 + 839.659\,768\,6d - 0.48\sin N + 0.05\sin N4$$

N7 Larissa

$$\alpha_0 = 299.36 + 0.70\sin N - 0.27\sin N5$$
$$\delta_0 = 43.41 - 0.51\cos N - 0.20\cos N5$$
$$W = 179.41 + 649.053\,447\,0d - 0.48\sin N + 0.19\sin N5$$

N8 Proteus

$$\alpha_0 = 299.27 + 0.70\sin N - 0.05\sin N6$$

$$\delta_0 = 42.91 - 0.51\cos N - 0.04\cos N6$$

$$W = 93.38 + 320.765\,422\,8d - 0.48\sin N + 0.04\sin N6$$

其中

$$N = 357.85 + 52.316T$$

$$N1 = 323.92 + 62\,606.6T$$

$$N2 = 220.51 + 55\,064.2T$$

$$N3 = 354.27 + 46\,564.5T$$

$$N4 = 75.31 + 26\,109.4T$$

$$N5 = 35.36 + 14\,325.4T$$

$$N6 = 142.61 + 2\,824.6T$$

$$N7 = 177.85 + 52.316T$$

注：海王星海卫二 N2 的旋转参数未在文献（Archinal et al.，2018）中给出，因为没有合适的旋转模型。

冥王星卫星

Charon

数据取自 IAU WG CCRE（Archinal et al.，2018）。卫星的北极是其动量的方向，本初子午线的位置由冥王星的方向决定。

$$\alpha_0 = 132.993$$

$$\delta_0 = -6.163$$

$$W = 122.695 + 56.362\,522\,5d$$

P2 Nix、P3 Hydra、P4 Kerberos 和 P5 Styx

$\dot{W}$ 是旋转角速度，数据取自文献（Weaver et al.，2016），$\dot{W}$ 表示 W 的变化。

$$P2Nix: \alpha_0 = 350, \delta_0 = 42, \dot{W} = 196.83(°)/d$$

$$P3Hydra: \alpha_0 = 257, \delta_0 = -24, \dot{W} = 838.18(°)/d$$

$$P4Kerberos: \alpha_0 = 222, \delta_0 = 72, \dot{W} = 67.80(°)/d$$

$$P5Styx: \alpha_0 = 196, \delta_0 = 61, \dot{W} = 111.11(°)/d$$

参 考 文 献

[1]　Archinal，B. A.，Acton，C. H.，A'hearn，M. F.，Conrad，A.，Consolmagno，G. J.，Duxbury，T.，
　　　Hestroffer，D.，Hilton，J. L.，Kirk，R. L.，Klioner，S. A.，McCarthy，D.，Meech，K.，Oberst，

J. , Ping, J. , Seidelmann, P. K. , Tholen, D. J. , Thomas, P. C. , Williams, I. P. , 2018. Report of the IAU working group on cartographic coordinates and rotational elements: 2015. Celestial Mechanics and Dynamic Astronomy 130, 22.

[2] Colvin, T. R. , Davies, M. E. , Rogers, P. G. , 1989. Phoebe: a control network and rotational elements. Bulletin of the American Astronomical Society 21, 987.

[3] Davies, M. E. , Katayama, F. Y. , 1984. The control network of Iapetus. Icarus 59, 199 – 204.

[4] Duxbury, T. C. , Callahan, J. D. , 1989. PHOBOS and Deimos control networks. Icarus 77, 275 – 286.

[5] Emelyanov, N. V. , Samorodov, M. Yu. , 2015. Analytical theory of motion and new ephemeris of Triton from observations. Monthly Notices of the Royal Astronomical Society 454, 2205 – 2215.

[6] Folkner, W. M. , Yoder, C. F. , Yuan, D. N. , Standish, E. M. , Preston, R. A. , 1997. Interior structure and seasonal mass redistribution of Mars from radio tracking of Mars pathfinder. Science 278, 1749 – 1752.

[7] French, R. G. , Nicholson, P. D. , Cooke, M. L. , Elliot, J. L. , Matthews, K. , Perkovic, O. , Tollestrup, E. , Harvey, P. , Chanover, N. J. , Clark, M. A. , Dunham, E. W. , Forrest, W. , Harrington, J. , Pipher, J. , Brahic, A. , Grenier, I. , Roques, F. , Arndt, M. , 1993. Geometry of the Saturn system from the 3 July 1989 occultation of 28 SGR and Voyager observations. Icarus 103, 163 – 214.

[8] Jacobson, R. A. , 1985a. Direction of the North Pole of the Uranian Satellites in the IAU J2000 System. In: Interoffice Memorandum 314. 10 – 520. Jet propulsion Laboratory.

[9] Jacobson, R. A. , 1985b. The Prime Meridians of the Uranian Satellites. Interoffice Memorandum 314. 10 – 555. Jet propulsion Laboratory.

[10] Jacobson, R. A. , 1990. Ephemerides of the Neptunian Satellites. Interoffice Memorandum 314. 6 – 1145. Jet Propulsion Laboratory.

[11] Jacobson, R. A. , 2009. The orbits of the neptunian satellites and the orientation of the pole of Neptune. Astronomical Journal 137, 4322 – 4329.

[12] Jacobson, R. A. , 2014. The orbits of the uranian satellites and rings, the gravity field of the uranian system, and the orientation of the pole of Uranus. Astronomical Journal 148, 76. 13 pp.

[13] Jacobson, R. A. , 2017. The Orientations of the Martian Satellites from a Fit to Ephemeris MAR097. Jet Propulsion Laboratory, vol. 20. Interoffice Memorandum 392R – 17 – 004.

[14] Hubbard, W. B. , Porco, C. C. , Hunten, D. M. , Rieke, G. H. , Rieke, M. J. , McCarthy, D. W. , Haemmerle, V. , Clark, R. , Turtle, E. P. , Haller, J. , McLeod, B. , Lebofsky, L. A. , Marcialis, R. , Holberg, J. B. , Landau, R. , Carrasco, L. , Elias, J. , Buie, M. W. , Persson, S. E. , Boroson, T. , West, S. , Mink, D. J. , 1993. The occultation of 28 SGR by Saturn – Saturn pole position and astrometry. Icarus 103, 215 – 234.

[15] Karkoschka, E. , 2011. Neptune's rotational period suggested by the extraordinary stability of two features. Icarus 215, 439 – 448.

[16] Konopliv, A. S. , Park, R. S. , Folkner, W. M. , 2016. An improved JPL Mars gravity field and orientation from Mars orbiter and lander tracking data. Icarus 274, 253 – 260.

[17] Kuchynka, P. , Folkner, W. M. , Konopliv, A. S. , Parker, T. J. , Park, R. S. , Le Maistre, S. , Dehant, V. , 2014. New constraints on Mars rotation determined from radiometric tracking of the

opportunity Mars exploration rover. Icarus 229, 340 - 347.

[18] LeMaistre, S. , Rosenblatt, P. , Rambaux, N. , Castillo - Rogez, J. C. , Dehant, V. , Marty, J. - C. , 2013. Phobos interior from librations determination using Doppler and star tracker measurements. Planetary and Space Science 85, 106 - 122.

[19] Lieske, J. H. , 1979. Poles of the Galilean satellites. Astronomy and Astrophysics 75 (1 - 2), 158 - 163.

[20] Lieske, J. H. , 1997. Revised rotation angle for Jupiter satellite 516 Metis. JPL Interoffice Memorandum 312. F - 97 - 059.

[21] Mason, E. C. , French, R. G. , Uranus, Buie M. W. , 1992. Pole and ring orbits from 1977 - 1991 stellar occultation and voyager 2 observations. American Astronomical Society, 24th DPS Meeting, id. 42. 15 - P. Bulletin of the American Astronomical Society 24, 1031.

[22] Nicholson, P. D. , Matthews, K. , 1991. Near - infrared observations of the Jovian ring and small satellites. Icarus 93, 331 - 346.

[23] Owen Jr. , W. M. , Vaughan, R. M. , Synnott, S. P. , 1991. Orbits of the six new satellites of Neptune. Astronomical Journal 101, 1511 - 1515.

[24] Riddle, A. C. , Warwick, J. W. , 1976. Redefinition of system III longitude. Icarus 27, 457 - 459.

[25] Roatsch, Th. , Jaumann, R. , Stephan, K. , Thomas, P. C. , 2009. Cartographic mapping of the Icy satellites using ISS and VIMS data. In: Dougherty, et al. (Eds.), Saturn From Cassini - Huygens. Springer, Berlin.

[26] Showalter, M. R. , 1991. Visual detection of 1981S13, Saturn's eighteenth satellite, and its role in the Encke gap. Nature 351, 709 - 713.

[27] Smith, B. A. , Soderblom, L. A. , Beebe, R. , Boyce, J. , Briggs, G. , Carr, M. , Collins, S. A. , Johnson, T. V. , Cook, A. F. , Danielson, G. E. , Morrison, D. , 1979. The Galilean satellites and Jupiter — voyager 2 imaging science results. Science 206, 927 - 950.

[28] Stark, A. , Willner, K. , Burmeister, S. , Oberst, J. , 2017. Geodetic framework for martian satellite exploration I: reference rotation models. In: European Planetary Science Conference, vol. 11. EPSC2017 - 868 - 1.

[29] Stiles, B. W. , Kirk, R. L. , Lorenz, R. D. , Hensley, S. , Lee, E. , Ostro, S. J. , Allison, M. D. , Callahan, P. S. , Gim, Y. , Ies, L. , Percidel Marmo, P. , Hamilton, G. , Johnson, W. T. K. , West, R. D. , 2008. The Cassini RADAR team: determining Titan's spin state from Cassini RADAR images. Astronomical Journal 135, 1669 - 1680.

[30] Stiles, B. W. , Kirk, R. L. , Lorenz, R. D. , Hensley, S. , Lee, E. , Ostro, S. J. , Allison, M. D. , Callahan, P. S. , Gim, Y. , Iess, L. , Percidel Marmo, P. , Hamilton, G. , Johnson, W. T. K. , West, R. D. , 2010. The Cassini RADAR team: ERRATUM: determining Titan's spin state from Cassini RADAR images. Astronomical Journal 139, 311.

[31] Synnott, S. P. , Terrile, R. J. , Jacobson, R. A. , Smith, B. A. , 1983. Orbits of Saturn's F ring and its shepherding satellites. Icarus 53, 156 - 158.

[32] Thomas, P. , Veverka, J. , Morrison, D. , Davies, M. , Johnson, T. V. , 1983. Saturn's small satellites — voyager imaging results. Journal of Geophysical Research 88, 8743 - 8754.

[33] Warwick, J. W. , Evans, D. R. , Peltzer, G. R. , Peltzer, R. G. , Romig, J. H. , Sawyer, C. B. ,

Riddle, A. C., Schweitzer, A. E., Desch, M. D., Kaiser, M. L., 1989. Voyager planetary radio astronomy at Neptune. Science 246, 1498－1501.

[34] Weaver, H. A., Buie, M. W., Buratti, B. J., Grundy, W. M., Lauer, T. R., Olkin, C. B., Parker, A. H., Porter, S. B., et al., 2016. The small satellites of Pluto as observed by new horizons. Science 351 (6279). Id. aae0030.

附录 G　行星卫星的物理参数

火星卫星

表 G-1　火星卫星的物理参数

卫星	a_1, a_2, a_3/km	$Gm \cdot 10^6/(\mathrm{km^3/s^2})$	星等, V
Phobos	13.00, 11.39, 9.07[1.1]	709.2 ± 0.4[1.2]	11.9[1.3]
Deimos	7.8, 6.0, 5.1[1.4]	101.0 ± 3.0[1.2]	12.9[1.3]

注：a_1, a_2, a_3 为近似椭球半轴，Gm 为引力参数，V 为地心视星等。方括号中为参考文献编号。

木星卫星

表 G-2　木星伽利略卫星的物理参数

卫星	a_1, a_2, a_3 或 a_s/km	$Gm \cdot 10^6/(\mathrm{km^3/s^2})$	星等, V
J1 Io	1 829.7, 1819.2, 1 815.8[2.1]	5 959.92[2.2]	5.02[2.3]
J2 Europa	1 562.6, 1 560.3, 1 559.5[2.4]	3 202.73[2.2]	5.29 [2.3]
J3 Ganymede	2631.2[2.5]	9 887.83[2.2]	4.61[2.3]
J4 Callisto	2 410.3[2.6]	7 179.29[2.2]	5.65[2.3]

注：a_1, a_2, a_3 为近似椭球半轴，a_s 为半径，Gm 为引力参数，V 为地心视星等。方括号中为参考文献编号。

表 G-3　木星近距离（内）卫星的物理参数

卫星	a_1, a_2, a_3/km	$Gm \cdot 10^6/(\mathrm{km^3/s^2})$	星等, V
J5 Amalthea	125, 73, 64[3.1]	0.139[3.2]	14.1[3.3]
J14 Thebe	58, 49, 42[3.4]	0.1[3.4]	16.0[3.5]
J15 Adrastea	10, 8, 7[3.4]	0.000 5[3.4]	18.7[3.5]
J16 Metis	30, 20, 20[3.4]	0.008[3.4]	17.5[3.5]

注：a_1, a_2, a_3 为近似椭球半轴，Gm 为引力参数，V 为地心视星等。方括号中为参考文献编号。

表 G-4　木星 8 颗远距离卫星的物理参数

卫星	a_1, a_2, a_3 或 a_s/km	$Gm \cdot 10^6/(\mathrm{km^3/s^2})$	星等,V
J6 Himalia	75，60，60[4.1]	0.28[4.2]	14.6[4.3]
J7 Elara	43[4.3]	0.043[4.3]	16.3[4.3]
J8 Pasiphae	30[4.3]	0.015[4.3]	17.0[4.3]
J9 Sinope	19[4.3]	0.003 7[4.3]	18.0[4.3]
J10 Lysithea	18[4.3]	0.003 2[4.3]	18.2[4.3]
J11 Carme	23[4.3]	0.006 6[4.3]	17.5[4.3]
J12 Ananke	14[4.3]	0.001 5[4.3]	18.7[4.3]
J13 Leda	10[4.3]	0.000 54[4.3]	19.5[4.3]

注：a_1, a_2, a_3 为近似椭球半轴，a_s 为半径，Gm 为引力参数，V 为地心视星等。J7～J13 卫星的质量是作者根据给定半径估计值和密度 2.6 g/cm³ 计算得出的。方括号中为参考文献编号。

表 G-5　木星其他远距离卫星的物理参数

卫星	a_s/km	$Gm \cdot 10^6/(\mathrm{km^3/s^2})$	星等,V	σ/mag
J17 Callirrhoe	4.5	67.2	21.05	0.17
J18 Themisto	3.9	44.2	21.00	0.40
J19 Megaclite	3.3	27.0	21.82	0.18
J20 Taygete	2.7	14.5	22.25	0.25
J21 Chaldene	2.4	9.5	22.66	0.46
J22 Harpalyke	2.4	10.6	22.61	0.29
J23 Kalyke	3.0	19.6	22.20	0.23
J24 Iocaste	2.9	17.7	22.21	0.21
J25 Erinome	1.9	4.8	22.70	0.26
J26 Isonoe	2.2	7.8	22.72	0.24
J27 Praxidike	3.7	36.1	21.84	0.45
J28 Autonoe	2.4	9.9	22.33	0.34
J29 Thyone	2.3	8.8	22.56	0.22
J30 Hermippe	3.0	18.9	22.30	0.32
J31 Aitne	1.9	5.1	22.78	0.32
J32 Eurydome	2.0	5.4	22.96	0.24
J33 Euanthe	2.0	5.5	23.31	0.22
J34 Euporie	1.6	3.1	23.10	0.17
J35 Orthosie	1.8	4.2	23.48	0.12
J36 Sponde	1.7	3.5	23.49	0.25
J37 Kale	1.6	3.1	22.91	0.39
J38 Pasithee	1.4	2.1	23.53	0.19
J39 Hegemone	1.8	4.3	22.74	0.23

续表

卫星	a_s/km	$Gm \cdot 10^6/(\text{km}^3/\text{s}^2)$	星等,V	σ/mag
J40 Mneme	1.8	4.2	23.08	0.22
J41 Aoede	2.3	8.2	22.48	0.21
J42 Thelxinoe	1.8	4.4	23.10	0.27
J43 Arche	1.7	3.6	22.98	0.31
J44 Kallichore	1.6	2.9	23.15	0.18
J45 Helike	2.3	9.1	22.72	0.29
J46 Carpo	1.8	4.3	22.94	0.22
J47 Eukelade	2.3	9.0	22.62	0.29
J48 Cyllene	1.6	3.0	22.96	0.20
J49 Kore	1.9	5.0	23.28	0.60
J50 Herse	1.6	3.2	23.22	0.25
J51 S/2010 J1	1.5	2.5	23.55	0.06
J52 S/2010 J2	1.0	0.7	24.00	0.10
S/2003 J2	1.4	1.9	23.25	0.25
J60 Eupheme	1.3	1.6	23.41	0.17
S/2003 J4	1.2	1.2	23.58	0.17
J57 Eirene	2.6	12.4	22.58	0.18
S/2003 J9	1.2	1.2	23.69	0.12
S/2003 J10	1.2	1.2	23.60	0.10
S/2003 J12	1.1	0.8	23.86	0.50
J58 Philophrosyne	1.3	1.7	23.55	0.17
S/2003 J16	1.3	1.7	23.33	1.30
J55 S/2003 J18	1.7	3.7	23.25	0.11
S/2003 J19	1.3	1.6	23.38	0.15
S/2003 J23	1.2	1.2	23.60	0.20
S/2011 J1	1.2	1.2	23.60	0.20
J56 S/2011 J2	1.2	1.2	23.60	0.20
J54 S/2016 J1	1.7	3.5	23.50	—
J59 S/2017 J1	2.3	9.1	23.20	—

注：a_s 是半径，Gm 是引力参数，V 是太阳相位角为 6° 的平均对射光谱带 R 中的地心视星等，σ 是幅度误差（1σ）。数据来源于文献[5.1]（Emelyanov，Uralskaya，2011）和小行星中心（MPC）发布的天体测量观测结果。假设反射率的值为 0.04，卫星的密度为 2.6 g/cm³。

土星卫星

表 G-6　土星主要及部分近距离卫星的物理参数

卫星	a_1, a_2, a_3 或 a_s/km	$Gm \cdot 10^6/(km^3/s^2)$	星等,V
S1 Mimas	207. 8，196. 7，190. 6[6.1]	2. 509[6.3]	12. 8[6.13]
S2 Enceladus	256. 6，251. 4，248. 3[6.1]	7. 205[6.4]	11. 8[6.13]
S3 Tethys	538. 4，528. 3，526. 3[6.1]	41. 200[6.5]	10. 2[6.13]
S4 Dione S5 Rhea	563. 4，561. 3，559. 6[6.1]	73. 112 7[6.6]	19. 4[6.13]
S6 Titan	765. 0，763. 1，762. 4[6.1]	153. 939 5[6.7]	9. 6[6.13]
S4 Dione S5 Rhea	2574. 32，2574. 36，2574. 91[6.2]	8 978. 1394[6.8]	8. 4[6.13]
S7 Hyperion	180. 1，133. 0，102. 7[6.1]	0. 372 7[6.6]	14. 4[6.13]
S8 Iapetus	745. 7，745. 7，712. 1[6.1]	120. 511 7[6.6]	11. 0[6.13]
S9 Phoebe	109. 4，108. 5，101. 8[6.1]	0. 553 4[6.6]	16. 4[6.14]
S10 Janus	101. 5，92. 5，76. 3[6.1]	0. 126 51[6.9]	14. 4[6.13]
S11 Epimetheus	64. 9，57. 0，53. 1[6.1]	0. 035 110[6.9]	15. 6[6.13]
S12 Helene	21. 7，19. 1，13. 0[6.1]	0. 001 7[6.10]	18. 4[6.13]
S13 Telesto	21. 7，19. 1，13. 0[6.1]	0. 000 48[6.11]	18. 5[6.13]
S14 Calypso	15. 1，11. 5，7. 0[6.1]	0. 000 24[6.11]	18. 7[6.13]
S15 Atlas	20. 4，17. 7，9. 4[6.1]	0. 000 384[6.9]	19. 0[6.13]
S16 Prometheus	67. 8，39. 7，29. 7[6.1]	0. 010 677[6.9]	15. 8[6.13]
S17 Pandora	52. 0，40. 5，32. 0[6.1]	0. 009 133[6.9]	16. 4[6.13]
S18 Pan	17. 2，15. 7，10. 4[6.1]	0. 000 33[6.12]	19. 4[6.15]

注：a_1, a_2, a_3 为近似椭球半轴，Gm 为引力参数，V 为地心视星等。

表 G-7　土星部分近距离卫星的物理参数

卫星	a_1, a_2, a_3 或 a_s/km
S32 Methone	1. 6，1. 6，1. 6[7.1]
S33 Pallene	2. 9，2. 8，2. 0[7.1]
S34 Polydeuce	1. 5，1. 2，1. 0[7.1]
S/2004 S3	2. 5[7.2]
S/2004 S4	2. 5[7.2]
S/2004 S6	2. 5[7.2]
S35 Daphnis	4. 3，4. 1，3. 2[7.1]
S49 Anthe	1. 0[7.3]
S53 Aegaeon	0. 25[7.4]

注：a_1, a_2, a_3 为近似椭球半轴，a_s 为半径。

表 G-8　土星远距离卫星的物理参数

卫星	a_s/km	$Gm \cdot 10^6/(\mathrm{km^3/s^2})$	星等,V	σ/mag
S19 Ymir	9.4	526.4	21.81	0.14
S20 Paaliaq	11.0	862.1	21.30	0.20
S21 Tarvos	6.9	206.9	22.34	0.22
S22 Ijiraq	5.8	123.2	22.75	0.27
S23 Suttungr	2.9	16.0	23.98	0.22
S24 Kiviuq	8.0	327.3	22.05	0.29
S25 Mundilfari	3.0	17.6	23.95	0.29
S26 Albiorix	13.7	1 654.9	20.83	0.39
S27 Skathi	3.3	22.3	23.84	0.14
S28 Erriapo	5.1	87.0	23.11	0.25
S29 Siarnaq	24.3	9 178.9	19.92	0.10
S30 Thrymr	3.7	31.4	23.78	0.19
S31 Narvi	2.7	12.9	24.22	0.26
S36 Aegir	2.3	8.1	24.92	0.19
S37 Bebhionn	2.5	9.9	24.41	0.30
S38 Bergelmir	2.5	9.4	24.57	0.12
S39 Bestla	2.9	16.4	24.04	0.33
S40 Farbauti	1.9	4.3	25.01	0.16
S41 Fenrir	1.8	3.6	25.26	0.07
S42 Fornjot	2.3	8.0	24.87	0.26
S43 Hati	2.2	7.0	24.66	0.24
S44 Hyrrokkin	3.9	36.6	23.76	0.19
S45 Kari	2.9	15.5	24.21	0.14
S46 Loge	2.4	8.8	24.80	0.13
S47 Skoll	2.4	9.0	24.80	0.18
S48 Surtur	2.0	4.8	25.27	0.24
S50 Jarnsaxa	1.9	4.4	24.92	0.07
S51 Greip	2.1	6.0	24.77	0.18
S52 Tarqeq	2.8	14.6	24.19	0.12
S/2004 S7	2.3	7.6	24.60	0.25
S/2004 S12	2.0	5.4	24.85	0.21
S/2004 S13	2.1	5.6	24.83	0.33
S/2004 S17	1.7	3.1	25.25	0.16
S/2006 S1	2.3	7.3	25.05	0.05
S/2006 S3	1.8	3.8	24.80	0.07

续表

卫星	a_s/km	$Gm \cdot 10^6/(\text{km}^3/\text{s}^2)$	星等,V	σ/mag
S/2007 S2	2.5	9.4	24.45	0.21
S/2007 S3	1.9	4.5	25.12	0.21

注：a_s 是半径，Gm 是引力参数，V 是太阳相位角为 3°的平均对射光谱带 R 中的地心视星等，σ 是幅度误差(1σ)。数据来源于文献[5.1](Emelyanov,Uralskaya,2011)和小行星中心(MPC)发布的天体测量观测结果。假设反射率的值为 0.06,卫星密度为 2.3 g/cm³。

表 G-9　土星远距离卫星的物理参数

卫星	星等
S/2004 S20	25.02
S/2004 S21	25.51
S/2004 S22	25.41
S/2004 S23	24.82
S/2004 S24	25.19
S/2004 S25	25.19
S/2004 S26	25.03
S/2004 S27	24.56
S/2004 S28	24.98
S/2004 S29	25.08
S/2004 S30	25.36
S/2004 S31	24.88
S/2004 S32	24.86
S/2004 S33	25.04
S/2004 S34	25.42
S/2004 S35	24.63
S/2004 S36	25.33
S/2004 S37	25.12
S/2004 S38	25.07
S/2004 S39	25.51

注：V 是光谱带 R 中的地心视星等,这些值是根据 MPC 公布的天体测量观测数据的平均值得出的。

天王星卫星

表 G-10　天王星主要和部分近距离卫星的物理参数

卫星	a_1,a_2,a_3/km	$Gm \cdot 10^6/(\text{km}^3/\text{s}^2)$	星等,V
U1 Ariel	581.1, 577.9, 577.7[8.1]	90.3[8.4]	13.7[8.6]
U2 Umbriel	584.7, 584.7, 584.7[8.1]	78.2[8.4]	14.5[8.6]
U3 Titania	788.9, 788.9, 788.9[8.1]	235.3[8.4]	13.5[8.6]

续表

卫星	a_1,a_2,a_3/km	$Gm \cdot 10^6/(\mathrm{km^3/s^2})$	星等,V
U4 Oberon	761.4，761.4，761.4[8.1]	201.1[8.4]	13.7[8.6]
U5 Miranda	240.4，234.2，232.9[8.1]	4.4[8.4]	15.8[8.6]
U6 Cordelia	25，18，18[8.2]	0.003 0[8.2]	23.6[8.6]
U7 Ophelia	27，19，19[8.2]	0.003 6[8.2]	23.3[8.6]
U8 Bianca	32，23，23[8.2]	0.006 2[8.2]	22.5[8.6]
U9 Cressida	46，37，37[8.2]	0.022 9[8.2]	21.6[8.6]
U10 Desdemona	45，27，27[8.2]	0.011 9[8.2]	22.0[8.6]
U11 Juliet	75，37，37[8.2]	0.037 2[8.2]	21.1[8.6]
U12 Portia	78，63，63[8.2]	0.112 2[8.2]	20.7[8.6]
U13 Rosalind	36，36，36[8.2]	0.017 0[8.2]	21.8[8.6]
U14 Belinda	64，32，32[8.2]	0.023 8[8.2]	21.5[8.6]
U15 Puck	81，81，81[8.2]	0.193 1[8.5]	19.7[8.6]
U25 Perdita	15，15，15[8.2]	—	23.7[8.6]
U26 Mab	12.4[8.3]	—	—
U27 Cupid	8.9[8.3]	—	—

注：a_1,a_2,a_3 为近似椭球半轴，a_s 为半径，V 为地心视星等。

表 G-11　天王星远距离卫星的物理参数

卫星	a_s/km	$Gm \cdot 10^6/(\mathrm{km^3/s^2})$	星等/V	σ/mag	星等,V_s
U16 Caliban	48.3	0.047 107 9	21.60	0.21	22.4
U17 Sycorax	86.4	0.270 454 5	20.30	0.19	20.8
U18 Prospero	25.0	0.006 550 8	23.01	0.14	23.2
U19 Setebos	27.0	0.008 250 7	23.01	0.21	23.3
U20 Stephano	16.9	0.002 024 3	24.01	0.20	24.1
U21 Trinculo	9.4	0.000 343 4	25.15	0.22	25.4
U22 Francisco	9.7	0.000 381 5	25.34	0.16	25.0
U23 Margaret	9.4	0.000 353 1	25.16	0.20	25.2
U24 Ferdinand	10.6	0.000 506 4	24.89	0.09	25.1

注：a_s 是半径，Gm 是引力参数，V 是太阳相位角为 3°的平均对射光谱带 R 中的地心视星等，σ 是幅度误差（1σ）。数据来源于文献[5.1]（Emelyanov, Uralskaya, 2011）和小行星中心（MPC）发布的天体测量观测结果。假设反照率值为 0.04，卫星密度为 1.5 g/cm³。V_s 是地球观测者在 R 波段的地心视星等，数据来源于文献[9.1]（Sheppard et al., 2005）。

海王星卫星

表 G-12 海卫一（N1）、海卫二（N2）和海王星近距离卫星的物理参数

卫星	$a_1, a_2, a_3/\mathrm{km}$	$Gm \cdot 10^6/(\mathrm{km}^3/\mathrm{s}^2)$	星等,V
N1 Triton	1 354.6, 1352.8, 1 352.4[10.1]	1 427.9[10.4]	13.472[10.5]
N2 Neroid	170[10.2]	2.06[10.2]	19.7[10.2]
N3 Naiad	33[10.3]	0.013[10.3]	23.91[10.3]
N4 Thalassa	41[10.3]	0.025[10.3]	23.32[10.3]
N5 Despina	75[10.3]	0.14[10.3]	22.00[10.3]
N6 Galatea	88[10.3]	0.25[10.3]	21.85[10.3]
N7 Larissa	97[10.3]	0.33[10.3]	21.49[10.3]
N8 Proteus	210[10.3]	3.36[10.3]	19.75[10.3]

注：a_1, a_2, a_3 是近似椭球轴，a_s 是半径，Gm 是引力参数，V 为地心视星等。

表 G-13 海王星远距离卫星的物理参数

卫星	a_s/km	a_{sh}/km	$Gm \cdot 10^6/(\mathrm{km}^3/\mathrm{s}^2)$	星等,V	σ/mag	星等,V_s
N9 Halimede	36.9	31	0.0210759	24.15	0.29	24.5
N10 Psamathe	21.9	20	0.0044054	25.28	0.38	25.5
N11 Sao	20.9	22	0.0038316	25.39	0.20	25.5
N12 Laomedeia	24.7	21	0.0063181	25.03	0.33	25.5
N13 Neso	28.0	30	0.0091746	24.75	0.24	24.6

注：a_s 是半径，Gm 是引力参数，V 是太阳相位角为 3°的平均对射光谱带 R 中的地心视星等，σ 是幅度误差（1σ）。数据来源于文献[5.1]（Emelyanov, Uralskaya, 2011）和小行星中心（MPC）发布的天体测量观测结果。假设反射率值为0.04, 卫星密度为 1.5 g/cm³。a_{sh} 是来自[11.1]（Sheppard et al., 2005）中的卫星半径，V_s 是地球观测者在 R 波段的地心视星等[取自文献[11.1]（Sheppard et al., 2005）]。

冥王星卫星

表 G-14 冥王星卫星的物理参数

卫星	$a_1, a_2, a_3/\mathrm{km}$	$Gm \cdot 10^6/(\mathrm{km}^3/\mathrm{s}^2)$	星等,V	P
Pluto	1 187[12.1]	869.6[12.9]	13.65[12.7]	—
P1 Charon	606.0[12.2]	105.88[12.9]	17.97[12.3]	—
P2 Nix	25, 17.5, 16.5[12.8]	0.003 0[12.9]	24.55[12.3]	0.65[12.8]
P3 Hydra	32.5, 22.5,	0.003 2[12.9]	24.39[12.3]	0.56[12.8]

续表

卫星	a_1,a_2,a_3/km	$Gm \cdot 10^6$/(km³/s²)	星等,V	P
	12. 5[12. 8]			
P4 Kerberos	9. 5, 5,	0. 001 1[12. 9]	26. 1[12. 5]	0. 56[12. 8]
	4. 5[12. 8]			
P5 Styx	8, 4. 5,	—	27. 0[12. 6]	0. 83[12. 8]
	4[12. 8]			

注：a_1,a_2,a_3 是近似椭球半轴，a_s 是半径，Gm 是引力参数，V 为地心视星等，P 是几何反照率。

参 考 文 献

[1.1] Willner K. , Oberst J. , Hussmann H. , Giese B. , Hoffmann H. , Matz K. –D. , Roatsch T. , and Duxbury T. , 2010. Phobos control point network, rotation, and shape. Earth and Planetary Science Letters 294 (3 – 4), 541 – 546.

[1.2] Jacobson R. A. , 2010. The Orbits and Masses of the Martian Satellites and the Libration of Phobos. Astronomical Journal 139 (2), 668 – 679.

[1.3] Zellner B. H. , Capen R. C. , 1974. Photometric properties of the Martian satellites. Icarus 23, 437 – 444.

[1.4] Thomas P. C. , 1993. Gravity, Tides, and Topography on Small Satellites and Asteroids: Application to Surface Features of the Martian Satellites. Icarus 105 (2), 326 – 344.

[2.1] Thomas P. C. , Davies M. E. , Colvin T. R. , Oberst J. , Schuster P. , Neukum G. , Carr M. H. , MCEwen A. , Schubert G. , and Belton M. J. S. , 1998. The Shape of Io from Galileo Limb Measurements. Icarus 135, 175 – 180.

[2.2] Jacobson R. A. , 2001. The Gravity Field of the Jovian System and the Orbits of the Regular Jovian Satellites. American Astro – nomical Society. DPS meeting ♯33, ♯11. 01, 33, 11. 01.

[2.3] Morrison D. , Morrison N. D. , Lazarewicz, A. R. , 1974. Fourcolor photometry of the Galilean satellites. Icarus 23, 399 – 416.

[2.4] Nimmo F. , Thomas P. C. , Pappalardo R. T. , Moore W. B. , 2007. The global shape of Europa: Constraints on lateral shell thickness variations. Icarus 191, 183 – 192.

[2.5] Anderson J. D. , Jacobson R. A. , Lau E. L. , Moore W. B. , Olsen O. , Schubert G. , Thomas P. C. , Galileo Gravity Science Team, 2001. Shape, Mean Radius, Gravity Field and Interior Structure of Ganymede. American Astronomical Society. DPS Meeting ♯33, ♯35. 09; Bulletin of the American Astronomical Society 33, 1101 – 1101.

[2.6] Anderson J. D. , Jacobson R. A. , McElrath T. P. , Moore W. B. , Schubert G. , Thomas P. C. , 2001. Shape, Mean Radius, Gravity Field, and Interior Structure of Callisto. Icarus 153, 157 – 161.

[3.1] Weinwurm G. , 2006. Gravity field of Jupiter's moon Amalthea and the implication on a spacecraft trajectory. Advances in Space Research 38 (9), 2125 – 2130.

[3. 2] Anderson J. D. , Johnson T. V. , Schubert G. , Asmar S. , Jacobson R. A. , Johnston D. , Lau E. L. , Lewis G. , Moore W. B. , Taylor A. , Thomas P. C. , Weinwurm G. , 2005. Amalthea's Density Is Less Than That of Water. Science 308 (5726), 1291 - 1293.

[3. 3] Thomas P. , Veverka J. , 1982. Amalthea. In: Satellites of Jupiter. (A83 - 16226 04 - 91) Tucson, AZ, University of Arizona Press, 1982. University of Arizona Press, Tucson, AZ, pp. 147 - 173.

[3. 4] Thomas P. C. , Burns J. A. , Rossier L. , Simonelli D. , Veverka J. , Chapman C. R. , Klaasen K. , Johnson T. V. , Belton M. J. S. , 1998. The Small Inner Satellites of Jupiter. Icarus 135, 360 - 371.

[3. 5] Veverka J. , Thomas P. , Synott S. , 1981. The inner satellites of Jupiter. Vistas in Astronomy 25, 245 - 259.

[4. 1] Porco C. C. , West R. A. , McEwen A. , Del Genio D. , Ingersoll A. P. , Thomas P. , Squyres S. , Dones L. , Murray C. D. , Johnson T. V. , Burns J. A. , Brahic A. , Neukum G. , Veverka J. , Barbara J. M. , Denk T. , Evans M. , Ferrier J. J. , Geissler P. , Helfenstein P. , Roatsch T. , Throop H. , Tiscareno M. , Vasavada A. R. , 2003. Cassini Imaging of Jupiter's Atmosphere, Satellites, and Rings. Science 299 (5612), 1541 - 1547.

[4. 2] Emelyanov N. V. , 2005. The mass of Himalia from the perturbations on other satellites. Astronomy and Astrophysics 438 (3), L33 - L36.

[4. 3] Rettig T. W. , Walsh K. , Consolmagno G. , 2001. Implied Evolutionary Differences of the Jovian Irregular Satellites from a BVR Color Survey. Icarus 154, 313 - 320.

[5. 1] Emelyanov N. V. , Uralskaya V. S. , 2011. Estimates of the physical parameters of remote planetary satellites. Solar System Research 45 (5), 377 - 385.

[6. 1] Thomas P. C. , 2010. Sizes, shapes, and derived properties of the saturnian satellites after the Cassini nominal mission. Icarus 208, 395 - 401.

[6. 2] Zebker H. A. , Stiles B. , Hensley S. , Lorenz R. , Kirk R. L. , Lunine J. , 2009. Size and Shape of Saturn's Moon Titan. Science 324 (5929), 921.

[6. 3] Cooper N. J. , Murray C. D. , Evans M. W. , Beurle K. , Jacobson R. A. , Porco, C. C. , 2008. Astrometry and dynamics of Anthe (S/2007 S 4), a new satellite of Saturn. Icarus 195, 765 - 777.

[6. 4] Rappaport N. J. , Iess L. , Tortora P. , Anabtawi A. , Asmar S. W. , Somenzi L. , Zingoni F. , 2007. Mass and interior of Enceladus from Cassini data analysis. Icarus 190, 175 - 178.

[6. 5] Jacobson R. A. , Spitale J. N. , Porco C. C. , Owen W. M. Jr. , 2006. The GM Values of Mimas and Tethys and the Libration of Methone. Astronomical Journal 132 (2), 711 - 713.

[6. 6] Jacobson R. A. , Antreasian P. G. , Bordi J. J. , Criddle K. E. , Ionasescu R. , Jones J. B. , Mackenzie R. A. , Meek M. C. , Parcher D. , Pelletier F. J. , Owen W. M. Jr. , Roth D. C. , Roundhill I. M. , and Stauch J. R. , 2006. The Gravity Field of the Saturnian System from Satellite Observations and Spacecraft Tracking Data. Astronomical Journal 132 (6), 2520 - 2526.

[6. 7] Iess L. , Rappaport N. J. , Tortora P. , Lunine J. , Armstrong J. W. , Asmar S. W. , Somenzi L. , and Zingoni F. , 2007. Gravity field and interior of Rhea from Cassini data analysis. Icarus 190, 585 - 593.

[6. 8] Iess L. , Rappaport N. J. , Jacobson R. A. , Racioppa P. , Stevenson D. J. , Tortora P. , Armstrong J. W. , Asmar S. W. , 2010. Gravity Field, Shape, and Moment of Inertia of Titan. Science 327 (5971), 1367.

〔6.9〕 Cooper N. J. , Renner S. , Murray C. D. , Evans M. W. , 2015. Saturn's Inner Satellites: Orbits, Masses, and the Chaotic Motion of Atlas from New Cassini Imaging Observations. The Astronomical Journal 149 (1), article id. 27, 18 pp.

〔6.10〕 Thomas P. C. , 1989. The shapes of small satellites. Icarus 77, 248 – 274.

〔6.11〕 Thomas P. , Veverka J. , Morrison D. , Davies M. , Johnson T. V. , 1983. Saturn's small satellites – Voyager imaging results. Journal of Geophysical Research 88, 8743 – 8754.

〔6.12〕 Porco C. C. , Baker E. , Barbara J. , Beurle K. , Brahic A. , Burns J. A. , Charnoz S. , Cooper N. , Dawson D. D. , Del Genio A. D. , Denk T. , Dones L. , Dyudina U. , Evans M. W. , Giese B. , Grazier K. , Helfenstein P. , Ingersoll A. P. , Jacobson R. A. , Johnson T. V. , McEwen A. , Murray C. D. , Neukum G. , Owen W. M. , Perry J. , Roatsch T. , Spitale J. , Squyres S. , Thomas P. , Tiscareno M. , Turtle E. , Vasavada A. R. , Veverka J. , Wagner R. , West R. , 2005. Cassini Imaging Science: Initial Results on Saturn's Rings and Small Satellites. Science 307 (5713) 1226 – 1236.

〔6.13〕 Morrison D. , Johnson T. V. , Shoemaker E. M. , Soderblom L. A. , Thomas P. , Veverka J. , Smith B. A. , 1984. Satellites of Saturn – Geological perspective. IN: Saturn (A85 – 33976 15 – 91). Tucson, AZ, University of Arizona Press, pp. 609 – 639.

〔6.14〕 Simonelli D. P. , Kay J. , Adinolfi D. , Veverka J. , Thomas P. C. , Helfenstein P. , 1999. Phoebe: Albedo Map and Photometric Properties. Icarus 138, 249 – 258.

〔6.15〕 Showalter M. R. , 1991. Visual detection of 1981S13, Saturn's eighteenth satellite, and its role in the Encke gap. Nature 351, 709 – 713.

〔7.1〕 Thomas P. C. , 2010. Sizes, shapes, and derived properties of the saturnian satellites after the Cassini nominal mission. Icarus 208, 395 – 401.

〔7.2〕 Porco C. C. , Baker E. , Barbara J. , Beurle K. , Brahic A. , Burns J. A. , Charnoz S. , Cooper N. , Dawson D. D. , Del Genio A. D. , Denk T. , Dones L. , Dyudina U. , Evans M. W. , Giese B. , Grazier K. , Helfenstein P. , Ingersoll A. P. , Jacobson R. A. , Johnson T. V. , McEwen A. , Murray C. D. , Neukum G. , Owen W. M. , Perry J. , Roatsch T. , Spitale J. , Squyres S. , Thomas P. , Tiscareno M. , Turtle E. , Vasavada A. R. , Veverka J. , Wagner R. , West R. , 2005. Cassini Imaging Science: Initial Results on Saturn's Rings and Small Satellites. Science 307 (5713), 1226 – 1236.

〔7.3〕 Porco C. C. , Thomas P. C. , Weiss J. W. , Richardson D. C. , 2007. Saturn's Small Inner Satellites: Clues to Their Origins. Science 318 (5856), 1602 – 1607.

〔7.4〕 Porco, C. C. , 2009. S/2008 S 1. IAUC. 9023, pp. 1 – 1.

〔8.1〕 Thomas P. C. , 1988. Radii, shapes, and topography of the satellites of Uranus from limb coordinates. Icarus 73, 427 – 441.

〔8.2〕 Karkoschka E. , 2001. Voyager's Eleventh Discovery of a Satellite of Uranus and Photometry and the First Size Measurements of Nine Satellites. Icarus 151 (1), 69 – 77.

〔8.3〕 Showalter M. R. , Lissauer J. J. , 2006. The Second Ring – Moon System of Uranus: Discovery and Dynamics. Science 311 (5763), 973 – 977.

〔8.4〕 Jacobson R. A. , Campbell J. K. , Taylor A. H. , Synnott S. P. , 1992. The masses of Uranus and its major satellites from Voyager tracking data and earth – based Uranian satellite data. Astro –

nomical Journal 103 (6), 2068 – 2078.

[8.5]　Thomas P. , Weitz C. , Veverka J. , 1989. Small satellites of Uranus – Disk – integrated photometry and estimated radii. Icarus 81, 92 – 101.

[8.6]　Karkoschka E. , 2001. Comprehensive Photometry of the Rings and 16 Satellites of Uranus with the Hubble Space Telescope. Icarus 151 (1), 51 – 68.

[9.1]　Sheppard S. S. , Jewitt D. , Kleyna J. , 2005. An Ultradeep Survey for Irregular Satellites of Uranus: Limits to Completeness. Astronomical Journal 129 (1), 518 – 525.

[10.1]　Thomas P. C. , 2000. The Shape of Triton from Limb Profiles. Icarus 148, 587 – 588.

[10.2]　Thomas P. , Veverka J. , Helfenstein P. , 1991. Voyager observations of Nereid. Journal of Geophysical Research Supplement 96 (A11), 19253 – 19259.

[10.3]　Karkoschka E. , 2003. Sizes, shapes, and albedos of the in ner satellites of Neptune. Icarus 162 (2) 400 – 407.

[10.4]　Jacobson R. A. , Riedel J. E. , Taylor A. H. , 1991. The orbits of Triton and Nereid from spacecraft and earthbased observations. Astronomy and Astrophysics 247 (2), 565 – 575.

[10.5]　Goguen J. D. , Hammel H. B. , Brown R. H. , 1989. V photometry of Titania, Oberon, and Triton. Icarus 77, 239 – 247.

[11.1]　Sheppard S. S. , Jewitt D. , Kleyna J. , 2006. A. Survey for "Normal" Irregular Satellites around Neptune: Limits to Completeness. Astronomical Journal 132 (1), 171 – 176.

[12.1]　Stern S. A. , Grundy W. M. , McKinnon Wm. B. , Weaver H. A. , Young L. A. , 2018. The Pluto System After New Horizons. Annual Review of Astronomy and Astrophysics 56, 357 – 392.

[12.2]　Person M. J. , Elliot J. L. , Gulbis A. A. S. , Pasachoff J. M. , Babcock B. A. , Souza S. P. , Gangestad J. , 2006. Charon's Radius and Density from the Combined Data Sets of the 2005 July 11 Occultation. Astronomical Journal 132 (4), 1575 – 1580.

[12.3]　Buie M. W. , Grundy W. M. , Young E. F. , Young L. A. , Stern S. A. , 2006. Orbits and Photometry of Pluto's Satellites: Charon, S/2005 P1, and S/2005 P2. Astronomical Journal 132 (1), 290 – 298.

[12.4]　Tholen D. J. , Buie M. W. , Grundy W. M. , 2010. Improved Masses of Nix and Hydra American Astronomical Society, DPS meeting ♯42, ♯20.08; Bulletin of the American Astronomical Society 42, 984 – 984.

[12.5]　Showalter M. R. , Hamilton D. P. , Stern S. A. , Weaver H. A. , Steffl A. J. , Young L. A. , 2011. New satellite of (134340) Pluto: S/2011 (134340) 1. CBET 2769, pp. 1 – 1.

[12.6]　Showalter M. R. , Weaver H. A. , Stern S. A. , Steffl A. J. , Buie M. W. , Merline W. J. , Soummer R. , Throop H. B. , 2012. New satellite of (134340) Pluto: S/2012 (134340) 1. IAUC. 9253, pp. 1 – 1.

[12.7]　Pluto Fact Sheet. NASA. https: //nssdc. gsfc. nasa. gov/planetary/factsheet/plutofact. html

[12.8]　Weaver H. A. , Buie M. W. , Buratti B. J. , Grundy W. M. , Lauer T. R. , Olkin C. B. , Parker A. H. , Porter S. B. and 43 co – authors, 2016. The small satellites of Pluto as observed by New Horizons. Science 351 (6279), Id. aae0030.

[12.9]　Brozovic M. , Showalter M. R. , Jacobson R. A. , Buie M. W. , 2015. The orbits and masses of satellites of Pluto. Icarus 246, 317 – 329.